普通高等教育"十一五"国家级规划教材

生物工程 生物技术系列

生物工程设备

陈国豪 主编
俞俊棠 主审

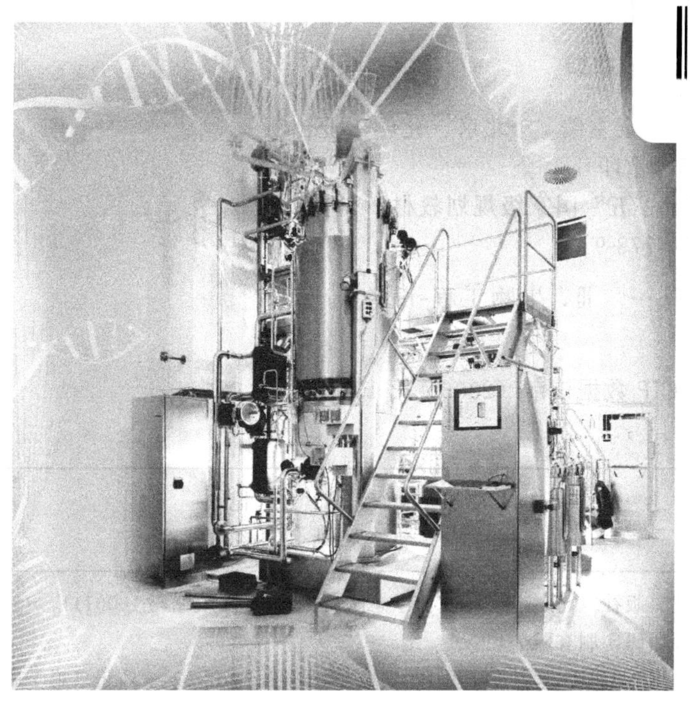

化学工业出版社
·北 京·

本书由华东理工大学陈国豪教授主编，俞俊棠教授主审。全书共分九章：培养基准备与培养基灭菌的设备、发酵用压缩空气预处理及除菌设备、生物反应器与发酵参数检测元件、液-固分离设备、萃取设备、离子交换和层析设备、蒸发和结晶设备、生物制品干燥设备、生物制药生产GMP规范要点和附录等，它覆盖了当前生物技术工业化生产的全部关键单元操作与装备。本书特点是生物过程及设备的计算、设计案例丰富，能帮助学生掌握各种装备的工作原理、强化途径和单体设备计算、设计或选型。

本书为普通高等教育"十一五"国家级规划教材，可作为高校生物工程专业本科学生的教材，也可作为从事发酵工程，微生物制药工程，酶制剂、有机酸、氨基酸生产，现代生物技术等工程技术人员参考书。

图书在版编目（CIP）数据

生物工程设备/陈国豪主编．—北京：化学工业出版社，2006.11（2025.1重印）
普通高等教育"十一五"国家级规划教材
ISBN 978-7-5025-8778-9

Ⅰ．生…　Ⅱ．陈…　Ⅲ．生物工程-设备-高等学校-教材　Ⅳ．Q81

中国版本图书馆CIP数据核字（2006）第138183号

责任编辑：赵玉清　　文字编辑：朱　恺
责任校对：郑　捷　　装帧设计：郑小红

出版发行：化学工业出版社（北京市东城区青年湖南街13号　邮政编码100011）
印　　装：北京盛通数码印刷有限公司
787mm×1092mm　1/16　印张15¼　插页1　字数414千字　2025年1月北京第1版第13次印刷

购书咨询：010-64518888　　售后服务：010-64518899
网　　址：http://www.cip.com.cn
凡购买本书，如有缺损质量问题，本社销售中心负责调换。

定　价：35.00元

前　言

《生物工程设备》由华东理工大学生物工程学院生物反应过程与装备教研室6位教授和副教授执笔，在俞俊棠教授主编的《抗生素生产设备》基础上改编、扩展而成。它凝集了教研室全体同仁20多年来在生物过程及装备的教学、科研和为全国微生物制药企业设计、推广的成功案例、成果与体会。《生物工程设备》含九章：培养基准备与培养基灭菌的设备、发酵用压缩空气预处理及除菌设备、生物反应器与发酵参数检测元件、液-固分离设备、萃取设备、离子交换及层析设备、蒸发和结晶设备、生物制品干燥设备、生物制药生产GMP规范要点和附录等，它覆盖了当前生物技术工业化生产的全部关键单元操作与装备。

本书的特点是生物过程及设备的计算、设计案例丰富，能帮助学生掌握各种装备的工作原理、强化的途径和单体设备的计算、设计或选型。

本书可作为普通高校“生物工程”专业本科学生的教材，也可作为发酵工程，微生物制药工程，酶制剂、有机酸、氨基酸生产，现代生物技术等工程技术人员的参考书。

《生物工程设备》由陈国豪主编，俞俊棠主审。本书第一章和第二章由陈国豪执笔，第三章（其中第七节由吴炎执笔）、第九章由唐寅执笔，第四章、第五章由陆兵执笔，第六章、第七章由徐殿胜执笔，第八章由陈国豪、张明执笔。陆兵、唐寅对全书的文字和插图进行了计算机处理，陈国豪对全书进行了修改和定稿。

在本书编写过程中，部分数据、图片的取得来自众多同行的帮助和支持，它们是BioRad公司、Millipore公司、Alfa-Laval公司、Kendro公司、Domnick Hunter公司、上海一鸣过滤技术公司等，在此表示深深的谢意！

最后，对屠天强教授、沈自法教授以及在本书编写过程中给予我们众多建议和帮助的教授和同事表示由衷的感谢。

由于水平所限，本书会有不少缺点和不足，希望读者提出宝贵意见，以便再版时改正。

主　编

2006年8月于上海

目　录

第一章　培养基准备与培养基灭菌的设备

在生物工程的行业中，培养基是指供特定的微生物、动物细胞、植物细胞、细胞组织、微藻生物等进行生长、繁殖、代谢和合成产物需要的，按一定组成比例配制而成的营养物质。培养基的成分和配比合适与否直接影响微生物、动物细胞、植物细胞的生长发育、产物合成的速率与数量，同时还会影响到产品的分离与纯化工艺及产品的质量。

培养基按其配方成分可以分成天然培养基和合成培养基。天然培养基是指一类具体成分不十分明确的天然产品，大部分是农副产品。如各种谷粉、黄豆饼粉、花生饼粉、玉米浆、各种浸出液、冻膏、血清等，其特点是营养丰富、价格便宜，其缺点是每批次进货的成分含量因为农副产品的产地不同、加工方法不同而有差别。因此这些天然产品在加工制备时要有质量指标，发酵企业在使用时也应有质量指标。合成培养基是指一类完全明确的化学成分的物质配制组成。在培养基的配方中既有化学成分很不明确的天然产品，又有化学成分明确的物质组成的这类培养基称为复合培养基或半合成培养基。工业微生物发酵，如生产抗生素、酶制剂、氨基酸、有机酸生产和啤酒酿造等都采用复合培养基。由于在复合培养基中天然原料成分复杂，又往往因品种、产地、加工方法不同，其组分含量差别较大，这就对工业化微生物发酵过程代谢产生很大影响，这也是引起发酵水平与产品质量的波动的一个重要原因。因此必须对每一批进货的天然原料的质量进行监控，不符合质量标准的培养基原料不能直接使用。

在工业微生物发酵过程中，只有在为了确定产生菌的营养需要和产品的生物合成途径时，才会采用合成培养基，不然生产的成本会很高。在大规模动物细胞、植物细胞的悬浮培养中，为减轻产物的纯化的难度和减少培养基的组分残留在产物中，另外因为这些产物的价值较高，才会采用合成培养基。

第一节　培养基的准备与要求

目前人类应用生物工程技术，大规模悬浮培养微生物、动物细胞、植物细胞和微藻等制备人类所预期的产品取得了日新月异的发展与成功。这是因为人类已经基本掌握了这些生物体大规模培养的规律、工业化生产的途径以及装备与控制等手段。生物体能大规模工业化培养的成功，首先是人类能基本掌握了微生物、动物细胞、植物细胞、细胞组织、微藻生物等在生长、繁殖、代谢和合成产物时所需要的培养基和相关的培养条件。

一、微生物培养基的种类和常用原料及规格

1. 微生物培养基

按其用途分为孢子培养基（不产孢子的称斜面培养基）、种子培养基和发酵培养基三种。

（1）孢子培养基　孢子培养基是供菌种繁殖孢子用，对这种培养基的要求是能够使菌种发芽生长快，产生大量优质孢子，并且不会引起菌种变异。一般来说，孢子培养基中的碳源和氮源（特别是有机氮源）的浓度要低，多了会只长菌丝，少长或不长孢子。抗生素生产上常用的孢子培养基有麸皮培养基、小米培养基、大米培养基和用葡萄糖、蛋白胨、牛肉膏及氯化钠配制成的琼脂斜面培养基。培养基灭菌方法：通常采用把配制好的培养基装在茄子瓶（扁瓶）里或三角瓶或大口径试管里，放在高压灭菌锅内，121℃，灭菌 20～30min。

（2）种子培养基　种子培养基是指用于摇瓶种子培养或工业生产用的种子罐种子培养的营

养组成。常用的原料有葡萄糖、糊精或淀粉、蛋白胨、玉米浆、酵母膏、硫酸镁、硫酸铵、磷酸二氢钾等，以有利孢子发芽和迅速生长，并繁殖生长大量粗壮的菌丝体。培养基灭菌的方法：通常采用把配制好的培养基装在摇瓶里，然后摇瓶放在高压灭菌锅里，121℃，灭菌20min；工业化生产中把配制好的培养基装在种子罐里，采用高压蒸汽直接灭菌，控制温度121℃，灭菌15～20min。

（3）发酵培养基　发酵培养基含有供菌丝体迅速生长繁殖和合成产物之需要的营养组分。抗生素工业生产的发酵培养基其营养组分要适当地丰富和完全，稠度要适当，适合菌种的生理特性，以有利于菌丝体的快速生长繁殖，形态健壮旺盛，进而合成大量的代谢产物。发酵培养基属复合培养基或称半合成培养基，它大部分是由天然的农副产品原料（如玉米粉、鱼粉、玉米浆、花生粉等），再加入少量的已知化学成分的营养物质（如葡萄糖、麦芽糖、氨基酸、各种无机盐、缓冲剂和前体物质）。发酵培养基灭菌方法：发酵摇瓶培养基灭菌方法与种子摇瓶培养基灭菌方法相同；工业化生产中发酵培养基灭菌方法采用在发酵罐内配制好培养基后，用高温蒸汽直接灭菌，一般控制温度121℃，时间15～20min。

在培养基灭菌时，要特别注意在高温灭菌时糖类物质容易被破坏且易和有机氮源结合，产生氨基糖，对微生物会产生一定的毒性，严重时将抑制微生物生长发育，破坏整个发酵代谢过程。

2. 工业化发酵生产常用的原料及其规格

工业化发酵生产的培养基都是复合培养基，其中大部分是农副产品原料。这些天然原料成分复杂，又由于其品种、产地、加工方法不同（如豆饼粉、花生粉，其冷榨或热榨不同的加工方法），造成它们的组分含量差别很大，常引起发酵水平与产品质量的波动。因此大规模工业化发酵生产必须对培养基的原料有均一的规格标准（表1-1）。

表1-1　常用的抗生素工业化生产培养基主要原材料及其规格标准

原材料名称	规格标准
淀粉	外观白色粉末，无臭无味。含量≥80%，干燥失重≤14.0%，蛋白质≤1.0%，酸值≤25.0ml/g(以KOH计)，细度(100目筛)≥95.0%，斑点≤2.0个
黄豆饼粉	外观淡黄色，略带豆香味。蛋白质≥40%，干燥失重(80目筛)≤8%、(60目筛)≤11%，细度(80目筛)≥80%、(60目筛)≥75%～85%，酸值≤25ml/g(以KOH计)
花生饼粉	外观土黄或棕色，略带花生香味。蛋白质>40%，干燥失重(80目筛)≤6%，含油量≤5%，油酸度<2，一级以上大花生，加工温度低于120℃
葡萄糖	外观白色或浅黄色粉末，无嗅，味甜。含无水葡萄糖≥80%，重金属不超过30×10^{-6}，干燥失重≤9.5%
乳糖	外观白色或淡黄色粉末，含无水乳糖量≥80%
棉子饼粉	外观淡黄，粉中含壳数<10%，蛋白质>40%，粗细度小于60目筛孔，水分<10%，油分<10%
鱼粉	外观黄棕色，具有鱼粉正常的鱼腥味，无异味。蛋白质≥50%，干燥失重≤12%，细度(60目筛)≥80%，盐分≤5%，砂分≤5%
玉米浆	外观黄色或暗褐色黏稠液体，有香味。干物质≥40%，酸值≤14.0mg/g(以KOH计)，亚硫酸≤1.0%，溶磷1.2%～1.7%
蛋白胨	外观浅黄色粉末，蛋白质≥13.0%，干燥失重≤8.0%
豆油	外观浅黄色，透明液体，相对密度0.918～0.925，酸值≤4.0mg/g(以KOH计)。加热实验：280℃下油色不得变黑，允许有微量析出物
硫酸镁	外观无色无臭，结晶，味苦、咸，有风化性。含量≥95%，灼烧失重48%～52%，酸碱度符合规定
碳酸钙	外观白色，轻质细粉。细度(120目筛)≥99.5%，含量≥99.7%，干燥失重≤1.0%
氯化钠	外观无色透明晶体或白色结晶性粉末。含量≥98%，干燥失重≤0.5%，澄清度符合规定，酸度(pH值)6.0～7.0
硝酸铵	外观白色或微黄色结晶微粒。含量≥98%，干燥失重≤1.7%
磷酸二氢钾	外观白色四角结晶体或结晶性粉末，无嗅，味咸。含量≥98%，干燥失重≤6.0%，酸度(pH值)4.4～4.6
淀粉酶	工业级，外观黄褐色粉末，无结块，无潮解，无异味。酶活力≥2000单位/g，干燥失重≤80%，细度(40目筛)≥80%
硝酸钠	工业级，外观白色粉末状，含量≥98%，干燥失重≤1.7%

二、动物细胞、植物细胞和微藻细胞培养基与灭菌方法

1. 动物细胞培养基

动物细胞培养对培养基要求比较高，而且由于细胞种系的不同，要求差异很大。总的来说，动物细胞培养基可以分为三类：天然培养基、合成培养基和无血清培养基。天然培养基，虽然其营养成分丰富，细胞生长效果佳，但由于其成分复杂、来源受限，主要用在实验室构建细胞株时使用，并不适合用于大规模培养。在大规模动物细胞培养时一般采用合成培养基（有时加入少量胎牛血清或小牛血清）和无血清培养基。动物细胞培养基的特性是营养丰富，含有各种氨基酸（13 种以上）、维生素、碳水化合物、无机盐和其他成分（如生长因子、激素、贴壁因子等），而且许多组分都是热敏性物质。由于动物细胞培养基专一性强，又由于其培养基组分多又复杂，少量配制较麻烦。目前市场上都已有各种动物细胞培养基产品，如 Eagle、DMEM、HAM12、RPMI1640 等。买来后只要用双蒸水配制到一定容量，根据需要加入少量胎牛血清，调整 pH 在 7.2～7.4。由于培养基中许多物质都是热敏性物质，因此不能采用高压蒸汽灭菌法，通常采用微孔滤膜过滤灭菌法来处理动物细胞培养基，保证培养基无菌，营养成分不被破坏，pH 值灭菌前后基本恒定。

2. 植物细胞培养基

植物细胞培养基与动物细胞培养基相比，相对较为简单。其培养基的组分由无机盐类、碳源、维生素、植物生长激素、有机氮源、有机酸和一些复合物质组成。合成培养基的化学品尽可能采用高纯度级（如化学纯级），植物生长激素类化学品采用分析纯级。培养基可以用高纯度的去离子水或蒸馏水配置。调整好 pH 在 5.5～6.0 后采用高压蒸汽灭菌，控制温度 115～120℃，时间 15～20min。对于一些热敏性化合物不要与无机盐类、碳源等混在一起高温灭菌，培养基中的热敏性化合物应该采用微孔滤膜过滤灭菌法来灭菌，如 L-谷氨酰胺、植物生长激素（IAA、2,4-D、NAA、BA 等）、复合物质（生长调节剂如椰子汁）等，然后再按无菌操作方法混入其他经高温灭菌好的培养基中。由于培养基配比中，有些组分量很小，种类又很多，临时配制起来很烦琐。因此往往把培养基配制成使用浓度的 10 倍或者 100 倍分成小瓶，然后冷冻保存，使用时再稀释到正常浓度。经稀释的培养基应放在 10℃ 的冰箱中保存。为了防止在高浓度下培养基组分相互作用产生沉淀，$CaCl_2$、KI 和 EDTA 钠铁盐要单独配置保存，使用时再经稀释后混合。

植物生长激素大多数难溶于水，它们可以用以下方法配制。

① 配 IAA（吲哚乙酸）、IBA（吲哚丁酸）、GA_3（赤霉素）溶液时，先将药品溶于少量 95%酒精中，再加入去离子水或蒸馏水定容至一定浓度。

② NAA（萘乙酸）可溶于热水或少量 95%酒精中，再加入去离子水或蒸馏水，定容至一定浓度。

③ 2,4-D（2,4-二氯苯氧乙酸）不溶于水，可用 0.1mol/L 的 NaOH 溶解后，再加入去离子水或蒸馏水，定容至一定浓度。

④ KT（激动素）和 BA（6-苄基嘌呤）先溶于少量 1mol/L 的 HCl 中，再加入去离子水或蒸馏水，定容至一定浓度。

⑤ ZT（玉米素）先溶于少量 95%酒精中，再加热水，定容至一定浓度。

3. 微藻类培养基

微藻细胞培养基的成分类似植物细胞培养基，它们是合成培养基，包含无机营养物、有机物、植物生长刺激素和其他复合物。用自然海水或者人工海水配制，调节 pH 在 7.8～8.2。在实验室微藻细胞和原生质体培养时，其培养基采用高温蒸汽灭菌，120℃，15min 左右。在大规模微藻工业化生产中，由于培养基中 NaCl 的浓度在 12%～25%可抑制其他微生物生长，其培养基不需要绝对无菌。

第二节 培养基的灭菌方法及设备

大规模微生物、动物细胞、植物细胞培养过程都是纯种培养过程，不允许有杂菌的污染。因此对培养的场所，实验器皿、培养基、培养设备以及通入发酵罐内的空气都要经过灭菌处理。

常用的灭菌方法如下。

(1) 化学灭菌　采用化学试剂进行灭菌。常用的化学试剂有甲醛、新洁尔灭、漂白粉、环氧乙烷等。甲醛通常用作为无菌室定期熏蒸灭菌，熏蒸浓度通常为 $5ml/m^3$。1‰的新洁尔灭溶液常作为培养室内桌椅地板、实验用具最有效的杀菌剂。3%～5%的漂白粉水溶液可作为车间内外环境的杀菌剂。对于塑料培养器皿可采用环氧乙烷灭菌方法：把要灭菌的塑料培养器皿放在密闭的箱内或塑料袋里，在10℃以下，把1%（体积浓度）环氧乙烷放在密闭容器里，升温到37～45℃，过夜灭菌结束。要注意灭菌结束后的塑料培养器皿不能马上使用，待12～24h后，使环氧乙烷残留气味散发掉。

(2) 射线灭菌　通常用紫外线、高能量的电磁波或粒子辐射进行灭菌。紫外灯发射紫外线可杀灭无菌室空间和物体表面的芽孢和营养细胞。紫外线的波长在210nm、0～313nm、2nm都有效，最常用的波长为253nm、7nm，若波长衰减到不在以上范围，应马上更换紫外灯管。无菌室灭菌一次约需照射30min。用γ射线辐射对塑料培养器皿或一次性塑料制品灭菌效果更佳。

(3) 干热灭菌　干热灭菌常采用160℃，保温1～2h的灭菌方法。对一些要求在灭菌后保持干燥状态的物品应采用电热鼓风烘箱干热灭菌（如玻璃培养器皿、移种吸管、接种针等）。

(4) 湿热灭菌　直接用高压蒸汽对物料或设备容器的灭菌。湿热灭菌是微生物发酵行业中普遍使用的主要灭菌方法。用蒸汽直接把物料升温到115～140℃，保持一定时间，即可以杀死各种微生物。微生物发酵培养基常采用湿热灭菌，条件是121℃，20～30min。因为高压饱和蒸汽可与培养基直接混合，其冷凝时可释放出大量冷凝热，并且湿热还对细胞壁具有强大的穿透力。高压蒸汽具有无毒、无有害的残留物和廉价等优点。因此在发酵工业上广泛使用其来灭菌培养基。

(5) 过滤灭菌　指利用微孔0.22μm滤膜过滤截留微生物的方法。由于在动物细胞培养基和植物细胞培养基中有许多热敏性营养物质，不能采用湿热灭菌方法，只能用过滤灭菌方法来处理。另外目前在发酵工业广泛采用微孔膜过滤技术来制备发酵用无菌空气。

第三节 培养基实罐灭菌的计算

将培养基配制在发酵罐里，用饱和蒸汽直接加热，以达到预定灭菌温度并保温维持一段时间，然后再冷却到发酵温度，这种灭菌过程称作培养基实罐灭菌或称培养基分批灭菌（工厂里称实消）。这种灭菌方法不需要其他辅助设备，操作简便，目前被大多数微生物发酵企业采用。但是有一点要特别注意：目前国内发酵罐都趋向大型化，发酵罐上的电机在无特殊要求时，都是按发酵罐通空气状态下的轴功率配置的，这类发酵罐若采用实罐灭菌工艺最佳的办法是采用变频调速电机，这样可以既保证实罐灭菌时物料需搅拌的要求，也能保证正常发酵过程搅拌功率的要求。

1. 实罐灭菌前的准备

为了保证灭菌的成功，在实罐灭菌前，除培养基配制要注意溶解均一，不要含有结块、结团物或异物外，检查发酵罐的严密性尤为重要，特别要检查与发酵罐直接相连的阀门的严密性。在大型发酵企业里通常每一批发酵结束后都要更换与发酵罐直接相连的橡胶夹膜阀的橡胶密封垫和不锈钢壳或铜壳塑王芯截止阀上的聚四氟乙烯密封垫，以保证整个发酵周期中的发酵罐的严密性。

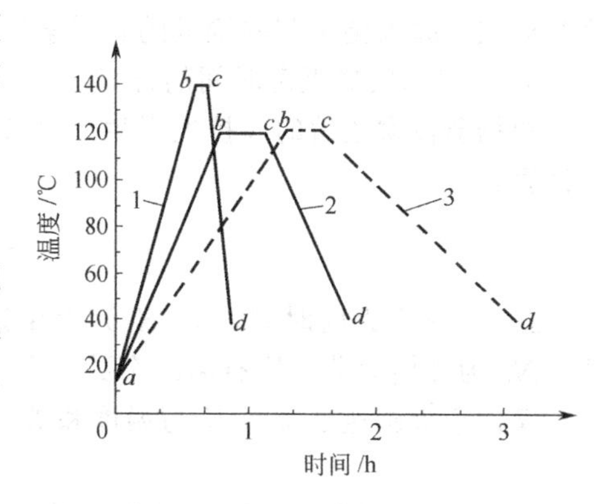

图 1-1 培养基灭菌过程分析

曲线 1—培养基连消；曲线 2—小罐实消；曲线 3—大罐实消

ab—加热升温；*bc*—保温维持；*cd*—冷却降温

2. 实罐灭菌操作过程

根据实罐灭菌过程，用表压 0.3～0.4MPa 的饱和蒸汽把培养基先加热升温到灭菌温度（*ab*），保温维持一段时间（*bc*），再冷却降温到发酵温度（*cd*）。三个阶段见图 1-1。

培养基实罐灭菌操作过程如下（图 1-2）：

① 把配制好的培养基泵入发酵罐内，密闭发酵罐后，开动搅拌。

② 稍开阀门 15 和阀门 9，引入蒸汽进夹套预热培养基至 75～90℃，保持夹套压强表的表压 50～100kPa。

③ 培养基预热到 75～90℃后，开阀门 1 和稍开阀门 4，排尽蒸汽管道中的冷凝水后，再开阀门 2，从空气管道引入蒸汽进发酵罐。关阀门 15，并停止搅拌。

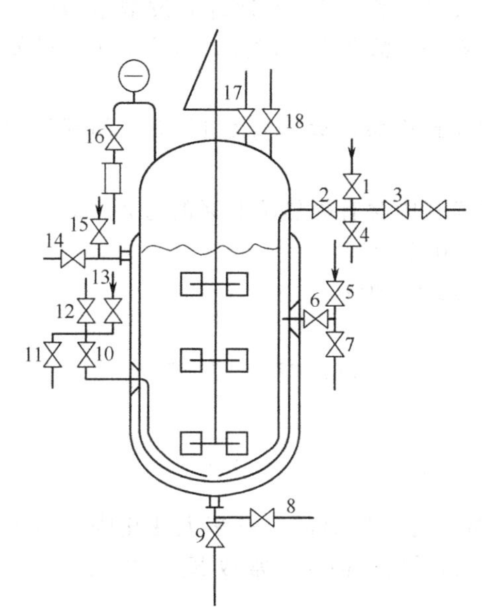

图 1-2 5m³ 发酵罐配管图及实罐灭菌过程

④ 开阀门 5，稍开阀门 7，排尽蒸汽管道里的冷凝水后，开阀门 6，从取样管道引入蒸汽进发酵罐。

⑤ 开阀门 13，稍开阀门 11，排尽蒸汽管道里冷凝水后，开阀门 10，由出料管引入蒸汽进发酵罐。

⑥ 分别稍开阀门 16、阀门 17、阀门 18，排出活蒸汽，调节进汽阀门和排汽阀门的开度使罐压保持在表压 105kPa，温度恒定在 121℃，维持 20～25min。

⑦ 完成保温时间后，关一路排汽，再关一路进汽（次序不能颠倒），最后三路排汽与三路进汽全部关闭。

⑧ 开阀门 3 和阀门 2 引入无菌空气。

⑨ 开阀门 8，关阀门 9，开阀门 14，夹套引入冷却水，开搅拌，冷却降温到发酵工艺要求的温度。特别要注意，无菌空气未被引入发酵罐之前不能开夹套冷却水冷却培养基，不然易发生发酵罐的罐压跌零，罐体被吸瘪，这是不锈钢夹套发酵罐在实罐灭菌操作中常会发生的事故。

在培养基实罐灭菌过程中要牢记：凡是与培养基接触的管道都要进蒸汽（若罐上装有冲视镜管道，此管道也要进蒸汽），凡是不与培养基接触的管道都要排汽。不带夹套的发酵罐，其除了采用蛇管来预热培养基与带夹套的发酵罐用夹套来预热培养基的不同外，其他培养基实罐灭菌的操作过程与以上步骤相同。

培养基实罐灭菌的质量优劣判别标准有四点：培养基灭菌后达到无菌要求；营养成分破坏少；灭菌后培养基体积与计料体积相符；泡沫要少。

在培养基实罐灭菌时，还应特别注意在高温灭菌时糖类物质容易被破坏且易和有机氮源相结合，并产生氨基糖，而对微生物会产生一定的毒性，严重时将会抑制微生物的生长发育，破坏整个发酵代谢过程。所以在青霉素工业化生产中，应将培养基中的乳糖和葡萄糖与培养基中其他成分分开灭菌，然后再混合起来；或者采用培养基连消工艺，把在高温下易相互反应的培养基组分在连消操作中分批投料灭菌。这样的灭菌工艺的罐批其青霉素发酵的单位会比全部培养基放在一起灭菌工艺的罐批的青霉素发酵单位高出10%左右。

3. 培养基实罐灭菌时间的计算

根据俞俊棠主编的《抗生素生产设备》所介绍的对数残留定律，灭菌所需的时间可以用下式计算：

$$\tau=\frac{2.303}{K}\lg\frac{N_0}{N_S} \tag{1-1}$$

式中，τ 为灭菌时间，s；K 为灭菌速度常数，s^{-1}，与灭菌温度和灭菌对象的菌种类有关；N_0 为开始灭菌时原有菌的个数，个；N_S 为结束灭菌时残留菌的个数，个。

又由于灭菌速度常数 K 与温度和被杀灭菌的种类有下列关系：

$$K=Ae^{-E/RT} \tag{1-2}$$

式中，A 为系数，s^{-1}；E 为灭菌时所需活化能，J/mol；R 为气体常数，8.314J/(mol·K)；T 为热力学温度，K。

在一般计算中都以培养基中最难杀灭的一种耐热杆菌的芽孢作为灭菌对象。

这时，$A=1.34\times10^{36}s^{-1}$，$E=284219.12$J/mol。代入式(1-2)，可得到：

$$\lg K=\frac{-14845}{T}+36.127 \tag{1-3}$$

在工业化发酵生产中通常不考虑培养基由室温升至121℃和由121℃冷却到发酵培养温度这两个阶段的灭菌效应，只是把保温维持阶段看作是培养基实罐灭菌的时间。这样就可以简便地利用式(1-1) 和式(1-3) 来求取灭菌所需要的时间。

【例 1-1】 有个发酵罐，内装培养基 $40m^3$，现采用实罐灭菌，灭菌温度121℃，问其灭菌需要多长时间?

解：在微生物发酵行业中一般常设灭菌前每毫升培养基中含有耐热菌的芽孢为 2×10^7 个，灭菌失败的概率通常定为0.001（灭菌后残留芽孢数为0.001个）。

$$N_0=40\times10^6\times2\times10^7=8\times10^{14}\text{（个）}$$

$$N_S=0.001\text{（个）}$$

$$\lg K=-14845/T+36.172=-14845/(273+121)+36.127=-1.55$$

$$K=0.0281\ (s^{-1})$$

$$\tau=\frac{2.303}{K}\lg\frac{N_0}{N_S}=\frac{2.303}{0.0281}\lg\frac{8\times10^{14}}{0.001}=1442.6(s)=24.0\ (min)$$

若考虑培养基加热升温阶段的灭菌效应，这样保温维持阶段时间会有多大变化呢？由于 K 是温度的函数，求升温阶段从温度 T_1 到灭菌温度 T_2 的平均灭菌速度常数 K_m，可用以下公式求取：

$$K_m=\frac{\int_{T_1}^{T_2}K\mathrm{d}T}{T_2-T_1} \tag{1-4}$$

同时培养基升温至 T_2 时菌的总数由 N_0 减少至 N_P。

由公式求取 N_P：

$$N_P=\frac{N_0}{e^{K_m\tau_p}} \tag{1-5}$$

$$\tau=\frac{2.303}{K}\lg\frac{N_P}{N_S} \tag{1-6}$$

【例 1-2】 同［例题1-1］，若考虑培养基加热升温过程的灭菌效应，通常由100℃作为起始灭菌温度，在本题是培养基从100℃上升至121℃共需15min。求培养基保温维持阶段所需时间。

解：$T_1=273+100=373$（K），$T_2=273+121=394$（K）

$$K_m = \frac{\int_{T_1}^{T_2} K \mathrm{d}T}{T_2 - T_1}$$

上式中 $\int_{T_1}^{T_2} K \mathrm{d}T$ 可由以下图解积分法求取（也可采用 Simpsom 图解积分法求取）。

根据题意分别求得 273～394K 对应的 K 值列表，图解积分法求 $\int_{T_1}^{T_2} K \mathrm{d}T$。

T/K	373	376	379	382	385	388	391	394
K/s^{-1}	2.13×10^{-4}	4.42×10^{-4}	9.08×10^{-4}	1.84×10^{-3}	3.70×10^{-3}	7.36×10^{-3}	1.45×10^{-2}	2.81×10^{-2}

$$\int_{373}^{394} K \mathrm{d}T = 32 \times 0.004 = 0.128$$

$$K_m = \frac{\int_{T_1}^{T_2} K \mathrm{d}T}{T_2 - T_1} = \frac{0.128}{394 - 373} = 0.0061\ (\mathrm{s}^{-1})$$

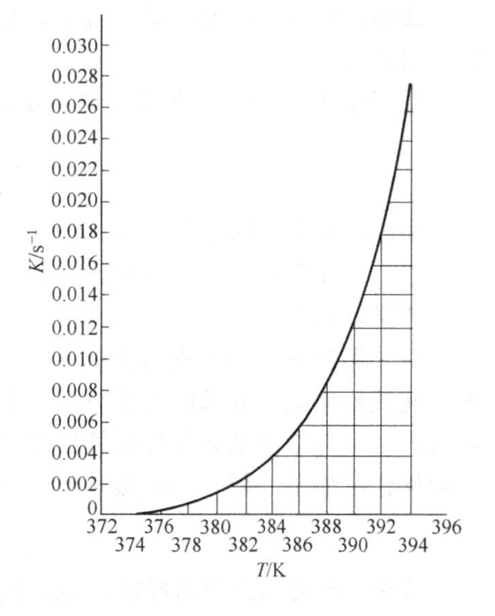

根据公式(1-5)，求得加热升温段结束时芽孢个数 N_P：

$$N_P = \frac{N_0}{e^{K_m \tau_P}} = \frac{8\times10^{14}}{e^{0.0061\times15\times60}} = \frac{8\times10^{14}}{e^{5.49}} = \frac{8\times10^{14}}{242.3}$$

$$=3.3\times10^{12}\ (个)$$

根据公式(1-6)，求取保温阶段灭菌时间：

$$\tau = \frac{2.303}{K}\lg\frac{N_P}{N_S} = \frac{2.303}{0.0281}\lg\frac{3.3\times10^{12}}{0.001}$$

$$=\frac{2.303\times15.519}{0.0281} = 1271.86(\mathrm{s}) = 21.2\ (\mathrm{min})$$

由此可见，若考虑加热升温阶段的灭菌效应，保温时间比［例 1-1］缩短了 12%。目前发酵工业采用培养基实罐灭菌的发酵罐体积越来越大（60～100m³），这样培养基的加热升温阶段时间很长，为了不使培养基受热时间过长，营养成分破坏过多，应该要考虑加热升温阶段的灭菌效应。反之，发酵罐体积在 40m³ 以下，可以不考虑加热升温阶段的灭菌效应，这样可以避免复杂的变温灭菌过程的计算。实际上培养基加热过程有灭菌效应，培养基达到灭菌保温时间后，由灭菌温度冷却至发酵培养温度的过程也有灭菌效应，所以在灭菌操作时不要人为地再延长灭菌时间作为安全系数，这样会导致培养基营养成分破坏过大，导致发酵单位下降。

4. 培养基实罐灭菌过程的热量计算

在发酵车间设计时，其中要确定发酵车间公用工程量——蒸汽用量的计算，其方法应该分别计算出发酵车间每个使用蒸汽设备的蒸汽消耗量，然后把在同一个时刻不能错开的用汽设备叠加起来求得这个车间的最大用蒸汽负荷量。在发酵车间，培养基实罐灭菌用汽量最大，实罐灭菌可以分成升温、保温灭菌和冷却三个阶段。

(1) 升温阶段　把培养基从室温加热到灭菌温度。升温一般有两种方式：其一，为了防止灭菌后培养基体积过大，通过夹套或蛇管间接把培养基加热到 75～90℃，然后再将蒸汽直接通入培养基加热至灭菌温度；其二，当发酵罐较大，间接加热时间实在太长，根据经验确定好配料体积，直接用活蒸汽把培养基从室温加热至灭菌温度。

① 间接加热。培养基的间接加热是不稳定传热过程，在不稳定传热时，为了简便计算，传热系数 K 一般可取其平均值来进行计算，在开动发酵罐搅拌时，夹套平均传热系数可取

830～1250kJ/(m²·h·℃)，不锈钢式蛇管可取 1250～1900kJ/(m²·h·℃)。间接加热所需时间可用式(1-7) 求取：

$$\tau=\frac{Gc}{KA}\ln\frac{t_s-t_1}{t_s-t_2} \tag{1-7}$$

式中，τ 为间接加热所需时间，h；G 为培养基质量，kg；c 为培养基的比热容，kJ/(kg·℃)；K 为加热过程中平均传热系数，kJ/(m²·h·℃)；A 为传热面积，m²；t_s 为加热蒸汽温度，℃；t_1 为开始加热时培养基温度，℃；t_2 为加热结束时培养基温度，℃。

间接加热蒸汽消耗量可用公式(1-8) 求得：

$$S=\frac{Gc(t_2-t_1)}{r}(1+\eta) \tag{1-8}$$

式中，S 为蒸汽消耗量，kg；r 为蒸汽的汽化热，kJ/kg；η 为加热过程中热损失，可取 5%～10%。

② 直接加热蒸汽消耗量。直接加热过程蒸汽消耗量可用公式(1-9) 求得：

$$S=\frac{Gc(t_2-t_1)}{i-c_s t_2}(1+\eta) \tag{1-9}$$

式中，S 为加热蒸汽用量，kg；i 为蒸汽的热焓，kJ/kg；c_s 为冷凝水的蒸汽比热容，kJ/(kg·℃)；G 为培养基的质量，kg；c 为培养基的比热容，kJ/(kg·℃)；η 为在加热过程中散失的热量，可取 5%～10%。

(2) 保温阶段的蒸汽消耗量　一般 50m³ 以下的培养基实罐灭菌操作中，把保温维持阶段的时间就看作是培养基的灭菌时间。实罐灭菌操作中，蒸汽就是从与培养基相接触的管道连续进入，从不与培养基相接触的管道连续排出（进气的阀门开得大，排气开得小)，由于操作人员的操作习惯不一样，因此蒸汽消耗量很难准确计算，可用公式(1-10) 估算：

$$S=1.19F\tau\sqrt{P/v} \tag{1-10}$$

式中，S 为蒸汽的消耗量，kg；F 为蒸汽排出口的总截面积，cm²；τ 为蒸汽排出的时间，即保温阶段时间，min；P 为发酵罐内蒸汽的绝对压，Pa；v 为蒸汽的比容，m³/kg。

或者根据经验估算：S=(30%～50%)×直接加热蒸汽消耗量

小于 5m³ 发酵罐取 50%，大于 5m³ 发酵罐可取 30%左右。

(3) 培养基冷却阶段　培养基经灭菌后，立即冷却至发酵培养要求的温度。在冷却操作时，发酵罐应先引入灭菌空气，然后再开夹套或蛇管的冷却水，以免发酵罐“跌零磅”和避免带夹套的不锈钢发酵罐体被吸瘪变形。培养基的冷却过程也系不稳定传热过程，可用式(1-11) 计算冷却时间，用式(1-12) 计算冷却水用量：

$$\tau=\frac{Gc_1}{Wc_2}\frac{A}{A-1}\ln\frac{t_{1s}-t_{2s}}{t_{1f}-t_{2s}} \tag{1-11}$$

$$A=e^{KF/Wc_2}=\frac{t_1-t_{2s}}{t_1-t_2} \tag{1-12}$$

式中，τ 为冷却所需时间，h；W 为冷却水的用量，kg/h；c_1 为培养基的比热容，kJ/(kg·℃)；c_2 为冷却水的比热容，kJ/(kg·℃)；t_{1s} 为培养基开始冷却时温度，℃；t_{1f} 为培养基冷却结束时的温度，℃；t_{2s} 为冷却水进口温度，℃；t_1 为培养基冷却过程中某时刻的温度，℃；t_2 为对应培养基 t_1 温度时冷却水出口温度，℃；G 为培养基质量，kg；K 为平均传热系数，kJ/(m²·h·℃)；F 为传热面积，m²。

(4) 发酵罐空罐灭菌蒸汽消耗量的估算

$$S=V_F\cdot\rho_S\times 5\ \text{倍左右} \tag{1-13}$$

式中，S 为蒸汽的消耗量，kg；V_F 为发酵罐的全容积，m^3；ρ_S 为灭菌罐压下蒸汽的密度，kg/m^3。

【例 1-3】 有一个 $40m^3$ 发酵罐内装培养基 $28m^3$，不锈钢蛇管传热面积 $30m^2$，采用实罐灭菌。培养基原始温度 25℃，用 196kPa（表压）蒸汽通过蛇管间接加热培养基至 90℃。①求加热时间和蒸汽用量各为多少？②若直接用蒸汽把培养基由 25℃加热到 90℃需用蒸汽量和时间？③若用 10℃冷却水冷却灭菌后的培养基，将其从 120℃冷却到 30℃，求冷却水用量及冷却时间各为多少？（实测当培养基 t_1 为 80℃，此时冷却水出口温度为 30℃）

解：已知 $G=28000kg$，$F=30m^2$。

① 间接加热过程的时间及蒸汽量，$t_s=132.9℃$（查 196kPa 表压蒸汽温度）

$t_1=25℃$，$t_2=90℃$，$K=1674kJ/(m^2 \cdot h \cdot ℃)$，$c=4.18kJ/(kg \cdot ℃)$，$F=30m^2$

由式(1-7)：

$$\tau=\frac{Gc}{KA}\ln\frac{t_s-t_1}{t_s-t_2}=\frac{28000\times4.18}{1674\times30}\ln\frac{132.9-25}{132.9-90}=2.14\ (h)$$

由式(1-8)：

$$S=\frac{Gc(t_2-t_1)}{r}(1+\eta)$$
$$=\frac{28000\times4.18\times65}{2169}\times(1+0.05)$$
$$=3686.3\ (kg)$$

查 297kPa 绝对压 $r=2169kJ/kg$，η 取 5%。

② 直接加热过程的时间与蒸汽用量

由式(1-9)：

$$S=\frac{Gc(t_2-t_1)}{i-c_S t_2}\times(1+\eta)$$
$$=\frac{28000\times4.18\times(90-25)}{2728-4.18\times25}(1+0.05)$$
$$=2899.8\times1.05$$
$$=3044.8\ (kg)$$

由 25℃加热到 90℃所需时间 τ。

由 196kPa（表压）蒸汽查得比体积 $V=0.613m^3/kg$。

F 为进蒸汽管道的截面积，m^2；ω 为蒸汽管道中的流速，m/s，取 $\omega=25m/s$。

$$\tau=\frac{SV}{F\omega}$$

$40m^3$ 发酵罐的出料管与进空气管 ϕ108mm×4mm，由此二根管道同时引入蒸汽

$$F=\frac{\pi}{4}d^2\times2=0.785\times0.1^2\times2=0.0157\ (m^2)$$

$$\tau=\frac{3044.8\times0.613}{0.0157\times25}=4755.3(s)=1.32\ (h)$$

由此例题可以看到，用蒸汽直接加热培养基到 90℃，时间比采用夹套或蛇管间接加热培养基到 90℃可缩短 38.3%，蒸汽消耗量可以减少 17.4%。这给我们一个启示，当大型发酵罐培养基实罐灭菌时，为缩短加热升温过程时间，可以采用直接蒸汽加热方法，关键要控制好配料体积的量，使灭菌后蒸汽的冷凝水加上实际配料体积正好等于培养基的计料体积。

③ 冷却阶段的时间与冷却水用量

已知：$t_{1s}=120℃$，$t_{2s}=10℃$，$t_{1f}=30℃$。

$K=1674\text{kJ}/(\text{m}^2 \cdot \text{h} \cdot ℃)$，$c_1=c_2=4.184\text{kJ}/(\text{kg} \cdot ℃)$

由式(1-12) 计算所需冷却水流量

$$A=e^{KF/Wc_2}=\frac{t_1-t_{2s}}{t_1-t_2}=\frac{80-10}{80-30}=1.4$$

$W=KF/(\ln Ac_2)=1674\times30/(\ln1.4\times4.184)=35672.7(\text{kg/h})=35.67\ (\text{t/h})$

由式(1-11) 计算冷却所需时间：

$$\tau=\frac{Gc_1}{Wc_2}\frac{A}{A-1}\ln\frac{t_{1s}-t_{2s}}{t_{1f}-t_{2s}}=\frac{28000}{35672.7}\frac{1.4}{1.4-1}\ln\frac{120-10}{30-10}=4.68\ (\text{h})$$

第四节　培养基连续灭菌的设备及计算

培养基连续灭菌工艺是把发酵罐预先灭菌好，将培养基在发酵罐外采用高效设备连续不断地进行加热，保温灭菌和冷却，然后连续进入已灭菌好的发酵罐里。这种培养基灭菌方法称作连续灭菌，工厂里也称连消。

连续灭菌工艺有很多优点。①采用高温、快速灭菌，物料受热时间短、营养成分破坏少，培养基连消后质量好，发酵单位高。作者曾在上海多家抗生素厂带学生毕业实习时发现，培养基采用连续灭菌比采用实罐灭菌发酵单位会提高10%左右，尤其是培养中乳糖、葡萄糖含量较高的产品。②由于灭菌时间短，发酵罐的利用率高。③蒸汽负荷均衡，锅炉利用高。④适宜采用自动控制。⑤减低劳动强度。

但由于培养基采用了连续灭菌工艺，培养基的加热、保温灭菌、冷却都是在发酵罐外完成，因此需要一套连续灭菌设备和较稳定的饱和蒸汽，其压强要求≥0.5MPa。

一、连续灭菌的设备

培养基连续灭菌系统设备由配料罐（池）、送料泵、预热罐、连消泵、加热器、维持罐和冷却器7个关键设备组成（图1-3）。

1. 加热器

原材料在配料罐内配制成液体培养基，经送料泵至预热罐。在预热罐内蛇管把培养基加热

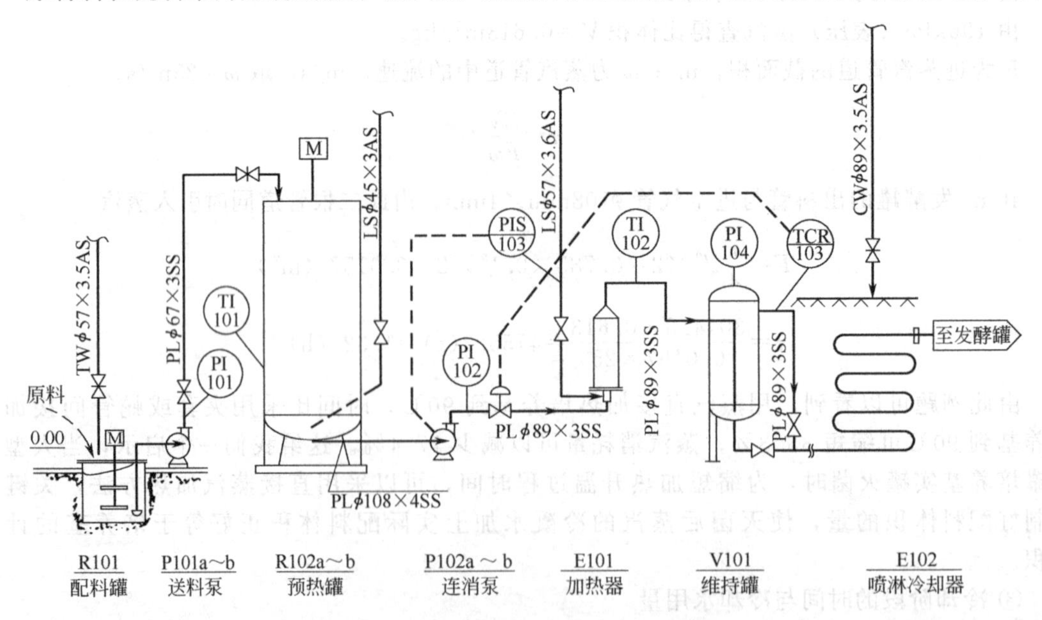

图1-3　培养基连续灭菌系统设备流程图

至75～90℃后，由连消泵连续打入加热器内，要求在20～30s或更短的时间内将培养基加热至130～140℃。目前微生物发酵企业中一般都采用0.5～0.8MPa（表压）的蒸汽与预热后的培养基直接混合加热。目前加热器使用得最广泛的加热器有塔式加热器和喷射式加热器。

（1）塔式加热器

① 塔式加热器的结构。塔式加热器企业里又称连消塔（图1-4），设备的中央是蒸汽导入管，在其管壁上开有与管壁成45°夹角的小孔，孔径一般为5～8mm。孔数按小孔的总面积等于或略小于蒸汽导入管的截面积。小孔在导入管上的分布是上稀下密，这样有利于蒸汽能均匀地从各小孔中喷出。料液从塔的下部由连消泵打入，打料速度控制在使物料在蒸汽导入管与设备外壳的空隙间流速为0.1m/s左右。塔式加热器的有效高度为2～3m，物料在塔中停留加热时间为20～30s。塔式加热器的加工关键是蒸汽导入管上小孔的加工和小孔的分布。如小孔加工不适宜，设备操作时噪声和震动较大。

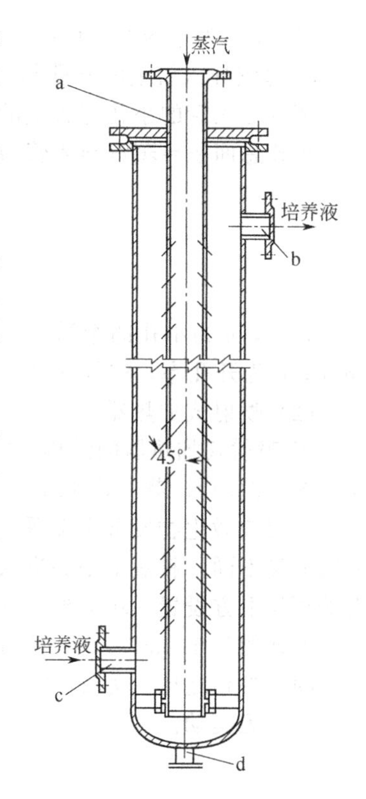

图1-4 连消塔的结构图

a—蒸汽导入管；b—培养基出口；c—培养基进口；d—排污口

② 塔式加热器的设计。

a. 培养基由75℃加热至135℃，计算出加热蒸汽的用量（kg/h）：

$$S=\frac{Gc(t_f-t_s)}{i-t_fc}(1+\eta)=\frac{1.1Gc}{i-t_fc} \tag{1-14}$$

式中，S为加热蒸汽的用量，kg/h；G为打料量，kg/h；t_f为加热塔出口的料液温度，℃；t_s为进入加热塔的料液温度，℃；i为蒸汽的热焓，kJ/kg；c为培养基的比热容，kJ/(kg·℃)；η为热量损失5%～10%，取10%。

b. 塔式加热器蒸汽导入管径的计算。

$$sv=\frac{\pi}{4}d_{内}^2\ \omega_S$$

$$d_{内}=\sqrt{\frac{sv}{0.785\times3600\omega_S}} \tag{1-15}$$

式中，$d_{内}$为蒸汽导入管内径，m；ω_S为蒸汽导入管道内的流速，20～25m/s；v为蒸汽的比体积，m^3/kg。

计算得到的$d_{内}$要圆整到标准钢管规格。

c. 加热塔塔身内径的设计。

$$\frac{\pi}{4}(D_{内}^2-d_{外}^2)\omega_m=V_m+V_S$$

$$D_{内}=\sqrt{\frac{V_m+V_S}{3600\times0.785\omega_m}+d_{外}^2} \tag{1-16}$$

式中，$d_{外}$为蒸汽导入管的外径，m；$D_{内}$为加热塔内径，m；V_m为培养基打料量，m^3/h；V_S为加热蒸汽消耗量折成冷凝水的体积流量，m^3/h；ω_m为混合物料在加热塔环隙中流速，控制在0.1m/s。

d. 加热塔有效塔高的设计。

$$H=\omega_m\tau=0.1\tau \tag{1-17}$$

式中，τ 为培养基在塔中加热停留时间，20～30s。

e. 蒸汽导入管上的开孔与小孔数的设计。

蒸汽导入管的小孔与管壁的夹角呈45°，小孔直径可取5～8mm。

小孔总面积＝蒸汽导入管截面积的80%～100%

$$n\frac{\pi}{4}d_{孔}^2=\frac{\pi}{4}d_{内}^2$$

$$n=\left(\frac{d_{内}}{d_{孔}}\right)^2\varphi \tag{1-18}$$

式中，n 为小孔的个数，个；$d_{内}$ 为蒸汽导入管的内径，m；$d_{孔}$ 为小孔的直径，一般取5mm；φ 为开孔率，80%～100%。

(2) 喷射式加热器

① 喷射式加热器的结构。喷射式加热器的特点是蒸汽和物料密切混合、加热在瞬间内完成［图1-5(a)］，蒸汽由侧面进入，物料由喷嘴喷出，在加热器内被均匀混合加热。图1-5(b) 是目前微生物发酵企业采用较多的喷射加热器，也称连消加热器。这种加热器的喷嘴与一般喷嘴不同：料液由中央进入，蒸汽则在环隙中进入，同时在喷嘴出口处有一个扩大端，扩大端顶端上方设置一块弧形挡板，目的是增强蒸汽与料液的混合加热效果。培养基在进入加热器时流速约为1.2m/s，蒸汽喷出口的环隙面积约与料液出口管的内截面积相同，扩大端的直径与喷嘴外径之比约为2，整个加热器高度在1.5m左右。这种加热器结构简单，性能稳定，噪声少，无震动。

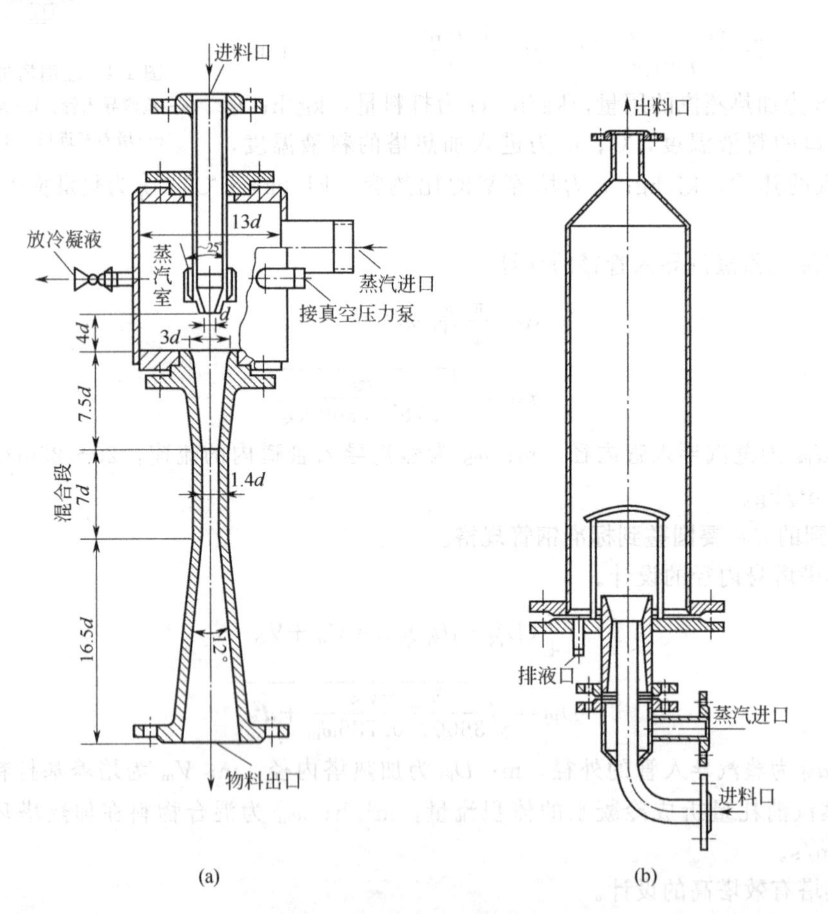

图1-5 喷射式加热器结构

② 喷射式加热器的计算设计方法。喷射式加热器设计中，喷嘴的设计是关键。根据物料流量按公式(1-19) 计算出喷嘴直径后，按比例确定其他各部尺寸。根据资料报道，多喷嘴要比单喷嘴的换热效果好，但喷嘴直径太小会引起堵塞，一般应大于 10mm。另外延长混合段的长度有利于蒸汽与物料的混合。

a. 加热塔内物料流量的计算。

$$G=F\times\Psi\sqrt{2g\Delta p\rho} \tag{1-19}$$

式中，G 为物料的质量流量，kg/s；F 为喷嘴截面积，m^2，$F=\frac{\pi}{4}d^2$；d 为喷嘴的直径，m；Ψ 为喷嘴系数；可取 0.95；Δp 为压差，kg/m^2，$\Delta p=p_1-p_2$，其中 p_1 为进口处物料的压强，kg/m^2，p_2 为蒸汽室蒸汽的压强，kg/m^2；ρ 为料液的密度，kg/m^3；g 为重力加速度，$9.81m/s^2$。

b. 连消塔的容积。

$$V=(V_m+V_S)\cdot\tau \tag{1-20}$$

式中，V 为连消塔容积，m^3；V_m 为物料进料体积流量，m^3/s；V_S 为蒸汽冷凝液体积流量，m^3/s；τ 为物料在喷射加热塔中停留时间，s，一般取 10～13s。

目前在抗生素生产企业内使用最广泛的喷射加热塔或称连消器［图 1-5(b)］，其打料量 $12\sim14m^3/h$ 左右，塔身采用中 ϕ273mm×7mm 无缝钢管，加热器直筒高度 800mm，锥体高度 150mm，出料管径 Dg80，蒸汽进口 Dg50，物料进口 Dg50。

2. 维持设备（或称保温设备）

在培养基连续灭菌工艺中维持设备起保温灭菌作用，使加热后的培养基在维持设备中保温停留一段时间，以达到灭菌目的。为使高温的培养基在该设备中保温停留一定的时间，要求该设备内物料返混要小，外壁要用保温材料进行保温。

(1) 维持设备的结构　目前在企业中使用最广泛的维持设备是维持罐（图 1-6）。维持罐是一个圆柱形立式容器。高温培养基由进料口管道进入容器的底部，缓缓上升至出料口流出，若无返混，培养基在维持罐中的停留时间就是连续灭菌工艺要求的保温时间或称灭菌时间。由于容器直径较大，培养基在容器内的流速又较小，这样在维持罐中物料的返混现象是不可克服的，因此在设计培养基在维持罐中实际停留时间时应把理论灭菌保温时间乘上 3～5 倍。维持罐的高径比取 2.0～2.5 较适合。

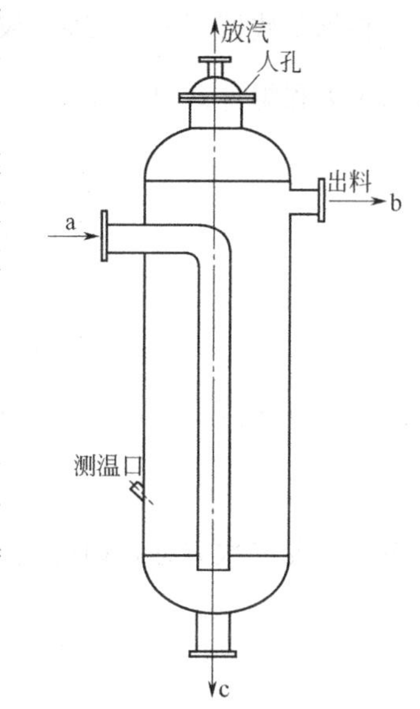

图 1-6　维持罐的结构
a—进料口；b—出料口；c—排污口

若要克服维持设备中物料的返混现象，可采用管式维持器，管式维持器是由 ϕ108mm×4mm 或 ϕ133mm×4mm 无缝不锈钢管，采用以 U 形管与水平直管焊接或者法兰连接而成（法兰连接易拆卸清洗但易溢漏)，其外形酷似喷淋换热器，但其外壁都包裹保温层。管式维持器的长度与管径由保温灭菌时间及培养基的流量确定。培养基在管式维持器中的流速可取 0.3～0.6m/s，要保证培养基在管式维持器中流动处于活塞流状态。

(2) 维持设备的计算与设计方法

① 维持罐的计算与设计。

a. 由于维持罐要使培养基在此设备中保持恒定的灭菌温度，并停留一定的时间，要尽量减少物料的返混，因此维持罐要做得瘦长些，一般取 $H/D=2.0\sim2.5$ 最佳。设备外壁要有保温层。

b. 物料在维持罐中停留的时间 $\tau_{停留}$：根据计算得到的理论灭菌时间×(3～5) 倍。在设计中一般取 3 倍。

c. 维持罐容积的确定

$$\frac{V_{维持罐体积}}{V_{物料流量}}=\tau_{停留}$$

$$V_{维持罐体积}=V_{物料流量}\times\tau_{停留}$$

$$V_{维持罐容积}=V_{封底}+V_{圆筒}=0.13D^3+\frac{\pi}{4}D^2H$$

由于 $H/D=2.0\sim2.5$，因此求出 D 直径以后，根据椭圆封头标准对罐体直径进行圆整。

② 管式维持器的计算与设计方法。

a. 为了克服培养基在维持器内的返混现象，因此要使培养基在管道内处于平推流（或称活塞流）状态，$Re\geqslant10000$。一般要求培养基流速处于 0.25～0.6m/s。

b. 根据培养基的流量与培养基在管道里的流速，即可计算出管道的直径，并根据无缝钢管规格进行圆整。

c. 根据彼克列准数 $Pe\geqslant1000$，即可以看作流体在管道里流动状态接近呈平推流。

Pe 准数可用式(1-21) 表示：

$$Pe=\frac{\overline{\omega}L}{D_Z}=\frac{1}{\left(\frac{D_Z}{\overline{\omega}d}\right)}\times\frac{L}{d} \tag{1-21}$$

式中，Pe 为彼克列准数；$\overline{\omega}$ 为流体平均流速，m/s；L 为管长，m；d 为无缝钢管直径，m；D_Z 为轴内扩散系数，m^2/s。

当 $D_Z=0$ ，$Pe=\infty$，表示流体在管道里呈平推流。

当 $D_Z=\infty$，$Pe=0$，表示流体在管道里呈完全混合状态流动。

当 $Pe\geqslant1000$ 时，在工程设计上即看作流体在管道里接近呈平推流流状。

根据菌残留率$\frac{N_S}{N_O}$～Pe（彼克列准数）～Da（达姆科勒准数）三者之间的变化关系可以写成以下方程组［式(1-22)，式(1-23)］：

$$\begin{cases}\dfrac{N_S}{N_O}=\dfrac{4y\cdot\exp\left(\dfrac{Pe}{2}\right)}{(1+y)^2\exp\left(\dfrac{Pe}{2}y\right)-(1-y)^2\exp\left(-\dfrac{Pe}{2}y\right)} & (1\text{-}22)\\ y=\left(1+\dfrac{4Da}{Pe}\right)^{\frac{1}{2}} & (1\text{-}23)\end{cases}$$

把式(1-23) 代入式(1-22)，在高 Pe 准数时，上式用泰勒级数展开，简化后得：

$$\frac{N_S}{N_O}=\exp\left(-Da+\frac{Da^2}{Pe}\right) \tag{1-24}$$

求解这一元二次方程，即得式(1-23)：

$$Da=\frac{Pe}{2}\left(1-\sqrt{1-\frac{4}{Pe}\ln\frac{N_O}{N_S}}\right) \tag{1-25}$$

$$Da=K\frac{L}{\overline{\omega}}=K\overline{\tau} \tag{1-26}$$

式中，Pe 为彼克列准数；N_S 为灭菌后培养基中菌的浓度，个/ml；N_O 为灭菌前培养基中菌的浓度，个/ml；Da 为达姆科勒准数；K 为灭菌常数，s^{-1}；$\overline{\tau}$ 为培养基在管道里平均停留时间，s；L 为管道的长度，m。图 1-7 为管式维持器中 N_S/N_O 与 $K\overline{\tau}$ 的关系算图。

从式(1-24) 可以清楚地看到，当 $Pe=\infty$ 时，$\frac{N_S}{N_O}=\exp\left(-Da+\frac{Da^2}{Pe}\right)=\exp(-Da)=$

$\exp(-K\bar{\tau})\bar{\tau}=\frac{1}{K}\ln\frac{N_O}{N_S}=\frac{2.303}{K}\lg\frac{N_O}{N_S}$。

也就是说，处于平推流状态时培养基在管道维持器里平均停留的时间，其数值正好是培养基理论灭菌的时间 $\tau=\frac{2.303}{K}\lg\frac{N_O}{N_S}$。

在工程设计上认为，只要 $Pe\geqslant1000$ 时，物流在管道中接近呈平推流流状。由此可想到培养基在管道维持器中的停留时间肯定比培养基理论灭菌时间要大些，但比在维持罐内的停留时间大大减少。

由于$\frac{Dz}{\bar{\omega}d}$与流体流动 Re 准数有函数关系，在计算 Pe 准数时可以使用式(1-27) 来求取$\frac{Dz}{\bar{\omega}d}$

$$\frac{Dz}{\bar{\omega}d}=ARe^{-m} \quad (1\text{-}27)$$

$A=0.678, m=0.0815$

$$\frac{Dz}{\bar{\omega}d}=\frac{0.678}{Re^{0.0815}} \quad (1\text{-}28)$$

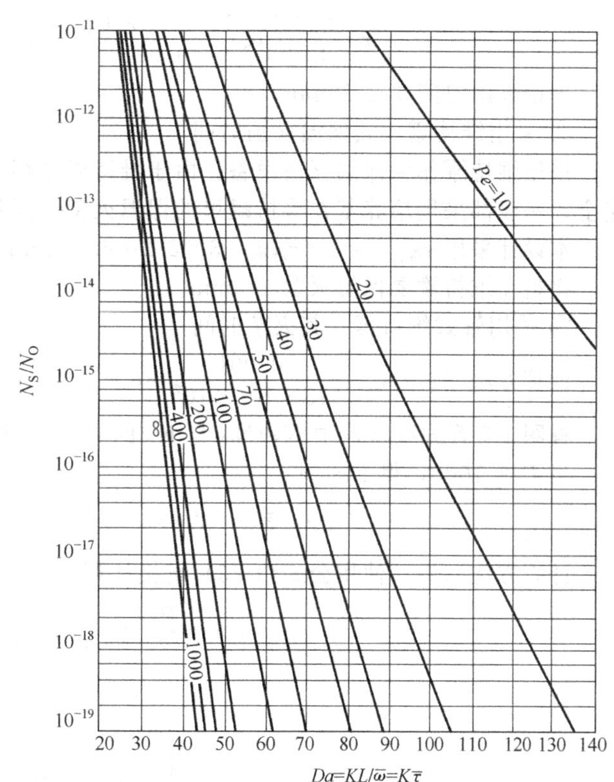

图 1-7　管式维持器中 N_S/N_O 与 $K\bar{\tau}$ 的关系算图

也可以计算出 Re 后，直接查图 1-8$\left(\frac{Dz}{\bar{\omega}d}\sim Re\text{ 的关系算图}\right)$，来求得$\frac{Dz}{\bar{\omega}d}$。

d. 求取管式维持器的长度。同一个 τ 值，可有不同的 L，因为管内平均流速 $\bar{\omega}$ 越大，所需管长越长，管径则可越小，反之 $\bar{\omega}$ 越小，L 也越短，但管径较大。因此管式维持器的长度要从管道费用、设备加工、安装费用、厂区空间等综合来考虑，只要在 $Pe\geqslant1000$ 的前提下可取较小的 $\bar{\omega}$ 值。

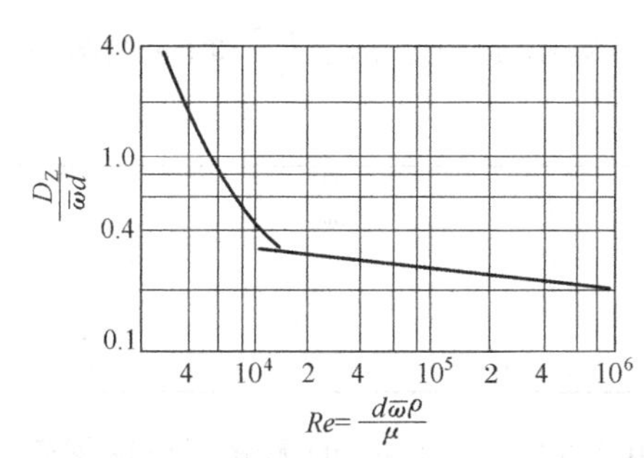

图 1-8　管式维持器中$\frac{Dz}{\bar{\omega}d}\sim Re$ 的关系

e. 设备制造完成经密封性试验后，外置保温层。

【例 1-4】 若设计一培养基连续灭菌系统，处理量每小时 15m³，培养基密度 1000kg/m³，黏度 3×10^{-3}Pa·s，物料灭菌前菌含量 10^7 个/ml，灭菌温度 132℃。

求取：①理论灭菌时间？②采用维持罐，其灭菌时间应为多少？③采用管式维持器，其灭菌时间应为多少？④管式维持器的直径与长度？

解：① 求理论灭菌时间

$$\tau=\frac{2303}{k}\lg\frac{C_O}{C_S}$$

$$C_O=10^7\text{ 个/ml}, C_S=\frac{0.001}{15\times10^6}\text{个/ml}$$

$$\lg K=\frac{-14845}{T}+36.127=\frac{-14845}{273+132}+36.127=-0.5243$$

$K=0.299\text{s}^{-1}$

$$\tau=\frac{2.303}{0.299}\lg\frac{10^7\times15\times10^6}{0.001}=132.29(\text{s})=2.20\ (\text{min})$$

理论灭菌时间要 2.20min。

② 采用维持罐，其保温灭菌时间

采用维持罐作为保温灭菌设备，由于维持罐中存在物料返混现象，为了保证培养基灭菌的完全，一般都采用培养基在维持罐里的保温灭菌时间是理论灭菌时间的 3～5 倍。

本设计采用 $\tau_{维持罐}=3\times\tau_{理论}=3\times2.2=6.6$ (min)

物料在维持罐要保温灭菌 6.6min。

③ 采用管式维持器，其灭菌时间

计算方法 (1)：$C_S=\dfrac{0.001}{15\times10^6\times10^7}=6\times10^{-18}$

查图 1-7 管式维持器中 N_S/N_O 与 $K\tau$的关系算图

当 $Pe=1000$，得 $Da=41.5$

$$Da=K\tau\quad\therefore\tau=\frac{41.5}{0.299}=138.5=2.31\ (\text{min})$$

计算方法 (2)：使用公式(1-25) 直接计算

$$Da=\frac{Pe}{2}\left[1-\sqrt{1-\frac{4}{Pe}\ln\frac{N_O}{N_S}}\right]$$

$$=\frac{1000}{2}\left[1-\sqrt{1-\frac{4}{1000}\ln\frac{10^7\times15\times10^6}{0.001}}\right]$$

$$=\frac{1000}{2}(-0.0825)=41.25$$

$$Da=K\tau,\ \tau=\frac{41.25}{0.299}=137.96=2.30\ (\text{min})$$

两种办法计算所得结果基本一致，管式维持器中保温灭菌时间是 2.3min。

④ 管式维持器的直径与长度

采用标准的无缝不锈钢钢管，根据处理量 15m³/h，计算出 $\overline{\omega}$、L、Re、$\dfrac{D_z}{\overline{\omega}d}$和 Pe 的数值，并列成表格，选择一个最佳方案。

管径/mm×mm	$d_{内}$/m	流速 $\overline{\omega}$/(m/s)	L/m	Re	$\frac{D_z}{\overline{\omega}d}$	Pe
ϕ89×4	0.081	0.81	112.4	21600	0.301	4610
ϕ108×4	0.10	0.53	73.6	17666	0.306	2405
ϕ133×4	0.125	0.34	47.2	14167	0.311	1214
ϕ159×4.5	0.15	0.236	32.8	11800	0.316	690

综合考虑设备的制造与安装费用，管式维持器可选用 ϕ133mm×4mm 的无缝不锈钢钢管，长度 47.2m，或选用 ϕ108mm×4mm 的无缝不锈钢钢管，长度 73.6m，都能满足工艺要求。

二、连消培养基冷却设备

培养基在完成高温灭菌后，要求快速冷却到发酵工艺规定的温度。冷却设备要求严密性好，冷却效率高。目前工业化微生物发酵企业都采用真空冷却器、喷淋冷却器和螺旋板换热器来作为连消后培养基的冷却设备。

1. 真空冷却器

真空冷却器（图 1-9）的工作原理是高温培养基从维持罐或管式维持器进入真空冷却器，在真空下，水分立即汽化，使培养基本身温度下降，培养基最终被冷却之温度取决于设备操作的真空度（表 1-2）。如真空冷却器真空度为 700mmHg（约 0.9MPa）柱，培养基最终被冷却之温度不会低于 42℃。本设备在大型酒精发酵企业中被广泛采用，安装高度大于 10m 为佳。

表 1-2　真空度下水的饱和蒸汽压与温度的对应关系

真空度/mmHg	500	550	600	650	700	750
绝对压/mmHg	260	210	160	110	60	10
温度/℃	72.5	67.5	61.5	54	42	11

注：1mmHg=133.322Pa。

真空冷却器的设计参数如下：

① 二次蒸汽在真空冷却器内上升速度一般可取

$$\omega_s=0.8\mathrm{m/s}$$

② 二次蒸汽在 a 管里流速

$$\omega\leqslant 10\mathrm{m/s}$$

③ 冷却的培养基在 c 管内流速

$$\omega=0.2\sim0.3\mathrm{m/s}$$

④ 高温培养基在 b 管内流速

$$\omega=40\sim60\mathrm{m/s}$$

⑤ 冷却器 $H/D=1.5$

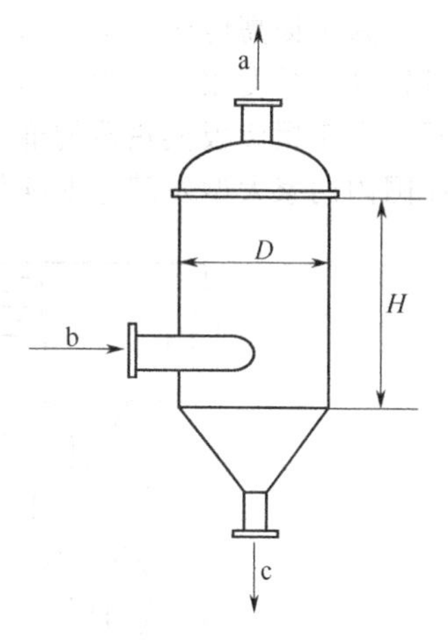

图 1-9　真空冷却器

a—二次蒸汽出口；b—高温培养基进口；c—冷却培养基出口

2. 喷淋冷却器

喷淋冷却器（图 1-10）是多组由环形不锈钢无缝钢管与直形不锈钢无缝钢管经焊接或法兰连接而成，最上端有一个淋水槽，冷却水从淋水槽中溢出，沿着檐板淋到最上层冷却器直管的中央，然后沿着淋水板一层直管、一层直管往下流。喷淋冷却器冷却效果的优劣与淋水装置的安装是否合理关系极大。为了增加传热推动力，高温培养基应由底端进，上端出。在热物料冷却过程中，一方面由于冷却水与热物料导热过程带走热量，另一方面在淋水过程中有部分冷却水汽化，其可带走 10%～20%的总热量，故反映出其传热系数较大 $K=250\sim290\mathrm{W/(m^2\cdot℃)}$。为了要强化喷淋冷却器的冷却效果，该设备应放在通风的场所。

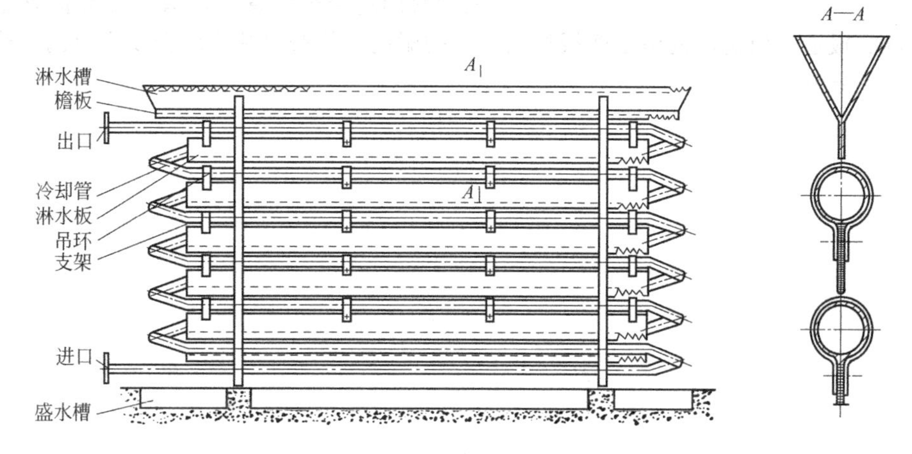

图 1-10　喷淋冷却器

喷淋冷却器的设计参数：

① 采用 ϕ89mm×4.5mm 或者 ϕ108mm×4mm 不锈钢直管与弯管焊制；

② 物料在管道里流速 0.6～0.7m/s；

③ 传热系数 $K=250\sim290\mathrm{W/(m^2\cdot℃)}$；

④ 冷却水至最上排直管流至最下排直管的温差 $\Delta t=20℃$左右；

⑤ 冷却水周边流量控制在 $S=800\sim1500\text{kg}/(\text{m}\cdot\text{h})$。

$$周边流量\ S=\frac{w_{水}}{2nL} \tag{1-29}$$

式中，S 为周边流量，kg/(m·h)；$w_{水}$ 为冷却水用量，kg/h；n 为同一水平向上管子的排数；L 为每排管子的长度（直管长度与一个弯头的长度之和），m。

3. 螺旋板换热器

为了提高传热效果，可以选用螺旋板换热器。由于国内工业化微生物发酵培养基中固体含量较高，黏度较大，为了防止螺旋板换热器通道的堵塞，要求选用板间距在 5～18mm 的换热器。由于螺旋板换热器的通道间距较小，热流体和冷却体的流速很大，故传热效果很好。作者在国内两家大型发酵企业实测到国产不锈钢螺旋板换热器，冷却连消后培养基，其传热系数 $K=600\sim800\text{W}/(\text{m}^2\cdot℃)$。据报道国外发酵企业大都采用螺旋板换热器作为加热或冷却设备，传热系数 $K=980\sim3000\text{W}/(\text{m}^2\cdot℃)$。

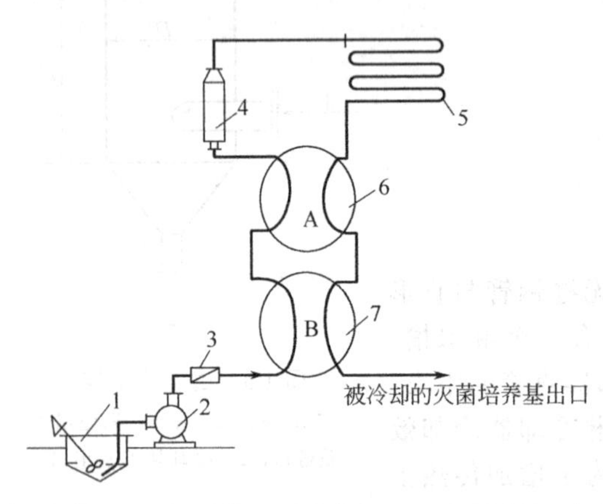

图 1-11　连续灭菌过程采用螺旋板换热器综合利用热能工艺的流程

1—配料罐；2—打料泵；3—流量计；4—加热器；5—管式维持器；6—螺旋板换热器 A；7—螺旋板换热器 B

在培养基连续灭菌过程中，可以采用螺旋板换热器进行综合利用热能的连消工艺设计（图 1-11）。

用冷的培养基来冷却经灭菌后的高温培养基，如图 1-11，从管式维持器中流出的高温培养基经螺旋板换热器 A，再经过螺旋板换热器 B，灭菌后培养基温度基本可达到发酵工艺要求的温度。若培养基温度还太高，可以用发酵罐中的蛇管来冷却，直至发酵工艺规定温度。

以上采用螺旋板换热器进行综合利用热能的工艺是大型工业化发酵企业节能、节水很有效的方法。只是本设备系统要定期使用化学除水垢剂清洗，以免螺旋板换热器通道被堵塞。除了以上三种常用的冷却设备外，国外发酵企业还有采用薄板换热器的报道，但是国内由于薄板换热片间的耐高温橡胶垫片有时会发生泄漏，使其使用的范围受到了限制。

第二章　发酵用压缩空气预处理及除菌设备

绝大多数工业微生物发酵都是利用好气性微生物进行深层悬浮纯种培养过程，在培养过程中需要连续通入大量无菌空气，以供生产菌的生长和合成抗生素或其他次级代谢的产物。因此在发酵工厂如抗生素生产企业，必须配置庞大的空气压缩机车间和空气除菌设备，如表 2-1 为关于抗生素厂发酵染菌的分析及资料统计。据统计，发酵过程中污染率与空气系统的质量关系密切，接近 20%的发酵污染都是由于空气系统带菌而引起的。因此采用合理可靠的空气预处理和除菌设备、科学正确的操作工艺对保证工业发酵的正常生产是十分重要的。

表 2-1　关于抗生素厂发酵染菌的分析及资料统计

染菌原因	所占百分比/%	染菌原因	所占百分比/%
1. 种子染菌或怀疑种子带菌	9.64	8. 接种管道渗漏	0.39
2. 接种子罐压跌零	0.19	9. 阀门泄漏	1.45
3. 培养基灭菌不彻底	0.79	10. 搅拌轴封泄漏	2.09
4. 总空气系统带菌	19.96	11. 罐盖泄漏	1.54
5. 泡沫升至罐顶	0.48	12. 其他设备泄漏	10.15
6. 夹套穿孔	12.36	13. 操作问题	10.15
7. 蛇管穿孔渗漏	5.89	14. 原因不明	24.91

第一节　供发酵工厂使用的无菌空气的质量指标

1. 压缩空气的压强

一般要求空气压缩机出口的空气压强控制在 0.2～0.35MPa（表压），不必强求压缩机出口的空气压强过高。目前发酵企业都把传统的 L 型空气压缩机由二级压缩改为一级压缩，大大节省了电耗。

2. 空气流量

根据发酵工厂或发酵车间的总体发酵罐容积，确定应提供的压缩空气的流量。

3. 空气的温度

为了降低空气的相对湿度，往往采用适当加热压缩空气的方法。一般控制进发酵罐压缩空气的温度比发酵温度高出 10℃左右。

4. 相对湿度

由于目前发酵工厂的空气总过滤器的过滤介质采用的是纤维素纸、PP 毡或者棉花等，这些过滤介质受潮后过滤效果会大大下降，因此将进入总过滤器的压缩空气的相对湿度控制在 60%～70%。

5. 洁净度

发酵工业中所指的“无菌空气”是指通过除菌处理后压缩空气中含菌量降低到零或达到洁净度 100 级[1]的洁净空气，它已能满足发酵工业的要求。

---

[1] 美国国家航空和宇宙航行局（NASA）标准：100 级洁净空气指经处理后的空气中≥0.5μm 的微粒数小于或等于 100 个/ft^3（$1ft^3=0.0283168m^3$）、生物微粒 0.1 个/ft^3、沉降量 1200 个/(ft^2·周)（$1ft^2=0.092903m^2$）。

第二节　压缩空气的预处理原理及工艺流程设计

一、压缩空气预处理的目的

为了保证总过滤器内的过滤介质的干燥，不应因压缩空气中夹带的水滴、油滴受潮引起介质的结团变形而失效，因此在进入总过滤器之前要把压缩空气中夹带的水滴、油滴除去。水滴是由于空气经压缩和冷却后，空气中的水气发生相变而析出；油滴是来自空气压缩机活塞环的润滑油被空气带出来的。若采用涡轮压缩机，其压缩空气中就无油滴，供气质量会大大提高，但设备投资较大。若采用其他类型的空气压缩机，获得的压缩空气都含有少量油滴。因此压缩空气在进入空气总过滤器之前一定要经过降温、除水、除油的预处理。

二、压缩空气的冷却

空气经过压缩机的压缩，接受了机械功，温度会显著上升。空气被压缩后压强愈高，温度也上升得愈高。空气压缩过程，压强与温度之间的关系可用式(2-1) 表示。

$$\frac{T_2}{T_1}=\left(\frac{p_2}{p_1}\right)^{\frac{K-1}{K}} \tag{2-1}$$

式中，T_1、T_2 为压缩前后的绝对温度，K；p_1、p_2 为压缩前后空气的绝对压强，Pa；K 为绝热过程，K 可取 1.4，多变过程 K 可取 1.3，一般在发酵工厂净化系统设计时取 $K=1.3$。

【例 2-1】 20℃的大气经空气压缩机的压缩，空压机空气出口压强为表压 0.2MPa，问此时压缩空气的温度是多少？

解：$T_1=273+20=293\text{K}$

$p_1=0.101\text{MPa}$　$p_2=0.2\text{MPa}$，K 取 1.3

$$T_2=T_1\left(\frac{p_2}{p_1}\right)^{\frac{K-1}{K}}$$

$T_2=(273+20)\times(0.3\div0.1)^{\frac{1.3-1}{1.3}}=293\times3^{0.23}=377.5$ (K)

$t_2=377.5-273=104.5$ (℃)

压缩空气的温度是 104.5℃。

因此从压缩机输出的高温压缩空气必须进行适当冷却，再进入总过滤器进行除菌处理。在以往发酵工厂的总体布置设计中，都在空气压缩机车间的旁边布置换热设备，直接冷却压缩机车间出来的高温压缩空气。在 20 世纪 80 年代中期，华东理工大学屠天强等为了解决压缩空气冷却与节能问题，提出了高温压缩空气沿程冷却设计方案。该方案把原安置在空气压缩机车间旁的换热器搬迁到发酵车间的周边，压缩机输出的高温压缩空气经大口径钢管的输送过程中沿程即向大气散发热量，到达换热器时接近 1/3～1/2 的热量即已发散，可使列管换热器的冷却水量大大减少。作者也曾为多个企业设计过发酵用压缩空气预处理净化系统，实测结果证实直径 200～300mm 的焊接钢制空气管道每米能降温 1℃左右，冬天效果更佳。空气冷却设备现都采用多程列管式换热器，冷却水走管程，空气走壳程。为了提高压缩空气在壳程内的流动速度，壳体内应设计圆缺型折流板。多程列管式换热器空气冷却的传热系数较低，一般 K 可取为 60～120W/(m^2・℃)。

三、压缩空气的除水原理及压缩空气预处理系统的工艺流程设计

1. 压缩空气的除水原理

压缩空气冷却到其露点，即有水分析出，为了防止压缩空气把析出的水分带入总过滤器，使过滤介质受潮失效或降低其过滤效率，必须在空气进入总过滤器之前把其夹带的水分除掉。华东理工大学俞俊棠在 20 世纪 80 年代经过对多家发酵制药企业的调研，提出压缩空气除水原

理及计算方法，为当时国内发酵企业解决空气系统染菌问题提供了理论根据。

空气的相对湿度、空气中的水汽分压与空气中湿含量有以下的关系：

$$\varphi=\frac{p_w}{p_s} \tag{2-2}$$

$$x=0.622\times\frac{\varphi p_s}{p-\varphi p_s} \tag{2-3}$$

$$\varphi=\frac{p}{p_s}\times\frac{x}{0.622+x} \tag{2-4}$$

$$p_w=\frac{px}{0.622+x} \tag{2-5}$$

式中，φ 为空气相对湿度，%；x 为空气中湿含量，kg/kg（水气/干空气）；p_w 为空气中的水气分压，Pa；p_s 为与空气同温度的水的饱和蒸气压，Pa；p 为空气的总压强，Pa。

空气中的相对湿度随地理、季节而变化，我国沿海地区，一年之际 7～8 月份相对湿度最大，而且晚间的相对湿度也必然大于白昼。为使发酵工厂压缩空气预处理系统能较稳定地工作，在设计时一般都采取最湿月相对湿度平均值作为设计参数。

详细数据见附录全国主要城市气象资料汇编。

从式(2-4) 可以看到，若空气的湿含量 x 及温度 t 不变，空气的压强愈大相对湿度 φ 也愈大，因此压缩空气在预处理过程中无相变，即 $x_1=x_2$，下式即成立：

$$\varphi_2=\varphi_1\left(\frac{p_{s1}}{p_{s2}}\right)\left(\frac{p_2}{p_1}\right) \tag{2-6}$$

式中，φ_1、φ_2 分别是压缩前后空气的相对湿度，%；p_{s1}、p_{s2} 分别是对应压缩前后空气温度的饱和蒸气压，Pa；p_1、p_2 分别是压缩前后空气的绝对压强，Pa。

由公式(2-6) 可以看到，空气经过压缩其湿含量不变，温度大大提高，因而相对湿度就变小，当其冷却时，相对湿度会慢慢增大，直到冷却到露点，$\varphi=100\%$，当 $\varphi>100\%$ 即有水析出。

【例 2-2】 空压机吸入温度为 20℃。相对湿度 80% 的空气，当压缩到 0.2MPa（表压）时，温度为 120℃。问：(1) 此时的压缩空气相对湿度为多少？(2) 若将上述压缩空气冷却到有水析出时，问需冷却到多少摄氏度（即露点）？

解：(1) 此时的压缩空气相对湿度，查空气 20℃时 $p_{s1}=2340$Pa，120℃时 $p_{s2}=198653$Pa

$$\varphi_2=\varphi_1\left(\frac{p_{s1}}{p_{s2}}\right)\left(\frac{p_2}{p_1}\right)=0.8\times(2340/198653)\times(301.3/101.3)=0.028=2.8\%$$

此时的压缩空气相对湿度为 2.8%。

(2) 冷却到几摄氏度，有水析出？

当空气冷却到露点，即 $\varphi_2=100\%$，$p_{s2}=p_{s1}\left(\frac{\varphi_1}{\varphi_2}\right)\left(\frac{p_2}{p_1}\right)$

$p_{s1}=198653$Pa，$\varphi_1=2.8\%$，$\varphi_2=100\%$，$p_2=p_1=0.2$MPa

$p_{s2}=198653(0.028/1)=5562.28$ (Pa)

由 p_{s2} 查 $t_2=34.5$℃，即冷却到 34.5℃时开始有水析出。

【例 2-3】 若将［例 2-2］的压缩空气冷却到 25℃（压强不变），求：①其湿含量是多少？②每千克干空气能析出多少水？查得 25℃时 $p_s=3167.68\text{Pa}=3.1677\text{kPa}$。

解：① 其湿含量为

$$x_2=0.622\times\frac{\varphi_2 p_{s2}}{p_2-\varphi_2 p_{s2}}=0.622\times\frac{1\times3.1677}{301.3-3.1677}=0.00661\ [\text{kg/kg(水/干空气)}]$$

湿含量是 0.00661kg/kg（水/干空气）。

② 每千克干空气能析出多少水？

已知：$\varphi_1=0.8$；$p_{s1}=2340\text{Pa}=2.340\text{kPa}$，$p_1=101.3\text{kPa}$

$$x_1=0.622\times\frac{\varphi_1 p_{s1}}{p_1-\varphi_1 p_{s1}}$$

$$x_1=0.622\times\frac{0.8\times2.340}{101.3-0.8\times2.340}=0.0117\ [\text{kg/kg(水/干空气)}]$$

每千克干空气能析出水$=x_1-x_2=0.0117-0.00661=0.0051\text{kg}$。

【例 2-4】 若将［例 2-3］中已析出水分的压缩空气加热到 35℃（压强保持不变），问其相对湿度为多少？查得 35℃时 $p_s=5623.44\text{Pa}=5.623\text{kPa}$。

解： $\varphi=\frac{p}{p_s}\times\frac{x}{0.622+x}=\frac{301.3}{5.623}\times\frac{0.0061}{0.622+0.00661}=0.563$

其相对湿度为 $\varphi=56.3\%$。

由此例题可见，将析出了水分的压缩空气加热，可以降低其相对湿度，这样可以防止空气总过滤中的过滤介质因受潮而失效，而导致发酵工厂大面积的染菌。为节约能源，较常规的做法是把进入总过滤器前的压缩空气加热，控制相对湿度在 60%～70%左右。

2. 压缩空气预处理系统的设备流程（图 2-1）

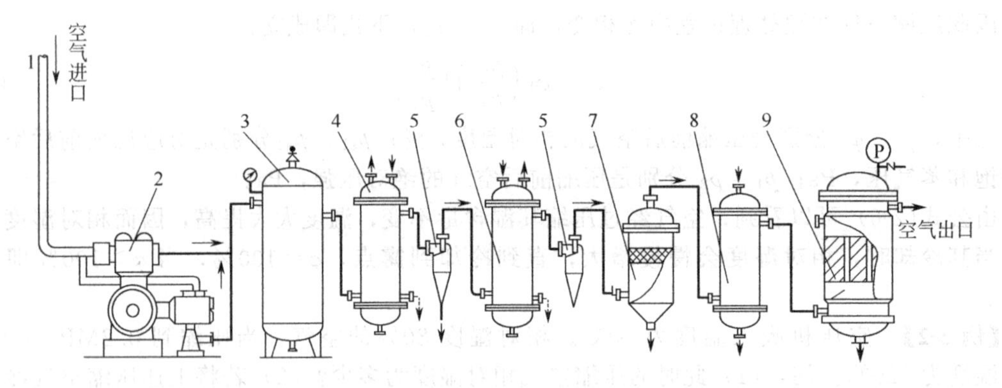

图 2-1　工业化发酵工厂压缩空气预处理系统的设备流程

1—来自吸风塔或前置过滤器；2—空气压缩机；3—空气贮罐；4—第一冷却器；5—旋风分离器；6—第二冷却器；7—丝网除沫器；8—空气加热器；9—总过滤器

第三节　压缩空气预处理系统的设备设计

上节讲述了压缩空气预处理系统的设备流程：

吸风塔⟶前置过滤器⟶空气压缩机⟶空气贮罐$\xrightarrow{\text{管道沿程冷却}}$第一冷却器⟶旋风分离器⟶第二冷却器⟶旋风分离器⟶丝网除沫器⟶空气加热器⟶总过滤器⟶进入车间发酵罐上空气过滤器

要达到空气预处理系统的最佳的工作效果，各个设备的设计参数的确定是关键。在 20 世纪 80～90 年代，华东理工大学生物工程系设备教研室对国内抗生素企业的压缩空气预处理系统的工艺设计、设备设计和企业推广做出了一定的贡献。

1. 吸风塔（图 2-2）

如要求吸入空气压缩机的空气其含尘量＜1mg/m³。除了要求空气压缩机车间要建在厂区的上风向外，还要求吸风塔的高度≥10m。因为吸风口越靠近地面，尘埃越多。吸风塔是一个

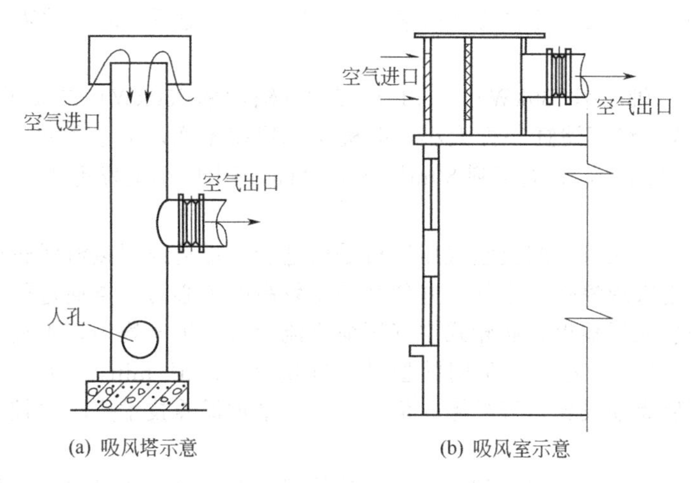

(a) 吸风塔示意　　(b) 吸风室示意

图 2-2　吸风塔与吸风室结构示意

类似烟筒的圆柱形钢结构设备，为了防止雨水灌入，顶部设计有防雨罩。吸风塔内的空气流速不能太快，不然噪声过大，一般空气在吸风塔内的截面流速设计在≤8m/s。有的工厂由于受到四周环境空间的限制，不能单独建吸风塔，也可以利用空气压缩机车间厂房的高度，在其屋顶上建一个吸风室，并且在吸风室内设计一个聚氨酯泡沫塑料介质粗过滤器。作者曾在多个中小型企业设计过，都收到了很好的效果。它不占地方，又能保证吸风高度在10m以上。空气穿过聚氨酯泡沫塑料介质粗过滤器的气速应设计在≤0.5m/s左右。

2. 前置预过滤器（图 2-3）

前置预过滤器其外形像一只大型的集装箱。内部设计有两道过滤介质层：前道称粗过滤层，通常采用绒布或聚氨酯泡沫塑料作为过滤介质；后道称亚高效过滤层，通常采用无纺布作为过滤介质。空气经过前置预过滤器处理后空气中的尘埃含量大大减少。空气在前置预过滤器中流速不能过快，否则噪声很大。作者曾为多家抗生素企业设计，粗过滤层空气流速控制在≤0.5m/s，亚高效过滤层气速控制在0.2～0.5m/s，都取得了很好的效果。以前也有人采用油浴式除尘器，但由于经处理后的空气中夹带油沫多，对空气的质量影响大，现工业化生物发酵企业都已不再采用。

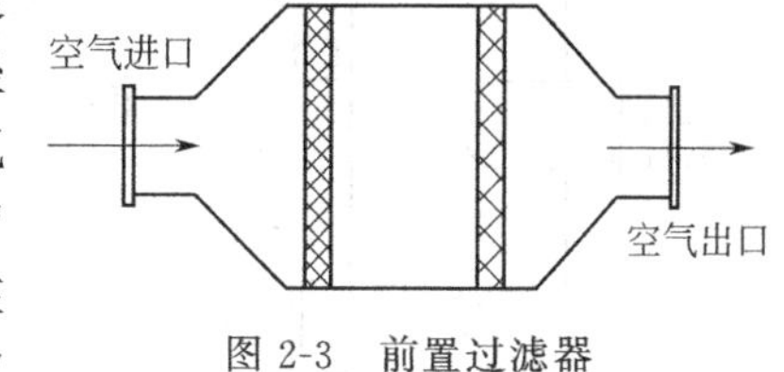

图 2-3　前置过滤器

3. 空气压缩机

根据全厂发酵工艺所需的空气流量、克服压缩空气输送过程的阻力和克服发酵罐的液柱高度所需的压强来选用空气压缩机型号。目前在发酵工厂使用的空气压缩机大致有三种类型。

（1）往复式空气压缩机　它是靠活塞在汽缸内往复运动将空气抽吸和压出。因此出口空气压强是不稳定的，存在脉动状况。另外，为了降低活塞在汽缸里运动产生的热量，用油来润滑汽缸与降温，因此在压缩空气中夹带较多的油量，增加后续的空气净化处理难度和影响空气净化的质量。

目前空气压缩机制造厂为克服其夹带较多油量的缺陷，采用添加了二硫化钼的聚四氟乙烯活塞环来替代原钢制活塞环，使其压缩空气中夹带的油滴大大减少。往复式空气压缩机按照其汽缸排列位置又可分为V型、W型、L型等空气压缩机。以往发酵工厂里采用的空气压缩机都采用双缸二级压缩，空气出口压强一般在0.7MPa左右。实际上工业化发酵生产使用的空气压强不用这样高。经华东理工大学生物工程系对发酵工厂空气预处理系统技术的推广，目前发酵工厂都把往复式空气压缩机的二级压缩改为一级压缩，空气出口压强控制在

0.22～0.3MPa（表压），压缩机的装机功率不变，这样可以把原压缩机的吸气量增加一倍，大大节约了动力。

例： 4L-40/2.5（轴功率 130kW）、5.5L-80/2.2（轴功率 250kW）二级压缩改成一级压缩，并把二级压缩缸换成一级压缩缸一样大小，电机功率保持不变，吸空气量可分别由 $20m^3/min$ 提高到 $40m^3/min$、$40m^3/min$ 提高到 $80m^3/min$。目前国内中小型发酵工厂采用往复式空气压缩机为多。

(2) 涡轮式空气压缩机　此类空气压缩机是由电动机带动或用蒸汽涡轮机带动，靠涡轮高速旋转时所产生的空穴现象吸入空气，并使其获得较高的离心力，再通过固定的导轮和涡轮型机壳使动能转变为静压后输出。涡轮式空气压缩机流量大，出气均匀，不夹带油雾，排气压强在 0.2～0.25MPa（表压）左右。常用的型号吸气量有 $120m^3/min$，$550m^3/min$，$920m^3/min$ 等。这种空压机其后无须设置空气贮罐。但其安装与维护保养技术要求比较高，适合大中型发酵企业采用。

(3) 螺杆式空气压缩机　它是利用高速旋转的螺杆在汽缸里瞬时组成空腔并因螺杆的运动把腔间内空气压缩后输出。螺杆式压缩机分单杆压缩机和双螺杆压缩机。由于这类压缩机是整机安装，占地面积小，压缩空气中不含油雾且排气平稳，近年来在一些新建发酵工厂采用较多。目前使用较多的机型吸气量最小为 $8m^3/min$，最大为 $373m^3/min$，排气压强为 0.35MPa（表压）。但因其维护保养技术要求比较高，适合大中型发酵企业采用。

4. 压缩空气贮罐（图 2-4）

一般在发酵工厂的空气压缩机车间处都设有压缩空气贮罐，该压缩空气贮罐在生产工艺上起到两个作用：其一是稳定压强消除空气的脉动；其二是让高温的空气在贮罐里停留一定的时间，起到空气的部分杀菌作用（注意此时要在空气贮罐外加保温层）。

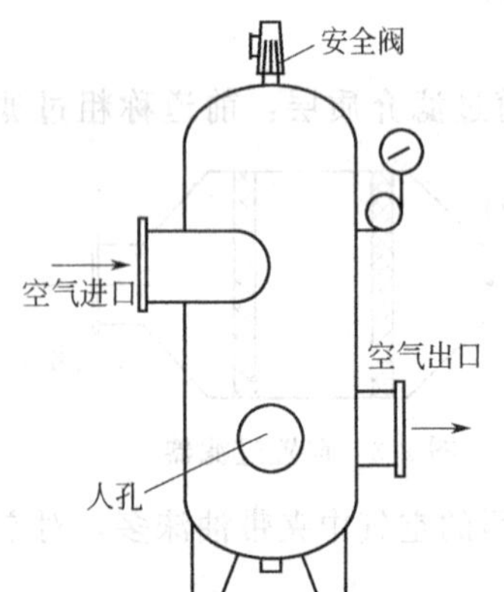

图 2-4　压缩空气贮罐

贮罐的设计 $H/D=2.2\sim2.5$。若空压机采用双气缸一级压缩，贮罐容积可用式(2-7) 计算：

$$V\geqslant400\,\frac{V_p}{n} \tag{2-7}$$

式中，V 为贮罐容积，m^3；V_p 为气缸的容积，m^3；n 为压缩比。

或根据经验估算，贮罐容积可取 $V=10\%\sim15\%$ 的空压机每分钟的吸气量（m^3）。

空气的贮罐是一个钢制圆柱容器，罐顶上装有安全阀、压力表，罐底安装排污阀，罐壁上设置有人孔，便于检修。特别要注意的是压缩空气要切向进入空气贮罐，这样可以大大降低空气贮罐的噪声。

5. 空气冷却器

目前压缩空气的预处理系统在工业化微生物发酵工厂的总体布置设计上，除把空气贮罐安置在空气压缩机车间旁外，把其余的设备都安置在发酵车间旁。压缩空气由管道经沿程冷却输送到空气冷却器，此时空气的温度已大大低于空气压缩机出口的温度。空气冷却器在本流程中的作用是使压缩空气除水减湿。冷却设备通常采用双程或多程列管式换热器，冷却水走管程，压缩空气走壳程，为提高换热器的传热系数应在壳程安装圆缺型折流板。传热系数 K 一般取 $60\sim120W/(m^2\cdot℃)$。

(1) 空气冷却器的传热量

$$Q=L(I_1-I_2) \tag{2-8}$$

式中，Q 为空气在冷却器内的传热量，kJ/h；L 为干压缩空气的质量流量，kg/h；I_1、I_2

为空气状态 1 和状态 2 时的热焓，kJ/kg。

$$L=\frac{60V_g}{V_x} \tag{2-9}$$

式中，V_g 为空压机吸入的湿空气体积流量，m^3/h；V_x 为以 1kg 干空气为基准的湿空气比体积，m^3/kg。

(2) 冷却器传热面积

$$F=1.15\times\frac{Q}{K\Delta t_m} \tag{2-10}$$

式中，F 为冷却器传热面积，m^2。这里要注意计算得到的传热面积在选用定型换热器时要加以圆整。

6. 水滴分离设备

压缩空气中的水气冷却到露点发生相变，有水滴析出。为了防止空气夹带水滴进入总过滤器，使过滤介质失效，要用专用设备把这些析出的水滴除去。在目前的大中型发酵企业，空气预处理系统中采用以下分离水滴装置：初级分离水滴设备采用旋风分离器，其对 10μm 直径的水滴除去效率在 60%～70%；若要除去 2～5μm 大小的水滴或油滴就要采用金属丝网除沫器。目前在发酵工厂都采用旋风分离器作为粗除水器，在其后再安装金属丝网除沫器作为精细除水器。

(1) 旋风分离器（图 2-5） 它的工作原理是将夹带水滴或油滴的空气由进气管高速进入，并在环隙中高速旋转，在离心力作用下，水滴或油滴被抛向器壁，然后沿着器壁流下。只要能满足气体在旋风分离器里的停留时间大于水滴或油滴沿圆周切线方向运动到器壁的时间，水滴或油滴就可沉降下来。在正常的操作状态，旋风分离器内部呈一定的负压。旋风分离器的分离效率不是很高，即使在良好工作状态，除去 10μm 大小粒子的效率在 60%～70%，除去 30～40μm 大小粒子的效率在 90%左右。

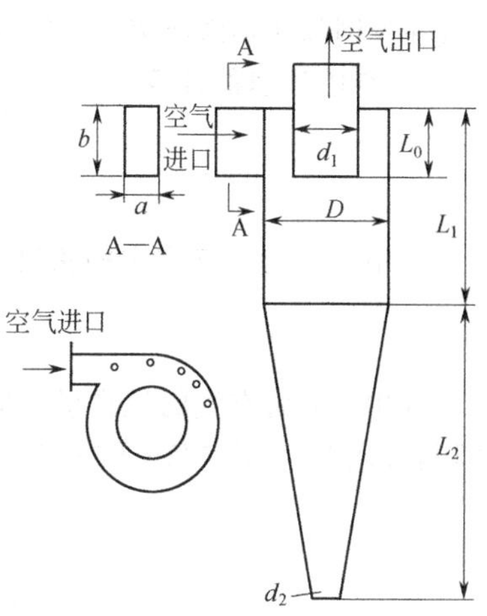

图 2-5 旋风分离器结构

为使旋风分离器处于良好工作状态，在其底部安装浮杯式疏水器或定时自动疏水器或定时人工疏水。不能使其底部的阀门常开，这样会降低旋风分离器的除水效果。旋风分离器的设计要点是进口气速和设备的结构比例尺寸。进口气速一般取 $W_g=15\sim25m/s$。

也可用经验公式计算求取：

$$W_g=541.5\times\frac{V^{\frac{1}{3}}}{(d_p)_{min}^{\frac{4}{3}}} \tag{2-11}$$

式中，W_g 为旋风分离器进口气速，m/s；V 为进入旋风分离器的气体流量，m^3/s（工作状态）；$(d_p)_{min}$ 为分离的最小颗粒直径，μm。

其设备结构的比例尺寸：

$$a=0.2D$$
$$b=0.5D$$
$$L_0=0.5D$$
$$d_1=0.5D$$
$$L_1=1.5D$$
$$L_2=2.0\sim2.5D$$
$$d_2=0.25D$$

旋风分离器的直径可由下式求取：

$$V=a\times b\times W_g \tag{2-12}$$

$$V=0.2D\times 0.5D\times W_g$$

$$D=\sqrt{\frac{V}{0.2\times 0.5\times W_g}}\quad \text{m} \tag{2-13}$$

求得旋风分离器的直径后，要经圆整。旋风分离器直径不宜过大，直径超过 800mm 时，可以采用多个旋风分离器并联使用。旋风分离器的压降很小，大约在 120～250mmH_2O（1mmH_2O=9.80665Pa）左右。

（2）丝网除沫器（图 2-6） 金属丝网除沫器分离水滴或油滴的效率比旋风分离器高得多，上海某工厂用夹带油雾的气体进行分离实验，当 W_g=2m/s，除去 2～5μm 的油滴的效率可达 98%，而对于大于 5μm 油滴去除效率可达到 99%左右。丝网除沫器工作原理是当夹带水滴或油滴的气体穿过金属丝网层时，水滴或油滴被拦截在金属丝网层上，液滴慢慢变大，其重力大于水滴在金属丝网表面的吸附力和浮力时，水滴就会自然滴下来。金属丝网除沫器的设计要点是空塔气速的确定、金属丝网的填充密度和设备的结构比例尺寸。作者曾在无锡某药厂调研，发现该企业采用 0.1mm×0.4mm 涂锌扁丝，填充密度 500～550kg/m^3，处理带水滴的压缩空气，空气在丝网除沫器内流速 w=1.5W/s，除去≥1μm 的液滴效率可达到 99.86%，效果极佳。

① 空塔气速的计算。

$$\omega_{计}=0.107\sqrt{\frac{\rho_l-\rho_g}{\rho_g}}\quad \text{m/s} \tag{2-14}$$

式中，ρ_l 为空气中水的密度，kg/m^3；ρ_g 为湿空气的密度，kg/m^3。

$$\rho_g=\frac{1+x}{\upsilon_x} \tag{2-15}$$

式中，x 为空气的湿含量，kg/kg（水/干空气）；υ_x 为以 1kg 干空气为基准的湿空气的比体积，m^3/kg（湿空气/干空气）。

$$\upsilon_x=(0.773+1.244x)\times\frac{T_2}{T_1}\times\frac{p_1}{p_2} \tag{2-16}$$

（p_1=1atm=0.1013MPa，t_1=0℃）

$$\omega_{设}=0.75\omega_{计} \tag{2-17}$$

② 金属丝网的材质与填充密度。国内发酵工厂常采用 0.1mm×0.4mm 涂锌金属扁丝，或者用不锈钢扁丝。其宽度可采用 100mm 或 150mm 规格的金属丝网。填充密度在 500～550kg/m^3 时为最佳。

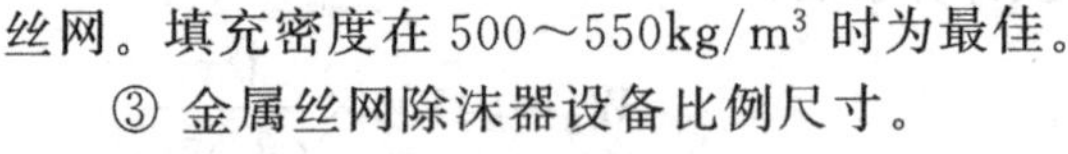

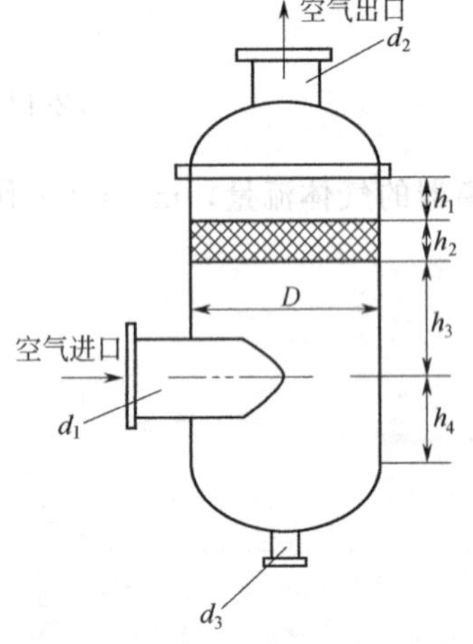

图 2-6 金属丝网除沫器结构

③ 金属丝网除沫器设备比例尺寸。

金属丝网除沫器的直径：

$$D=\sqrt{\frac{V}{0.785\omega_{设}}}\quad \text{m} \tag{2-18}$$

式中，V 为进入丝网除沫器的体积流量，m^3/s。

D 需要根据标准椭圆形封头规格圆整。

h_1≥300mm； h_2=100mm 或 150mm；

h_3≥300mm； h_4≥300mm；

d_1=0.2D； d_2=0.2D；

d_3=0.5d_1。

设计时应注意，压缩空气要切向进入金属丝网除沫器。

7. 空气加热器

除水以后的压缩空气在进入总过滤器之前要把相对湿度降到60%～70%，通常的方法是采用换热器来加热压缩空气达到降湿的要求。空气加热器一般采用列管式换热器，空气走管程，蒸汽走壳程。在中小型发酵企业，也有采用套管换热器。为了减少大口径管道的弯头，列管换热器或套管换热器可直接安装在管架上。列管换热器的传热系数可取 90～140W/(m^2 · ℃)，套管换热器的传热系数可取 60～90W/(m^2 · ℃)。自空气加热器到总过滤器之间的空气管道要加保温层。

为了避免温度过高的空气进入发酵罐，促使微生物最佳生长环境的波动，要控制进入发酵罐的空气温度最好不要超过微生物培养温度+10℃。

第四节　空气除菌设备

20世纪末，随着化工、材料、机械加工、电子技术等工业的快速发展，工业化微生物发酵企业以往常用的空气除菌设备（如棉花活性炭过滤器、玻璃纤维过滤器、超细玻璃纤维纸等）都因除菌效率低、过滤器拆装劳动强度大而被各种微孔膜过滤器替代。上海核工业第八研究所研发的镍质微孔膜管、聚四氟乙烯微孔膜、聚偏氟乙烯微孔膜、聚四氟乙烯复合膜等已形成发酵工厂空气除菌设备过滤介质系列产品，大大提高了微生物发酵行业的空气除菌设备的除菌效率和无菌空气的质量。工业化微生物发酵生产工艺对空气除菌设备的要求是除菌效率高、压降小、能耐蒸汽多次灭菌、检修方便、使用成本低。目前工业化微生物发酵企业一般都采用二级空气过滤除菌：①总过滤器粗过滤除菌；②进罐前分过滤器过滤除菌。

一、空气总过滤器的结构与计算

20世纪末微生物发酵工厂常用的棉花活性炭、玻璃纤维介质总过滤器都因其过滤除菌效率低、装拆劳动强度大而被 YUD-Z 型微孔膜空气过滤器取代。

YUD 型空气总过滤器，过滤介质采用涂层式过滤材料组装的滤芯，常用的滤芯是 DMF（聚四氟乙烯聚合膜）或者 DGF（玻璃纤维复合毡）。滤芯在使用过程中会被逐渐堵塞，阻力逐渐变大，当进出口空气压差增大到 0.05MPa 时可以考虑更换滤芯或进行再生滤芯。目前上海核工业第八研究所提供的 DMF 滤芯可以耐高温，蒸汽灭菌温度 125℃±2℃，每次 30min，可耐反复灭菌 10 次。实际上灭菌后，在无异常情况下，不必反复灭菌。一般来说，空气总过滤器滤芯多次的蒸汽灭菌，其除菌效率会降低。

空气总过滤器的选型是根据发酵车间的空气用量（按标准状况计算）从表 2-2 选择一个合适的型号。滤芯选择聚四氟乙烯复合膜为最佳。设计空气总过滤器时，要求空气由切向进入总过滤器，为使安装和检查滤芯方便，在器身下方设置人孔，其外形尺寸可参考表 2-2 或按发酵工艺自行设计（图 2-7，图 2-8）。

表 2-2　YUD-Z 型空气总过滤器（预过滤器）型号及外形尺寸

型　号	参考通量(标准)/(m^3/min)	滤芯配置	D/mm	d/mm	H/mm
YUD-Z-3	125～200	ϕ350×500/3 芯	ϕ1000	DN150～300	1897
YUD-Z-4	200～300	ϕ350×1000/4 芯	ϕ1200	DN200～350	3035
YUD-Z-5	300～400	ϕ350×1000/5 芯	ϕ1400	DN200～350	3113
YUD-Z-7	400～550	ϕ350×1000/7 芯	ϕ1600	DN250～350	3385
YUD-Z-9	550～700	ϕ350×1000/9 芯	ϕ1800	DN250～350	3584
YUD-Z-12	700～900	ϕ350×1000/12 芯	ϕ2000	DN300～500	3777
YUD-Z-15	900～1200	ϕ350×1000/15 芯	ϕ2200	DN300～500	3851
YUD-Z-19	1200～1500	ϕ350×1000/19 芯	ϕ2400	DN350～500	3914

资料来源：核工业第八研究所上海一鸣过滤技术有限公司提供。

图 2-7　空气总过滤器滤芯

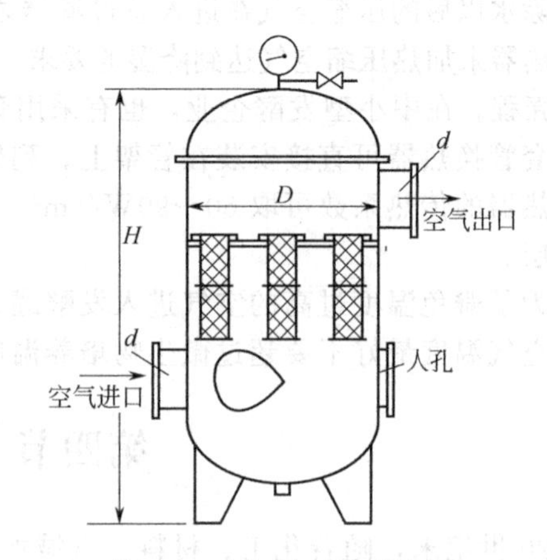

图 2-8　空气总过滤器结构

二、空气分过滤系统及过滤器的设计

目前工业化微生物发酵罐的容积趋于大型化，国内用于青霉素发酵的发酵罐已达到 $300m^3$，一般中小型企业的发酵罐也都在 $60\sim100m^3$ 左右，因此对除菌后空气的质量要求更高。常规的生产工艺是经总过滤除菌的压缩空气在进入发酵罐之前再经过分过滤器除菌处理。国内采用的空气分过滤器的过滤介质有两大类，都为绝对过滤膜材。

(1) 耐高温高分子膜材　如聚偏氟乙烯微孔膜、硼硅酸涂氟微孔膜、聚四氟乙烯微孔膜，由这种膜材制成的滤芯，可耐蒸汽 125℃±2℃灭菌，每次 30min，耐反复灭菌次数可达 160 次。滤芯过滤精度 0.01μm，效率为 99.9999%。

(2) 金属烧结膜材　如镍制微孔膜、不锈钢微孔膜等。本类金属烧结微孔膜制成的滤芯机械强度大，可重复进行高温蒸汽灭菌和可多次重复再生，使用寿命长。滤芯过滤精度 0.2μm，过滤效率为 99.9999%。

1. 分过滤器设计

目前国内微孔滤膜过滤器已是定型产品，以前工厂里采用的棉花活性炭过滤器、超细玻璃纤维低过滤器等已被淘汰。由上海核工业第八研究所核工业净化过滤技术中心提供的耐高温高分子微孔膜材制成的滤芯已成系列产品，如 JPF-A 聚偏氟乙烯微孔膜、JPF-B 硼硅酸涂氟微孔膜（图 2-9），JPF-C 聚四氟乙烯微孔膜。此类微孔膜材的特点是：①滤膜天然疏水性，干燥、

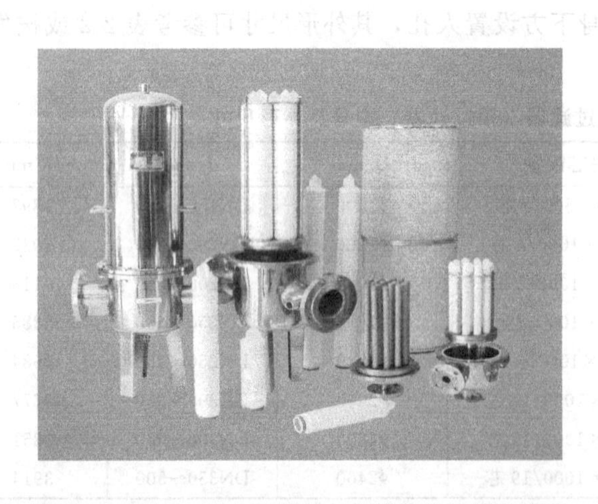

图 2-9　JPF-A、JLS-Y 等型空气除菌过滤器及滤芯

图 2-10　JPF 型空气膜式过滤器滤芯

潮湿条件下均能保证绝对过滤要求；②多褶膜堆，过滤面积大，气体通量大，过滤压降小；③耐高温，可反复蒸汽灭菌；④抗张强度高，可耐气流冲击。

根据发酵罐的空气用量（按标准状况计算）从表 2-3 JPF 型系列空气除菌过滤器规格型号中选择一款合适的过滤器或者根据发酵生产工艺条件自行设计，表 2-3 中的结构尺寸可作为参数。注意压缩空气要切向进入过滤器（图 2-10～图 2-12）。

表 2-3　JPF 型空气膜式过滤器型号与外形尺寸

型　号	参考通量 /(m^3/min)	滤芯配置 /(in/芯数)	外形尺寸/mm					
			d	L	D	h	H	d_1
JPF-05	0.5	05(1)	DN25,PN1.0	234	ϕ110	96	434	M20×1.5
JPF-2	2	10(1)	DN25,PN1.0	234	ϕ110	96	549	M20×1.5
JPF-4	4	20(1)	DN25,PN1.0	234	ϕ110	96	800	M20×1.5
JPF-5	5	20(3)	DN50,PN1.0	324	ϕ180	300	789	M20×1.5
JPF-10	10	20(3)	DN65,PN1.0	324	ϕ180	300	1046	M20×1.5
JPF-15	15	20(5)	DN80,PN1.0	415	ϕ230	380	1178	M20×1.5
JPF-20	20	20(5)	DN100,PN1.0	415	ϕ230	385	1196	M20×1.5
JPF-30	30	20(7)	DN100,PN1.0	475	ϕ270	426	1251	M20×1.5
JPF-40	40	20(9)	DN125,PN1.0	505	ϕ300	438	1284	M20×1.5
JPF-60	60	20(12)	DN125,PN1.0	555	ϕ350	438	1303	M20×1.5
JPF-80	80	20(15)	DN150,PN1.0	606	ϕ400	450	1346	M20×1.5
JPF-100	100	20(19)	DN150,PN1.0	656	ϕ450	450	1375	M20×1.5
JPF-120	120	20(25)	DN200,PN1.0	706	ϕ500	505	1501	M20×1.5
JPF-150	150	20(30)	DN200,PN1.0	756	ϕ550	505	1514	M20×1.5
JPF-200	200	20(40)	DN250,PN1.0	946	ϕ700	550	1669	M20×1.5

注：1in＝0.0254m。

资料来源：核工业第八研究所上海一鸣过滤技术有限公司提供。

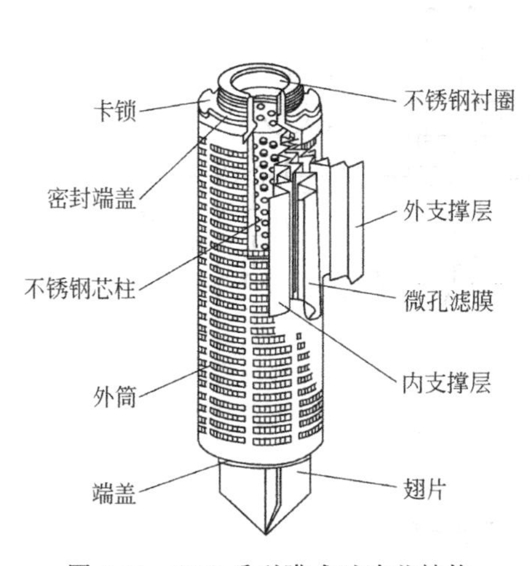

图 2-11　JPF 系列膜式过滤芯结构

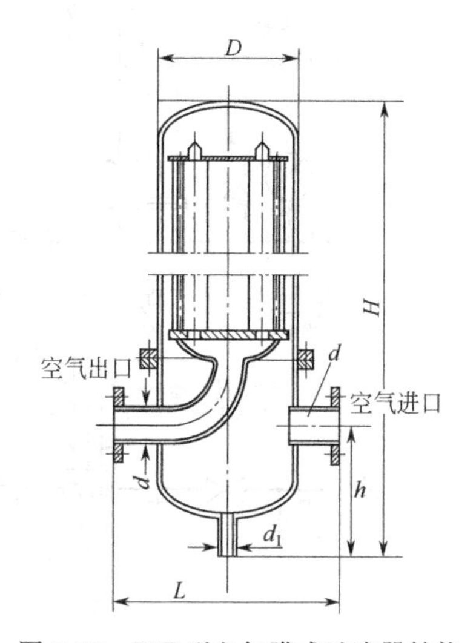

图 2-12　JPF 型空气膜式过滤器结构

除耐高温高分子微孔膜绝对过滤器以外，工业化发酵企业里中还广泛采用金属烧结孔膜绝对过滤器。上海核工业第八研究所核工业过滤净化中心提供的特种形态镍制微孔膜过滤芯已成系列，如 JLS-镍制微孔膜棒、JSS-不锈钢微孔膜棒。这类过滤芯是由全金属制成，机械强度大，可长期耐受高压降，可多次重复高温蒸汽灭菌，可多次重复再生，使用寿命长。技术参数：过滤精度 0.2μm，过滤效率 99.999%。使用条件：工作温度≤130℃，可耐最大压差 0.4MPa（25℃，正向）。

其设计的方法及外形尺寸见图 2-9 和表 2-4。或者根据发酵生产工艺自行设计。注意压缩空气由切向进入过滤器。

表 2-4 JLS-Y 型空气金属管式膜过滤器型号及外形尺寸

型 号	滤芯配置/个	参考通量/(m^3/min)	外形尺寸/mm				
			H	D	d_1	d_2	h
JLS-010	1	0.1	483	ϕ50	G1/2″	1/2″	425
JLS-035	3	0.35	546	ϕ70	DN25,PN1.0	1/2″	425
JLS-080	7	0.8	591	ϕ110	DN25,PN1.0	1/2″	450
JLS-2	19	2	796	ϕ160	DN25,PN1.0	1″	535
JLS-5	37	5	955	ϕ230	DN50,PN1.0	1″	595
JLS-10	61	10	1110	ϕ300	DN65,PN1.0	1″	718
JLS-15	91	15	1159	ϕ400	DN80,PN1.0	1″	820
JLS-20	127	20	1218	ϕ450	DN100,PN1.0	1″	870
JLS-30	217	30	1338	ϕ600	DN100,PN1.0	1″	985
JLS-40	271	40	1430	ϕ700	DN125,PN1.0	1″	1055
JLS-60	397	60	1868	ϕ650	DN125,PN1.0	1″	1300
JLS-80	505	80	1983	ϕ700	DN150,PN1.0	1″	1330
JLS-140	925	140	2330	ϕ1000	DN250,PN1.0	1″	1670

资料来源：核工业第八研究所上海一鸣过滤技术有限公司提供。

2. 空气分过滤系统设备流程设计

目前国内的发酵罐都日趋大型化，如果染菌造成发酵罐倒罐将经济损失巨大，因此空气分过滤器都采用微孔膜绝对过滤器。由于至今国内发酵车间的压缩空气管道和蒸汽管道都采用无缝钢管，为防止管道中的铁锈和蒸汽冷凝水夹带的铁锈水对微孔膜滤芯的损坏，都采用以下空气分过滤系统的设备流程（图 2-13）。

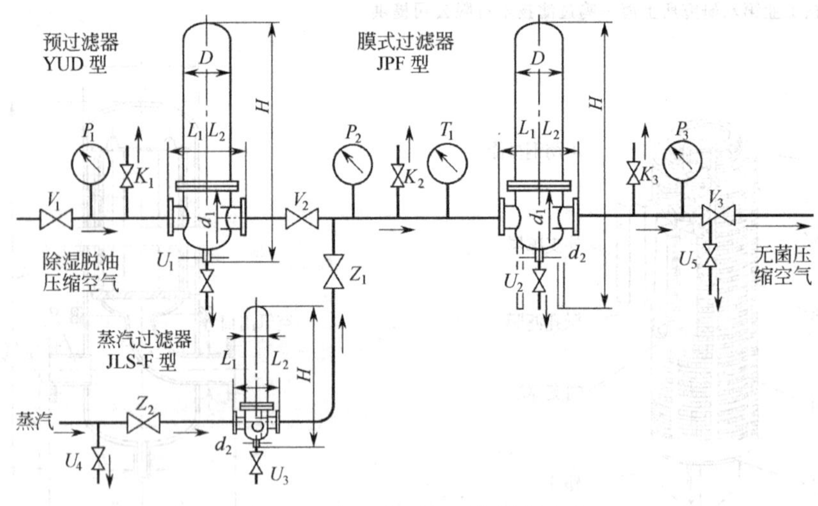

图 2-13 空气分过滤系统设备流程

在日常运行时压缩空气先经过 YUD 型空气预过滤器，除去空气管道中的铁锈微粒，以保护 JPF 型微孔膜滤芯，经微孔膜滤芯除菌后的压缩空气进入发酵罐。定期灭菌时，蒸汽先经过 JLS-F 型蒸汽过滤器，除去蒸汽中夹带的铁锈水，以防止 JPF 型微孔膜滤芯堵塞。当 JPF 型膜式过滤器和 YUD 型预过滤器的进出口压差达到 0.05MPa 时，即要考虑更换滤芯。更换时必须整台过滤器的滤芯同时更换，已保证过滤器的除菌质量。

（1）空气预过滤器（JLS-YUD 型）的结构及选型　JLS-YUD 型空气预过滤器，外壳为圆柱状结构，采用 304 或 316L 不锈钢材质制造，表面经机械抛光或电解抛光，下端配有排污阀接口。壳体和空气进出口均采用法兰连接（图 2-14 和图 2-15）。根据发酵工艺所需压缩空气的通量（标准状况）和市场上供应滤芯的规格，可以自行设计，也可以根据表 2-5 选用。

图 2-14　JLS-YUD 型空气预过滤器的滤芯

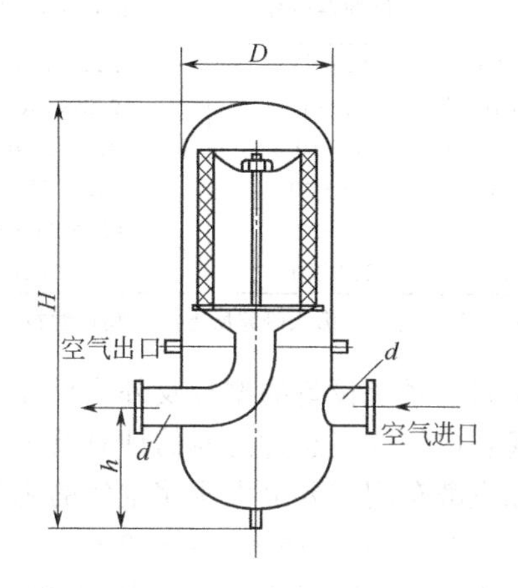

图 2-15　JLS-YUD 型空气预过滤器结构图

表 2-5　JLS-YUD 空气预过滤器的型号及外形尺寸

型　号	参考通量/(m^3/min)	滤芯配置(外径×高度)/mm×mm	外形尺寸/mm				
			D	d	h	H	拉杆数
JLS-YUD-10	10	ϕ200×330	ϕ230	DN65,PN1.0	380	965	1
JLS-YUD-15	15	ϕ200×500	ϕ230	DN80,PN1.0	380	1135	1
JLS-YUD-20	20	ϕ200×500	ϕ230	DN100,PN1.0	385	1135	1
JLS-YUD-30	30	ϕ350×500	ϕ400	DN100,PN1.0	426	1253	1
JLS-YUD-40	40	ϕ350×500	ϕ400	DN125,PN1.0	438	1288	1
JLS-YUD-50	50	ϕ350×830	ϕ450	DN125,PN1.0	438	1618	3
JLS-YUD-60	60	ϕ350×830	ϕ450	DN150,PN1.0	450	1655	3
JLS-YUD-80	80	ϕ350×1000	ϕ450	DN150,PN1.0	450	1825	3
JLS-YUD-150	150	ϕ350×1000	ϕ450	DN200,PN1.0	505	1915	3
JLS-YUD-200	200	ϕ420×1000	ϕ550	DN250,PN1.0	550	2019	3

资料来源：核工业第八研究所上海一鸣过滤技术有限公司提供。

（2）蒸汽过滤器（JLS-F）的结构与选型　JLS-F 型蒸汽过滤器外壳与 JLS 型蒸汽过滤芯匹配组成各种规格的 JLS-F 型蒸汽过滤器（图 2-16）。外壳为圆柱状结构，采用 304 或 316L 不锈钢制成，表面经机械抛光或电解抛光。底部配有排污阀接口。壳体与空气进出口均采用法兰连接。JLS-F 型蒸汽过滤芯一般可取聚四氟乙烯烧结管或不锈钢烧结管，它们分别由聚四氟乙烯或不锈钢粉末经高压成型高温烧结而成。可反复进行高温蒸汽灭菌与反复再生使用。过滤精度 3μm，过滤效率 90%。

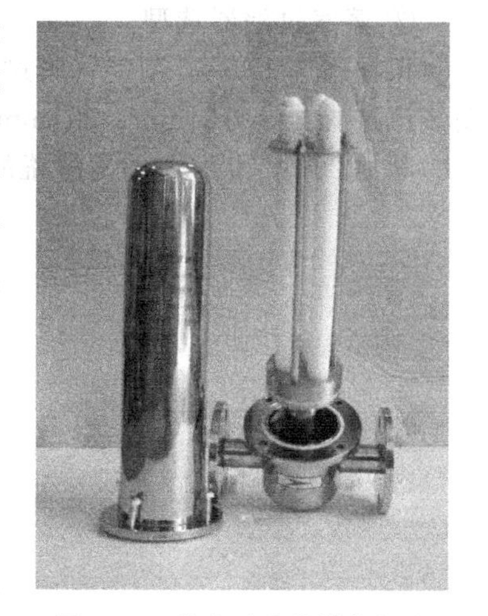

图 2-16　蒸汽过滤器结构与聚四氟乙烯烧结管滤芯

根据 JPF 型膜式空气过滤器的规格，从表 2-6 选用，或者根据灭菌蒸汽的用量自行计算设计。

【例 2-5】　今为某微生物制药集团公司设计一发酵车间空气过滤系统，已知其发酵车间有 $100m^3$ 发酵罐 16 个，$20m^3$ 种子罐 10 个，$2m^3$ 种子罐 10 个。发酵工艺规定发酵罐通气比 1∶0.6 VVM，种子罐通气比 1∶1 VVM。求：（1）设计空气总过滤器的型号及外形结构尺寸；（2）$100m^3$ 发酵罐的

表 2-6 JLS-F 型蒸汽过滤器规格型号及外形尺寸

型 号	配 JPF 膜式空气过滤器型号	滤芯配置(外径×高度)/mm×mm(芯数)	外形尺寸/mm			
			D	H	L	d
JLS-F-005	0.2～2	ϕ22×150(1)	ϕ57	279	190	DN15,PN1.0
JLS-F-010	2～5	ϕ22×150(3)	ϕ89	402	199	DN15,PN1.0
JLS-F-035	5～10	ϕ22×260(3)	ϕ89	522	199	DN25,PN1.0
JLS-F-080	15～40	ϕ22×260(7)	ϕ114	530	224	DN25,PN1.0
JLS-F-1	60～200	ϕ22×260(13)	ϕ164	591	284	DN25,PN1.0
JLS-F-2	200 以上	ϕ22×260(19)	ϕ234	617	434	DN50,PN1.0

资料来源：核工业第八研究所上海一鸣过滤技术有限公司提供。

空气分过滤系统设备的型号及外形尺寸。

解：(1) 空气总过滤器的计算及设计

该发酵车间需要最大压缩空气的用量

$$V=100\times16\times0.6+20\times10\times1+2\times10\times1=960+200+20=1180(\mathrm{m^3/min})$$

据表 2-1，查 YUD-Z 型空气总过滤器规格型号及台数。

选择 YUD-Z-5 型空气总过滤器，ϕ1400mm×3100mm，5 台（其中 1 台备用）并联使用，配滤芯 DMF（聚四氟乙烯），每个总过滤器内有 DMF 滤芯 ϕ350mm×1000mm，5 个。

(2) 100$\mathrm{m^3}$ 发酵罐的空气分过滤系统设备的计算及设计

根据发酵工艺每个 100$\mathrm{m^3}$ 发酵罐最大空气用量为

$$V_{\mathrm{f}}=100\times0.6=60\ (\mathrm{m^3/min})$$

由于 100$\mathrm{m^3}$ 发酵罐的工作容积在 70%～75%左右，因此空气的用量已经含有安全系数。

① 查表 2-2，JPF 型空气膜过滤器的规格及型号

选用 JPF-60 型空气膜过滤器，ϕ350mm×1303mm，1 台。过滤器配滤芯 JPF-A 或 JPF-C，滤芯长 20in（1in=0.0254m），12 支。

② 空气预过滤器选型

根据已选 JPF-60 型空气膜过滤器，空气通量 60$\mathrm{m^3}$/min，查表 2-4 JLS-YUD 空气预过滤器规格型号。

查得 JLS-YUD-50 空气预过滤器，ϕ450mm×1618mm，1 台。并配置 DGF ϕ350mm×830mm 的滤芯。

③ 蒸汽过滤器选型

根据已选 JPF-60 型空气膜过滤器，查表 2-6 JLS-F 蒸汽过滤器的规格型号。可选 JLS-F-1 型蒸汽过滤器，ϕ164mm×591mm，1 台。配置 JLS-F 滤芯 ϕ22mm×260mm，13 支。

其他 20$\mathrm{m^3}$ 和 2$\mathrm{m^3}$ 的发酵罐的空气分过滤系统的设备计算方法可参照本例题。

第三章　生物反应器与发酵参数检测元件

本章讨论的生物反应器是指大规模培养微生物、动物细胞、植物细胞获得其代谢产物或生物体的设备。生物反应器要满足和调控微生物、动物细胞、植物细胞的最适生长和产物合成的环境，是工业化大规模细胞培养过程唯一的一个把原料转化成产物的装备。一个优良的生物反应器应具有良好的传质、传热和混合的性能；结构严密，内壁光滑，易清洗，检修维护方便；有可靠的检测及控制仪表；搅拌及通气所消耗的动力要少；能获得最大的生产效率与最佳的经济效益。

第一节　微生物反应器

通常将进行大规模悬浮培养微生物的反应器统称为发酵罐。由于大多数工业微生物发酵是好氧发酵，因此发酵罐多采用通气和搅拌方式来增加氧在培养液中的溶解，以满足好氧微生物代谢过程对溶氧的需求。

一、发酵罐的类型

目前，常用的好氧发酵罐按照能量输入的方式可分为机械搅拌式、气升式和外部液体循环式三大类。其中机械搅拌通气发酵罐占主导地位。

1. 机械搅拌型发酵罐

机械搅拌型发酵罐，是通过搅拌器对罐内的液体进行搅拌，以提供动力，并达到传质、传热和液体混合的目的要求。这类罐型如图 3-1 所示，其中使用最多的是通气搅拌式发酵罐［图 3-1(a)］，发酵行业中也称通用式发酵罐；伍式（Wood hof）发酵罐［图 3-1(b)］在工业上也有使用；机械搅拌自吸式发酵罐［图 3-1(c)］不需要压缩机提供压缩空气，可依靠自身设置的特殊机械搅拌吸气装置吸入无菌空气。

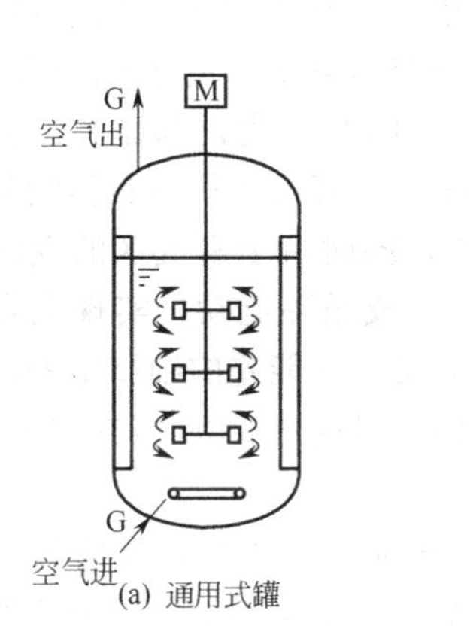

(a) 通用式罐

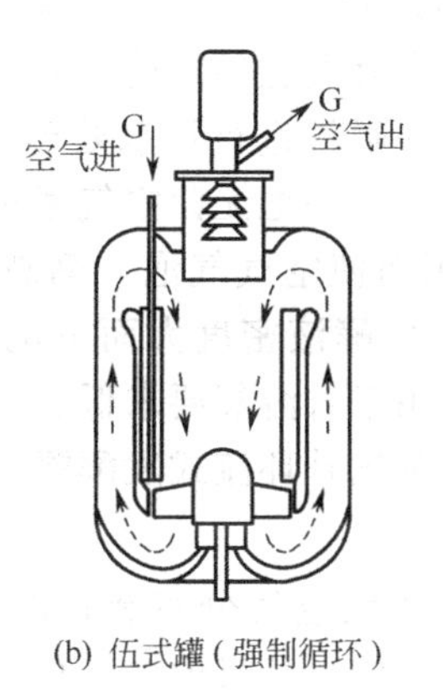

(b) 伍式罐(强制循环)

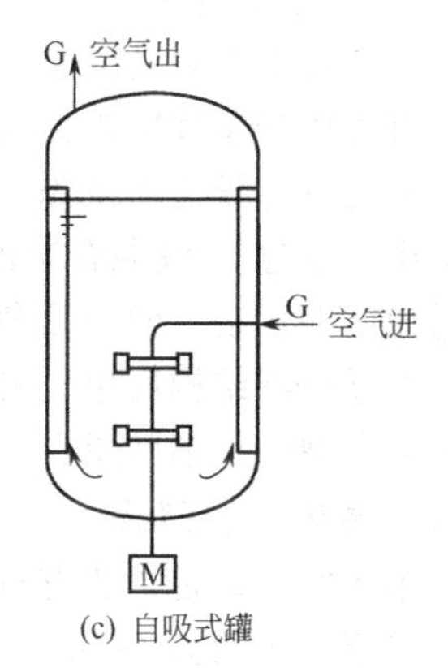

(c) 自吸式罐

图 3-1　机械搅拌型发酵罐

G—气体；M—电动机

机械搅拌自吸式发酵罐自 20 世纪 60 年代开始，欧洲和美国开展研究开发，国外和国内都有酵母及单细胞蛋白生产、醋酸发酵及维生素生产等获得应用的报道。

2. 外部液体循环式发酵罐

外部液体循环式发酵罐罐型有塔式和罐式两种，如图 3-2(b) 及图 3-2(c) 所示。它依靠外部循环泵作动力来搅动并混合发酵液，有的则通过动力输送将培养液经过设在顶部或底部的喷嘴，有的发酵罐在液体入口处装有文丘里管，在高速液流下与无菌压缩空气或自行吸入的无菌空气进行混合，达到通气和混合目的。

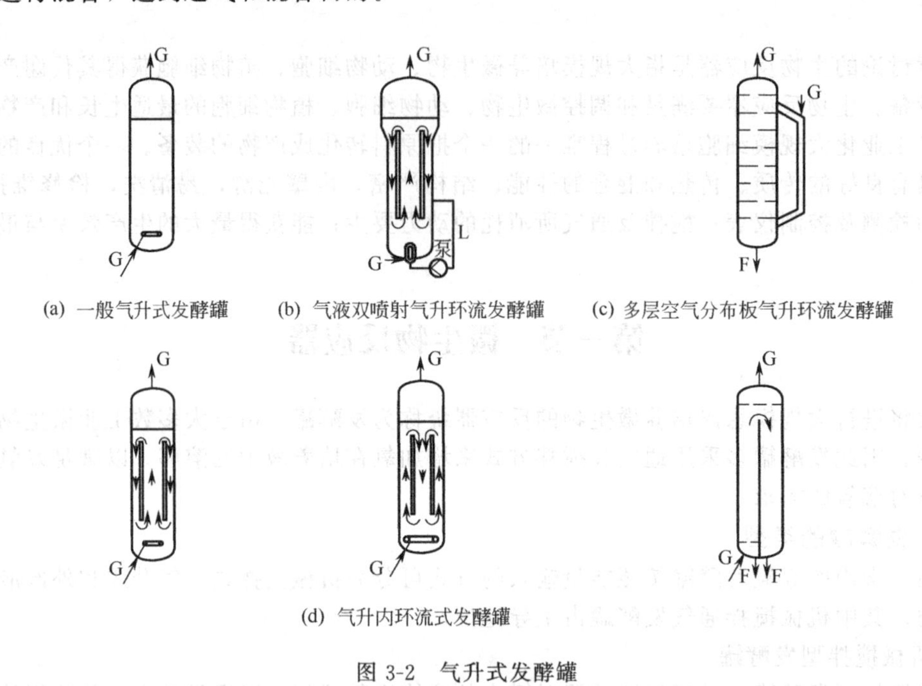

(a) 一般气升式发酵罐　(b) 气液双喷射气升环流发酵罐　(c) 多层空气分布板气升环流发酵罐

(d) 气升内环流式发酵罐

图 3-2　气升式发酵罐

G—空气；F—发酵液

3. 气升式发酵罐

气升式发酵罐是由压缩空气由喷嘴喷出，推动培养液沿导流筒上升（另因富气区，液体密度小），由内向外或由外向内循环流动，实现混合与传质。罐型如图 3-2(a)、图 3-2(d) 所示。图 3-2(a) 所示的此类气升式发酵罐是最原始的通气发酵罐，依靠压缩空气作为其能量输入，使罐内发酵液上下翻动混合。由于罐内没有设置导流筒，故不能控制液体的主体定向流动。此类发酵罐可用于单细胞蛋白的培养或深井曝气进行污水处理。图 3-2(d) 为内部循环气升式发酵罐，罐内设有导流筒或隔板，其工作原理是把无菌空气通过喷嘴或环形空气分布器喷射进入发酵液中，通过气-液混合物的湍流作用而使空气气泡分割破碎，同时由于富气区的发酵液因密度低而向上运动，同时因气含率小的发酵液密度大而下沉，形成循环流动，实现混合与传质。这类反应器结构简单、易清洗，适用于对溶氧要求低、耐剪切力性能差的细胞培养。目前世界上最大型的单细胞蛋白深层培养就是气升环流式发酵罐，体积可高达 3000 多立方米。

二、通用式发酵罐

通用式发酵罐是指兼有机械搅拌和压缩空气分布装置的发酵罐（图 3-3），目前最大的通用式发酵罐容积约为 $480m^3$。图 3-3(a)～(d) 是目前工业化发酵企业中常用的各种形式的通用式发酵罐。

1. 通用式发酵罐的几何尺寸

通用式发酵罐的几何尺寸、比例关系如下（图 3-4）：

$\frac{H}{D}=1.7\sim3$；$\frac{d}{D}=\frac{1}{2}\sim\frac{1}{3}$；$\frac{W}{D}=\frac{1}{8}\sim\frac{1}{12}$；$\frac{B}{D}=0.8\sim1.0$；$\frac{S}{d}=1.5\sim2.5$；$\frac{S_1}{d}=1\sim2$

式中，H 为发酵罐筒身高，m；D 为发酵罐内径，m；d 为搅拌器直径，m；W 为挡板宽度，m；S 为两搅拌器间距，m；B 为下搅拌器距底间距，m；S_1 为上搅拌器距液面的间距，m。

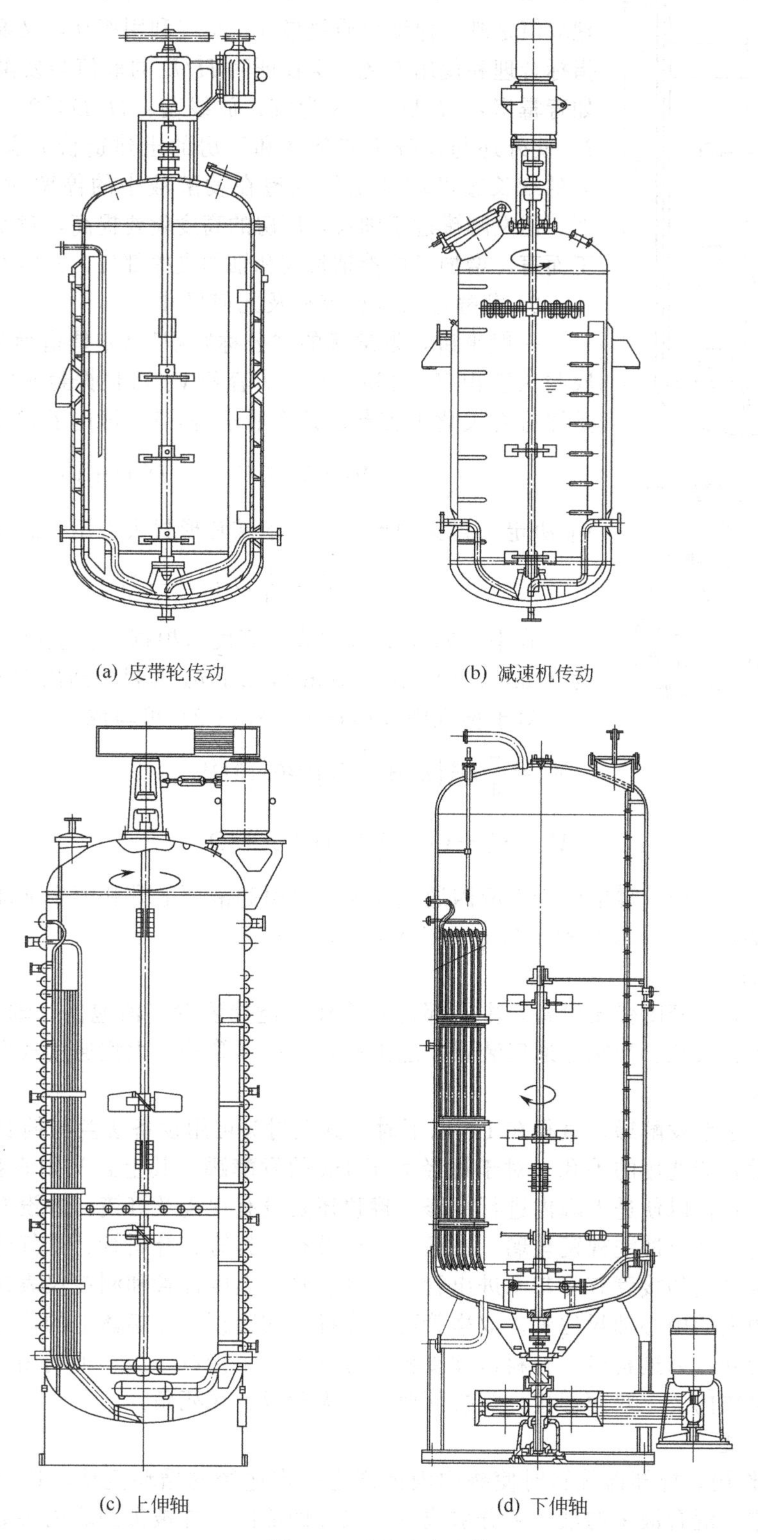

(a) 皮带轮传动　　(b) 减速机传动

(c) 上伸轴　　(d) 下伸轴

图 3-3　通用式发酵罐

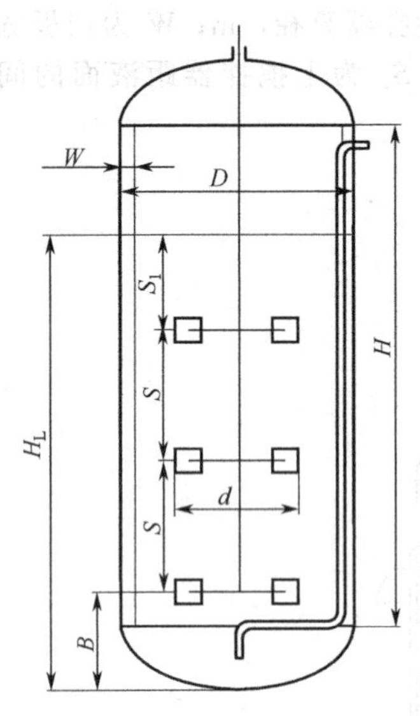

图 3-4 通用式发酵罐的几何尺寸

H—筒身高度；D—罐径；W—挡板宽度；H_L—液位高度；d—搅拌器直径；S—两搅拌器间距；B—下搅拌器距底间距；S_1—上搅拌器至液面间距

其中 H/D 称高径比，即罐筒身高与内径之比。高径比是通用式发酵罐的特性尺寸参数。在抗生素工业中，种子罐采用 $H/D=1.7\sim2.0$；发酵罐 $H/D=2.0\sim2.5$，常用 $H/D=2.0$。高径比的合理取值是既要保证传质效果好、空气利用率高，又要保证综合经济指标合理和使用方便。实践证明 H/D 的取值与发酵菌种有关。例如青霉素：$H/D=1.8$ 为宜；放线菌：$H/D\leqslant2$；细菌：$H/D>2$。此外还与发酵工艺条件和厂房的土建造价有关。取高径比较大的细长罐可增加空气气泡在发酵液中的停留时间及溶氧的浓度。但发酵罐过于细长，厂房的高度就要提高，对发酵罐的制造加工而言，增加了搅拌轴长度和轴的支撑部件，并给安装增添难度。

2. 发酵罐的装料容积及几何尺寸

一般来讲，发酵罐的"公称容积"V_0 是指筒身容积 V_c 加上底封头容积 V_b 之和。底封头容积 V_b 可根据封头的形状、直径及壁厚查有关化工容器设计手册求得，V_0 可用下式计算：

$$V_0=V_c+V_b=\frac{\pi}{4}D^2H+V_b \tag{3-1}$$

V_b 决定于封头的形式，对于椭圆形封头可用下式计算：

$$V_b=\frac{\pi}{4}D^2h_b+\frac{\pi}{6}D^2h_a \tag{3-2}$$

式中，h_b 为封头的直边高度（根据设备壁厚的不同一般取值为 25mm、40mm、50mm），m；h_a 为封头凸出部分的高度，m。

对于标准椭圆形封头，式(3-2) 可写成：

$$V_b=\frac{\pi}{4}D^2\left(h_b+\frac{1}{6}D\right)\approx0.13D^3 \tag{3-2a}$$

则：

$$V_0=V_c+V_b=\frac{\pi}{4}D^2H+0.13D^3 \tag{3-3}$$

在实际生产过程中，罐中的培养液因通气和搅拌会引起液面上升和产生泡沫，因此罐中实际装料量 V 不能过大，一般装料系数 $\eta_0=V/V_0=0.6\sim0.75$。

3. 发酵罐的结构

通用式发酵罐是密闭受压设备，主要部件有罐体、搅拌装置、消泡器、轴封、传动装置、传热装置、挡板、人孔、视镜、通气装置、进出料管、取样管等。大型通用式发酵罐结构示意图如图 3-3 所示。

(1) 罐体　小型发酵罐，直径在 1m 以下时，其上封头可用设备法兰与筒身连接。为了便于清洗，罐顶设有清洗用的手孔。对于罐径大于 1m 的发酵罐，其上封头则直接焊在筒身上，但在顶上开有人孔，以便进入罐内进行检修。罐顶还要设有视镜及灯镜，并设有无菌压缩空气或蒸汽的吹气管，用以冲洗视镜玻璃。在罐顶上还设有进料管、补料管、排气管、接种管和压力表接管等。罐身上的接管有冷却水进出管、空气进管、温度计管和测控仪表接口等。排气管应尽量靠近罐顶上的中心轴封位置。取样管可装在罐侧或罐顶，在罐体上的接管应尽量少，能合并使用的应合并，如进料口、补料口和接种口可合为一个接口。放料可利用发酵罐的罐压把发酵液压出。罐体内要求双面焊接，焊接面要光滑无砂眼、无死角。

(2) 搅拌装置

① 搅拌的作用。搅拌器旋转时使罐内液体产生一定途径的循环流动，称为总体流动。在总体流动过程中，混合液中的液体被分散成一定尺寸的液团，并被带到罐内各处，造成设备尺度上的宏观均匀。总体流动常处于湍流状态，其中充满了大小不同的旋涡。这些旋涡随着湍动

程度的加剧，旋涡的尺寸越小，强度越高，数量越多，破碎作用越大，能达到更小尺度上的均匀混合。但是微团最终消失，还要依靠分子扩散达到目的。所以搅拌能使达到微观均匀所需要的时间大大缩短。通常在搅拌叶附近湍动程度最高，速度梯度最大，并产生很大的剪切力。在这种剪切力的作用下，液体被撕成微小液团，若通入气体可使气泡粉碎，并被总体流动带至罐内各处，达到均匀混合的目的。总之，搅拌的作用可概括为两点：一是产生强大的总体流动，将流体均匀分布于容器各处，以达到宏观均匀；二是产生强烈的湍动，使液体、气体、固体微团尺寸减小。两种作用将有利于混合、传热和传质，特别对氧的溶解更具有决定性意义。

② 搅拌器的形式。常用搅拌器的形式有旋桨式、桨式、涡轮式、框式和锚式。发酵罐常用的搅拌器的形式有涡轮式搅拌器和旋桨式搅拌器。

涡轮式搅拌器：通用式发酵罐为了有较高的溶解氧，使进入罐内的气体分散归属于小尺度的混合，因此其搅拌器广泛采用涡轮式搅拌器。涡轮式搅拌器使液体在搅拌器内作径向和切线运动，见图 3-5(a)，称为径向流型，它具有流量较小、压头较高的特点。为了避免气泡沿轴上升，在搅拌器中央设有圆盘。常用的带圆盘搅拌器，按叶片的形式可分为平叶式、弯叶式、箭叶式、斜叶式半圆叶和圆弧叶式，叶片数量一般为 6 个，但可以少至 3 个，多至 8 个。在涡轮搅拌器中液体离开搅拌器时的速度很大，桨叶外缘附近造成激烈的旋涡运动和很大的剪切力，可将进入的气泡分散得更细，并可提高溶氧传质系数。

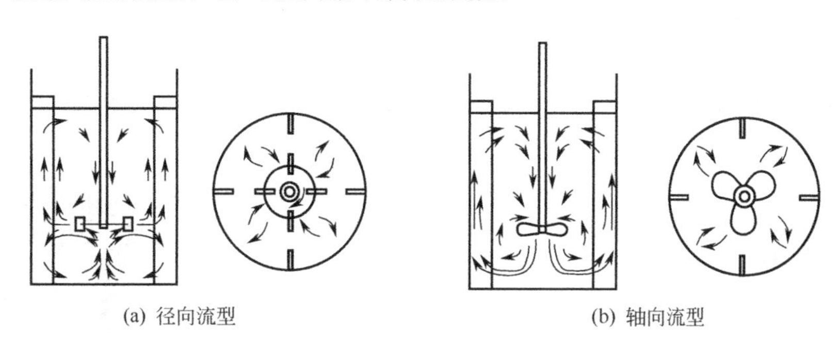

图 3-5　搅拌流型

旋桨式搅拌器：为了使发酵罐内的料液混合均匀，循环能力较大的旋桨式搅拌器也是通用式发酵罐广泛采用的。旋桨式搅拌器使液体作轴向和切向运动［图 3-5(b)］，称之为轴向流型，它具有循环量大、压头低的特点。旋桨式搅拌器使液体离开旋桨后作螺旋线运动，轴向分速度使液体沿轴向下流动，流至罐底再沿壁折回，返入旋桨入口，形成循环总体流动。目前用于发酵罐的四宽叶旋桨式搅拌器具有循环能力较大，宽叶之下还可存些气体，使气体分散较为平稳。

③ 搅拌器的选用。在相同的搅拌功率下比较不同搅拌器粉碎气泡的能力：半圆叶型搅拌器、平叶型搅拌器大于弯叶型搅拌器；弯叶型搅拌器大于箭叶型搅拌器和斜叶型搅拌器（搅拌桨形式见图 3-6)。但其翻动流体的能力则与上述情况相反。由于发酵罐的 H/D 值较大（一般在 2～2.5 之间)，为了使发酵液充分被搅动，根据发酵液的容积，可在同一搅拌轴上配置多个搅拌器，配置数量应根据罐内装料高度、发酵液的特性和搅拌器的直径等因素来决定。

径向流型的涡轮搅拌器能产生很大的剪切力，有利于破碎气泡。但过大的剪切力不利于微生物的生长，这是一对矛盾。20 世纪 80 年代开始研究轴流型搅拌方式，以提高搅拌的均匀性和溶氧为目标，同时减少流体的剪切力以利于微生物的生长，而取得了很大进展，并已投入了工业化应用。轴流型搅拌器使中间的液体向下运动，靠近罐壁的流体向上运动，大量含有气泡的液体会被第一层桨重新压回罐底，少量通过第二层桨时又一次被压回，增加了停留时间。而涡轮式搅拌器由于有圆盘的存在，使流体分成以圆盘为界的上下两个区域，接近高剪切区的溶氧较高，而远离剪切区的溶氧则较低。轴流型搅拌器则具有如下特点：流量大，气、固、液三相混合均匀程度高，为发酵提供了良好的环境；功率消耗低，节能；流动剪切力小，有利于微生物生长；气体控制能力强，有利于氧的溶解，使发酵水平提高。

经过理论研究与实际应用的发展，目前发酵过程中常用的搅拌器具体可分为：径向流搅拌器，如六平叶、六弯叶、六箭叶、半圆叶、圆弧叶圆盘涡轮搅拌器，见图 3-6(a)～(e)；轴向流搅拌器，如推进式、四宽叶螺旋式、机翼式、扇形叶轮，见图 3-6(f)～(i)。

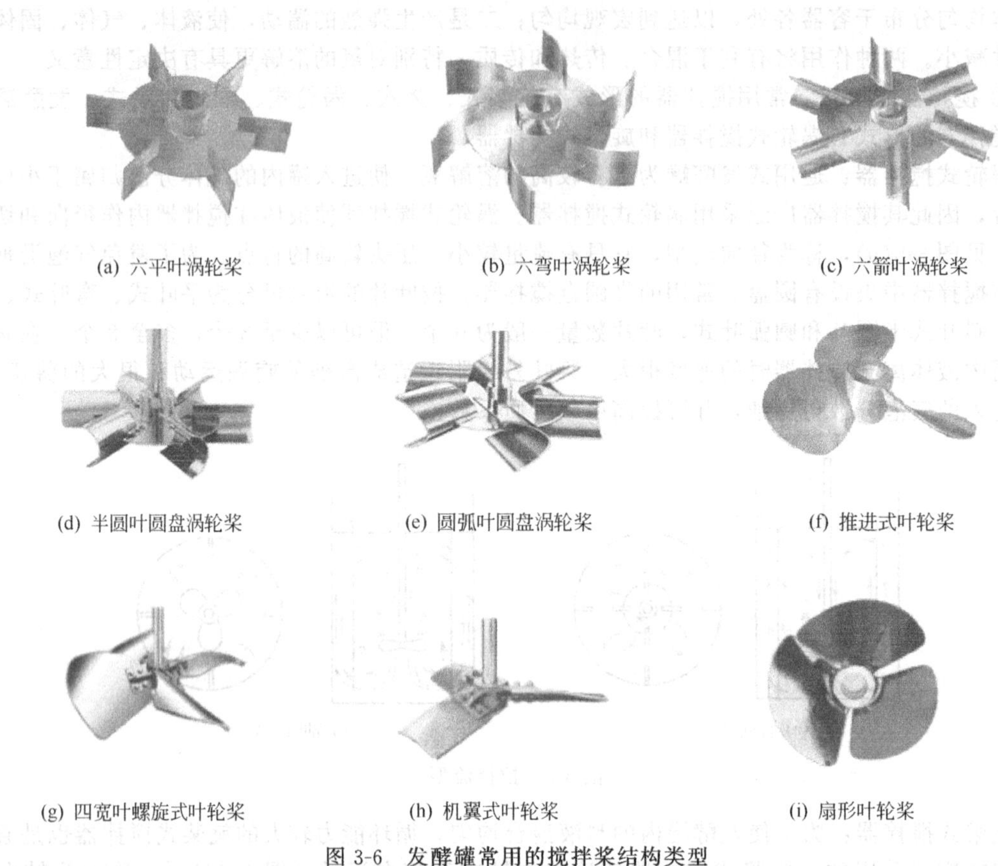

(a) 六平叶涡轮桨　(b) 六弯叶涡轮桨　(c) 六箭叶涡轮桨

(d) 半圆叶圆盘涡轮桨　(e) 圆弧叶圆盘涡轮桨　(f) 推进式叶轮桨

(g) 四宽叶螺旋式叶轮桨　(h) 机翼式叶轮桨　(i) 扇形叶轮桨

图 3-6　发酵罐常用的搅拌桨结构类型

较早使用的径向流涡轮搅拌器有六平叶圆盘涡轮搅拌桨，其叶片宽与叶轮直径比为 0.2，圆盘直径为叶轮直径的 2/3。这种叶轮在液体混合和固体悬浮应用中搅拌效果不好，但对气液分散有益，能产生强烈的湍流，高通气率时这种叶轮易使搅拌器空载产生气泛。

随后出现的折叶桨，叶轮宽度与叶轮直径比典型的为 0.2，对于在液-液混合和固体悬浮的应用中，其搅拌效果比平叶桨好，但在气体分散应用中不如平叶桨，它具有中等的流动和剪切效果。20 世纪 80 年代研究开发的高效轴流叶轮桨即（h）机翼式叶轮桨（Lightin 310，Chemineer HE-3），在流动控制应用中有极好的搅拌混合效果，但气体分散效果非常差。（g）四宽叶螺旋式叶轮桨（Lightin 315，Chemineer MW-4），其搅拌混合效果比机翼式叶轮桨稍差些，但在气体分散应用中效果则比机翼式叶轮桨要好得多。

根据工艺需要，目前抗生素生产企业都采用在同一搅拌轴上安装不同叶形的搅拌器，如上层采用箭叶、斜叶或轴流型搅拌器以强化混合效果，而下层采用平叶、半圆叶或弧叶搅拌器以利于粉碎气泡，以强化氧的传递，达到最佳搅拌效果。

④ 搅拌功率与混合效果。综上所述，为了达到宏观上的均匀，必须有足够大的总体流动，即翻动量要足够大；为了达到小尺度上的均匀，必须提高总体流动的湍动程度，即压头要足够大。可见，为了达到一定的混合效果，搅拌必须要提供足够大的翻动流量 Q 和动压头 H。所

以罐内单位体积液体的功率消耗也就成为间接判断搅拌过程优劣的重要判据。

但是，在向搅拌器提供足够功率的同时，也存在一个能量的合理利用问题。如果搅拌的目的只是为了达到宏观混合，则希望有较大的翻动流量和较小的动压头；如果目的是为了快速地分散成微小液团，则应有较小的流量和较大的动压头。因此，在消耗同样的功率条件下，对不同的搅拌目的，功率应作不同的分配。

搅拌器的轴功率 P 等于搅拌器施加于液体的力 F 及由此而引起的液体平均流速 w 之积，即 $P=Fw$。若搅拌器的叶片面积为 A，则：

$$P=Fw=\left(\frac{F}{A}\right)(wA) \tag{3-4}$$

式(3-4) 中 F/A 值为施加于液体内的剪切应力，其单位是 N/m^2，它相当于单位体积液体中的动能 $w^2r/2g$ 或动压头 $H(w^2/2)$ 及液体密度 ρ 之积，其单位是 N/m^2，wA 则可视为搅拌器对液体的翻动量 Q，于是：

$$P=HQ\rho\propto HQ \tag{3-5}$$

$$H\propto w^2\propto n^2d^2 \tag{3-6}$$

$$Q\propto wd^2\propto nd^3 \tag{3-7}$$

式中，n 为搅拌器的转速。

由式(3-6)、式(3-7) 代入式(3-5)，于是：

$$P\propto n^3d^5 \tag{3-5a}$$

若搅拌功率 P 保持不变，以不同 n 及 d 值代入式(3-5a)，可得不同情况下的 Q、H 及 Q/H 值，详见表 3-1。

表 3-1　P=常数时不同 n 及 d 值下 Q、H 及 Q/H 值

P	d	n	Q	H	Q/H
1	0.435	4	0.33	3.03	0.101
1	0.660	2	0.575	1.74	0.330
1	1	1	1	1	1
1	1.52	0.5	1.74	0.574	3.03
1	2.30	0.25	3.03	0.33	9.18

从表 3-1 中可看出，若搅拌器的功率不变，增大搅拌桨直径 d，势必降低搅拌转速 n，由此引起翻动量 Q 的增加和动压头 H 的下降；相反，减小搅拌桨直径 d，可以增加搅拌转速 n，引起的结果是 Q 值下降，H 值增大。一般来讲，增加 Q 值有利于相间的混合，增加 H 值则有利于气泡的粉碎。欲同时增加 Q 值及 H 值，必须相应增大 P 值。因此，搅拌转速 n 及搅拌器直径 d 的变化将直接影响到发酵罐内的氧传递效果、相间混合的效果以及功率消耗的大小。通常黏稠的培养液中又是好氧的菌种，应配备较大直径的搅拌器，同时应保证较高的转速，也就是说要维持在一个较高的功率水平上。

搅拌轴一般是从罐顶伸入罐内，但对容积大于 $100m^3$ 以上的大型发酵罐，也可采用下伸轴。下伸轴式装置使发酵罐重心降低，轴的长度缩短，稳定性提高，发酵罐操作面传动噪声也可大为减弱，而且罐顶空间可充分用来安装高效的机械消沫器及其他自控部件。当采用下伸轴时，对轴封的要求更为严格，一般上伸轴可用机械单端面轴封，而下伸轴要采取双端面轴封，轴封要设计可用蒸汽灭菌和用无菌空气保压防漏及冷却。因此下伸轴的使用对发酵罐的严密性设计要求更高，也对日常检修增加了一定的难度。

(3) 挡板　图 3-7 的右半边表示通用式发酵罐内不带挡板的搅拌流型。从图中可看到其中部液面下陷，形成一个很深的旋涡。这是因为在搅拌过程中会产生切向液体流动。由于切向分速度的作用，液体在罐内做圆周运动，这种圆周运动产生的离心力会使罐内液体在径向分布呈

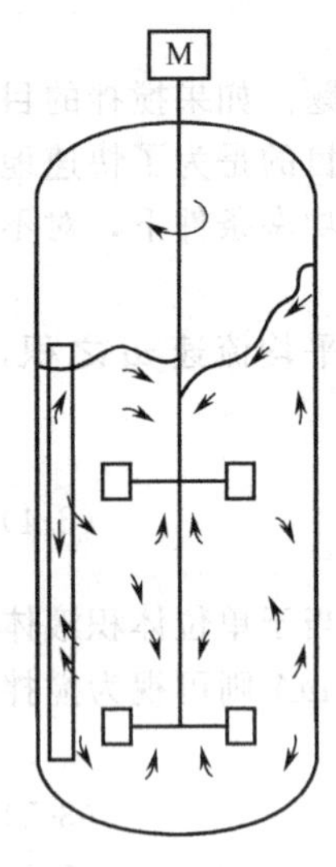

图 3-7　通用式发酵罐搅拌流型

抛物线形，形成下凹现象。特别是搅拌的转速增大时，下凹现象就更为严重，甚至可使搅拌器不能全部浸没于发酵液中，使搅拌功率显著下降，并且大部分功率消耗在旋涡部分，靠近罐壁处流体速度很低，气-液混合不均匀。图 3-7 的左半边是罐内带有挡板的搅拌流型，液体从搅拌器径向甩出，遇到挡板后形成向上、向下两部分垂直方向运动，向上部分经过液面后，流经轴中心而转下。由于挡板的存在，有效地阻止了罐内液体的圆周运动，下凹现象也可消失。培养液在挡板的作用下会产生小旋涡，这些旋涡随主体流动遍及整个培养液中，提高了混合效果。总之，挡板的作用是改变被搅拌液体的流动方向，使之产生纵向运动，从而消除液面中央部分产生的下凹旋涡。搅拌罐内加置挡板以达到全挡板条件为宜。所谓“全挡板条件”是指罐内加了挡板使旋涡基本消失，或者说是指达到消除液面旋涡的最低挡板条件。满足全挡板条件的挡板数及宽度，可由式(3-8) 计算：

$$\frac{W}{D} \cdot m_b = 0.4 \qquad (3\text{-}8)$$

式中，W 为挡板宽度，m；D 为罐直径，m；m_b 为挡板块数。

由于发酵罐内除挡板外，立式冷却蛇管等装置也起一定的挡板作用，因此在一般发酵罐中安装 4 块挡板，挡板宽度为 (1/12～1/8)D，已足够满足全挡板条件。

图 3-8(a) 为全挡板条件下的搅拌流流型，图 3-8(b) 为轴向流无挡板条件下的搅拌流流型。

(a) 六直叶涡轮

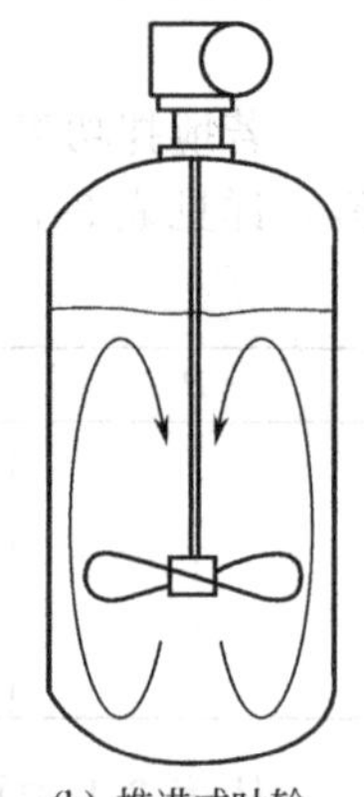

(b) 推进式叶轮

图 3-8　全挡板及无挡板条件下搅拌流型

(4) 通气装置　通气管的出口应位于最下层搅拌器的正下方，开口朝下并距罐底约 40～50mm 左右。空气由通气管喷出上升时，被搅拌器打碎成小气泡，与培养液充分混合。为防止吹入空气对罐底的冲击，可在罐底中央焊上直径为 100～300mm 的保护板，或在正对通气管出口处装分布板作保护板。通气管内空气流速一般取 12～15m/s。

通气装置也有采用开孔朝下的多孔环管或由多孔材料制成的空气分布器。当发酵过程的耗氧较低甚至仅靠气泡翻动就能维持一定溶氧时，可通过空气分布器来减小进入培养液中气泡的直径，这在一定程度上提高了溶氧量，达到节能与满足供氧需求目的。而当发酵过程中耗氧较大时，气液接触表面的增加更需通过强制剪切破碎作用来实现。由于机械搅拌发酵罐里空气气泡的粉碎主要依靠搅拌器的剪切破碎作用，因此多孔分布器对氧的传递效果并没有明显提高，相反还会造成不必要的阻力损失，且易使物料堵塞小孔，引起灭菌不完全而增加染菌机会，故国内工业化微生物发酵罐一般很少使用，而大多采用单孔管。单孔管开口往下，以免固体物料在管口堆积或在罐底沉降堆积。

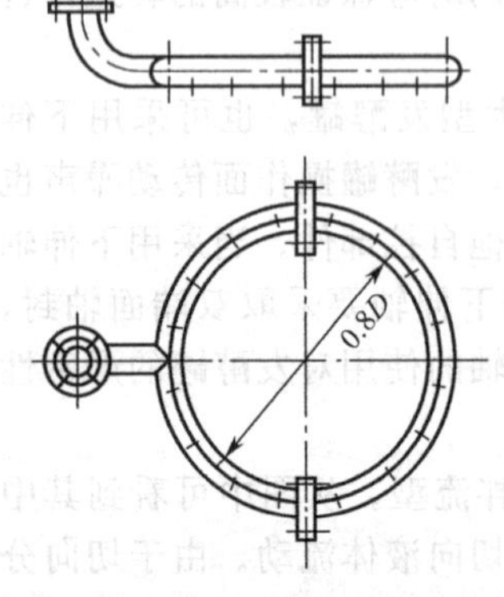

图 3-9　多孔环形空气分布管

有些特定用途的生物反应器，若采用环形多孔空气分布管时(图 3-9)，环的直径一般为搅拌器直径的 0.8 倍。直径较大的发酵罐可采用如图 3-10 的分布器，它在环管上伸出若干根（如 4～6 根）向内开口的径向单孔支管，从支管中导出的空气遇到中间的挡流圈后折向上方，而被搅拌器破碎 [图 3-10(a)]；也可在环管上伸出若干根（如 4～6 根）向下开口的单孔支管作为大型罐的空

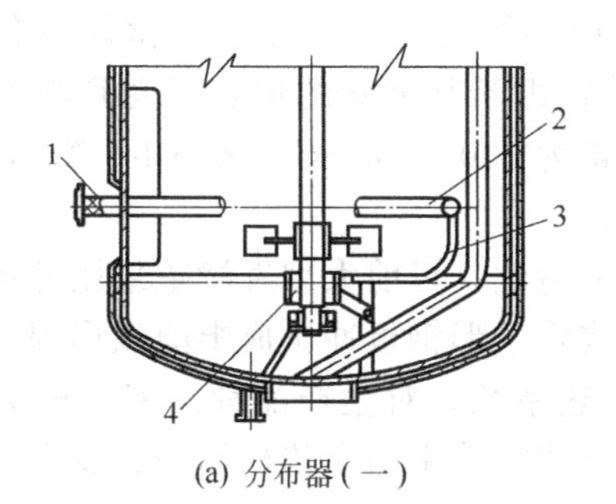

(a) 分布器(一)

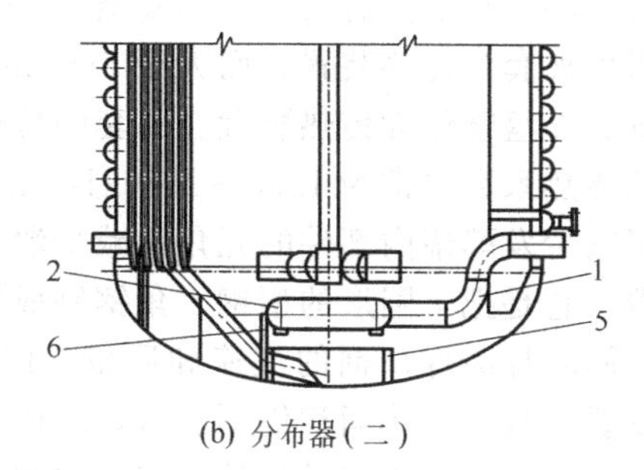

(b) 分布器(二)

图 3-10 大直径发酵罐的空气分布器

1—进气管；2—环管；3—支管；4—挡圈；5—挡盘；6—支架

气分布器，如图 3-10(b)。

(5) 传热装置　在发酵过程中，由生物氧化产生的热量和机械搅拌产生的热量必须及时移去，才能保证发酵在恒温下进行。通常称发酵过程中产生的净热量称为“发酵热”，其热平衡方程式可如下表示：

$$Q_{发酵}=Q_{生物}+Q_{搅拌}-Q_{空气}-Q_{辐射}$$

式中，$Q_{生物}$为生物体生命活动中产生的热量；$Q_{搅拌}$为当搅拌器搅动液体时机械能转化为热能时的热量；$Q_{空气}$为通入发酵罐内的空气由于发酵液中水分蒸发及空气温度上升所带走的热量；$Q_{辐射}$为发酵罐外壁和大气间的温度差引起的热量传递，$Q_{辐射}=0.08F_{外壁}(t_{壁}-t_{空})$。

一般发酵热的大小因品种或发酵时间不同而异，通常发酵热的平均值为 10500～33500kJ/(m^3·h)，但有些转基因工程菌的发酵热达到 140000kJ/(m^3·h)。表 3-2 为一些典型产品的最大发酵热。由于生物氧化作用产生的热量不能通过简单的计算求得，因此发酵热也不能通过热平衡方程求得，一般要靠实测求得。在实验测量中，维持培养液温度恒定不变的情况下，定时测量发酵罐中传热装置冷却水进口、出口的温度和冷却水用量就可由下式求得：

$$Q_{发酵}=\frac{Wc(t_2-t_1)}{V} \tag{3-9}$$

式中，$Q_{发酵}$为发酵热，kJ/(m^3·h)；W 为冷却水流量，kg/h；c 为冷却水比热容，kJ/(kg·℃)；t_1、t_2 为冷却水进出口温度，℃；V 为发酵液体积，m^3。

在测定发酵热的过程中同时可以测出发酵罐传热系数 K 值：

$$K=\frac{Q_{发酵}V}{F\Delta t_m} \tag{3-10}$$

式中，F 为发酵罐的传热面积，m^2；Δt_m 为发酵液与冷却水间的平均温度差，K。

实际生产中，已知发酵液体积、发酵热、传热系数、平均温度差后，就可确定所需要的传热面积。

表 3-2　典型生物产品发酵的最大发酵热

发酵液名称	发酵热($Q_{发酵}$)/[kJ/(m^3·h)]	发酵液名称	发酵热($Q_{发酵}$)/[kJ/(m^3·h)]
青霉素	27000～36000	酶制剂	12500～21000
庆大霉素	10500～16000	谷氨酸	26500～31500
链霉素	16000～21000	赖氨酸	31500～36500
四环素	21000～26500	柠檬酸	10500～12500
红霉素	21000～26500	核苷酸(鸟苷)	21000～26000
金霉素	16000～21000	多糖、生物肥料芽孢杆菌	5200～10500
灰黄霉素	12500～18500	基因工程毕赤酵母表达植酸酶	75000～105000
泰洛菌素	21000～26000	基因工程毕赤酵母表达疟疾疫苗	100000～140000

发酵罐的传热装置有夹套、内蛇管、外盘管，一般容积为 $5m^3$ 以下的发酵罐（包括种子罐）可采用夹套为传热装置，而大于 $5m^3$ 以上的发酵罐由于其夹套的传热面受到限制而采用立式蛇管、外盘管作为传热装置。夹套的传热系数通常为 630～1050kJ/(m^2·h·℃)，蛇管和外盘管的传热系数通常为 1260～1680kJ/(m^2·h·℃)。

为了减少发酵罐内部件的死角，减少泄漏机会且易清洗，目前大型发酵罐采用外盘管作为传热装置。它是把半圆形的型钢、角钢制成螺旋形，或将条形钢板冲压成半圆弧形焊在发酵罐的外壁，同时提高冷却剂的流速和质量，以提高其传热系数。对生产品种发酵热较大的发酵罐，当安置外盘管传热面积仍不够时，罐内还要安置立式蛇管来加大传热面积。发酵罐传热面积的确定一般按某个生产品种的发酵过程中某个时刻的最大发酵热作为设计依据；但对一些发酵热并不大的生产品种应根据反应的发酵热，应同时考虑培养基灭菌时的冷却形式、冷却条件及要求来确定。

(6) 机械消沫装置　发酵液中含有多种蛋白质等易发泡物质，在强烈通气和搅拌时会产生大量的泡沫，将导致发酵液外溢和增加染菌机会。减少发酵液泡沫比较适用有效的方法是加入消沫剂或采用机械装置来破碎泡沫。

简单的消沫装置为耙式消泡桨，装于搅拌轴上，齿面略高于液面（图 3-11）。消泡桨的直径约为罐径的 0.8～0.9 倍，以不妨碍旋转为原则。由于泡沫的机械强度较小，当少量泡沫上升时，耙齿就可把泡沫打碎。由于这一类消沫器装于搅拌轴上，往往因搅拌轴转速太低而效果不佳。对于罐顶空间较大，尤其如下伸轴发酵罐，可以在罐顶装半封闭涡轮消沫器（图 3-12），其在高速旋转下泡沫可直接被涡轮打碎或被涡轮抛出撞击到壁面而破碎，因而可以达到较好的机械消沫效果。

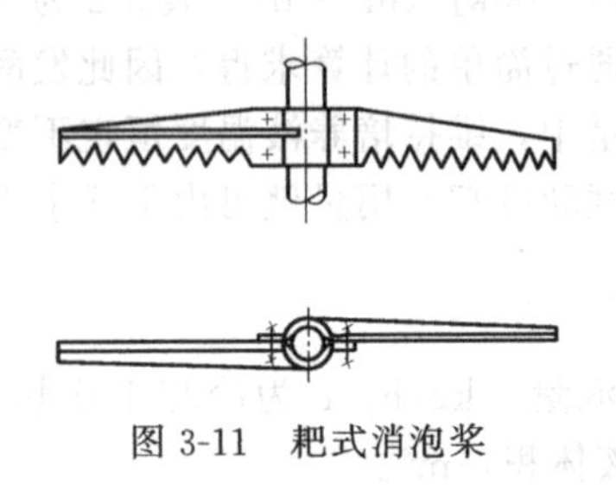
图 3-11　耙式消泡桨

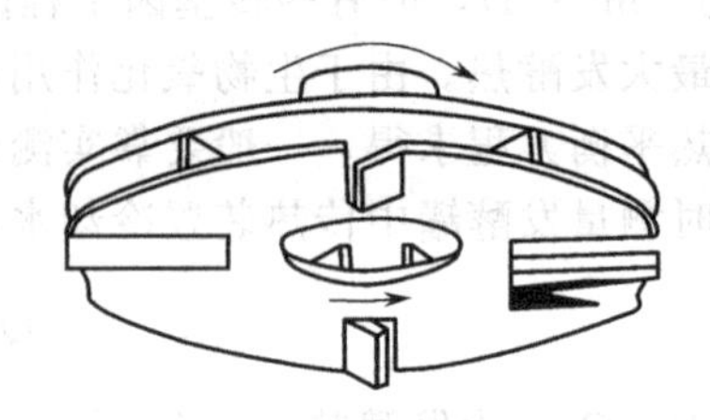
图 3-12　半封闭涡轮消沫器

有的在发酵罐顶部安置离心式消泡器（图 3-13），利用离心力将泡沫粉碎，液体仍返回罐内。也有在大型发酵罐顶上安置电机带动的碟片式高速离心消泡器（图 3-14），除泡沫效果很好，但设备投资较大。目前在发酵罐中应用广泛的消泡桨有蛇形栅条消泡桨（图 3-15），泡沫上升与栅条桨反复碰撞，搅破液面上的气泡，不断破坏生成的气泡，控制泡沫的增加。蛇形栅条消泡桨的直径约为罐径的 0.75～0.85 倍。

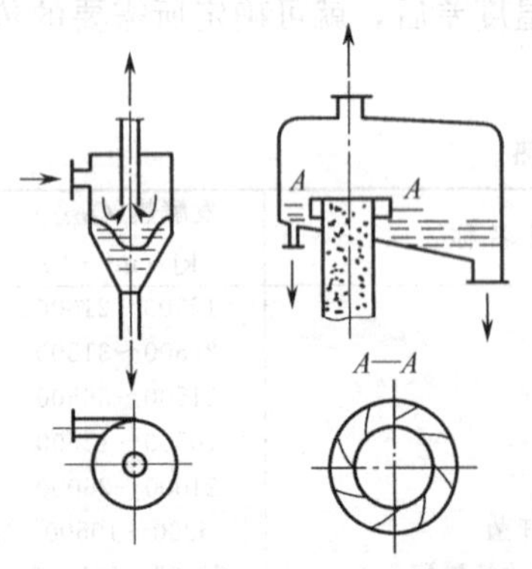

图 3-13　离心式消泡器

(7) 基因工程菌培养对发酵罐的特殊要求　20 世纪 70 年代基因工程技术迅速发展，许多特殊的药品是通过基因重组技术操作得到 DNA 重组微生物，又称基因工程菌。若这种特殊菌株在发酵过程中或处理过程中泄漏到环境中会造成人体和生态环境意想不到的危害。一些国家对处理 DNA 重组体的实验室提出严格的管理准则，因此，用于基因工程菌的发酵罐较普通微生物的发酵罐就有一些特殊的要求。

① 尾气处理。通常认为发酵罐只要能维持罐压，使尾气能畅通地排出罐外，而不会有杂菌逆流进入发酵罐造成污染就可以了，因此没有人会去注意尾气处理的问题。为防止基因工

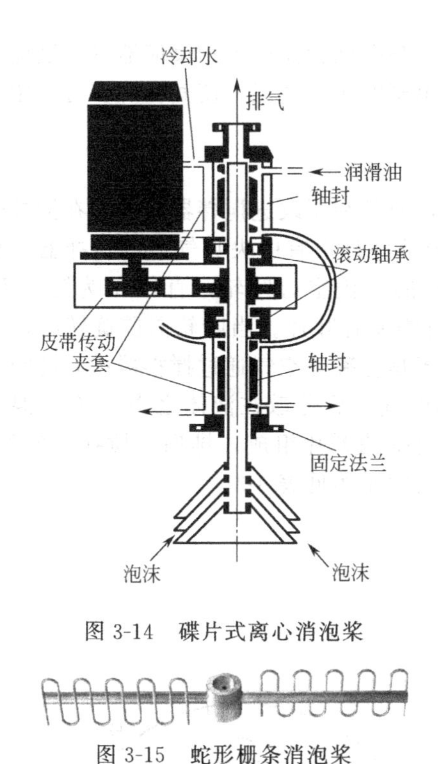

图 3-14　碟片式离心消泡桨

图 3-15　蛇形栅条消泡桨

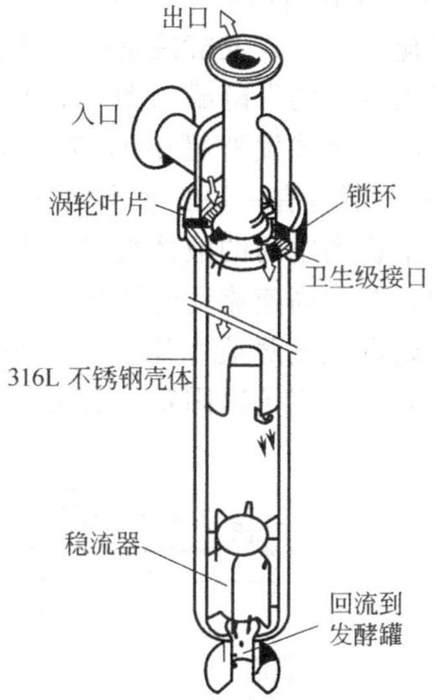

图 3-16　涡轮分离器 TURBOSEPARATOR
（小试规模发酵罐尾气处理用装置）

程菌培养过程中培养菌的泄漏对人体及环境造成影响，对培养基因工程菌的生物反应器的尾气一定要进行灭菌处理。有资料报道：在 5L 玻璃发酵罐中培养普通大肠杆菌时，对排气中带菌的情况作了测定。发现在当通气量为 1VVM，搅拌转速为 400r/min 时，接种后 4h 内排气中就有 511 个菌被带出，而以后 1.5h 则有 1267 个菌被带出。因此基因工程菌发酵的排气必须经加热灭菌或经微孔过滤器除菌后才能排放到大气中去。

尾气的除菌与进罐空气的除菌相似。由于空气的流量大，气体一侧的传热系数小，且含有大量的水分，不但相对湿度达到饱和，还夹带大量的小水滴及泡沫，所以尾气也需要预处理后才能过滤。英国的 Domnick Hunter 公司开发出了涡轮分离器（图 3-16），其特点是可在低压尾气条件下有效地分离水雾和泡沫，分离效率可达 99.9%以上。尾气经涡轮分离器处理后，再经夹套内蒸汽加热升高 10～15℃，使相对湿度降到 60%左右，就可以经过除菌过滤器顺利安全地排出，而除菌滤芯仍能保持长久的使用寿命和过滤效率。

② 轴封防渗漏。轴封渗漏是造成微生物泄漏的又一原因。对用于基因工程菌发酵的发酵罐，要求采用双端面轴封，并要求作为润滑剂的无菌水压力应高于罐内压力，这样无菌水既起到冷却、润滑作用，又起到保压作用。

③ 配管要求。为了防止在取样时基因工程菌的泄漏，取样后，用蒸汽将有关管道灭菌时冲出的污物经专门的管道收集到污物贮罐，定时高温灭菌处理。另外，在接种和放料后也要考虑防止基因工程菌外泄。因此基因工程菌发酵罐及配管应有特殊要求。

三、其他形式的发酵罐

生物反应器是生物技术工业化开发的重要装备之一，因此其开发研究的进展十分迅速。机械搅拌式反应器由于其有操作方便、适用性广、使用经验丰富等优点，而长用不衰。近些年来随着搅拌形式的不断改进、大功率减速装置的开发成功，使这种传统生物反应器的广泛应用展现了新的前景。

目前在发酵工业中除了采用通用式发酵罐外，还有其他的新型反应器用于需氧微生物的发酵，如有自吸式、空气提升环流式、高位筛板式以及带静态混合器的生物反应器等。这些反应器在传质、传热、混合、节能和控制染菌等方面表现出来的显著特点，使其在许多行业中已被迅速推广应用。

1. 机械搅拌自吸式发酵罐

机械搅拌自吸式发酵罐是一种不需外接压缩空气，而是利用改进搅拌器结构，在搅拌过程中自行吸入空气的发酵罐（图 3-17）。该发酵罐最关键部件是带有中央吸气口的搅拌器。目前国内采用的自吸式发酵罐中的搅拌器是带有固定导轮的三棱空心叶轮，直径 d 为罐径 D 的 1/3，叶轮上下各有一块三棱形平板，在旋转方向的前侧夹有叶片。当叶轮向前旋转时，叶片与三棱形平板内空间的液体被甩出而形成局部真空，于是将罐外空气通过搅拌器中心的吸入管吸入罐内，并与高速流动的液体密切接触，形成细小的气泡后分散在液体之中，气-液混合流体通过导轮进入发酵液主体。导轮由 16 块具有一定曲率的翼片组成，排列于搅拌器的外围，翼片上下有固定圈予以固定。有关三棱搅拌器的各部尺寸比例见表 3-3。

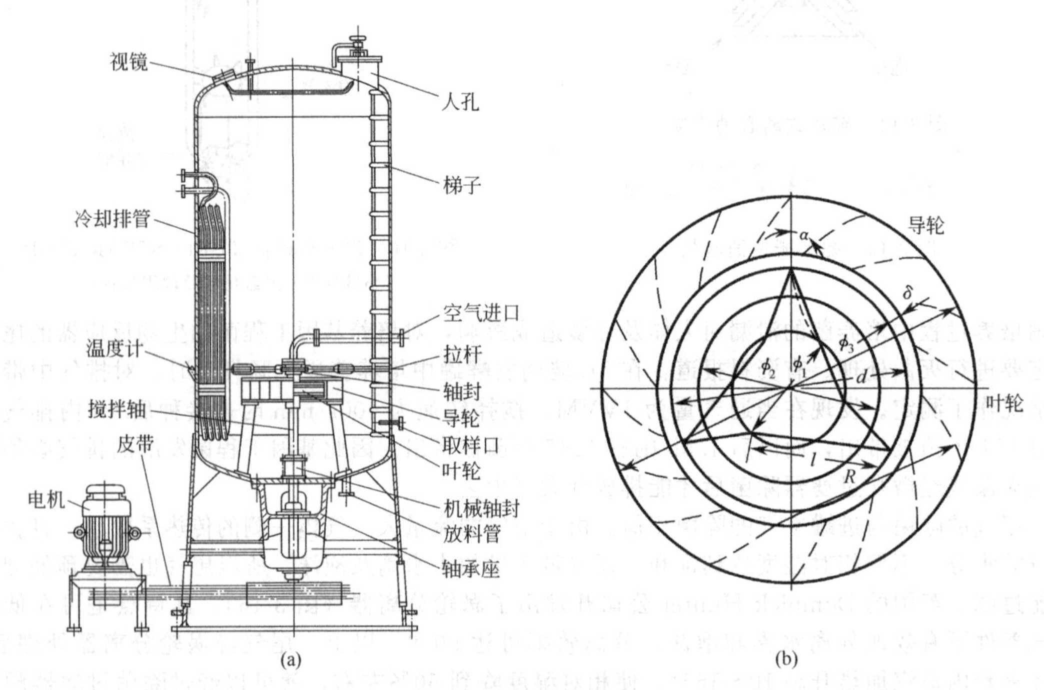

图 3-17　10m^3 自吸式发酵罐

(a) 自吸式发酵罐；(b) 三棱叶轮和导轮

表 3-3　三棱形搅拌器的比例关系

名　称	符号	与叶轮比例关系	名　称	符号	与叶轮比例关系
叶轮外径	d	$1d$	翼片曲率	R	$7/10d$
桨叶长度	l	$9/16d$	翼叶角	α	45°
交点圆径	ϕ_1	$3/8d$	间隙	δ	1～2.5mm
叶轮高度	h	$1/4d$	叶片厚	b	按强度计算
挡水口卷	ϕ_2	$7/10d$	叶轮外缘高	h_1	$h+2b$
导轮外径	ϕ_3	$3/2d$	导轮外缘高	h_2	h_1+2b

为了保证发酵罐有足够的吸气量，搅拌器的转速应比一般通用式的为高。功率消耗量应维持在 3.5kW/m^3 左右。虽然自吸式发酵罐消耗搅拌的功率较大，但因不需压缩空气，因此总的动力消耗还是较为经济的，一般只为通用式发酵罐的搅拌功率与压缩空气动力消耗之和的

2/3 左右。由于搅拌装置的转子产生的负压不是很大，因此自吸式发酵罐的罐压不能维持太高，一般是在 200～500mmH_2O（1mmH_2O≈9.8Pa）；搅拌器上方的液柱压力不能过高，一般取 $H_L/D=1.6$ 左右，罐体积不宜太大。另外，为了减少吸气阻力，应选用过滤面积大、压力降小的空气过滤器。

其一由于采用下伸轴，双端面轴封检修工作量大；其二由于三棱形转子高速旋转产生的负压不是很大，故发酵罐的放大受到限制；其三是这类罐搅拌转速甚高，有可能使菌丝被搅拌器切断，使正常生长受到影响，所以在抗生素发酵上较少采用。但在食醋发酵、酵母培养、生化曝气方面已有成功使用的实例。

2. 空气提升环流式发酵罐

空气提升环流式发酵罐根据环流管安装位置可分为内环流式与外环流式两种（图 3-18）。在环流管底部装置空气喷嘴，空气在喷嘴口以 250～300m/s 的高速喷入环流管。由于喷射作用，气泡被分散于液体中，依靠环流管内气-液混合物的密度与发酵罐主体中液体密度之间的差，使管内气-液混合流能连续循环流动。罐内培养液中的溶解氧由于菌体的代谢而逐渐减少，当其通过环流管时，由于气-液接触而又重新达到饱和。

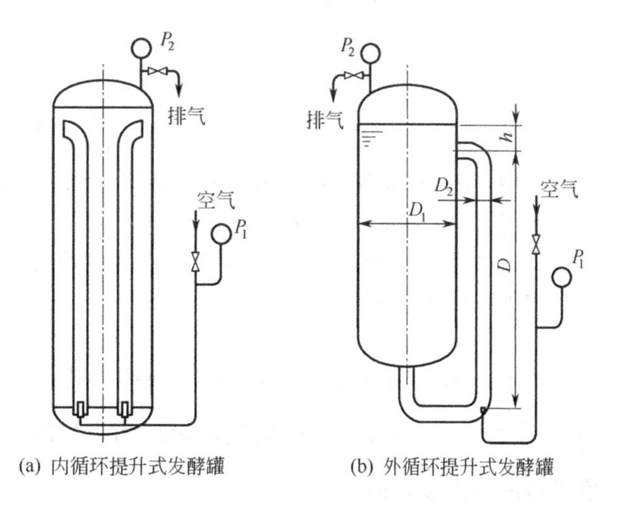

图 3-18　空气提升环流式发酵罐

为了使环流管内气泡被进一步破碎分散，从而增加氧的传递速率，在环流管内安装了静态混合元件，可取得较好效果。

（1）循环周期　发酵液必须维持一定的环流速度以不断补充氧，使发酵液保持一定的溶氧浓度，以适应微生物生命活动的需要。发酵液在环流管内循环一次所需要的时间称为循环周期。培养不同的微生物时，由于菌的耗氧速率不同，所要求的循环周期亦有所不同。如果供氧速率跟不上，会使菌的活力下降而减少发酵产率。据报道，在黑曲霉发酵生产糖化酶时，当菌体浓度为 7%时，循环周期要求 2.5～3.5min，不得大于 4min，否则会造成缺氧而使糖化酶的活力急剧下降。

循环周期可由下式求得：

$$\tau=\frac{V_L}{Q_c}=\frac{V_L}{\frac{\pi}{4}d^2\omega} \tag{3-11}$$

式中，τ 为循环周期，s；V_L 为发酵液体积，m^3；Q_c 为发酵液环流量，m^3/s；d 为环流管内径，m；ω 为发酵液在环流管内流速，m/s。

（2）气-液比、压差、环流量之间的关系　发酵液的环流量与通气量之比称为气-液比：

$$A=\frac{Q_c}{Q_g} \tag{3-12}$$

气-液比 A 值与环流管内液体的环流速度 ω 的实验曲线可由图 3-19 表示。环流速度 ω 一般可取 1.2～1.4m/s。喷嘴前后压差 Δp 和发酵罐罐压对环流量 Q_c 有一定关系，当喷嘴直径一定，发酵罐内液柱高度也不变时，压差 Δp 越大，通气量就越大，相应就增加了液体的循环量。Δp 与 Q_c 之间关系的实验曲线见图 3-20。

（3）喷嘴直径的计算　为了使环流管内气泡的破碎、气-液混合达到良好的效果，应使空气自喷嘴出口的雷诺准数大于液体流经喷嘴处的雷诺准数，由此引出：

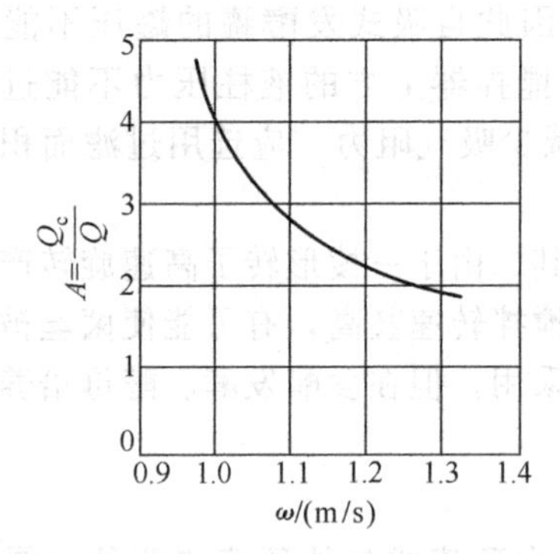

图 3-19 气-液比 A 与环流速度 ω 的实验曲线

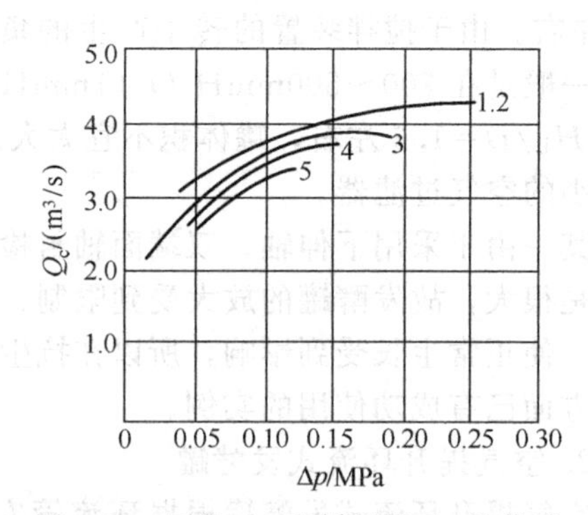

图 3-20 压差 Δp 和循环量 Q_c 的关系

曲线编号：1　2　3　4　5

罐压（MPa）：0　0.03　0.05　0.1　0.15

$$\frac{d}{d_0}>A\frac{\mu_g}{\mu_L} \tag{3-13}$$

式中，d_0 为喷嘴孔径，m；d 为环流管内径，m；A 为气-液比；μ_g、μ_L 分别为空气和液体的黏度，N·s/m²（Pa·s）。

由式(3-13) 可知，当环流管直径 d 为定值时，喷嘴孔径 d_0 不宜过大，通气量与喷嘴孔径之间的关系可由下列经验式表示：

$$Q_g=-2.38\times10^4 d_0^{2.5}(\Delta p)^{0.6}p^{0.3} \tag{3-14}$$

式中，Q_g 为通气量，m/s；d_0 为喷嘴口孔径，m；Δp 为喷口前后空气压力差，$\Delta p=p_1-\left(p_0+\frac{H_L}{100}\right)$；$p_1$ 为喷嘴前的空气绝对压力，MPa；p_0 为罐内绝对压力，MPa；H_L 为液面到喷嘴口液柱高度，m。

在设计环流式发酵罐时，还应注意环流管高度对环流效率的影响，实验表明环流管高度应高于 4m。罐内液面也不能低于环流管出口，否则将明显降低效率。但液面过高可能会产生“环流短路”现象，而使罐内溶氧分布不均匀。一般罐内液面不高于循流管出口 1.5m。

3. 高位塔式发酵罐

这是一种类似塔式反应器的发酵罐（图 3-21），其 H/D 值约为 7 左右。罐内装有若干块筛板，压缩空气由罐底导入，经过筛板逐渐上升，气泡在上升过程中带动发酵液同时上升，上升后的发酵液又通过筛板上带有液封作用的降液管下降而形成循环。这种发酵罐的特点是省去了机械搅拌装置，如培养基浓度适宜，而且操作得当的话，在不增加空气流量的情况下，基本上可达到通用式发酵罐的发酵水平。

国内微生物制药企业曾用过容积为 40m³ 的高位塔式发酵罐来生产抗生素，该罐直径 2m，总高为 14m，共装有筛板 6 块，筛板间距为 1.5m，最下面的一块筛板有 10mm 直径的小孔 2000 个，上面 5 块筛板各有 10mm 小孔 6300 个，每块筛板上都有一个 ϕ450mm 的降液管，在降液管下端的水平面与筛板之间的空间则是气-液充分混合区。由于筛板对气泡的阻挡作用，使空气在罐内停留较长时间，同时在筛板上大气泡被重新分散，进而提高了氧的利用率。这种发酵罐由于省去了机械搅拌装置，造价仅为一般通用式发酵罐的 1/3 左右，操作费用也相应降低。但缺点也很明显，如混合效果差，在发酵罐底部会有较多的培养基原材料堆积。

据报道，国外使用高位筛板发酵罐来生产单细胞蛋白质，如图 3-22 所示。该罐直径 7m，筒身部分高度 60m，扩大段高度 10m，罐中央有一个提升筒，筒内装 9 块筛板，发酵罐容积约为 2500m³，装液量为 1500m³，通气比为 1∶1。

也有人在模型罐内进行试验，认为提升筒的截面积与环隙面积之比以 1.6 为好，当筛板的

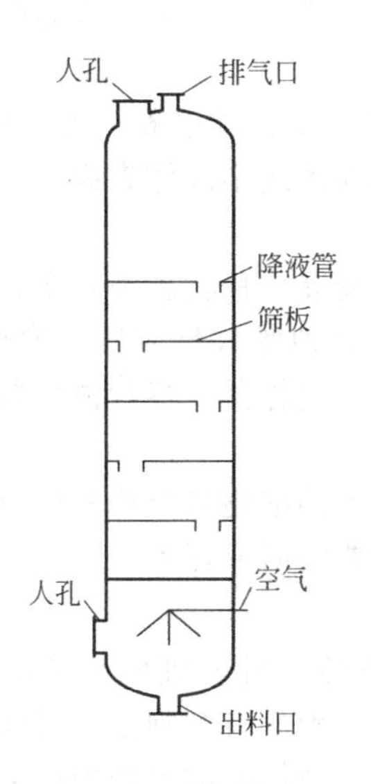

图 3-21　高位筛板式发酵罐

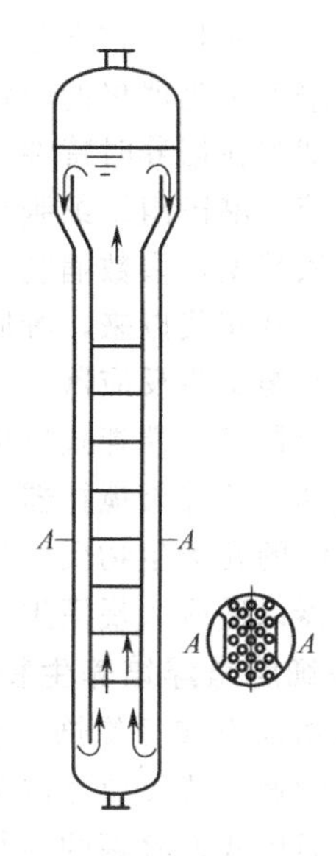

图 3-22　国外用于生产单细胞蛋白的大规模气升高位筛板式发酵罐

孔径为 2mm、筛板开孔率为 20%时，可达到最佳的通气效果。

第二节　动物细胞培养反应器

随着生物技术与工程的发展，动植物细胞的培养已逐渐从实验室规模培养过渡到工业化规模的生物反应器中进行。通过动物细胞的大规模培养，可以得到疫苗、诊断试剂、单克隆抗体、酶等贵重药品和生物制品。

动物细胞培养和植物细胞培养与微生物培养有较大区别（表 3-4）。首先是动物细胞没有细胞壁，比较娇嫩，对剪切作用十分敏感，甚至承受不了通气鼓泡造成的剪切作用。因此，在动物细胞反应器中应进行十分缓和的搅拌以使罐内液体混合均匀，罐内氧的供应则无法依靠常规的鼓泡和搅拌方法来实现。其次是动物细胞对培养基的营养要求相当苛刻，要在含有多种氨基酸、维生素、无机盐、糖和血清等物料配成的培养液中才能很好地生长，而且对环境条件十分敏感，对培养液的温度、pH 值、溶氧浓度等条件都比微生物培养要严格得多。传统的微生物发酵罐不能适用于动物细胞的大量培养。因而对动物细胞培养反应器设计和过程控制系统提出了特殊要求。相比之下，由于植物细胞具有细胞壁，故可以像微生物一样在液体中进行悬浮培养。但对流体的剪切力的耐受性比微生物要低。由于动植物细胞的生长比微生物缓慢得多，而且一般只有在高细胞密度条件下才能得到一定浓度的产物，因此它们培养所需时间要比微

表 3-4　微生物与动植物细胞的比较

项　　目	微生物细胞	哺乳动物细胞	植 物 细 胞
大小(直径)	1～10μm	10～100μm	10～100μm
在液体中的生长	悬浮生长,有时聚集成团	有些可悬浮生长,多数依赖表面	可悬浮生长,常聚集成团
营养要求	简单	极复杂	复杂
生长速率	一般较快,倍增时间 0.5～5h	慢,倍增时间 15～100h	慢,倍增时间 24～74h
代谢控制	内部控制	内部控制,激素	内部控制,激素
对环境的敏感性	一般耐受范围较大	无细胞壁,对环境极敏感	耐受范围较大
细胞分化	无	有	有
对剪切的敏感性	低	极高	高

生物培养时间长。而且动物细胞的培养条件又非常适合杂菌生长，所以动物细胞的培养系统需要有比微生物培养更为严格的防污染措施。

按照动物细胞在培养时特性可分成两类：一类像微生物一样悬浮培养，为非贴壁依赖型，它们主要是血液、淋巴组织细胞或肿瘤细胞；另一类只能在固体或半固体表面生长，形成单层细胞，为贴壁依赖型，多数哺乳动物细胞属于这一类。

自 20 世纪 70 年代以来，细胞培养生物反应器有很大的发展，种类越来越多，规模越来越大。种类大致有螺旋膜反应器、流化床反应器、中空纤维及其他膜式反应器、搅拌式反应器、空气提升式反应器等。搅拌式反应器的搅拌形式大致上有桨式搅拌器、棒状搅拌器、船帆形搅拌器、往复振动锥孔筛板搅拌器、笼式通气搅拌器等。

本小节介绍的几类生物反应器是已经应用或具有应用前景的细胞悬浮培养反应器。然而开发新型的反应器以适应大规模生产的需要，将始终是一项重要的研究任务。

一、动物细胞悬浮培养生物反应器

有少数动物细胞和经修饰、重组过的细胞（如杂交瘤细胞、肿瘤细胞）可以像微生物那样，在经改装的通用式反应器内悬浮培养。但由于此类动物细胞没有细胞壁，对剪切力相当敏感。如用常规通用式发酵罐的搅拌桨叶，桨叶的直接剪切力、液体间的剪切力都会损伤动物细胞，甚至气升式发酵罐的气体上升引起的液体剪切应力和气泡在液面破裂的剪切力也会损伤细胞。此外由于培养液中含有动物血清等高蛋白组分，鼓泡通气也往往会引起泡沫过多，这给培养操作带来困难。

图 3-23 是一种实验室规模的反应器。容器规模为 4～40L，该生物反应器的特点是搅拌桨是用尼龙丝编织带制成船帆形，搅拌轴用磁力驱动旋转，转速为 20～50r/min，氧气通过插入溶液中的硅胶管扩散到培养液内，以维持培养液内一定的溶氧水平。

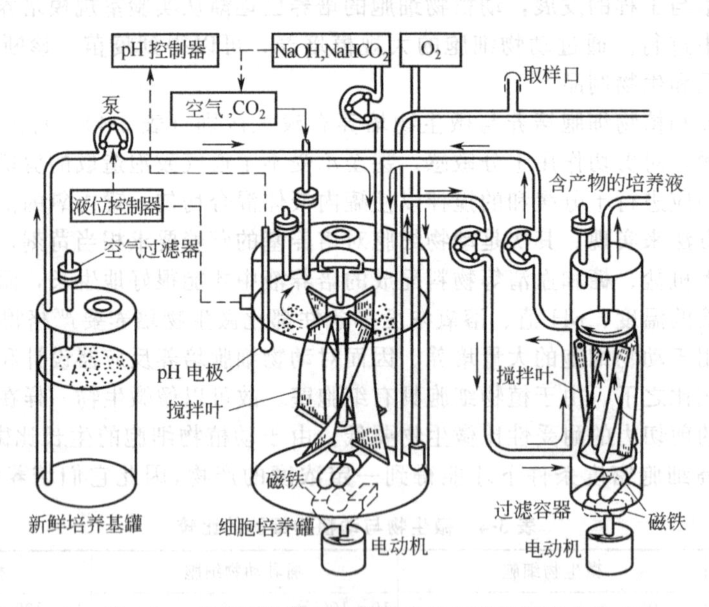

图 3-23　带帆形搅拌器的连续灌注系统培养反应器

该装置采用新鲜培养液连续流加，而流出的培养液则通过旋转过滤器分离细胞后被排出，所以这种培养系统也称为连续灌注系统。

用上述生物反应器培养鼠类肿瘤细胞，从每升培养液中能得到 1.7×10^{12} 个细胞。

中试及工业规模的动物细胞悬浮培养反应器是生物工程技术人员近年来努力研究、开发的课题。据报道，目前已有 10m³ 规模的动物细胞培养反应器用来培养杂交瘤细胞，生产单克隆抗体。经过改进后的常规发酵罐也可用于动物细胞的悬浮培养，其关键是改进搅拌桨和通气装置。通常可用螺旋桨搅拌器取代圆盘涡轮式搅拌器，以减少搅拌的剪切力。用扩散渗透通气装置来取代传统的鼓泡空气分布器。动物细胞生物反应器一般的搅拌转速控制在每分钟数十转，其溶氧传质系数 K_La 能达到 $10h^{-1}$ 即可。也有文献介绍，可用装有振动混合搅拌器的生物反应器作为动物细胞的悬浮培养设备，图 3-24 是工业规模装置的示意图。

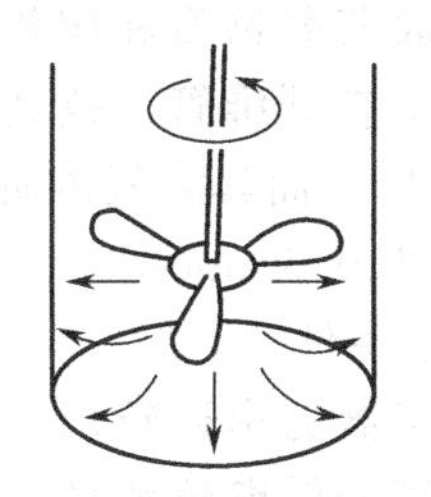
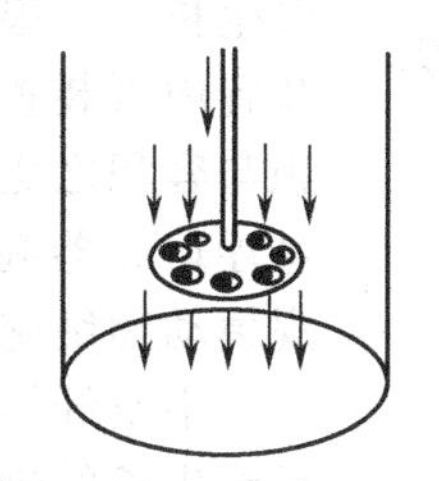
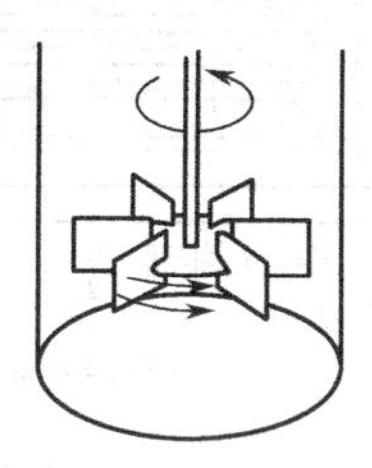

图 3-24　非贴壁依赖性动物细胞培养中试及生产规模反应器

空气提升式（常简称为气升式）生物反应器（构造和原理与前面述及的空气带升环流式发酵罐相同）于 1956 年首先开发。最初被用于生产单细胞蛋白，后来用于培养动植物细胞，特别适用于生产次级代谢产物的分泌型细胞。由于动物细胞悬浮培养技术的发展，无血清培养基的开发成功，当前杂交瘤细胞不但能在气升式反应器中进行培养，亦能在搅拌槽式反应器中培养。但是，在生产中采用气升反应器有其优点：首先是它的结构简单，可避免使用轴承而造成微生物培养的污染；此外，气升反应器的传质性能相当好，尤其是氧的传递速率高。更主要的是气升式反应器产生的湍动温和且均匀；剪切力相当小，液体循环量大，使细胞和营养成分能均匀地分布于培养基中。由于空气提升式生物反应器具有上述优点，因此已为大规模细胞培养所采用。

目前，用于动物细胞培养的气升式反应器已达 $10m^3$ 规模。一般在反应器内可采用环形管气体喷射器，孔的设计要保证，使其在气速范围内产生的气泡直径为 1～20mm，空气流量一般控制在 0.01～0.06VVM，反应器的高径比一般为（3∶1）～(12∶1)。

空气提升式生物反应器用于动物细胞培养时一般采用内循环式，但也有采用外循环式的。两者比较如表 3-5。

表 3-5　内-外循环空气提升式生物反应器比较

参　　数	生物反应器		参　　数	生物反应器	
	外循环式	内循环式		外循环式	内循环式
传质系数(K_La)	较低	较高	循环时间	较低	较高
总持气量	较低	较高	液体湍动	较高	较低
升液管持气量	较低	较高	传热系数	较高	较低
降液管持气量	较低	较高			

二、动物细胞贴壁培养反应器

大部分动物细胞须附着在固体表面或半固体表面才能生长，细胞在载体的表面上生长并扩展成一个单层，所以贴壁培养又称单层培养。

传统的用于这类动物细胞培养的反应器是采用滚瓶，当在滚瓶中装入培养液并接种后，平放在一个装置上，使滚瓶缓慢旋转，动物细胞就在滚瓶内壁贴壁生长繁殖，培养到一定时候后再将细胞收获。目前很多生物制品工厂就用 4～30L 大小的成千上万个滚瓶进行动物细胞贴壁培养，来生产疫苗。由于滚瓶的表面与容积之比只有 0.35 左右，因而滚瓶培养的生产能力较低，而且手工操作劳动强度大，限制了动物细胞的大规模培养。

近年来发展了中空纤维反应器（图 3-25）。该装置是由成束的中空纤维管组成，每根中孔纤维管内径为 200μm，壁厚为 50～75μm，中空纤维管的管壁是半透性的多孔膜，氧与二氧化碳等小分子气体可以自由地透过膜双向扩散，而大分子的有机物则不能透过。动物细胞贴附在中空纤维管外壁生长，可很方便地获取营养物质和溶氧。由于该装置内可装置成千根的中空纤维管，故其生长表面积与容积之比可达 40 余倍，而其溶氧传质速率也比悬浮培养器高 3 倍，可达 0.6mmol/(L·h)，为大规模动物细胞培养创造了条件。

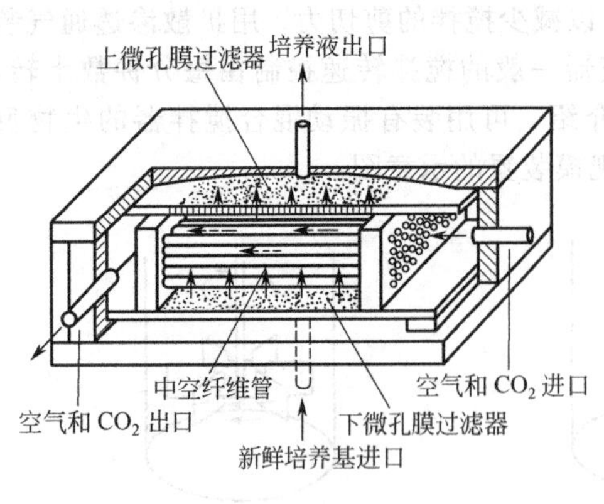

图 3-25　中孔纤维培养器

中空纤维管生物反应器的用途较广，既可培养悬浮生长的细胞，又可培养贴壁依赖性细胞，细胞密度可高达 10^9 个/ml 的数量级。动物细胞培养时间要比一般微生物培养时间长，其灭菌要求更严格，对中孔纤维培养器来讲尤为重要，如能控制系统不受污染，则能长期运转。这种反应器已用于多种细胞的培养和生产其分泌的产物。如果该装置因操作不当而污染杂菌后，整个装置无法灭菌再生而报废，经济损失就较大。这是中空纤维培养器的最大缺点。

三、动物细胞微载体悬浮培养反应器

用微珠作载体，使单层动物细胞生长于微珠表面，可在培养液中进行悬浮培养，这种培养方式将单层培养和悬浮培养结合起来，是大规模动物细胞培养技术最常用的方法。

贴壁培养动物细胞的载体微珠称为微载体。该微珠可用交换当量低的葡聚糖凝胶、聚丙烯酰胺、明胶或甲壳质等来制造，微载体的球径约为 40～120μm，经生理盐水溶胀后，其直径约为 60～280μm。用于动物细胞培养时，要求球径较为均匀，径差小于 20～25μm，溶胀后的微载体密度稍大于培养液的密度，一般要求密度在 1.03～1.05g/ml，以便在反应器内经缓慢搅拌后微载体能悬浮起来。

微载体悬浮培养的反应器应解决如下三个关键问题。

① 具有合适的搅拌器，使微载体在培养液内悬浮循环流动，而又要不因过高的剪切应力而使动物细胞受到损害。

② 不能像传统发酵罐那样用空气在培养液内鼓泡充氧，而只能用扩散方式来传递氧，以满足所需要的溶氧浓度。

③ 在培养液中要严格控制 pH 值，要求 pH 值控制误差小于 0.05。

图 3-26 是用中空纤维作为通气装置的微载体悬浮培养反应器，其 H/D 约为 1.2～1.5，培养液通过下层螺旋桨搅拌器被缓慢地搅动循环，转速可在 0～80r/min 之间调节，使微载体在培养液中保持悬浮状态。该反应器最大的特点是用直径为 2.5mm 的聚四氟乙烯中空纤维管作为通气供氧装置。空气在管内，氧分子通过半透性的管壁扩散到培养液中，供给动物细胞生长。采用此通气供氧方式，在培养液中不会产生气泡，这可避免损害动物细胞和在反应器内产生泡沫。据测定，该装置的氧传递能力可达 30mg/(L·h)。若在中空纤维管束中通入纯氧，则氧传递能力还可提高。

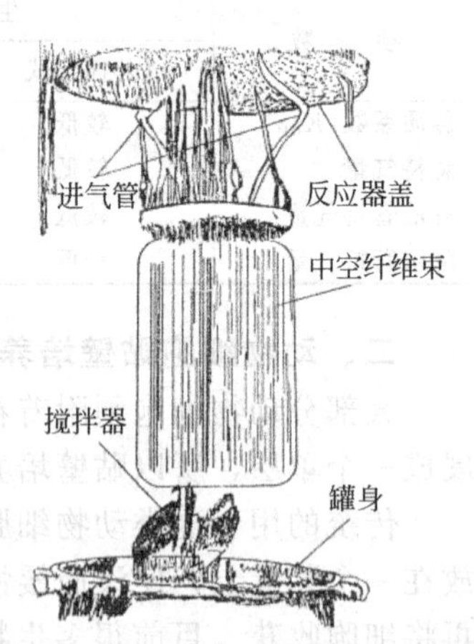

图 3-26　带中空纤维束的动物细胞悬浮培养反应器

图 3-27 所示的是另一类型的适用于动物细胞微载体悬液培养的反应器。反应器内有一个旋转圆筒，在圆筒上部有 3～5 个中空

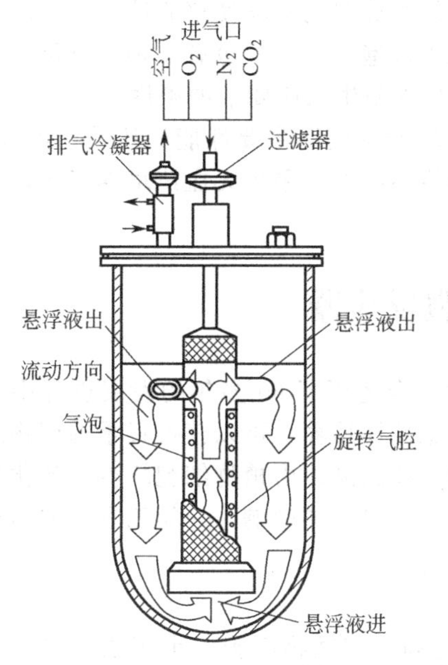

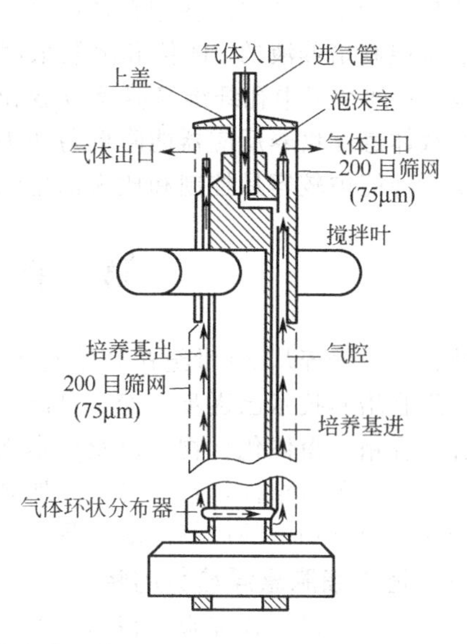

图 3-27　5L 气腔式动物细胞培养反应器

的导向搅拌桨叶，在圆筒外壁上用 200 目（75μm）不锈钢丝网焊成一个环状气腔，气腔下面有一圈气体分布管。

当反应器运转时，圆筒由轴联动，并以 0～50r/min 的转速旋转。由于中空导向桨叶的搅动作用，可使液体与微载体的悬浮液由圆筒下端吸入，并从中空导向桨叶甩出，而形成循环流动。在气腔内气体经分布管鼓泡，然后通过气体腔（200 目，75μm）丝网向主体培养液扩散。这种通气搅拌装置能使溶于培养液中的气体均匀地分布到整个反应器，又能避免气泡直接与动物细胞的接触。

该反应器还带一个混合气体（氧、氮、二氧化碳和空气）调气系统，用来自动控制溶氧和 pH 值。该反应器操作较方便，转速控制稳定。

图 3-28 所示的是另一种带气腔的动物细胞反应器，其外壳是一个圆锥形筒体，锥筒体内装有一个可旋转的塑

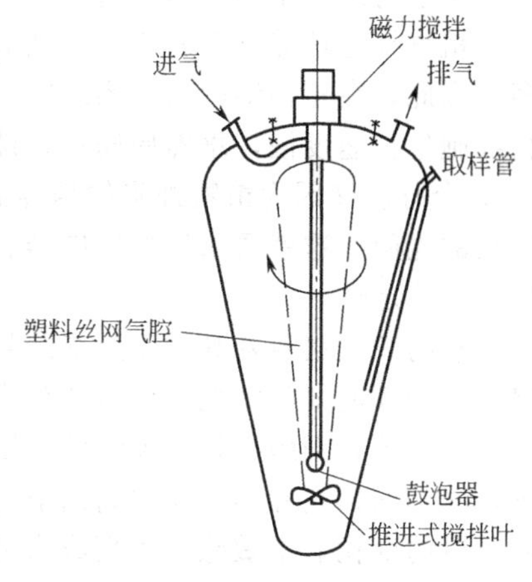

图 3-28　锥形动物细胞培养反应器

表 3-6　动物细胞大量培养反应器的性能比较

性　　能	中空纤维反应器	微载体悬浮培养反应器
比表面积	30.7	31～35
高细胞密度下氧传递能力	好。但某些细胞因存在氧浓度梯度使生长受到限制	需要用特殊装置才能提高氧的传递能力，要防止气泡损伤动物细胞
细胞所处环境	存在着浓度梯度	均一
控制环境能力	中等	好
反应器受污染后再生能力	困难	较易
计算机优化控制	实施较困难	实施容易
检测细胞生长	较困难	较方便
最高细胞密度	1×10^6 个/ml	分批培养：$(5\sim6)\times10^6$ 个/ml 灌注培养：$(4\sim6)\times10^7$ 个/ml
放大的可能性	好。但受到调节与控制方面的限制和由于营养液及氧的浓度的梯度，影响了反应器的规模	好。但受到氧的传递、微载体的成本及操作技术方面的限制

料丝网气腔，在气腔的尖端部带有一螺旋桨搅拌器，靠螺旋桨的翻动使培养液循环流动，并使微载体悬浮于培养液中。在塑料丝网气腔内有一圈气体鼓泡管，同样也有 4 种气体可以通过配比调节来控制培养液的 pH 值和溶氧浓度，以满足动物细胞生长所要求的条件。

表 3-6 列举了中孔纤维培养反应器和微载体悬浮培养反应器主要性能的比较。可以看出，如果微载体悬浮培养反应器能降低剪切力、解决氧的传递问题，采用无血清培养工艺，该类反应器是一种能被较容易控制和放大的生物反应器。

第三节　植物细胞反应器

植物组织培养从 20 世纪初开始萌芽，从 30 年代至今经历了 60 多年的发展进程中，植物组织、细胞培养技术已逐步完善。目前，通过植物细胞离体培养，可以获得贵重的产物（如植物皂苷、香精、甾体化合物）以及原本来源于植物的一些药品。由植物细胞培养生产化学品的优点是：不需种植植株，且不受生产地域、环境气候和病虫害的影响，一年四季都能通过工业化生产获得成分均一的产物。缺点是目前生产成本较高。

一、植物细胞悬浮培养的特性

植物细胞比微生物细胞大得多，在 20～150μm 之间，和动物细胞大小相似。它很少以单个细胞悬浮生长，通常是形成团细胞的非均相集合体，细胞数在 2～200 之间，直径为 2mm 左右，细胞结团的程度主要取决于细胞系来源、培养基及培养时间。植物细胞的另一个特性就是其纤维素的细胞壁相当脆，耐剪切能力又相当弱。

植物细胞培养基营养成分复杂而丰富，又很适合真菌生长，且其生长速度比植物细胞快得多。因此，在植物细胞培养系统的准备及培养操作中，保持无菌是相当重要的。此外，由于植物细胞生长速度慢，培养周期长，即使间歇操作也要 3～4 周，半连续操作或连续操作可长达 2～3 个月。又因为植物细胞的培养温度低，通常控制在 25℃左右。有的培养过程又需要特殊波长的光照。这就要求生物反应器、泵、电极、阀、检测控制装置等要求特殊的设计，并具有良好的稳定性。

植物细胞培养基其黏度随细胞量的增加而呈指数上升，有些品种在培养后期培养液相当稠厚，对于其流变学特性人们所知尚少，这是植物细胞培养中一个值得研究的重要领域。

所有植物细胞都是好氧性的，因此在培养周期中需要连续不断地供氧。但是它与微生物细胞培养不同，它并不需要太高的氧传质速率，一般 $K_{L}a$ 值可控制在 $25 \sim 50h^{-1}$。植物细胞培养对氧的变化非常敏感，太高或太低均有不良影响。因此，大规模植物细胞培养对供氧和尾气氧的监控都十分重要。大多数植物细胞的培养 pH 值为 5.0～7.0，在此 pH 值水平通气速率过高会驱除二氧化碳，从而抑制细胞生长。对于这个问题，可以在进气中加入一定量的二氧化碳来缓解。

植物细胞培养过程中，产生的泡沫的特性与一般微生物培养不一样，其气泡比微生物培养时大，且覆盖有蛋白质或黏多糖，因而黏性大，细胞极易被包埋在泡沫中，如果不采用化学或机械的方法控制，就会影响培养过程的稳定性。

表面黏附在培养过程中也是应注意的问题。植物细胞在培养过程中，极易黏附、堆积在培养液面以上的器壁上，以及搅拌轴的上端或者电极和挡板的表面上。对于培养液面以上的细胞层可用机械手段去除，但对于电极表面的黏附往往会造成电极损坏或检测不准确。在培养容器的表面和电极上涂以硅油，有时具有一定的作用。也有人通过改变培养基中某些离子成分取得了一定的成功。

二、大规模植物细胞培养反应器

通过以上论述，可以总结出：植物细胞的培养基通常采用合成培养基，培养周期长，对剪切敏感，因此对植物细胞培养反应器的设计可尽可能地吸取微生物细胞反应器和动物细胞反应器的特性和设计经验。

对大多数植物细胞的培养现常用间歇式反应器来进行。根据培养的对象和工艺要求，通常使用摇瓶、通用式发酵罐、鼓泡式反应器、气升式反应器和旋转圆筒式等生物反应器。现植物细胞培养反应器已从实验室规模的1～30L放大到了工业化规模的130L～20m³。

表3-7列举的大规模植物细胞培养反应器的实例说明了这一点。从表中可以看出，一般认为搅拌罐的剪切作用较大，鼓泡式反应器的混合性能差，认为气升式反应器有较好的效果。此外也有用中空纤维反应器培养植物细胞的介绍。但要说明的是，没有一种培养设备适用于所有的植物细胞培养。

表3-7 用于植物细胞大规模培养的生物反应器

生物反应器的类型	规模与生产速率	细胞株	作者(年份)
1. 搅拌式生物反应器	200～750L 7500L,15000L,75000L	紫草细胞,紫松果菊细胞	Fujita(1988) Westphal等(1990)
2. 气升式生物反应器	20L 中试水平	长春花细胞 紫草细胞	Fulzel等(1993) 刘大陆等(1995)
3. 固定化细胞反应器	板式反应器,循环床反应器 生产速率达到0.5mg/(g·d) 中空纤维生物反应器	辣椒细胞 烟草细胞,紫草细胞	Bramle等(1990) Fukui(1995)
4. 光照生物反应器	2.6L光照搅拌反应器 光照气升式反应器	白苏细胞 金鸡纳树细胞	Zhong等(1993) Schmauder(1985)
5. 其他类型的生物反应器	转鼓式生物反应器 双升式生物反应器生物量31g/L	长春花细胞 唐松草细胞	Tanaka(1983) Shibasaki(1992)

1. 机械搅拌反应器

常用经改造的通用式微生物发酵罐来大规模培养植物细胞。图3-29是工业规模进行烟草植物细胞的连续反应器，其反应器体积可达20m³，搅拌直径为罐径的1/2，搅拌转速为10～40r/min，比一般微生物发酵的搅拌转速低得多，桨叶的结构也作了改进，以降低剪切力。

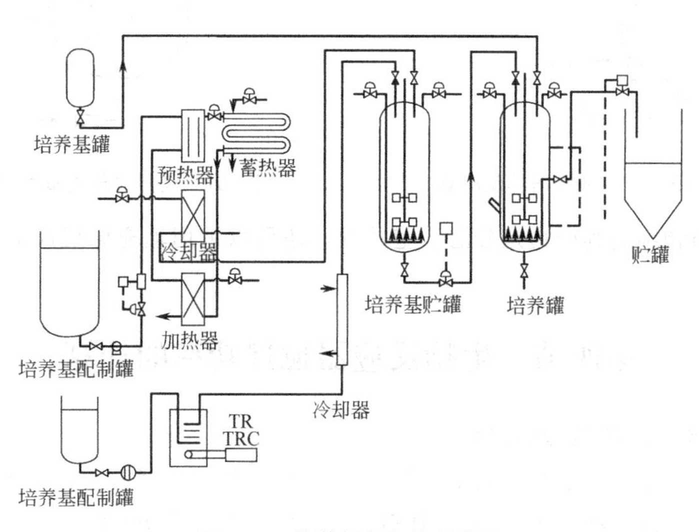

图3-29 培养烟草细胞的装置

2. 鼓泡塔与气升式反应器

如前所述机械搅拌反应器可以用于培养植物细胞。鼓泡塔和气升式反应器是属于气体搅拌反应器。通常气体搅拌反应器比机械搅拌反应器设计得更高，流体的静压增加了对反应器底部气泡的压力，导致氧溶解度增加，从而提高了氧传递的推动力。容量传质系数 K_La 与反应器的几何形状有关。在气体搅拌反应器中，流体力学特性对 K_La 影响较小，K_La 的变化主要取决于单位体积中的气-液表面积，即 a 值。而表面积又取决于气泡的大小和总气体持有量（即气体占有体积与反应液总体积的分数）。使用气体搅拌反应器时，还要考虑两个因素：第一，小气泡在设备内的停留时间过长，会造成气泡中氧被耗尽；第二，气体搅拌受剪切力的限制，有时不能达到足够的混合。当反应器中细胞浓度超过25mg/L时，混合问题便会变得相当重要。

气升式反应器是在鼓泡塔基础上改进而得到的。虽然气升式反应器与鼓泡塔在结构上差别并不很大，但在氧的传递和混合方面的差异是很大的。总体上讲，气升式反应器的传质特性和混合效果优于鼓泡塔。

由于气升式反应器结构简单，设备造价低，氧传递效率高，剪切力小，因此它比传统的机械搅拌反应器更适用于某些品种的植物细胞培养。

图 3-30 是用于植物细胞培养的强制循环生物反应器。空气提升式生物反应器在植物细胞培养中也有一定的应用前景，与一般机械搅拌生物反应器相比，具有如下优点：

① 液体流动时的剪切应力比机械搅拌反应器低得多；

② 反应器结构简单，造价低，无轴封装置，灭菌方便；

③ 能耗及操作费用低；

④ 可用通气速率来控制细胞的生长速率。

图 3-31 是最简单的气升环流式植物细胞培养反应器。

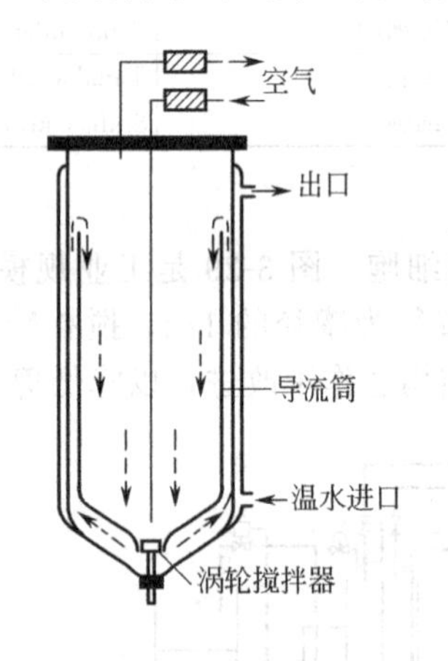

图 3-30　强制循环植物细胞培养反应器

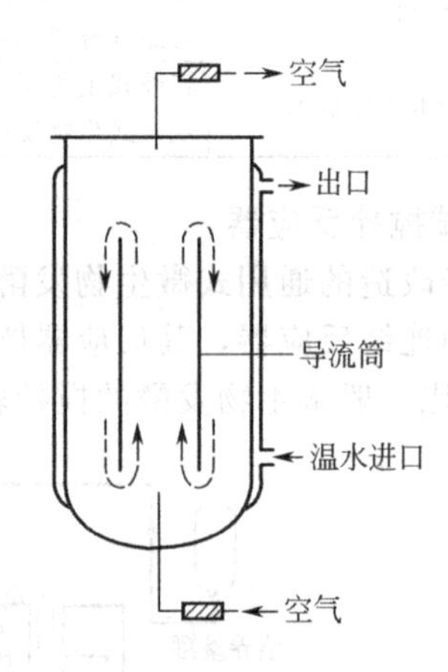

图 3-31　气升式环流植物细胞培养反应器

如果培养的植物细胞其产物是分泌于胞外的，还可以采用填充床反应器、流化床反应器、膜反应器等。

第四节　生物反应器搅拌功率的计算

一、搅拌功率计算的基本方程式

在机械搅拌发酵罐中，搅拌器输出的轴功率 P(W) 与下列因素有关：搅拌罐直径 D(m)、搅拌器直径 d(m)、液柱高度 H_L(m)、搅拌器形式、搅拌器转速 n(r/min)、液体黏度 μ(Pa・s)、液体密度 ρ(kg/m^3)、重力加速度 g(m/s^2) 以及有无挡板等。因为搅拌罐直径 D、液体高度 H_L 与搅拌器直径 d 之间具有一定的比例关系，故可用搅拌器直径 d 来替代，于是：

$$P=\phi(n,d,\rho,\mu,g)$$

通过因次分析与实验证实，对于牛顿型流体而言，可得下列准数关联式：

$$\frac{P}{n^3 d^5 \rho}=K\left(\frac{nd^2\rho}{\mu}\right)^x\left(\frac{n^2 d}{g}\right)^y \tag{3-15a}$$

式中，$\frac{P}{n^3 d^5 \rho}=N_P$ 为功率准数；$\frac{nd^2\rho}{\mu}=Re_M$ 为搅拌情况下的雷诺准数；$\frac{n^2 d}{g}=Fr_M$ 为在搅拌下的弗鲁特准数；K 为与搅拌器形式、搅拌罐几何比例尺寸有关的常数。

故式(3-15a) 又可改写为：

$$N_P=K(Re_M)^x(Fr_M)^y \tag{3-15b}$$

由实验证实，在全挡板条件下，液面未出现旋涡，此时指数 $y=0$，即 $(Fr_M)^y=1$。在 $D/d=3$，$H_L/d=3$，$B/d=1$，$D/W=10$ 的比例尺寸下进行实验，得出了图 3-32 的关联曲线以及相应的几何尺寸(表 3-8)。

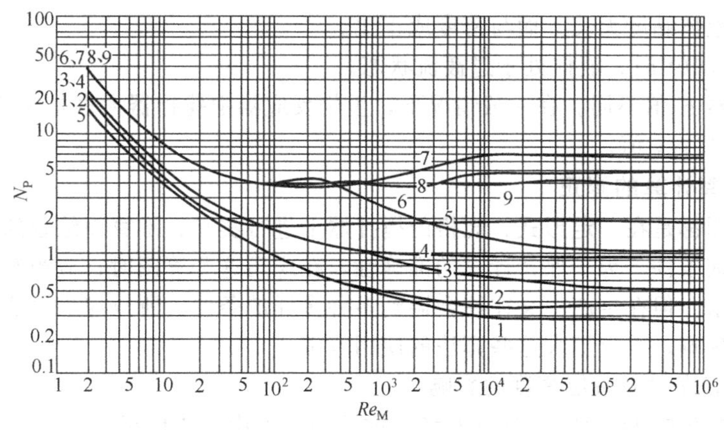

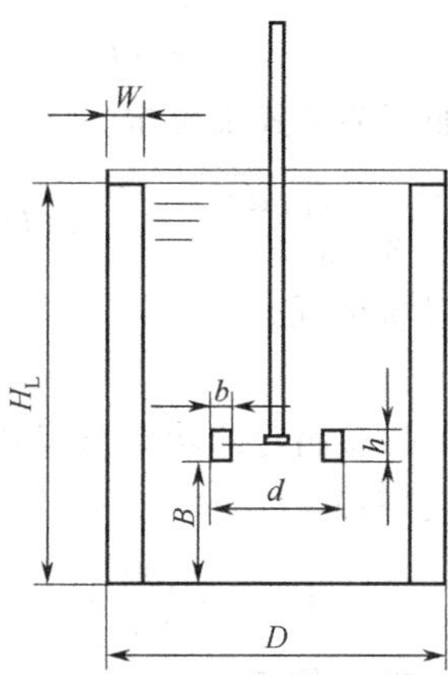

图 3-32 各种搅拌器的雷诺准数 Re_M 对应于功率准数 N_P 的算图（Rushton 算图）

表 3-8 图 3-32 算图中各种搅拌器的几何尺寸

曲线编号	搅拌器形式	比例尺寸			挡板	
		D/d	H_L/d	B/d	n_b	W/D
1	螺旋桨，螺距$=d$	3	3	1	无	无
2	螺旋桨，螺距$=d$	2.5～6	2～4	1	4	0.1
3	螺旋桨，螺距$=2d$	3	3	1	无	无
4	螺旋桨，螺距$=2d$	2.5～6	2～4	1	4	0.1
5	平桨，$d/b=5$	8	3	1	4	0.1
6	六平叶涡轮式	2～7	2～4	0.7～1.6	无	无
7	六平叶涡轮式	2～7	2～4	0.7～1.6	4	0.1
8	六弯叶涡轮式	2～7	2～4	0.7～1.6	4	0.1
9	六箭叶涡轮式	2～7	2～4	0.7～1.6	4	0.1

当 $Re_M<10$，$x=-1$，液体处于滞流状态，N_P 与 Re_M 在双对数坐标中成直线关系。这时：

$$\frac{P}{n^3d^5\rho}=K\left(\frac{nd^2\rho}{\mu}\right)^{-1} \tag{3-16a}$$

$$P=Kn^2d^3\mu \tag{3-16b}$$

搅拌功率与黏度成正比，而与密度无关。

当 $Re_M>10^4$，$x=0$，液体处于湍流状态，N_P 不随 Re_M 变化，而成为一条水平直线。这时：

$$\frac{P}{n^3d^5\rho}=K \tag{3-17a}$$

$$P=Kn^3d^5\rho \tag{3-17b}$$

搅拌功率与液体黏度无关，而与密度成正比。

当 $10<Re_M<10^4$ 时，液体处于过渡流状态。

不同的搅拌器 K 值不同。在一般情况下，生物反应器中搅拌器大多是在湍流状态下操作，即 K 值为功率准数 N_P 值。

二、搅拌功率计算的修正

上述各种算图都是在一定形式、规格的搅拌器下进行实验、推算而综合的结果，实验装置也都有一定的几何条件。为了保持计算的准确性，在应用这些算图时，应当符合这些对搅拌器形式、规格的要求。但在生产中又往往会遇到多种多样的条件，所以应当设法找到各种参数变化对功率计算的影响，以求扩大这些算法的使用范围。

1. 装置的几何条件及液层高度的影响

由于一般发酵罐中 $D/d\neq3$，$H_L/d\neq3$，搅拌功率可用下式校正：

$$P^*=fP \tag{3-18}$$

式中，f 为校正系数，可由如下关系式来确定。

$$f=\sqrt{\frac{(D/d)^*(H_L/d)^*}{3\times3}}=\frac{1}{3}\sqrt{(D/d)^*(H_L/d)^*} \tag{3-19}$$

上式中带 * 号者代表实际的搅拌设备情况。

2. 桨叶数量的影响

Rushton 认为在全挡板条件下圆盘涡轮的功率与桨叶数 n_P 有如下关系：

当 $n_P=2$、4、6 时修正后的功率值 P^* 为

$$P^*=P\left(\frac{n_P}{6}\right)^{0.8} \tag{3-20a}$$

当 $n_P=8$、10、12 时修正后的功率值 P^* 为

$$P^*=P\left(\frac{n_P}{6}\right)^{0.7} \tag{3-20b}$$

式中，P 表示当桨叶数为 6 时由 Rushton 算图求出的搅拌功率。

3. 桨叶宽度的影响

桨叶宽度 h 对功率是有影响的，一般随着 h/d 的增大，功率要增大。当流动处于湍流时，$h/d>0.3$ 之后，桨宽再增加而功率就不再继续增大了；而当流动处于层流区时，$h/d>1$ 时，桨宽再增加而功率也就不再继续增大了。常用的搅拌桨叶宽度 h/d 都在这些数值之下，所以可以笼统地说：桨叶宽度增大则功率要增大，不过在湍流区功率增加程度低，而在层流区功率增加程度大。

4. 桨叶角度的影响

桨叶倾斜角度 θ 多数为 45°，也有用 60°的。一般来说，当桨叶角度 θ 变小时，功率也相应

降低。严格地说，这也与 Re 的大小有关。当 Re 小时，θ 虽变化但功率变化并不明显，而当 Re 变大，θ 变化则功率变化较明显。在湍流区时 $N_P \propto (\sin\theta)^{1/2}$。

【例 3-1】 今有一发酵罐，内径为 2m，装液高度为 3m，安装一个六弯叶涡轮搅拌器，搅拌器直径为 0.7m，转速为 150r/min，设发酵液密度为 1050kg/m³，黏度为 0.1Pa·s，试求搅拌器所需功率。

解： $d=0.7\text{m}$，$D=2\text{m}$，$H_L=3\text{m}$，$n=150/60=2.5\text{r/s}$，$\rho=1050\text{kg/m}^3$，$\mu=0.1\text{Pa}\cdot\text{s}$

$$Re_M=\frac{nd^2\rho}{\mu}=\frac{2.5\times0.7^2\times1050}{0.1}=1.29\times10^4>10^4\text{（属湍流状态）}$$

$$P=Kn^3d^5\rho=4.8\times2.5^3\times0.7^5\times1050=13236\ \text{(W)}$$
$$=13.2\ \text{(kW)}$$

由于本题发酵罐的比例尺寸与图 3-34 或表 3-10 不符，故应按式(3-22) 校正。

$$f=\frac{1}{3}\sqrt{(D/d)^*(H_L/d)^*}=\frac{1}{3}\sqrt{(2/0.7)(3/0.7)}=1.17$$

实际轴功率为

$$P^*=fP=1.17\times13.2=15.4\ \text{(kW)}$$

三、多层搅拌器的功率计算

由于发酵罐的高径比（即 H/D）一般为 2～3，所以往往在同一轴上装有多层搅拌器。多层搅拌器功率的计算一般是在单层搅拌器的功率计算基础上乘上一个系数。许多实验证明，在 $H/D=2$、$D/d=3$ 的设备中装上两个搅拌器，且其间距 $S/d=3$ 时，两个搅拌器所需搅拌功率 P_2 是单个搅拌器功率 P 的 2 倍。但在实际情况 $S/d=1.5\sim2$ 时，此时 $P_2/P=1.4\sim1.5$，三个搅拌器时 $P_3/P=2$ 左右。

多层搅拌器的轴功率也可按下式估算：

$$P_m=P[1+0.6(m-1)]=P(0.4+0.6m) \tag{3-21}$$

式中，m 为搅拌器层数。

四、通气情况下的搅拌功率计算

当发酵罐中通入空气后，搅拌器所耗功率显著下降，这可能是搅拌器周围的液体由于空气导入密度明显减少的原因，功率下降的程度与通气量 Q_g（m³/min）及液体翻动量 Q(m³/min)（$Q\propto nd^3$）等因素有关。

1. 通气准数法

为了估算通气条件下的搅拌功率，可引入一个通气准数 N_a 的概念来说明，该准数代表发酵罐内空气的表观流速与搅拌器叶端速度之比，在数学上可表示为：

$$N_a=\frac{Q_g/d^2}{nd}=\frac{Q_g}{nd^3} \tag{3-22}$$

式中，Q_g 为工况通气量，m³/s；d 为搅拌器直径，m；n 为搅拌器旋转转速，s^{-1}。

以 P_g 表示通气搅拌功率，P 为不通气搅拌功率，则：

$$N_a<0.035\ \text{时}\qquad P_g/P=1-12.6N_a \tag{3-22a}$$

$$N_a\geqslant0.035\ \text{时}\qquad P_g/P=0.62-1.85N_a \tag{3-22b}$$

$$Q_g=Q_0\left(\frac{273+t}{273}\right)\cdot\frac{0.1013}{(0.1013+P_t)+\frac{1}{2}\rho g\times10^{-6}\cdot H_L} \tag{3-23}$$

式中，Q_0 为标准状况通气量，m³/s；P_t 为发酵罐的表压，MPa；H_L 为发酵罐液柱的高度，m；ρ 为发酵液的密度，kg/m³。

2. Michel 法

当发酵罐内发酵液密度为 800～1650kg/m³，黏度为 $9\times10^{-4}\sim0.1\text{Pa}\cdot\text{s}$ 时，可用密氏

(Michel) 公式来估算涡轮搅拌器的通气搅拌功率：

$$P_g = C\left(\frac{P^2 nd^3}{Q_g^{0.56}}\right)^{0.45} \tag{3-24}$$

式中，当 $d/D=1/3$ 时，$C=0.157$；当 $d/D=2/5$ 时，$C=0.113$；当 $d/D=1/2$ 时，$C=0.101$。

在应用式(3-26) 时，由于该式为经验公式，故应注意使用的单位。式中 n 为搅拌转速，r/min；Q_g 为工况下的通气量，m^3/min；其他符号所用单位与式(3-17b) 相同。式(3-23) 也适用于多层搅拌器以及非牛顿型流体的搅拌场合。

3. 准数方程式

准数方程式对不同范围的通气量、液体黏度及搅拌器大小均适用。

$$\lg\frac{P_g}{P} = -192\left(\frac{d}{D}\right)^{4.38}\left(\frac{d^2 n\rho}{\mu}\right)^{0.115}\left(\frac{dn^2}{g}\right)^{1.96(d/D)}\left(\frac{Q_g}{nd^3}\right) \tag{3-25}$$

【例 3-2】 若在［例 3-1］的发酵罐中导入通气量为 $6m^3/min$（工作状况），求通气时的搅拌功率。

解： $d=0.7m$，$n=150r/min$，$P=15.4kW$，$Q_g=6m^3/min$

$$N_a = \frac{Q_g}{nd^3} = \frac{6}{150\times0.7^3} = 0.117$$

若按式(3-26b) 计算

$$P_g = (0.62-1.85N_a)P$$
$$=(0.62-1.85\times0.117)\times15.4 = 6.21\ (kW)$$

若按式(3-27) 计算

$$P_g = 0.157\left(\frac{P^2 nd^3}{Q_g^{0.56}}\right)^{0.45}$$
$$=0.157\left(\frac{15.4^2\times150\times0.7^3}{6^{0.56}}\right)^{0.45} = 6.58\ (kW)$$

若按式(3-28) 计算

$$\lg\frac{P_g}{P} = -192\left(\frac{d}{D}\right)^{4.38}\left(\frac{d^2 n\rho}{\mu}\right)^{0.115}\left(\frac{dn^2}{g}\right)^{1.96(d/D)}\left(\frac{Q_g}{nd^3}\right)$$
$$=-192\times\left(\frac{0.7}{2}\right)^{4.38}\times\left(\frac{0.7^2\times2.5\times1050}{0.1}\right)^{0.115}\times\left(\frac{0.7\times2.5^2}{9.81}\right)^{0.686}\times0.117 = 0.3836$$

$$P_g = \lg^{-1}(-0.3836)\times15.4 = 0.4134\times15.4 = 6.37\ (kW)$$

上述三种计算结果均很接近。

五、非牛顿型流体搅拌功率的计算

牛顿型流体，流体剪应力与切变率的关系可用下式表示：

$$\tau = K\dot{\gamma} \tag{3-26}$$

式中，τ 为剪切应力，Pa；K 为稠度系数，Pa·s；$\dot{\gamma}$ 为剪切率，s^{-1}。

牛顿型流体剪切应力和速度梯度间的关系不随受剪切的时间而变化，如图 3-33 曲线 1。细菌、酵母发酵培养液多为牛顿型流体。

不服从牛顿黏性定律的流体为非牛顿流体。丝状微生物以及高浓度颗粒状物料的悬浮液常表现出非牛顿流体特性，其剪切应力与剪切率之比不是常数，而随着切变率变化，没有确定的黏度值。根据非牛顿流体的剪切应力与剪切率的关系，可以分为多种类型。常见的非牛顿流体有以下几种。

1. 宾汉型（Bingham）流体

流体剪应力与切变率的关系可用下式表示：

$$\tau=\tau_0+\eta\dot{\gamma} \tag{3-27}$$

式中，τ_0 为屈服应力，Pa；η 为刚度系数，Pa·s。

宾汉型流体的特点是当剪切应力小于屈服应力时流体不发生流动，只有当剪切应力超过屈服应力时流体才发生流动。它的流态曲线是不通过原点的直线，如图 3-33 曲线 2，在纵轴上的截距就是屈服应力 τ_0。一些早期的研究报告指出黑曲霉、产黄青霉、灰色链霉菌等丝状菌发酵液为宾汉型流体。

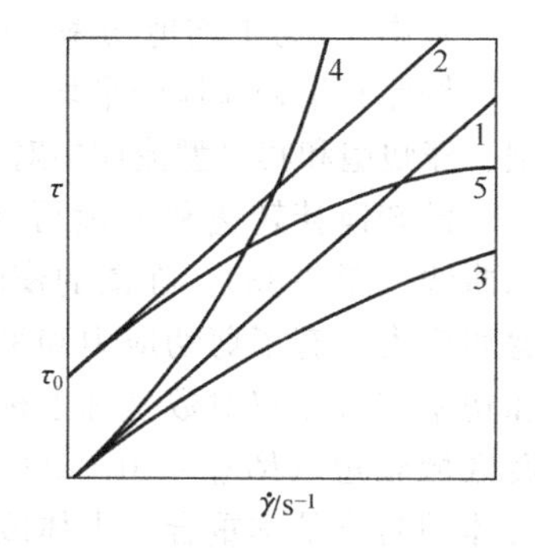

图 3-33　牛顿流体及一些非牛顿流体剪切应力与剪切率的关系
1—牛顿流体；2—宾汉型流体；3—拟塑性流体；4—涨塑性流体；5—卡松型流体

2. 拟塑性（pseudoplastic）流体

流体剪切应力与剪切率有如下关系：

$$\tau=K\dot{\gamma}^n \qquad (0<n<1) \tag{3-28}$$

式中，K 为稠度系数，Pa·s^n；n 为流动特性指数。

稠度系数 K 值越大，流体就越稠厚；流动指数 n 越小，流体的非牛顿特性越明显，与牛顿流体的差别越大。当 $n=1$ 时即为牛顿流体，这时稠度系数 K 便等于牛顿流体的黏度。拟塑性流体的流态曲线见图 3-33 的曲线 3。如果在双对数坐标中把剪切应力与相应的剪切率进行标绘，则可得到一斜率为 n 的直线。许多丝状菌（如青霉、曲霉、链霉菌等）的培养液往往表现出拟塑性的流动特性，一些产多糖的微生物发酵液因微生物分泌的多糖而呈拟塑性。此外，高浓度的植物细胞、酵母悬浮液也具有拟塑性的流动特性。

3. 涨塑性（dilatant）流体

涨塑性流体与拟塑性流体相似，也具有指数关系。

$$\tau=K\dot{\gamma}^n \qquad (n>1) \tag{3-29}$$

但流动特性指数 n 大于 1，n 值越大，流体的非牛顿特性就越显著。具有这种流动特性的在发酵液中较少见，如图 3-33 的曲线 4。在链霉素、四环素和庆大霉素发酵过程中，在接种后的一段时间内呈涨塑性。

4. 卡松型（Cassonbody）流体

这种流体的流动特性为：

$$\tau^{\frac{1}{2}}=\tau_0^{\frac{1}{2}}+K_c\dot{\gamma}^{\frac{1}{2}} \tag{3-30}$$

式中，τ_0 为屈服应力，Pa；K_c 为卡松黏度，$Pa^{\frac{1}{2}}\cdot s^{\frac{1}{2}}$。

与宾汉型流体相似，当剪切应力小于 $\tau_0^{\frac{1}{2}}$ 时，流体不流动，卡松型流体的流态曲线见图 3-33 的曲线 5。20 世纪 70 年代以来，一些研究报告指出青霉素发酵液为卡松流体。

非牛顿流体没有确定的黏度值，通常把某时刻一定切变率下剪切应力与剪切率之比称为表观黏度，即：

$$\mu_a=\frac{\tau}{\dot{\gamma}} \tag{3-31}$$

式中，μ_a 为表观黏度，Pa·s。

在反应器中，若用同一搅拌速度混合液体时，剪切率在径向分布是不同的，因为牛顿流体的黏度与剪切率无关，所以容易确定雷诺数；而非牛顿流体的表观黏度随切变率变化，没有确定的黏度值，也就不能确定搅拌雷诺准数，所以不能像牛顿型流体那样作出功率准数与雷诺准数的关系图。

米兹纳（Metzner）等人提出，在搅拌下，非牛顿流体的平均剪切率与搅拌转速成正比：

$$\bar{\dot{\gamma}}=Bn \tag{3-32}$$

式中，$\bar{\gamma}$为平均剪切率，s^{-1}；B为比例系数。

按照非牛顿流体的平均切变率求出其表观黏度，从而求出雷诺准数。米兹纳等人在多种拟塑型、涨塑型和宾汉型流体中对不同搅拌器进行试验，得出式(3-32) 中常数 B 的范围为10～13。

已知搅拌转速和 B 就可计算非牛顿流体的平均剪切率，再通过实验做出非牛顿流体的流态曲线（图 3-33），在图的横轴上确定平均剪切率，过此点作垂线交流态曲线的点，便可求出剪切应力，有了剪切应力和平均剪切率就可计算表观黏度。用表观黏度数值计算出雷诺数就可和功率准数在双对数坐标上标绘，结果得到的曲线与牛顿型流体相似。区别是非牛顿流体的过渡区域较短（$Re_M=10\sim300$），$Re_M>300$ 时流体即处于湍流状态，N_P-Re_M 的曲线与牛顿型流体的曲线基本重合，大体成为一直线。所以，只要避开 Re_M 10～300 这一区间，可以用牛顿流体的 N_P-Re_M 关系近似地计算出非牛顿流体的搅拌功率，从而解决了非牛顿流体搅拌功率计算问题。这样就可将前面所述的计算牛顿型流体的搅拌功率的方法用于非牛顿型流体。

六、生物反应器搅拌功率的确定

实验室规模及小型的工业化生产生物反应器的搅拌功率，基本上应按照不通气时所需搅拌功率来确定。这是因为实罐灭菌按发酵前期不进行通气或通气量很小的生产工艺要求而定。若按照正常通气情况下的功率消耗配备搅拌器的驱动电机，势必使电机长期处在超负载情况下，甚至根本无法启动电机或使电机损坏。

国内发酵罐的电机配置一般为每立方米培养液 2kW 电机功率，通气量一般均为 0.8～1.0m³/(m³·min)，即低搅拌功率消耗、高通气量法。也有采用每立方米培养液配置电动机 3～4kW，通气量为 0.4～0.5m³/(m³·min)，即采用高功率消耗、低通气量法。高功率消耗、低通气量法是通过加强搅拌过程中的剪切应力和翻动量，来提高氧的传递速率和相间混合程度。同时，避免了高通气量引起搅拌功率下降、泡沫严重、装料量小、培养液蒸发量大等缺点，适当选用较大容量的电动机，以便在设备改造和工艺条件改变时具有一定的灵活性。另外，每得到 1m³/min 无菌空气其电力消耗约为 3～5kW 左右。所以采用高功率消耗、低通气量的总功率并没有增加，有时会略有下降。目前一般都认为采用高搅拌功率消耗、低通气量法在理论上讲是合理的。但要根据具体情况，避免盲目采用大功率电机，而导致过高剪切作用损伤细胞而使发酵的产率下降。图 3-34 为从节能角度分析，在达到同样供氧效果的情况下通气与搅拌的能耗分配的组合关系。

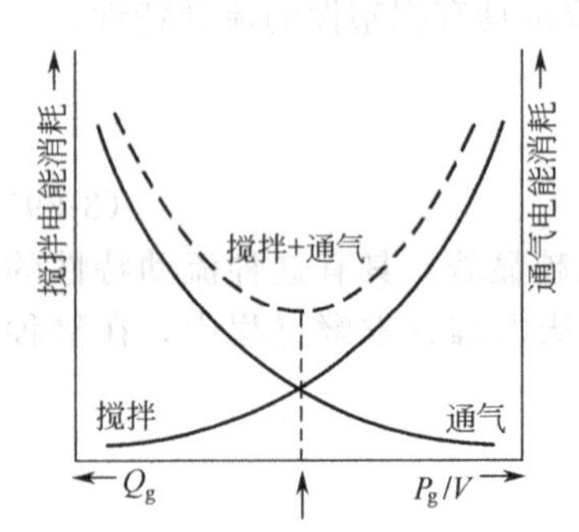

图 3-34　通气与搅拌的电能组合

发酵罐采用变速搅拌是一种发展趋势。变速搅拌更能适应发酵过程中不同生长期对搅拌转速的不同要求，这样不仅可节约搅拌所消耗的电能，并使一个发酵罐能适用于多种产品的生产。同时在培养基采用实罐灭菌工艺时采用低转速搅拌，可避免电机在低通气或无通气下搅拌电流超标，而导致电机烧掉。

变速搅拌需要可靠的变频电机和变速装置。大型通用式发酵罐在启动搅拌时需要克服很大的载荷，尽管采用先通气再搅拌及电机分步启动的措施，但在启动过程仍然会对电机及搅拌系统产生很大的冲击。随着变频调速技术的应用，上述问题迎刃而解，同时对电机的要求也相应提高。不论采用哪种形式的变频器，在运行中均会产生不同程度的谐波电压和电流，使电动机在非正弦电压、电流下运行，这将加剧电机的发热、振动等。同时，常规电机的冷却风扇与电机转子同轴，由于冷却风量与转速的三次方成正比，在低转速运行时使电机冷却状况恶化，温升急剧增加。这就需要采用专门的变频调速电机。与普通交流电机相比，其在设计时主要采取如下措施：

① 提高绝缘等级（达 F 级或更高），以耐受冲击电压；

② 充分考虑电动机构件及整体的刚性，尽力提高其固有频率，以避开与各次力波产生共

振现象；

③ 采用强迫通风冷却，即主电机散热风扇要采用独立的电机驱动；

④ 对容量超过 160kW 的电动机应采用轴承绝缘措施，以防止因磁路不对称及其他高频分量所产生的轴电流对轴承的损坏。

七、电机功率的确定

按发酵罐搅拌功率来选用电动机时，应考虑减速传动装置的机械效率 η。在一级皮带减速传动时 η 可取 0.9，齿轮减速传动时 η 可取 0.85。即

$$P=\frac{P_m+P_T}{\eta} \tag{3-33}$$

式中，P 为所需电机功率，kW；P_m 为搅拌所需的轴功率，kW；P_T 为轴封摩擦损失的功率，kW；η 为传动机构效率。

式(3-24) 中搅拌所需的轴功率 P 计算应根据不同情况来考虑，若发酵系统培养采用连续灭菌，则 P_m 选用通气功率 P_g 为好；当发酵罐采用分批实罐灭菌，则 P_m 应选用接近不通气时的功率。

在计算发酵罐搅拌功率时，值得一提的是容积在 $1m^3$ 以下的发酵罐由于其轴封、轴承等机件摩擦引起的功率损耗在整个电机功率输出中占有较大比例，故用上列各式来计算搅拌功率并由此来选用电机功率就没有多大意义，实际是凭经验和计算相结合来选用小容量发酵罐的电机。

第五节　生物反应器中的氧传递

在好气发酵过程中要通入大量的无菌空气，由于氧是一种难溶气体，在水中的溶解度很小，25℃和 0.1MPa 时空气中的氧在纯水中的平衡浓度仅 8.5mg/L，在培养液中由于盐析作用，氧的平衡浓度更低，大约不高于 6.8mg/L。与其他营养物质的溶解度相比，氧的溶解度要低得多，例如仅是葡萄糖的 1/6000。如果培养液中的细胞呼吸比较旺盛，细胞浓度也较高，那么培养液中的溶解氧会在极短时间内耗尽。为了保证生物反应的正常进行，必须在生物反应器中不断通入无菌空气进行供氧。生物反应器的氧传递速率大小是评价通气生物反应器性能的一个重要指标。

一、细胞对氧的需求

氧是构成细胞本身及代谢产物的组分之一，虽然培养基中大量存在的水可以提供氧元素，但是除少数厌气微生物（如乳酸菌等）能在无氧情况下通过酵解获得能量外，许多细胞必须利用分子状态的氧才能生长。

细胞利用氧的速率常用比耗氧速率或呼吸强度 Q_{O_2} 表示，其定义是单位质量的细胞（干重）在单位时间内所消耗氧的量。此外，也可用摄氧率 r 表示，即单位体积培养液在单位时间内消耗的氧。呼吸强度与摄氧率有以下关系：

$$r=Q_{O_2}X \tag{3-34}$$

式中，r 为摄氧率，mmol/(L·h)；Q_{O_2} 为比耗氧速率或呼吸强度，mmol/(g·h)(以菌体干重计)；X 为细胞浓度，g/L(以菌体干重计)。

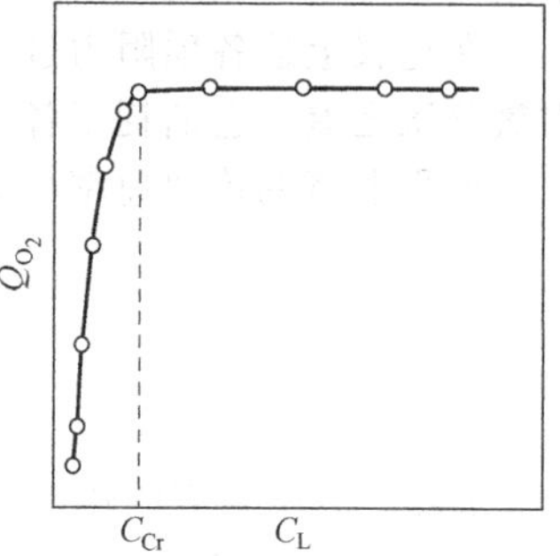

图 3-35　酵母的呼吸强度与溶氧浓度的关系

影响细胞耗氧速率的因素很多，如营养物质的种类和浓度、培养温度、pH 值、有害代谢物的积累、挥发性中间代谢物的损失，等等。细胞的呼吸强度与培养液中的溶解氧浓度有关，当培养液中的溶解氧浓度低于某临界浓度时，细胞的呼吸强度就会大大下降（图 3-35）。表 3-9 列出一些细胞的临界氧浓度，它们的

值一般在0.003～0.05mol/m³之间，大概是空气中的氧在培养液中平衡浓度的1%～20%。在培养过程中并没有必要使溶解氧浓度维持在接近平衡浓度，只要溶解氧浓度高于所培养菌种的临界值，细胞的呼吸就不会受到抑制。

表 3-9 一些细胞生长的临界氧浓度

细胞种类	温度/℃	c_{Cr}/(mol/m³)	细胞种类	温度/℃	c_{Cr}/(mol/m³)
发光细菌	24	0.01	酵母	20	0.0037
维涅兰德固氮菌	30	0.018～0.049	产黄青霉菌	24	0.023
大肠杆菌	37.8	0.0082		30	0.009
	15	0.0031	米曲霉	30	0.002
黏质沙雷菌	31	0.015	肾脏片	37	0.85
脱氮假单胞菌	30	0.009	产朊球拟酵母		0.0034
酵母	34.8	0.0046	卵状假单胞菌		0.0063

二、培养过程中的氧传递

对于大多数细胞培养过程，供氧都是在培养液中通入空气进行的。细胞分散在液体中，只能利用溶解氧，因此，氧从气泡到达细胞内要克服一系列传递阻力。图3-36为氧的传递模式图，如图所示包括9项传递阻力。

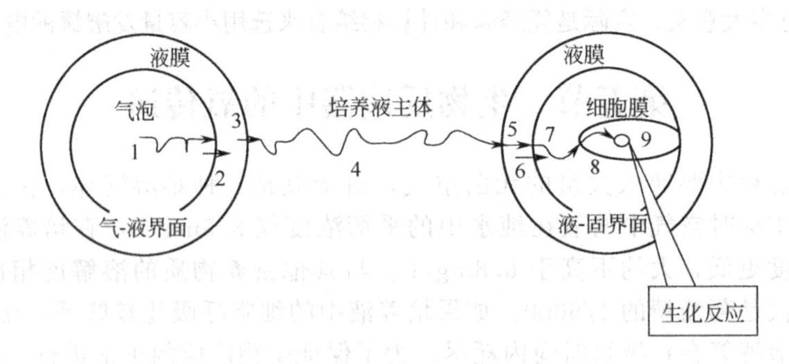

图3-36 氧从气泡到细胞的传递过程示意

1—从气相主体到气-液界面的气膜传递阻力$1/k_G$，氧浓度c^*；2—气-液界面的传递阻力$1/k_{Gi}$；
3—从气-液界面通过液膜的传递阻力$1/k_L$；4—液相主体的传递阻力$1/k_{Li}$，氧浓度c_L；
5—细胞或细胞团表面的液膜阻力$1/k_m$，氧浓度c_{Li}；6—固-液界面的传递阻力$1/k_{mi}$；
7—细胞团内的传递阻力$1/k_c$；8—细胞壁的阻力$1/k_{ci}$，氧浓度c_0；
9—反应阻力$1/k_R$

其中，1～4项属供氧方面的阻力，5～8项为耗氧方面的阻力。当单个细胞以游离状悬浮于液体中时第7项阻力消失，当细胞被吸附在气泡表面时第4～7项消失。

在克服上述各项阻力进行氧传递时，要损失推动力。氧传递过程的总推动力是气相与细胞内氧分压之差，它消耗于各串联的传递阻力。当氧的传递达到稳定状态时，在串联的各步中，单位面积上氧的传递速率相等：

$$N_{O_2}=\frac{推动力}{阻力}=传质系数\times推动力$$

$$=\frac{\Delta p_i}{1/k_i}$$

式中，N_{O_2}为氧的传递速率，mol/(m²·s)；Δp_i为各阶段的推动力（分压差），Pa；$1/k_i$为各阶段的传递阻力，N·s/mol。

1. 气-液相间的氧传递

如上所述，气-液传递过程中，气-液界面的传递阻力$1/k_{Gi}$可以忽略，液相主体的传递阻

力 $1/k_{Lb}$很小，也可以忽略，因此主要传递阻力只存在气膜和液膜中。气-液界面附近的氧分压或溶解氧浓度变化情况（图 3-37），当气-液传递过程达到稳定时，通过液膜和气膜的传递速率相等，即：

$$N_{O_2}=k_G(p-p_I)=K_G(p-p^*)$$
$$=k_L(c_I-c_L)=K_L(c^*-c_L) \quad (3\text{-}35)$$

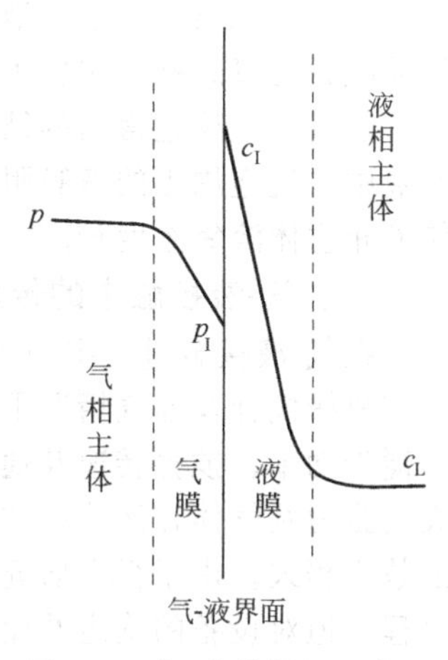

图 3-37　气-液接触界面附近氧浓度的分布

式中，p 为气相主体氧分压，Pa；p_I 为气-液界面氧分压，Pa；p^* 为与 c_L 平衡的氧分压，Pa；c_I 为气-液界面氧的浓度，mol/m^3；c_L 为液相主体氧的浓度，mol/m^3；c^* 为与 p 平衡的氧浓度，mol/m^3；K_G 为以氧分压为推动力的总传质系数，$mol/(m^2 \cdot s \cdot Pa)$；$K_L$ 为以氧浓度为推动力的总传质系数，m/s；k_G 为气膜传递系数，$mol/(m^2 \cdot s \cdot Pa)$；$k_L$ 为液膜传递系数，m/s。

由于氧是难溶气体，气膜传递阻力可以忽略，因此 $K_L \approx k_L$。为了方便起见，通常将 K_L 与 a 合并作为一个参数处理，称为容量传质系数（s^{-1}）。

在单位体积培养液中，氧的传递速率：

$$OTR=K_Ga(p-p^*)=K_La(c^*-c_L) \quad (3\text{-}36)$$

式中，OTR 为单位体积培养液中的氧传递速率，$mol/(m^3 \cdot s)$；a 为比表面积，m^2/m^3。

2. 液-固相间的氧传递

稳态时，通过细胞或细胞团外液膜的氧传递速率可以表示为：

$$OTR=k_m a_m(c_L-c_{Li}) \quad (3\text{-}37)$$

式中，k_m 为细胞或细胞团外液膜的传递系数，m/s；a_m 为单位体积培养液中细胞的表面积，m^2/m^3；c_{Li}为细胞或细胞团表面氧浓度，mol/m^3。

假定细胞或细胞团为球形，在液体中向球形颗粒的质量传递过程存在以下关系：

$$N_{Sh}=2+\alpha_i(N_{Re})^{\alpha_2}(N_{Sc})^{\alpha_3} \quad (3\text{-}38)$$

式中，$N_{Sh}=\dfrac{k_m a \cdot d_P}{D_L}$为舍伍德准数；$N_{Re}=\dfrac{d_P\omega\rho_L}{\mu_L}$为雷诺准数；$N_{Sc}=\dfrac{\mu_L}{\rho_L D_L}$为施密特准数；$d_P$ 为颗粒（细胞）直径，m；D_L 为氧在液相的分子扩散系数，m^2/s；ω 为固-液相对速度，m/s；μ_L 为液体黏度，$Pa \cdot s$；ρ_L 为液体密度，kg/m^3；α_i 为常数。

由于细胞与液体的密度十分接近，可以认为相对速度很小，取 ω 为零，则式(3-38) 右面第二项为零，于是：

$$k_m=2D_L/d_P \quad (3\text{-}39)$$

若单位体积培养液中的细胞数为 n（个/m^3），细胞的平均表面积为 $\bar{a}$（m^2/个），则在单位体积液体中的最大氧传递速率为：

$$(OTR)_m=k_m a_m c_L \quad (3\text{-}40)$$

$$(OTR)_m=2(D_L/d_P)n\bar{a}c_L \quad (3\text{-}41)$$

若取 $D_L=10^{-9}m^2/s$，$d_P=5.5\times10^{-6}m$，$n=10^{15}$个/m^3，$c_L=6.3\times10^{-2}mol/m^3$，则：

$$(OTR)_m=2(D_L/d_P)n\bar{a}c_L=\frac{2\times10^{-9}}{5.5\times10^{-6}}\times10^{15}\times\pi(5.5\times10^{-6})^2\times6.3\times10^{-2}=2.18\ [mol/(m^3 \cdot s)]$$

若细胞的最大呼吸强度为 $2.5\times10^{-3}mol/(kg \cdot s)$，菌体密度为 $1000kg/m^3$，含水量为 80%，则培养液的最大摄氧率为：

$$r_m=2.5\times10^{-3}\times\frac{\pi}{6}(5.5\times10^{-6})^3\times10^{15}\times1000\times0.2=0.044\ [mol/(m^3 \cdot s)]$$

计算结果表明，培养液的最大摄氧率比最大氧传递速率小得多，可见单个细胞外的液膜对氧的阻力可以忽略。实验也证明了这一点。

通过以上论述得出的结论是：氧在气-液-固传递过程中，如果细胞不聚集成团，悬浮在培养液中，气泡周围的液膜阻力相对较大，成为供氧的控制部分。但如果细胞聚集成团，那么即使液相主体溶氧浓度较高，细胞团中央的细胞仍然极有可能因为扩散途径长而发生缺氧。

三、气-液接触中的传质系数

在气-液接触过程中的传质系数（容量传质系数）已有很多人进行研究。大部分研究工作是在机械搅拌及通气情况下用亚硫酸钠氧化法进行的，将容量传质系数与单位液体体积所消耗的搅拌功率、搅拌转速及通气时的空气线速率相关联，有的将某些物性常数如将液体的黏度、表面张力及气体在液体中的扩散系数也关联在内。近来也有人用因次分析和相似理论导出有关准数方程式。由于很多研究是在非发酵情况下进行的，所得关联式不能完全适用于真实的发酵过程，但对设备的确定及设计以及操作条件的确定还是很有参考价值的。

现将有关气-液接触过程中有关的传质系数（包括容量传质系数）的关联式择要介绍如下。除特别标明者外，这些关联式均已化成统一单位。P_g/V 以 kW/m^3 表示，ω_g 以 m/h 表示，n 以 r/s 表示，K_La 以 1/h 表示，K_L 以 m/h 表示。

① 生物反应器通常带有多个搅拌器，福田等对装料量为 100～42000L 的几何不相似的发酵罐，用亚硫酸钠氧化法测定而推导得到以下关联式：

$$K_La=1.86(2+2.8m)(P_g/V)^{0.56}\omega_g^{0.7}n^{0.7} \tag{3-42}$$

式中，m 为搅拌器个数。

② 以准数形式关联的公式，它也可以适用于非牛顿型流体。

$$K_La=f(d,n,\omega_g,D_L,\mu_L,\rho_L,\sigma,g) \tag{3-43}$$

式中，σ 为液体表面张力，N/m；ω_g 为气体流速，m/s。

通过因次分析，可得出以下准数式：

$$\frac{K_Lad^2}{D_L}=K\left(\frac{\rho_Lnd^2}{\mu_L}\right)^{\alpha_1}\left(\frac{n^2d}{g}\right)^{\alpha_2}\left(\frac{\mu_L}{\rho_LD_L}\right)^{\alpha_3}\left(\frac{\mu_L\omega_g}{\sigma}\right)^{\alpha_4}\left(\frac{nd}{\omega_g}\right)^{\alpha_5} \tag{3-44}$$

式中，$\frac{K_Lad^2}{D_L}$ 为舍伍德准数；$\frac{\rho_Lnd^2}{\mu_L}$ 为雷诺准数；$\frac{n^2d}{g}$ 为弗鲁特准数；$\frac{\mu_L}{\rho_LD_L}$ 为施密特准数；$\frac{\mu_L\omega_g}{\sigma}$ 为气流准数；$\frac{nd}{\omega_g}$ 为通气准数。

在 $D/d=2.5$，$H_L=D$ 的小型反应器中，Yagi 等对甘油水溶液和淀粉水解液等牛顿流体得到以下关联式：

$$K_La=0.06\frac{D_L}{d^2}\left(\frac{\rho_Lnd^2}{\mu_L}\right)^{1.5}\left(\frac{n^2d}{g}\right)^{0.19}\left(\frac{\mu_L}{\rho_LD_L}\right)^{0.5}\left(\frac{\mu_L\omega_g}{\sigma}\right)^{0.6}\left(\frac{nd}{\omega_g}\right)^{0.32} \tag{3-45}$$

$$K_La=0.364d^{1.51}n^{2.2}\omega_g^{0.28}\rho_LD_L^{0.5}g^{-0.19}\mu_L^{-0.4}\sigma^{-0.6} \tag{3-45a}$$

对于非牛顿型流体，则：

$$K_La=0.06\frac{D_L}{d^2}\left(\frac{\rho_Lnd^2}{\mu_L}\right)^{1.5}\left(\frac{n^2d}{g}\right)^{0.19}\left(\frac{\mu_L}{\rho_LD_L}\right)^{0.5}\left(\frac{\mu_L\omega_g}{\sigma}\right)^{0.6}\left(\frac{nd}{\omega_g}\right)^{0.32}[1+2(\lambda n)^{0.5}]^{-0.67} \tag{3-46}$$

$$K_La=0.364d^{1.51}n^{2.2}\omega_g^{0.28}\rho_LD_L^{0.5}g^{-0.19}\mu_L^{-0.4}\sigma^{-0.6}[1+2(\lambda n)^{0.5}]^{-0.67} \tag{3-46a}$$

对于不带机械搅拌的鼓泡式反应器，有如下准数关联式：

$$K_La=0.6\frac{D_L}{d^2}\left(\frac{\mu_L}{\rho_LD_L}\right)^{0.5}\left(\frac{gD^2\rho_L}{\sigma}\right)^{0.62}\left(\frac{gD^3\rho_L^2}{\mu_L^2}\right)^{0.31}(H_0')^{1.1} \tag{3-47}$$

式中，D 为罐径，m；H_0' 为气-液混合物中气体的体积分数；$\frac{gD^2\rho_L}{\sigma}$ 为宝德准数；$\frac{gD^3\rho_L^2}{\mu_L^2}$

为葛利勒准数。

$$\frac{H_0'}{1-H_0'}=0.2\left(\frac{gD^2\rho_L}{\sigma}\right)^{1/8}\left(\frac{gD^3\rho_L^2}{\mu_L^2}\right)^{1/12}\left(\frac{\omega_g}{\sqrt{gD}}\right) \tag{3-48}$$

式中，$\frac{\omega_g}{\sqrt{gD}}$为弗鲁特准数。

四、影响气-液相氧传递速率的因素

供氧方面的阻力主要存在于气泡外侧的湍流液膜，提高通过液膜的氧传递速率，就可以提高生物反应器的供氧能力。根据气-液间氧传递方程式(3-36) 可知，提高气-液传递的推动力 (c^*-c_L) 或体积传质系数 K_La 都可提高氧传递速率。

1. 影响推动力的因素

一般来说，培养液中的溶质浓度越高，氧的溶解度越低，氧传递的推动力就越小。由于细胞对培养基有一定的要求，不可能用很稀薄的培养基来提高 c^*。

根据亨利定律，提高气相中氧的分压就可以提高液相氧的平衡浓度 c^*。提高气相氧的分压最简便的方法是提高反应器中的压力，但随着罐压的升高，二氧化碳的分压也升高，由于二氧化碳的溶解度比氧大得多，从而对一些培养过程可能会产生不良影响。

提高氧的分压的另一方法是增加空气中氧的相对含量，进行富氧通气。富氧通气可以大大提高气-液相氧的传递速率。但是，采用富氧通气时也应考虑高氧分压是否会对细胞产生不良影响和生产成本的提高。

2. 影响气-液比表面积 a 的因素

气-液比表面积是指单位体积培养液中气泡的总面积，若气泡的平均直径为 d_m(m)，在体积为 $V(m^3)$ 的培养液中共有 n 个气泡，则比表面积有下式关系：

$$a=\frac{n\pi d_m^2}{V}=\frac{n\pi d_m^3}{6}\times\frac{6}{d_mV}=\frac{6V_G}{d_mV} \tag{3-49}$$

式中，V_G 为在液相中截留的气体体积，m^3。

设 V_G/V 为气体的截留率 H_0，则：

$$a=\frac{6H_0}{d_m} \tag{3-50}$$

因此，气-液比表面与气体截留率成正比，与气泡平均直径成反比。

对于带有机械搅拌的反应器，气泡的平均直径与单位体积消耗的通气搅拌功率、流体的特性有关：

$$a=K\left[\frac{\sigma^{0.6}}{\rho_L^{0.2}(P_g/V)^{0.4}}\right](H_0')^{0.4}\left(\frac{\mu_G}{\mu_L}\right)^{0.25} \tag{3-51}$$

式中，K 为常数，可取 0.142；σ 为液体的表面张力，N/m；ρ 为液体的密度，kg/m^3；μ_L 为液体黏度，Pa·s；μ_G 为气体黏度，Pa·s；H_0' 为气-液混合物中气体的体积分数，$H_0'=H_0/(1+H_0)$，其值容易测得；P_g/V 为单位体积通气下搅拌功率，kW/m^3。

在机械搅拌情况下，气体截留率可用下式求得：

$$H_0=\frac{(P_g/V)^{0.4}(\omega_g)^{0.5}-2.45}{0.636}\times 100\% \tag{3-52}$$

式中，ω_g 为以反应器截面为基准的气体流速，m/h。

通过以上各式说明，当物性一定的条件下，增加单位体积通气情况下的搅拌功率和通气量都可增加气-液比表面积。

3. 影响体积传质系数 K_La 的因素

准确地建立 K_La 与设备参数、操作变量等之间的关系式，对于设备放大是极其重要的。因为在需氧生物反应过程中，氧的传递速率是放大的关键。许多人在这方面进行了研究，也发表了许多研究成果。然而由于这些研究工作多半是在机械搅拌及通气情况下用亚硫酸钠氧化法进行测定的，所以得出的关系式不能完全适用于真实的生物反应过程，但对设备设计及操作条件的确定具有一定的参考价值。

(1) 操作条件　搅拌转速、搅拌功率、通气速度等操作条件对 K_La 有很大影响，它们与 K_La 的关系可用以下经验式表示：

$$K_La=K(P_g/V)^{\alpha}\omega_g^{\beta} \tag{3-53}$$

$$K_La=Kn^{\gamma}\omega_g^{\beta} \tag{3-54}$$

式中，α、β、γ 为指数；K 为有因次的系数，其值与取值范围有关。P_g/V 单位为 kW/m³，ω_g 为 m/h，n 为 r/min，K_La 为 (1/h)。有人在 3～65L 带有一个 12 叶翼碟式搅拌器的气-液反应器中，用亚硫酸钠氧化法研究了操作条件对 K_La 的影响。当 $D/d=3$，$H_L=D$ 时，操作条件与 K_La 的关系式用式(3-53) 表示，其中 $\alpha=0.95$，$\beta=0.67$。可见，要提高 K_La，增加单位体积的搅拌功率比增加通气量有效。这可解释为：增加搅拌功率，可将通入液体的空气分散成细小的气泡，并阻止气泡的凝并，可增加气-液比表面积；机械搅拌造成液体的涡流，会延长气泡在液体中的停留时间；搅拌造成的湍动，有利于减小滞流液膜厚度，减小传质阻力；搅拌也使培养液中的细胞和营养物质均匀分散，避免或减少缺氧区的形成。但应注意，过分剧烈的机械搅拌产生的剪切作用可能损伤细胞，同时产生大量搅拌热也会加重反应器传热的负担。增加通气量也可提高 K_La，但通气量过大时会发生“过载”现象，这时空气沿搅拌轴逸出，搅拌器在大量空气泡中空转，K_La 会下降。

随着反应器体积的增大式(3-53) 中指数值有下降趋势，如当反应器装料量为 9L 时 α 为 0.95，装液量为 0.5m³ 的中试规模反应器 α 则降到 0.67，而生产规模的反应器装液量在 27～54m³ 时 α 只有 0.5。搅拌器的形状和反应器的结构不同时，α 与 β 的值也会有较大的差别。

也有不少研究指出 K_La 可与搅拌转速关联，当 $D/d=2.5$ 的反应器中采用涡轮搅拌得出式(3-54) 所示的关联式，其中 $\gamma=2.0$，$\beta=0.67$。

(2) 流体性质　前面的关系式中只考虑了操作情况对 K_La 的影响，实际上液体的性质，诸如密度、黏度、表面张力、扩散系数等的变化，都会对 K_La 带来影响。在同样的操作状态下，液体的黏度大，滞流层液膜厚度增加，传质阻力就增大，K_La 就减小。综合考虑操作条件和流体性质，可以认为 $K_La=f(d,n,\omega_g,D_L,\mu_L,\rho_L,\sigma,g)$。

通过式(3-45)～式(3-47) 说明，除黏度之外，若液体扩散系数大或表面张力小都会增加体积传质系数。

(3) 其他因素的影响

① 表面活性剂。培养液中的蛋白质、脂肪及化学消泡剂都是表面活性物质，它们分布在气-液界面，使表面张力下降，形成较小的气泡，使比表面积增大。但是由于它们堆积在气液界面，增大了传质阻力，又使 K_La 下降。例如在水中加入表面活性剂月桂基磺酸钠后，K_L、K_La 均迅速下降，这是因为虽然气泡直径 d_m 减小很多，但引起 a 的增加并不能足以抵消 K_L 的下降，因此 K_La 仍快速下降。随着其浓度的继续增大，K_La 下降到一定程度后开始有所上升。

在培养过程中，由于细胞代谢活动生成一些表面活性物质，往往会在培养液中形成大量泡沫，影响通气，严重时会发生逃液，并容易引起杂菌的污染。这时加入适量的消泡剂虽然暂时会引起 K_La 下降及溶氧浓度 c_L 下降，但对改善泡沫状况、维持正常培养是必须的。不过消泡剂的加入不宜太多，否则易影响细胞生长。

② 盐浓度。在水中通入空气后，气泡很容易凝并成大气泡，但在电解质溶液中气泡凝并现象大大减少，气泡直径比在水中小得多，因而有较大的比表面积。有人认为这是由于离子带有静电阻碍了气泡的凝并。当盐浓度达到 $5kg/m^3$ 时，电解质溶液的 K_La 就开始比水大。盐浓度在 $50 \sim 80kg/m^3$ 时，K_La 迅速增大。一些有机物质（如甲醇、乙醇和丙酮）也有类似现象。

用亚硫酸钠氧化法测定的 K_La 值及所得关联式，由于溶液中含有盐量很大，因此得到的 K_La 值比同样条件下水为介质得到的值要大。此外培养液中细胞浓度的增加，也会使 K_La 变小。

五、氧传质系数的测定方法

体积传质系数 K_La 是反映细胞生物反应器气液相质量传递性能的一个重要参数。根据式(3-36)，若求出单位体积培养液中的氧传递速率 OTR 和推动力（$c^* - c_L$），即可求出 K_La 值。测定细胞生物反应器中的 K_La，可在培养过程中测定，也可在非培养条件下进行，而大部分有关 K_La 的关联式是在非培养条件下进行的，所以结果有一定误差。

掌握在培养条件下用实验方法测出真实值，更有实际意义。

1. 物料平衡法

在培养过程中，供氧和耗氧速率平衡时，液相氧的浓度不变，这时根据反应器空气进出口中氧含量的变化，可以求出 OTR：

$$OTR = \frac{1}{RV}\left(\frac{Q_1 p_1 y_1}{T_1} - \frac{Q_0 p_0 y_0}{T_0}\right) \tag{3-55}$$

式中，OTR 为氧的传递速率，$mol/(m^3 \cdot s)$；Q_1、Q_0 分别为进、出口空气流量，m^3/s；p_1、p_0 分别为进、出口空气压力，Pa；y_1、y_0 分别为进、出口空气氧的分子分数；T_1、T_0 分别为进、出口空气温度，K；R 为通用气体常数，$8.314J/(mol \cdot K)$；V 为培养液体积，m^3。

再求出 c^* 和 c_L，就可根据式(3-39) 求出 K_La，c_L 可用溶氧仪测定。

对于小型理想混合的反应器，c^* 可以取与出口气体的平衡浓度，即 c^*。对于大型生物反应器，很难做到反应器内流体的混合达到理想的状态，这时推动力可取进口和出口推动力的对数平均值。

$$(c^* - c_L)_m = \frac{(c_1^* - c_L) - (c_0^* - c_L)}{\ln \frac{c_1^* - c_L}{c_0^* - c_L}} \tag{3-56}$$

利用对氧的物料平衡求 K_La 需要测定空气流量、空气中的氧含量、溶解氧浓度，测定的精度要求较高，否则会产生很大的误差。

2. 动态法

在分批培养时，根据供氧和耗氧速率，可以写出以下关于氧的物料平衡：

$$\frac{dc_L}{dt} = K_La(c^* - c_L) - r \tag{3-57}$$

如果在某一时刻关闭空气，氧传递速率为零，上式中右面第一项为零，溶氧浓度将不断下降。图 3-38 的斜率为 $-r$，即摄氧率。如果在某一时刻恢复通气，溶氧浓度逐渐上升，最后恢复到原先浓度，这时 $dc_L/dt = 0$，$K_La(c^* - c_L) = r$。

$$c_L = c^* - \frac{1}{K_La}\left(\frac{dc_L}{dt} + r\right) \tag{3-58}$$

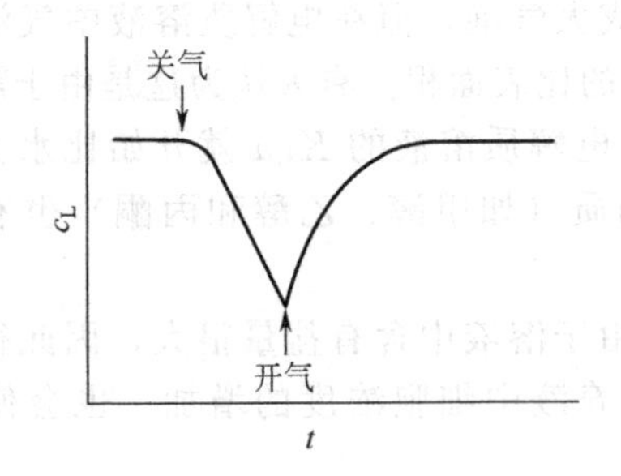

图 3-38 停气和开气后培养液中溶氧浓度的变化

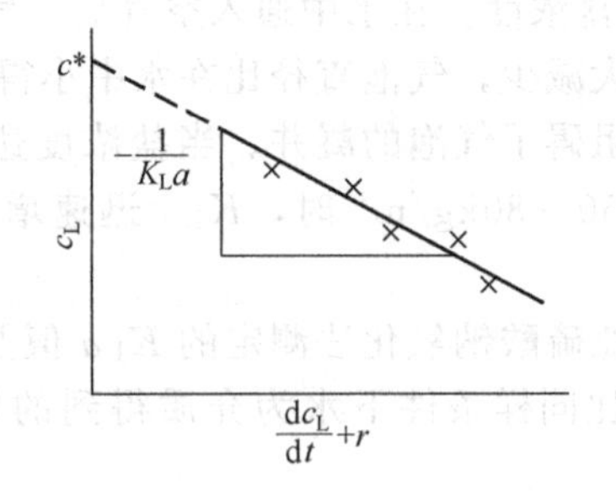

图 3-39 利用动态过程的数据求 K_La 和 c^*

根据关气时溶氧浓度曲线中直线部分的斜率可以求出 r 的值，根据恢复通气后的溶氧浓度曲线用图解法可求出不同时刻的 dc_L/dt 及 $dc_L/dt+r$ 的值，将 c_L 对 $dc_L/dt+r$ 进行标绘，得到一条直线，它的斜率为 $-1/K_La$，在 c_L 轴上的截距为 c^*（图 3-39），此法被称为动态法。动态法测定 K_La 时只需用一个溶氧电极来记录测定过程中的溶氧浓度变化的曲线，比较简单。但要求溶氧电极应有很快的响应速度，否则得出的结果误差很大，在停止供气阶段也要注意不能使溶氧浓度低于临界氧浓度，以免影响细胞的生长代谢。

3. 亚硫酸盐氧化法

这是一种在非培养状态下测定 K_La 的方法，其原理是在反应器中加入含有铜离子或钴离子为催化剂的亚硫酸钠溶液，进行通气搅拌，亚硫酸钠与溶解氧生成硫酸钠。由于反应进行得很快，反应的速率由气-液相间的氧传递速率控制，而与亚硫酸钠的浓度无关（在 0.018～0.5kmol/m^3 时）。在一定的操作条件下每隔一定时间间隔取样，用碘量法测定不同时间所取样的亚硫酸钠浓度，当得到亚硫酸钠的变化速率后，即可求得氧传递速率 OTR。由于氧化反应的速度很快，而液相的氧浓度 $c_L=0$，因而式(3-36) 成为：

$$OTR=K_Lac^*=K_GaP \tag{3-59}$$

只要知道 c^* 就可确定 K_La 或 K_Ga。

由于无法测出氧在亚硫酸钠溶液中的平衡浓度 c^*，一种方法是考虑到 25℃ 0.1MPa 下，空气中氧的分压为 0.021MPa，与之相平衡的纯水中的溶氧浓度 $c^*=0.24$mol/m^3，在亚硫酸盐氧化法的具体条件下，取 $c^*=0.21$mol/m^3。另一种方法是有人测定了氮气在 0.5kmol/m^3 的亚硫酸钠及硫酸钠的溶液中的溶解度，结果表明两者相同，因此建议用氧在硫酸钠溶液中的溶解度来代替在亚硫酸钠溶液中的溶解度，从而解决了估算 K_La 的数值。

第六节　生物反应器的放大设计

生物反应器是集中各种高技术含量的机电一体化的产品。随着生命科学技术日新月异的发展，各种传感技术、计算机软硬件技术的进展、化学反应工程的理论与技术发展以及其他有关元器件的开发，使生物反应器装置技术的更新，新的放大、设计的理念对工业化大规模细胞培养具有极其重要的意义。

在通常情况下，如果能获得较精确的反应过程本质的数学模型，就可进行生物反应器的放大。但是要建立数学模型要涉及传递过程、流体流动过程和混合过程等关键参数，再由于细胞内的复杂生化反应，使得整个放大过程变得十分复杂。目前对一个生物产品过程的开发，通常包括三个不同阶段：首先是要利用实验室规模的反应器进行菌种筛选和工艺优化试验，再在中试规模的反应器中扩大试验，确定最佳的操作工艺，最后再放大到工业化生产设备上。虽然一个生物反应过程在不同大小的反应器中应该是基本相同的，但在质量、热量和动量的传递上，细胞的生活环境却会有明显的差别，从而导致在大小不同的反应器中生物反应速率、细胞的生长状况会有一定的差别。生物反应器的放大，就是要使大型生物反应器的性能与小型的研究的反应器相接近，从而使大型反应器的生产效率与小型反应器相似。

大型生物反应器设计是否能成功的关键是设计参数的来源及其正确性。传统的放大设计，是根据小试、中试的表观实验数据，即状态参数（pH 值、溶氧、温度、压力）、操作参数（通气量、搅拌转速）、结构参数（罐径、装液高度、搅拌桨直径及桨形）等，通过因次分析法、经验法则法、数学模拟法或时间常数法进行放大。由于目前人们还不能完全掌握生物代谢过程本身的机理及其与工程过程参数的关系，一般都是以工程角度为主来考虑，忽视了细胞代谢流参数，使得生物反应器的放大设计受到了一定的制约。因此在特殊生物反应器的放大设计时要非常重视这个问题。

由于代谢流参数的分析需根据不同对象并通过实验来获得，而本节所述的放大仅是指常用的发酵罐从中试的模型罐与生产罐之间以几何相似为前提的放大，从工程角度上解决放大后生产罐的空气流量、搅拌转速和功率消耗等三个问题是十分重要的。

一、几何尺寸的放大

在生物反应器的放大中，放大倍数实际上就是罐的体积增加倍数，即放大倍数 $m=V_2/V_1$（下标 1 为模型罐，下标 2 为生产罐）。因为两者结构是几何相似的，因而 $H_1/D_1=H_2/D_2=A$，则：

$$\frac{V_2}{V_1}=\frac{\frac{\pi}{4}D_2^2H_2}{\frac{\pi}{4}D_1^2H_1}=\frac{\frac{\pi}{4}D_2^2D_2A}{\frac{\pi}{4}D_1^2D_1A}=\left(\frac{D_2}{D_1}\right)^3=m \tag{3-60}$$

因此，同理可得：

$$\frac{H_2}{H_1}=m^{1/3}, \quad \frac{D_2}{D_1}=m^{1/3}$$

二、空气流量的放大

发酵过程中的空气流量一般有两种表示方法。一是以单位培养液体积在单位时间内通入的空气量（以标准状态计）来表示，即 $Q_0/V_L=\mathrm{VVM}\ \mathrm{m^3/(m^3 \cdot min)}$；另一种是以操作状态下的空气直线速度 ω_g 来表示，ω_g 的单位是 m/h，两者的换算关系为：

$$\omega_g=\frac{Q_0(60)(273+t)(1.0133\times10^5)}{\frac{\pi}{4}D^2(273)p}=\frac{28369.9Q_0(273+t)}{pD^2}$$

$$=\frac{28369.9(VVM)(V_L)(273+t)}{pD^2}\quad \mathrm{m/h} \tag{3-61}$$

$$Q_0=\frac{\omega_g pD^2}{28369.9(273+t)}\quad \mathrm{m^3/min} \tag{3-62a}$$

$$\mathrm{VVM}=\frac{\omega_g pD^2}{28369.9(V_L)(273+t)}\quad \mathrm{m^3/(m^3 \cdot min)} \tag{3-62b}$$

以上诸式中，D 为罐径，m；T 为罐温，℃；V_L 为发酵液体积，$\mathrm{m^3}$；p 为液柱平均绝对压力，Pa。

$$p=(p_t+1.0133\times10^5)+\frac{9.81}{2}H_L\rho \tag{3-63}$$

式中，p_t 为液面上承受的空气压强，即罐顶压力表所指示的读数，Pa；H_L 为发酵罐液柱高度，m；ρ 为发酵培养液密度，$\mathrm{kg/m^3}$。

空气流量的放大方法主要有以下三种。

1. 以单位培养液体积中空气流量相同的原则放大

采用此法时，$(VVM)_2=(VVM)_1$，根据式(3-64) 和式(3-65)：

$$\omega_g \propto \frac{(VVM)V_L}{pD^2} \propto \frac{(VVM)D}{p}$$

因此

$$\frac{(\omega_g)_2}{(\omega_g)_1}=\frac{D_2}{D_1}=\frac{p_1}{p_2} \tag{3-64}$$

2. 以空气直线流速相同的原则放大

此时 $(\omega_g)_2=(\omega_g)_1$，根据式(3-65b)：

$$\frac{(VVM)_2}{(VVM)_1}=\left(\frac{p_2}{p_1}\right)\left(\frac{D_2}{D_1}\right)^2\left(\frac{V_{L1}}{V_{L2}}\right)=\frac{p_2}{p_1}\times\frac{D_1}{D_2} \tag{3-65}$$

3. 以 K_La 值相同的原则放大

根据文献报道，$K_La \propto (Q_g/V_L)H_L^{2/3}$，其中 Q_g 为操作状况下的通气流量，m^3/min；H_L 为液柱高度，m；V_L 为发酵液体积，m^3。则：

$$\frac{[K_La]_2}{[K_La]_1}=\frac{(Q_g/V_L)_2(H_L)_2^{2/3}}{(Q_g/V_L)_1(H_L)_1^{2/3}}=1$$

故

$$\frac{(Q_g/V_L)_2}{(Q_g/V_L)_1}=\frac{(H_L)_1^{2/3}}{(H_L)_2^{2/3}}$$

因 $Q_g \propto \omega_g D^2, V \propto D^3$

故

$$\frac{(\omega_g)_2}{(\omega_g)_1}=\left(\frac{D_2}{D_1}\right)^{1/3} \tag{3-66}$$

又因 $\omega_g \propto (VVM)V_L/pD^2 \propto (VVM)D/p$

故

$$\frac{(VVM)_2}{(VVM)_1}=\left(\frac{D_2}{D_1}\right)^{2/3}\left(\frac{p_2}{p_1}\right) \tag{3-67}$$

若 $V_2/V_1=125$，$D_2=5D_1$，$p_2=1.5p_1$，则用上述三种不同放大方法计算出来的空气量结果如表 3-10 所示。

表 3-10　放大 125 倍情况下用不同方法计算出来的 *VVM* 值和 ω_g 值

放大方法	*VVM* 值		ω_g 值	
	放大前	放大后	放大前	放大后
VVM 相同	1	1	1	3.33
ω_g 相同	1	0.3	1	1
K_La 相同	1	0.513	1	1.71

从表 3-10 看，若以 VVM 等于常数的方法计算，在放大 125 倍后，ω_g 增加了 3.33 倍，此值常嫌过大，而使搅拌器处于被空气流所包围的状态，无法发挥其加强气液接触和搅拌液体的作用。若以 ω_g 等于常数放大方法来计算，则 VVM 值在放大后仅为放大前的 30%，似乎又嫌小了一些。一般认为空气流量的放大以 K_La 等于常数的原则进行放大较为合适。

三、搅拌功率及搅拌转速的放大

搅拌功率及转速放大的方法较多，而常用于发酵罐的有下列几种方法。

1. 以单位培养液体积所消耗的功率相同的原则放大

此时　$P/V=$常数

由于　$P \propto n^3d^5$，$V \propto D^3 \propto d^3$

因此　$P/V \propto n^3d^2$

或

$$n_2 = n_1 \left(\frac{d_1}{d_2}\right)^{2/3} \tag{3-68a}$$

$$P_2 = P_1 \left(\frac{d_2}{d_1}\right)^3 \tag{3-68b}$$

2. 以单位培养液体积所消耗的通气功率相同的原则放大

此时 $(P_g/V)_2 = (P_g/V)_1$，若以 $P = Kn^3d^5\rho \propto n^3d^5$、$Q_g = 0.785D^2\omega_g/3600 \propto d^2\omega_g$ 代入式(3-27)，则得：

$$P_g \propto \left[\frac{(n^3d^5)^2nd^3}{(d^2\omega_g)^{0.56}}\right]^{0.45} \propto \frac{n^{3.15}d^{5.346}}{\omega_g^{0.252}}$$

$$\frac{P_g}{V} \propto \frac{n^{3.15}d^{2.346}}{\omega_g^{0.252}}$$

故

$$n_2 = n_1 \left(\frac{d_1}{d_2}\right)^{0.745} \left[\frac{(\omega_g)_2}{(\omega_g)_1}\right]^{0.08} \tag{3-69}$$

$$P_2 = P_1 \left(\frac{n_2}{n_1}\right)^3 \left(\frac{d_2}{d_1}\right)^5 = P_1 \left(\frac{d_1}{d_2}\right)^{2.765} \left[\frac{(\omega_g)_2}{(\omega_g)_1}\right]^{0.24} \tag{3-70}$$

3. 以气-液接触中容量传质系数 K_La 相同的原则放大

由于气-液接触过程中传质系数的关联式较多，本节以下式作为放大基准：

$$K_La = 1.86(2+2.8m)(P_g/V)^{0.56}\omega_g^{0.7}n^{0.7} \tag{3-71}$$

上式关联式是以水为介质，采用亚硫酸钠氧化法测定而推导出来的，所用的发酵罐容积为100～42000L，罐内装有1～3层弯叶涡轮搅拌器。式中 m 代表搅拌器层数。由式(3-71)可得：

$$K_La \propto (P_g/V)^{0.56}\omega_g^{0.7}n^{0.7} \tag{3-72}$$

若以 $P_g/V \propto \dfrac{n^{3.15}d^{2.346}}{\omega_g^{0.252}}$ 代入，整理后可得：

$$K_La \propto n^{2.45}d^{1.32}\omega_g^{0.56}$$

按 $[K_La]_2 = [K_La]_1$ 相等原则放大，则：

$$n_2 = n_1 \left[\frac{(\omega_g)_1}{(\omega_g)_2}\right]^{0.23} \left(\frac{d_1}{d_2}\right)^{0.533} \tag{3-73}$$

$$P_2 = P_1 \left[\frac{(\omega_g)_1}{(\omega_g)_2}\right]^{0.681} \left(\frac{d_2}{d_1}\right)^{3.40} \tag{3-74}$$

$$(P_g)_2 = (P_g)_1 \left[\frac{(\omega_g)_2}{(\omega_g)_1}\right]^{0.967} \left(\frac{d_2}{d_1}\right)^{3.667} \tag{3-75}$$

4. 以搅拌器叶端速度相等的原则放大

以搅拌器叶端速度相等的原则放大也有成功的例子。当大型生物反应器与小型反应器中搅拌器叶端速度相等时，则有：

$$\frac{n_2}{n_1} = \frac{d_1}{d_2} \tag{3-76}$$

$$\frac{P_2}{P_1} = \left(\frac{d_2}{d_1}\right)^2 \tag{3-77}$$

【例 3-3】 若有一中试发酵罐，其装料量为 0.28m^3，罐径 0.6m，搅拌器直径为 0.2m，搅拌转速为 420r/min，不通气时功率消耗为 0.9kW，通气时功率消耗为 0.4kW，空气线速度为 50m/h，若将其放大 125 倍，求生产罐的主要尺寸及主要工艺操作条件。

解： 已知 $V_1 = 0.28\text{m}^3$，$D_1 = 0.6\text{m}$，$d_1 = 0.2\text{m}$，$n_1 = 7\text{r/s}$，$P_1 = 0.9\text{kW}$，$(P_g)_1 = 0.4\text{kW}$，$(w_g)_1 = 50\text{m/h}$，$V_2 = 0.28 \times 125 = 35\ (\text{m}^3)$

$$D_2=D_1\left(\frac{V_2}{V_1}\right)^{1/3}=0.6D_1\left(\frac{35}{0.28}\right)^{1/3}=3\ (\mathrm{m})$$

$$d_2=d_1\left(\frac{D_2}{D_1}\right)^{1/3}=0.2\left(\frac{3}{0.6}\right)^{1/3}=1\ (\mathrm{m})$$

若空气量根据 K_La 等于常数的原则放大，则由式(3-66) 计算

$$(w_g)_2=(w_g)_1\left(\frac{D_2}{D_1}\right)^{1/3}=50\left(\frac{3}{0.6}\right)^{1/3}=85.5\ (\mathrm{m/h})$$

现将 $d_2/d_1=1/0.2=5$、$n_1=420\mathrm{r/min}$、$P_1=0.9\mathrm{kW}$、$(P_g)_1=0.4\mathrm{kW}$ $(w_g)_1/(w_g)_2=50/85.5=0.585$ 代入式(3-68) 至式(3-77)，用四种放大方法分别求出 n_2、P_2、$(P_g)_2$ 值，并列于下表：

放大原则	n_2	P_2	$(P_g)_2$
P/V=常数	$n_2=n_1\left(\frac{d_1}{d_2}\right)^{2/3}=143.6$	$P_2=P_1\left(\frac{d_2}{d_1}\right)^3=112.5$	
P_g/V=常数	$n_2=n_1\left(\frac{d_1}{d_2}\right)^{0.745}\left[\frac{(w_g)_2}{(w_g)_1}\right]^{0.08}=132.2$	$P_2=P_1\left(\frac{d_2}{d_1}\right)^{2.765}\left[\frac{(w_g)_2}{(w_g)_1}\right]^{0.24}=87.7$	$(P_g)_2=(P_g)_1\left(\frac{V_2}{V_1}\right)=50$
K_La=常数	$n_2=n_1\left[\frac{(w_g)_1}{(w_g)_2}\right]^{0.23}\left(\frac{d_1}{d_2}\right)^{0.533}=157.5$	$P_2=P_1\left[\frac{(w_g)_1}{(w_g)_2}\right]^{0.69}\left(\frac{d_2}{d_1}\right)^{3.40}=148$	$(P_g)_2=(P_g)_1\left[\frac{(w_g)_1}{(w_g)_2}\right]^{0.97}\left(\frac{d_2}{d_1}\right)^{3.67}=87.4$
nd=常数	$n_2=n_1\left(\frac{d_1}{d_2}\right)=84$	$P_2=P_1\left(\frac{d_2}{d_1}\right)^2=22.5$	

四、放大方法的比较

以上有关放大的方法，都是将几个关键性参数中某一个的值不变作为基准来进行放大，这种放大往往有片面性，这是因为各个参数常有联系。

将通常几种放大方法比较，按实际放大的效果来看，在一般工业化发酵罐放大过程中，以单位培养液体积通气功率相等的原则进行放大，放大后的功率与转速与实际经验亦较吻合。在以 K_La 相同原则进行放大时，应重视代谢流状态的最适参数，以便对放大结果进行修正。

此外，应考虑生物反应器放大过程中工程问题与工艺过程问题相互的关联与影响，以微生物及其代谢特性为对象加强过程优化与工程放大的研究。如根据 *OUR* 来估算搅拌功率、发酵热和根据排气 CO_2 浓度来确定通气量与搅拌功率关系等。综上所述，细胞生物反应器的放大技术还有待于进一步地详细深入研究。

第七节　生物反应器的发酵参数检测元件

微生物的生长代谢过程是受内外条件相互作用调控的复杂过程，其生长的环境条件要求严格，影响其正常代谢的参数众多，要实现最佳或者预期目标的微生物发酵及生物反应过程的生物化学工程产品开发和生产，需对发酵代谢过程中多种参数进行检测、定性或定量地描述，以便监控生化反应过程能在预定条件或最适条件下进行。

针对发酵过程中的参数使其具有多样性、时变性、相关偶合性和不确定性，应用各种传感技术，利用计算机在线采集与数据处理，以参数趋势曲线形式表现，通过多参数相关分析与研究，可以得到尽可能表征生物反应过程的核心内容，即代谢流参数，只要在放大过程中实现这些代谢流，放大设计成功的可能性会大大提高。由于代谢流特征参数需要靠状态参数来保证，而状态参数受反应器的操作参数、物料流变特性等的影响，因此对细胞培养、代谢过程的自动化控制已提出了迫切的需求，其中对过程参数的传感测量技术的要求尤为特殊。其主要目的是：

① 进行生物反应过程数据的采集和管理，以有助于生产工艺的改进和优化研究；

② 生产操作和过程的自动化，减轻劳动强度，提高操作的准确性；

③ 监督和记录生产过程的各种现象，实现过程控制与质量控制；

④ 提高生产的产量和产品的质量。

一、生物反应器的参数检测

在目前生物工业过程控制方面，计算机软硬件技术已比较成熟，随着生物调控理论的成熟，需要采集的信息也不断增加。生物反应器的检测系统是利用各种传感器及其他一些检测手段，以各种方式把非电量转换成电量，并通过二次仪表显示、记录或送计算机储存、处理和控制。现代计算机技术的发展，可以通过编制复杂的软件及先进的控制器件对反应器和生化反应过程进行控制和检测，生物反应器的测控系统一般分为信号检测、计算机控制和工艺研究相结合的软件三个部分。

对生物反应器及生化反应系统，需要检测和控制的生化反应状态参数及操作特性，按其性质特点，可以分为三大类：物理量、化学量及生物量。如表 3-11 所示。

表 3-11　生物反应器中需检测的参变量

参数类别	参　变　量	影响的状态
物理参数	温度	反应速率及稳定性
	压力	溶氧速率、无菌操作
	液面	操作稳定性、生产率
	泡沫高度	操作稳定性
	培养基流加速度	生物反应效率
	通气量	溶氧与搅拌功率
	发酵液黏度	细胞生长及无菌状态
	搅拌功率	溶氧速率及混合状态
	搅拌转速	溶氧速率及混合状态
	冷却介质流量与温度	细胞生长及反应速率
	加热蒸汽压强	灭菌速度与时间
	酸、碱及消泡剂用量	反应速率及无菌度
化学参数	pH 值	反应速率及无菌度
	溶氧浓度	反应速率
	溶解 CO_2 浓度	反应速率
	氧化还原电位	反应速率
	排气的氧分压	氧利用速率及反应速率
	排气的 CO_2 分压	氧利用速率及反应速率
	培养基质浓度	反应速率及转化率
	产物浓度	生物反应速率
生物量	前体浓度	反应速率及效率
	细胞浓度	反应速率和生产率
	酶活性	反应速率
	细胞生长速率	反应速率

物理参数：在生化反应过程中需随时检测和控制的参数有温度、压力、通气量、搅拌转速、补料用量和泡沫高度。化学参数：常用的在线检测和控制的参数是 pH 值、溶氧浓度和尾气 CO_2 浓度。生物量一般难于在线检测。较多的参数采用取样或离线检测等方法取得，有些参数还需通过间接计算取得，如呼吸商。

小型生物反应器检测的参数较多，常用于工艺研究和开发。大型工业化生物反应器，为减少染菌概率，防止传感器的失常影响生产过程的控制，一般只对少数参数进行检测。

二、用于生化过程检测的传感器

传感器是将非电量转换为电量的器件，经传感器变换输出的电信号由放大器进行放大、存储，对过程进行调节或输入计算机进行数据处理和控制。

生物反应器的传感器可将生理效应和化学效应转换为电信号，从而提供了生化反应过程的状态信息。能够用于生化反应过程参数检测的传感器分在线检测和离线检测。在线检测传感器应是可以耐受蒸汽灭菌，直接插入发酵罐中或通过流动注射分析系统与生物反应器旁路相连后连续测定。离线检测通过取样间断检定。

由于微生物纯种培养和培养周期长等特殊要求，用于生化反应过程的传感器还应具有良好的可靠性、准确性、精确性、分辨率、灵敏度、特异性和较短的响应时间，还应该满足能够进行高温灭菌、无泄漏表面、不易堆积等要求。一般用于生物反应器的传感器有以下要求：

① 用于罐内的传感器必须能耐热，经受高温灭菌；

② 使用的传感器能抵抗菌体对其性能的影响；

③ 抗罐内气泡干扰；

④ 传感器的结构必须严密、无泄漏，并要避免灭菌死角。

影响生化反应的主要物理参数有温度、生物热、搅拌转速和搅拌功率、通气量、罐压、发酵液黏度、消泡和发酵液计量等，下面就这些物理参数的测定方法作简要的介绍。

(1) 温度的测量和控制　温度是生物反应中的一个重要的检测参数和控制参数，因为它直接反映生化代谢的变化和生化反应的进程。测温的元件和方法有多种，常用的有玻璃温度计、热电偶、热敏电阻、热电阻温度计等。生物反应器上的温度检测系统主要由热电阻传感器和二次仪表组成。

① 热电阻传感器。根据生物反应器常用的测温传感器为铂电阻，铂电阻的特点是精度高、稳定性好、性能可靠，但价格贵，其中 Pt100 热电阻是最常用的。

② 二次仪表。根据选用的热电阻传感器，可选择合适的二次仪表，进行温度测量、显示、控制与记录。随着电子技术的飞速发展，各种二次仪表都趋于小型化和多功能智能化。与计算机联机时，应注意输出电信号的隔离远传，以满足检测与控制的不同需要和抗干扰要求。

生化反应的温度范围比较狭窄，所以发酵工艺要求把生物反应器的温度控制在某一定值或区间内。控温方式可用简单的 On-Off（通-断）控制，但反应器内的温度特性表现为滞后，因此工业化生物反应器需要用 PID 连续控制方式。一般用冷水或热水间接冷却或加热以控制反应器温度。

图 3-40　隔膜式压力表

对于发酵罐和培养基的灭菌，必须控制灭菌温度和维持时间。因为饱和蒸汽的温度与压强呈一一对应关系，故也可通过控制反应器或容器的压强来控制温度，但应避免不凝性气体的分压对这一关系的干扰。

(2) 压力的测量　在微生物悬浮培养时，生物反应器中须通入无菌的洁净空气，目的是为微生物生长提供溶氧和维持反应器内的正压，防止杂菌进入生物反应器。而厌氧发酵也需控制好反应器内的正压，以防止杂菌的渗入。为防止压力表弹簧腔内的灭菌死角，生物反应器上应采用隔膜式压力表。常用的隔膜式压力表如图 3-40 所示。在工业规模生产中的远程检测或控制时，还需安装把压力信号转换成电信号的压力传感器。生物反应器中，压力表或压力传感器安装时须注意使仪表的管路能够加热灭菌，尽量不存在死角，以便反应器的无菌操作。

(3) 液位和泡沫高度的检测　在发酵培养时，反应器内液面的高低反映了反应器的装液系数，须控制发酵液的液面。在微生物悬浮时，不管是通气还是厌气培养均有不同程度的泡沫产生，如泡沫过高，就会大大降低生物反应器的有效空间，增加染菌的机会等。

液位的检测主要方法有电容法、压差法和称重法。

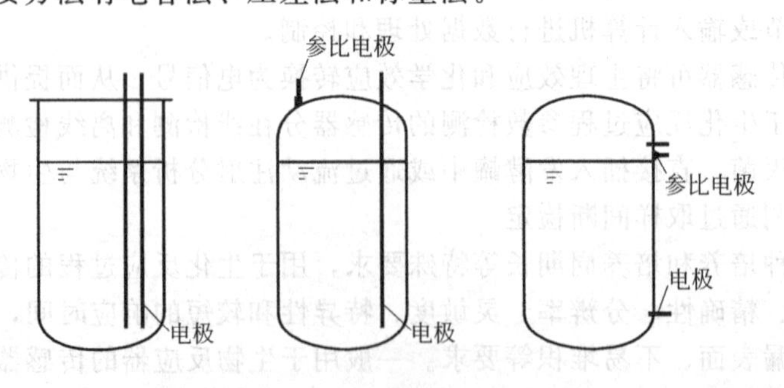

图 3-41　电容式液面计测定原理

① 电容式液面计。电容式液面计测定原理如图 3-41 所示。由于不同液位间的高度使得在容器内两根金属电极的电位发生变化，并转换成相应的电信号，通过与基准点间的物料量比较，从而可以取得相应发酵罐内的物料量或液位。

如罐内反应物泡沫较大，还要测定泡沫高度，此时须注意基准位置的选定。

② 压差法。压差法测定的原理如图 3-42 所示。容器内液体不同高度的压强可用差压变送传感器测量。由于 B、C 间 ΔH 恒定，其压差 ΔP_1 反映了液体密度的变化，将其代入 $\Delta P_2=\rho H$，并根据不同液位下液体内气泡所受压力的不同对 ρ 进行修正，即可较为准确地测出液位高度 H。

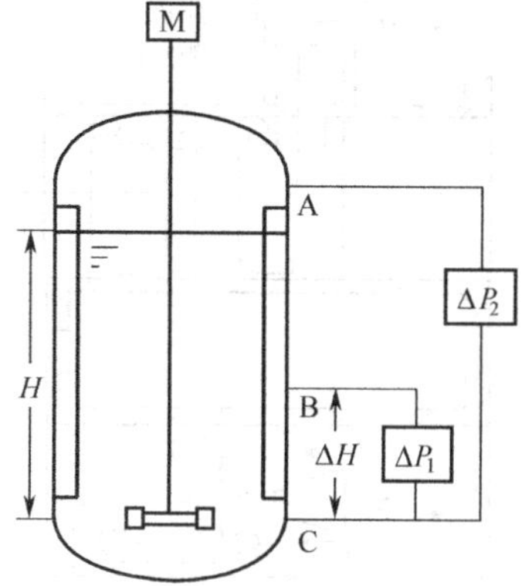

图 3-42 压差法测定液位原理

泡沫高度常用电极探针来测定，当泡沫增多，其表面上升，与电极探针接触，从而产生电信号。常用的泡沫检测电极有电导、电容、超声波等。

③ 称重。对于一些中试罐或实验室规模用罐，由于液位的变化量相对较小，易造成测量误差，因此，可考虑用称重的方法来表达培养液的变化。根据传感器的结构形式有设备直接加载于立式支座压缩受力的结构形式、设备直接加载于悬臂梁作弯曲受力的结构形式和设备直接加载于剪切受力的结构形式。这些受力结构处相当于一可变电阻器回路，构成类似于惠斯顿电桥电路，将重量信号转换为电子信号送到仪表中进行处理。其受压测点可根据测试精度要求，对称三个或四个点分布。

另外，发酵中间补料是发酵工艺控制重要的操作手段之一。大罐的补料常采用补料杯进行定量补料。而中试或实验室用罐常需精确和变量补料，一般用蠕动泵进行流加补料，为精确反映流加进程对发酵过程的影响，增加电子秤对每种流加的料液进行称重，并将数据送入仪表中处理。

(4) 培养基和液体流量测定　连续发酵或分批培养，间歇流加补料的发酵工艺，均需连续或间歇地向生物反应器中注入新鲜培养基，且要控制加入量和加入速度。常用来测量培养基和其他酸碱等液体流量的流量计是液体质量流量计、电磁流量计、涡街流量计和转子流量计。

① 科里奥利斯 (Coriolis) 效应液体质量流量计。如图 3-43 所示的科里奥利斯质量流量计是利用流体在直线运动的同时处于一旋转系中，产生与质量流量成正比的科里奥利斯力原理制成的一种直接式质量流量计。流体流过振动管道时产生科里奥利斯效应，通过对管道两端振动相位的影响来测量流过管道的流体质量，并将振动信号转换成电信号来取得流量的信息。它在原理上消除了温度、压力、流体状态、密度等参数的变化对测量精度的影响，可以适应多种流体和糊状介质的测量。它还具有压力损失小、自排空、保持清洁等众多特点。其有很高的测量精确度，基本误差通常在±(0.15～0.5)%之间，零点漂移一般在±(0.01～0.04)% FS 之间。

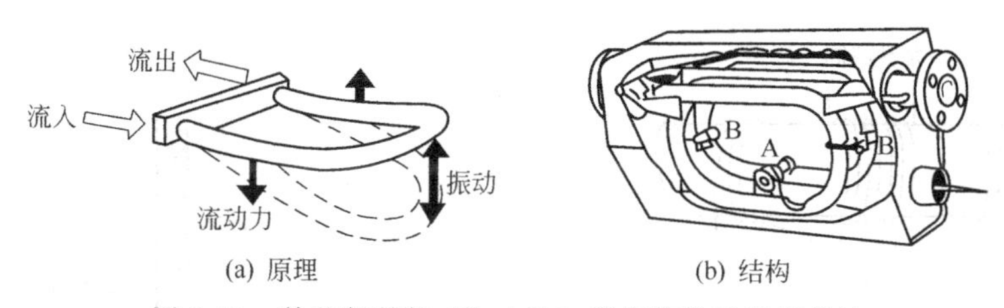

(a) 原理　　(b) 结构

图 3-43 科里奥利斯 (Coriolis) 效应液体质量流量计

A—驱动线圈；B—检测探头

② 涡街流量计。当非流线型阻流体 (bluff body) 垂直插入流体中，随着流体流动，阻流体就产生旋涡分离，此旋涡形成了有规则的排列，称此排列为涡街。在流体中安放一根（或多根）非流线型阻流体，流体在阻流体两侧交替地分离释放出两串规则的旋涡，在一定的流量范

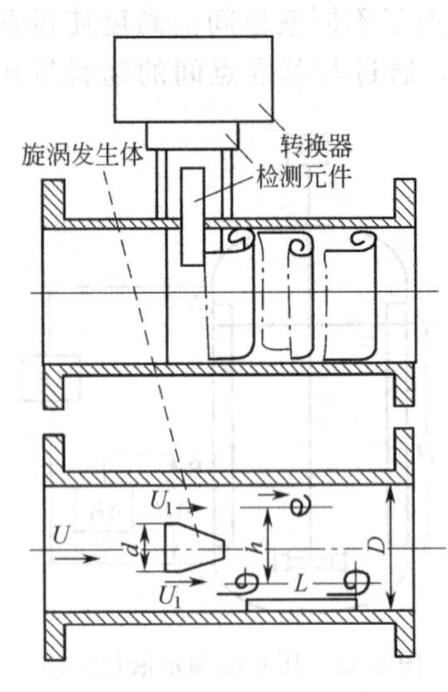

图 3-44 涡街流量计

围内旋涡分离频率正比于管道内的平均流速，通过采用各种形式的检测元件测出旋涡频率就可以推算出流体的流量。此类流量计结构简单牢固，安装维护方便，适用流体种类多（如液体、气体、蒸气和部分混相流体）。其精确度较高，一般为测量值的±1%～±2%，压降小。但不适用于低雷诺数测量（$Re \geqslant 2\times10^4$），故在高黏度、低流速、小口径情况下应用受到限制。如图 3-44 为涡街流量计的结构原理图。

（5）气体流量计 在好氧微生物大规模悬浮培养过程中，要连续往生物反应器中通入大量的无菌空气。无菌空气的通入量根据发酵工艺提供的微生物摄氧率或发酵溶氧曲线来控制。气体流量测定器件分两大类：流量型和质量流量型。

① 体积流量型气体流量计。常用的如转子流量计、孔板压差式流量计等。前者常用在实验室小试和中试生物反应器系统中，要注意其标准刻度是在 20℃和 0.10332MPa（即标准大气压）下标定的，故使用时若温度或压强与上述不同，则必须修正。后者于工业生产规模上，同样需要修正。

② 分布式流量计。分布式流量计是利用传热原理，即流动中的流体与热源（流体中加热的物体或测量管外加热体）之间热量交换关系来测量流量的仪表，是质量流量型。

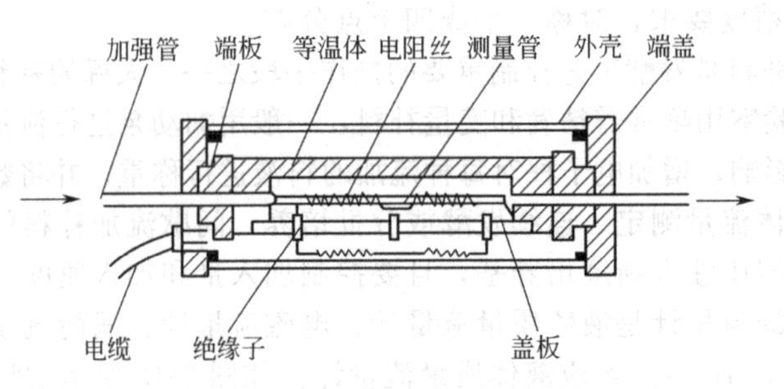

图 3-45 热分布式流量计的结构

热分布式流量计的工作原理如图 3-45、图 3-46 所示，在没有空气流过时沿测量管轴方向的温度分布大体上是左右呈对称的，有空气流过时近气流进入端的温度降低，而流出端的温度上升，如图 3-46 所示，对一定的气体，输出的电势与质量流量成正比。此种流量计的精度较高。

（6）发酵液黏度的检测 由于微生物发酵多数是气-液-固三相混合系统，发酵液往往呈非牛顿型流体特性。又由于反应器系统要求无菌操作，大大增加了在线检测的难度，通常采用取

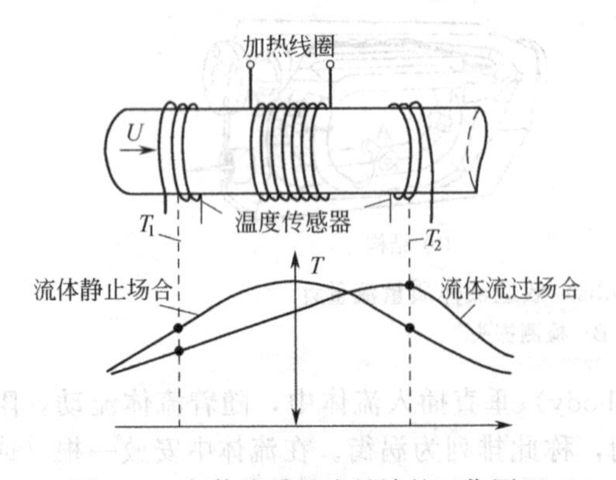

图 3-46 气体热质量流量计的工作原理

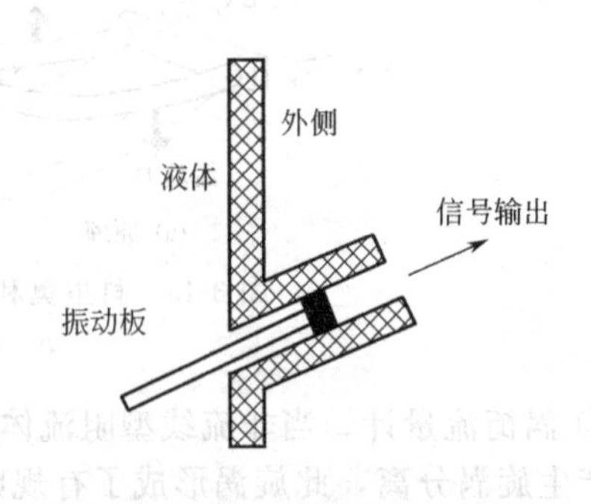

图 3-47 振动式黏度传感仪示意

样后，再用黏度计进行检测，测定出发酵液的流变特性。

发酵工业上常用的黏度测定仪有振动式黏度传感仪、毛细管黏度计、回转式黏度计以及涡轮旋转黏度计等。

① 振动式黏度传感仪。用一特制的金属棒插进反应器内溶液中，并使之强制振动，其振动特性与液体黏度有一定的关系，故只要设法检出其振动特性，就可掌握发酵液的黏度（表观黏度）。其结构简图如图 3-47 所示。此法操作方便，不易染菌，可在线进行，但只能测得黏度的相对值，且精确度也较差。

② 毛细管黏度计。这是一种最简单的黏度计，由一根开口的毛细管与受压贮筒相连，毛细管的半径及与其长度上均要十分精确，如图 3-48 所示，整个系统处于恒温状态，将被测物料置于贮筒中，在恒定压差下，使料液从毛细管排出，由流量算出其剪应力的流变特性。

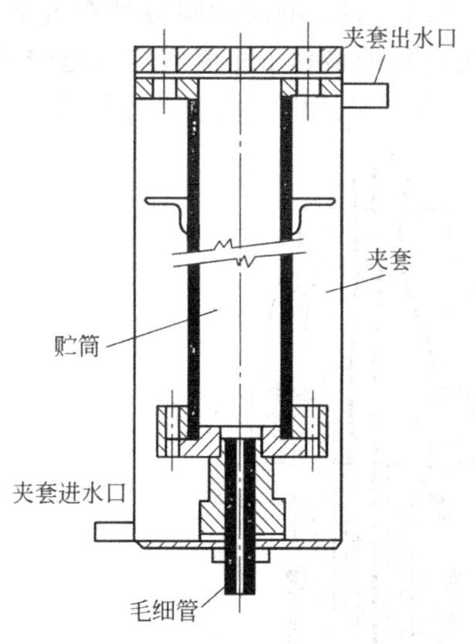

图 3-48　毛细管黏度计示意

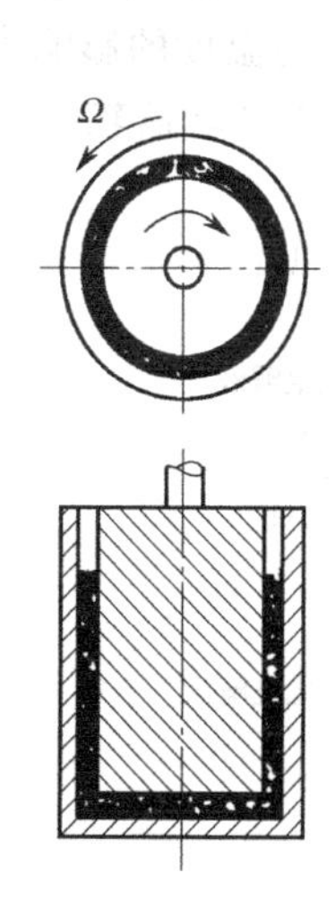

图 3-49　同轴柱型黏度计示意

③ 回转式黏度计。回转式黏度计主要有同轴圆柱套筒型、锥体平板黏度计等零件，同轴圆柱套筒型黏度计原理如图 3-49 所示。将发酵液置于两个不同直径的同轴圆柱体之间，其中之一可以做不同转速的转动，此时在另一圆柱上的转矩就可被测量，这种转矩随转速的变化可以被转化成剪应力和剪应变之间的关系，从而可以了解发酵液的流变特性。

（7）搅拌转速和搅拌功率　生物反应器的搅拌转速不但对微生物发酵过程的混合状态、溶氧速率、物质传递等有重要影响，而且对生物细胞的生长、产物的生成有影响。同时，搅拌功率与搅拌转速有密切关系，通常作为机械搅拌通气发酵罐的比拟放大基准。因而，测量和控制好搅拌转速和搅拌功率具有重要意义。

① 搅拌转速的测控。通常，发酵罐的搅拌转速小罐要高于大罐。如实验室规模的 1～3L 罐，搅拌转速可高达 1000～1500r/min；50L 罐约 1000r/min；而 100m^3 发酵罐约 100～200r/min。常用检测搅拌转速的方法为磁感应式、光感应式和测速发电机等三种。前两种测速方法是在搅拌轴或电机轴内预装磁感应器或光电器来测量搅拌转速。而测速发电机是在搅拌轴上或电机轴上装设一测速发电机，其输出电压与搅拌转速成线性关系。通过取得的转速可根据工艺条件进行调速，常用的调速方式有直流调速、调速电机或变频调速等，随电子技术的发展，变频技术越显成熟，目前国内生物反应器的设计越来越广泛地采用变频调速技术进行搅拌转速控制。大型生物反应器的调速设备相对投资较大，故一般是用固定转速的。

② 搅拌功率。生物反应器的搅拌轴功率取决于搅拌器的结构及尺寸、搅拌转速、发酵液性质、操作参数等，搅拌功率直接影响发酵液的混合与溶氧浓度、细胞分散及物质传递、热量

传递等特性。一般生产规模的生物反应器搅拌功率只是测定驱动电机的电压与电流，或直接测定电机搅拌功率，但此方法测得的功率包含了传动减速机构等的功率损失。在实验研究中需测定实际的搅拌轴功率，常用轴转矩法测定。

(8) pH值的检测和控制　发酵液的pH值是生物细胞生长及产物或副产物生成的一个重要指标，也是最重要的生化反应过程参数之一。每一种生物体的培养有相应的最佳pH值范围。因此，对pH值的检测控制极为重要。

常用的pH传感器是能够耐受高温蒸汽灭菌的复合pH电极，由一个玻璃电极和参比电极组成，结构示意图如图3-50所示。pH电极是一种产生电信号的电化学元器件，通过将产生的电信号放大得到测试的pH值。pH表示溶液中H^+的活度，定义如下：

$$pH = -\lg[H^+]$$

通常pH计的测定范围是0～14，精度达±(0.05～0.1)pH，响应时间数秒至数十秒，灵敏度为0.1pH。与温度的影响类似，微生物生长及代谢过程的最佳pH值范围也是较狭窄的，因此，生物反应器系统需较精确的pH控制。pH传感器在每次使用时均应进行校准、灭菌。

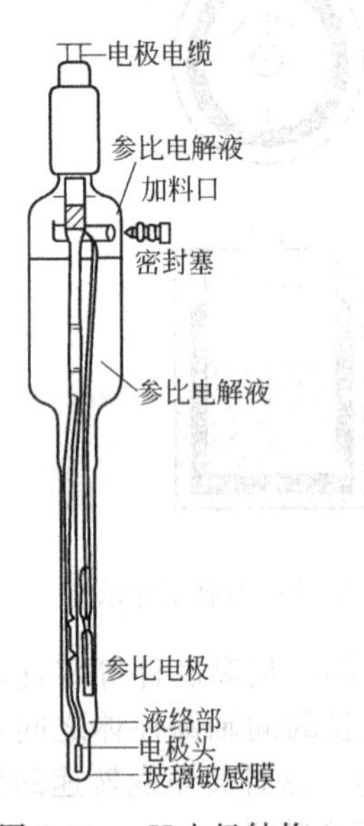

图 3-50　pH电极结构

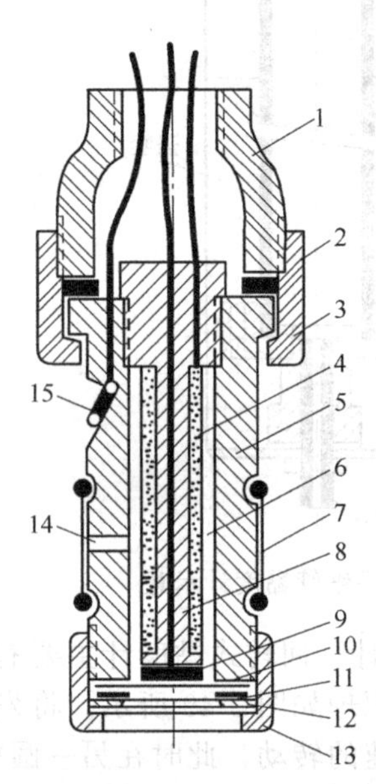

图 3-51　附有压力及温度补偿的覆膜溶氧测定电极

1—顶盖；2—垫圈；3—紧固圈；4—铅电极；5—耐热塑料外壳；6—电解池槽；7—具有上下两O形圈的弹性薄膜套；8—绝缘柱；9—银阴极；10—薄膜；11—垫圈；12—不锈钢圈；13—压膜紧固圈；14—小孔；15—热敏电阻

(9) 溶氧浓度的检测和控制　好氧微生物大规模悬浮培养，发酵液中均需维持一定水平的溶解氧，以满足生物细胞呼吸、生长及代谢需要。不同的生物体代谢过程及培养工艺控制，均有适宜的溶氧水平和溶氧速率。溶氧浓度是一个非常重要的生化反应参数，它既影响细胞的生长，也影响产物的生成，故对生物反应系统即培养液中的溶氧浓度必须测定和控制。

在发酵培养过程中，常用以电化学为基础的电极法进行DO测量，通过将产生的电信号放大得到测试的DO值，由溶氧电极所获得的数据不仅可以给出微生物生理生化的动态信息，而且还是生化反应过程的传质能力、设计放大和中间控制等研究的基础。

如图3-51为附有压力及温度补偿的覆膜溶氧测定电极，其溶氧浓度的检测方法是使用膜将测定点与被测料液隔开，使用前均需进行校准。同样溶氧电极要能够耐受高温蒸汽灭菌。

溶氧电极的溶氧值有两种表示方法，即饱和溶氧的百分数和溶氧值，前者最常用。使用溶氧电极时，对读数产生影响的有搅拌、温度和压力这三个物理参数，即使在同一温度和相同压强下不同培养液的饱和溶氧值也不一样，故常将培养液通气搅拌足够长时间溶氧已达饱和时的电极输出电流检出值标为100%，在无氧水或蒸汽灭菌时标为“0”（注意标定时应未接入菌种）。在微生物培养过程由于细胞的生命活动要消耗大量的氧，故某一时刻的读数为饱和时的某一百分值。通常溶氧电极可测定的范围是0～20mg/L，灵敏度为±1%的满刻度读数，响应时间10～60s，精度±1%满刻度读数。溶解氧电极的质量指标一般包括电极的灵敏度、响应时间、温度效应和残余电流等。值得注意的是，测定时要使电极周围的液体适度流动，以加强传质，尽量减小与电极膜接触的液膜滞流层厚度，并减少气泡和生物细胞在膜上的积存，以保证溶氧测定的准确。

（10）溶解 CO_2 浓度的检测　在好氧发酵培养过程中，由于生物细胞的呼吸和生物合成，培养液中的氧会被部分消耗，而 CO_2 的含量会升高。有研究表明，溶解 CO_2 的水平有时对细胞的生理代谢具有重要影响。因此，生物反应过程溶解 CO_2 浓度的检测控制有重要意义，但溶解 CO_2 传感器目前尚未在生物反应器过程中普遍使用。

如图3-52为 CO_2 电极的结构图。溶解 CO_2 浓度的检测原理是利用对 CO_2 分子有特殊选择渗透通过特性的微孔膜，并使扩散通过的 CO_2 进入饱和碳酸氢钠缓冲溶液中，平衡后显示的pH与溶解的 CO_2 浓度成正比，溶解 CO_2 浓度测定的工作原理和pH计类似，由此原理并通过变换就可测出溶解 CO_2 浓度。同样要求溶解 CO_2 传感器能够耐受高温蒸汽灭菌，每次灭菌后均需校准。

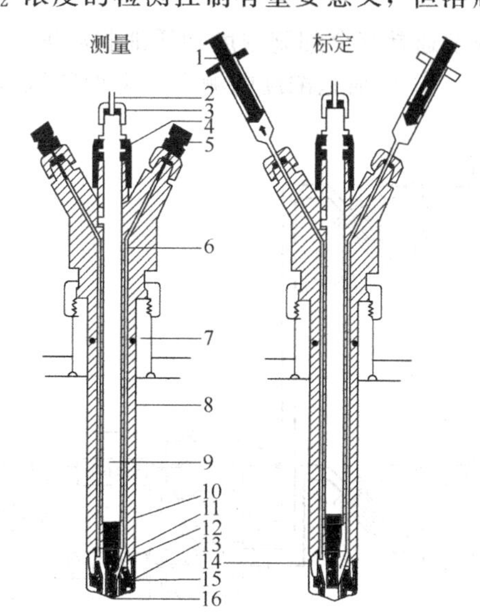

图3-52　CO_2 电极结构

1—20ml针筒；2—耐高温同轴电缆；3—电缆压帽；4—电极芯盖帽；5—闷头；6—液汽管；7—安装座；8—导管（电极体）；9—电极座；10—pH电极；11—参比电极；12—CO_2 电解液；13—膜托架；14—标定缓冲液；15—玻璃膜；16—硅橡胶膜

目前已商品化的溶解 CO_2 浓度仪的测定范围是1.5～1500mg/ml，精度±(2%～5%）的满刻度读数，响应时间数十秒至数分钟。仪器的标定也是采用两点式，如pH电极一样。

（11）排气的 O_2 分压和 CO_2 分压的检测

① 排气的 O_2 分压的检测。气体中氧浓度的检测，主要有磁氧分析法、极谱电位法和质谱法。较多采用磁氧分析法，原理就是利用氧是顺磁性的，它的磁化率较其他气体大，而且大多数气体具有抗磁性，有较小的磁化率。一般磁氧分析仪的测定范围是气体中氧浓度0.5%～100%，精度为±(1%～2%）的满刻度读数，响应时间为数秒至数十秒，灵敏度为±(1%～2%）的满刻度读数。

② 排气中 CO_2 分压的检测。工业化发酵生产中常用红外线二氧化碳测定仪来检测发酵排气中的 CO_2 分压（浓度），其工作原理是在近红外波段气体的吸收造成强度的衰减，其衰减量遵循Lambert-Beer规则，即：

$$\lg\left(\frac{I}{I_0}\right)=aL/c_{CO_2} \tag{3-78}$$

式中，I_0、I 为入射光强和衰减后光强度；a 为光吸收系数；L 为光透过气体的距离，m；c_{CO_2} 为 CO_2 气体浓度，%。

在现代化的微生物发酵企业，为全面监控发酵代谢过程，通常均装设排气氧浓度和 CO_2 浓度的检测仪，其系统流程示意图如图3-53所示。

（12）细胞浓度测定　在微生物发酵代谢控制中生物细胞浓度是至关重要的参数，是生化反应过程速率和效率计算最关键的参数。因此，在发酵培养过程中需精确测定细胞浓度。细胞

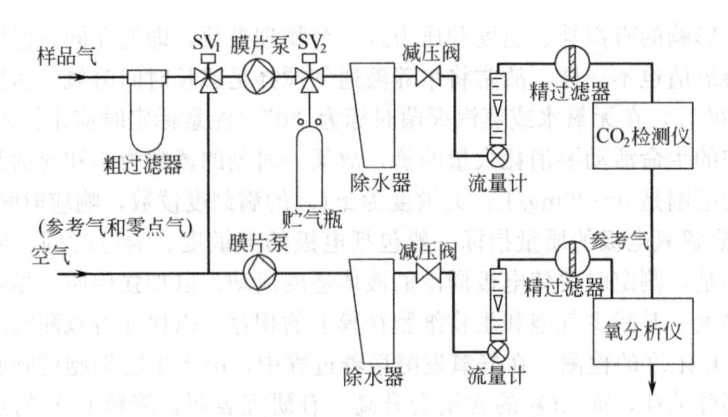

图 3-53 通气发酵罐排气检测的流程图

浓度通常有全细胞浓度和活细胞浓度之分。

① 全细胞浓度的测定。全细胞浓度测定方法又可分湿重法、干重法、浊度法、湿细胞体积等，实际生产中这四种方法都有广泛应用。以准确度来说，干重法最好，但其余三种方法更简便易行，节省时间，有利于生产过程的监测控制，尤其是对发酵过程的间歇流加补料和连续流加补料操作。

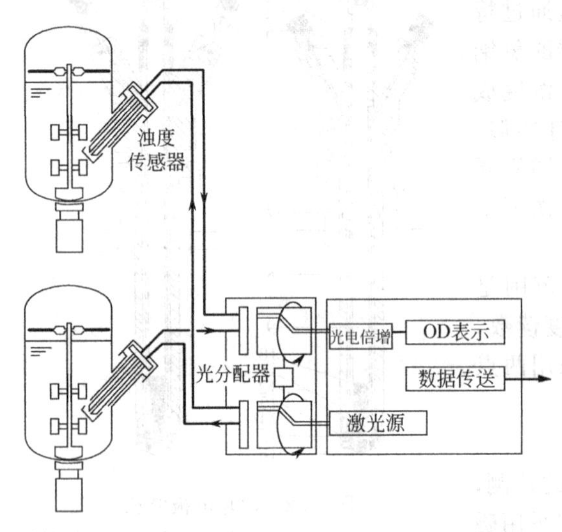

图 3-54 细胞浓度在线检测浊度计的流程图

对于生物反应器在线检测用的生物传感器或普通的传感器，应尽可能满足连续、迅速响应、高灵敏度、电极对生物细胞无影响、对生物细胞无损伤、易于清洗和灭菌等要求。常用有流通式浊度计，其在线检测装置示意图如图 3-54 所示。其所用的光源可用可见单色光、激光或紫外光，最常用的为波长 400～660nm 可见光或同一波长的激光束，不同的生物细胞要选用不同的波长。在一定的细胞浓度范围内，全细胞浓度与光密度（也称消光系数，OD）值成线性关系。若应用激光束作光源，可测全细胞浓度的范围是 0～200g/L（湿细胞），精度在 ±1%的满刻度读数，响应时间仅用 1s。

② 活细胞浓度测定。生物体培养过程中活细胞浓度的测定原理是利用活生物细胞催化反应或活细胞本身特有的物质而使用生物发光法或化学发光法进行测定。例如，活的生物细胞为了维持呼吸与代谢，必须要有一定的能量物质 ATP，其含量需视细胞的种类及活性等不同而变化，生长条件相同的同一类细胞所具有的 ATP 水平是一样的。当细胞死亡，其中的 ATP 就迅速水解而消失，因此可通过培养液的 ATP 浓度的检测来确定活细胞浓度。

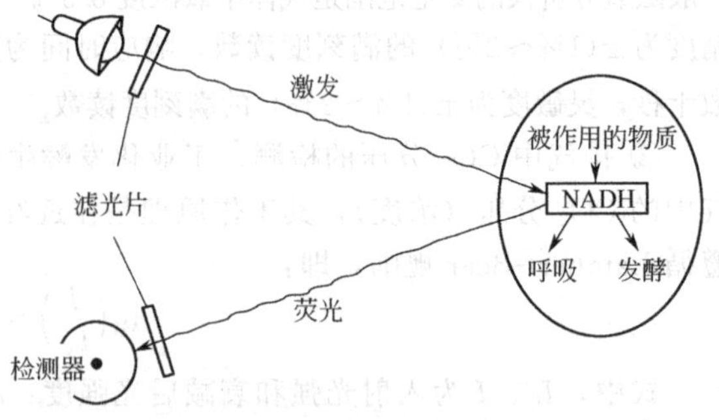

图 3-55 荧光测量活细胞装置简图

例如，在 ATP 存在下，荧光素氧化酶可使荧光素氧化，同时生成荧光（图 3-55），其反应式为：

$$ATP + 荧光素 + O_2 \longrightarrow 氧化荧光素 + PP1 + CO_2 + 荧光 \quad (3\text{-}79)$$

上述反应发出的荧光强度与 ATP 浓度成正比，由此可检测培养液（或发酵液）中的活细胞浓度。

1987 年 Kell 首先描述了测量细胞量的双电极性质。生物量的测量是采用图 3-56 和图 3-57 中所示的 4 个白金电极，其中两个外电极产生一个交变的电场，两个内电极测量电压。当电极系统放进 KCl 溶液时，由两个外电极给定的电场使溶液内的离子向相反方向移动，K^+ 移向负极，而 Cl^- 则相反。由溶液中离子浓度和带电量以及迁移速率形成了被测量溶液的电导率。

当把活细胞放入电场时，悬浮在介质中的带不同电荷离子将向相反的电场方向移动。但是由于细胞的原生质膜是非电导型，对离子不渗透，起了一个阻碍离子移动的绝缘体作用。而建立起来的穿过细胞膜的电场将引起细胞的极化。由于每个在介质中的细胞相当于一个小电容，因此细胞膜极化的程度可以由测量的电容值来衡量。其在细胞悬浮液中电容单元的量（膜极化）直接与生物量有关，因此电容值就可以用来测量生物量。

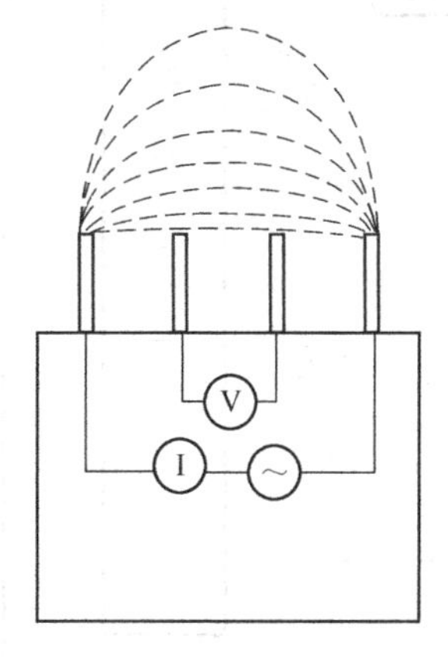

图 3-56　四极系统结构

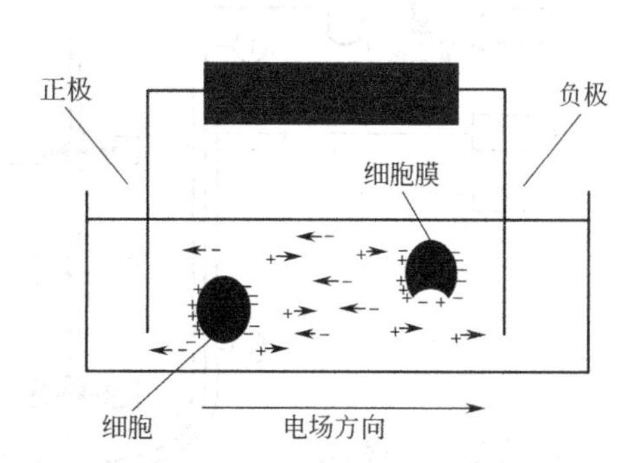

图 3-57　离子在磁场中的运动

根据以上原理可以构成各种在生物反应器中测量菌体细胞量的传感器，适合于用合成培养基的细胞培养体系。图 3-58 为插入发酵罐时的配置示意图。

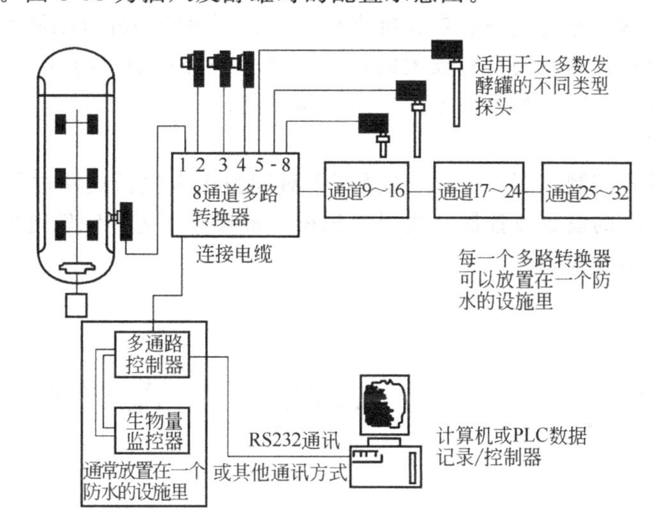

图 3-58　活菌测量电极插入发酵罐时的配置示意

三、发酵过程控制概论

生物反应过程检测的目的是为了取得对生物体代谢过程有影响的信息，从而对反应器系统进行控制。控制的最终目的在于创造生物体最适的生长和产物合成环境，使生物催化剂处于高效的催化活性状态，以使生物反应高速、高效、高收率，降低原材料和能量消耗，并保证产品的质量。

大规模细胞悬浮培养过程的控制主要包括温度、pH、溶氧浓度（具体说是控制通气量与搅拌转速）、基质和细胞浓度等的控制，具体如图 3-59 所示。

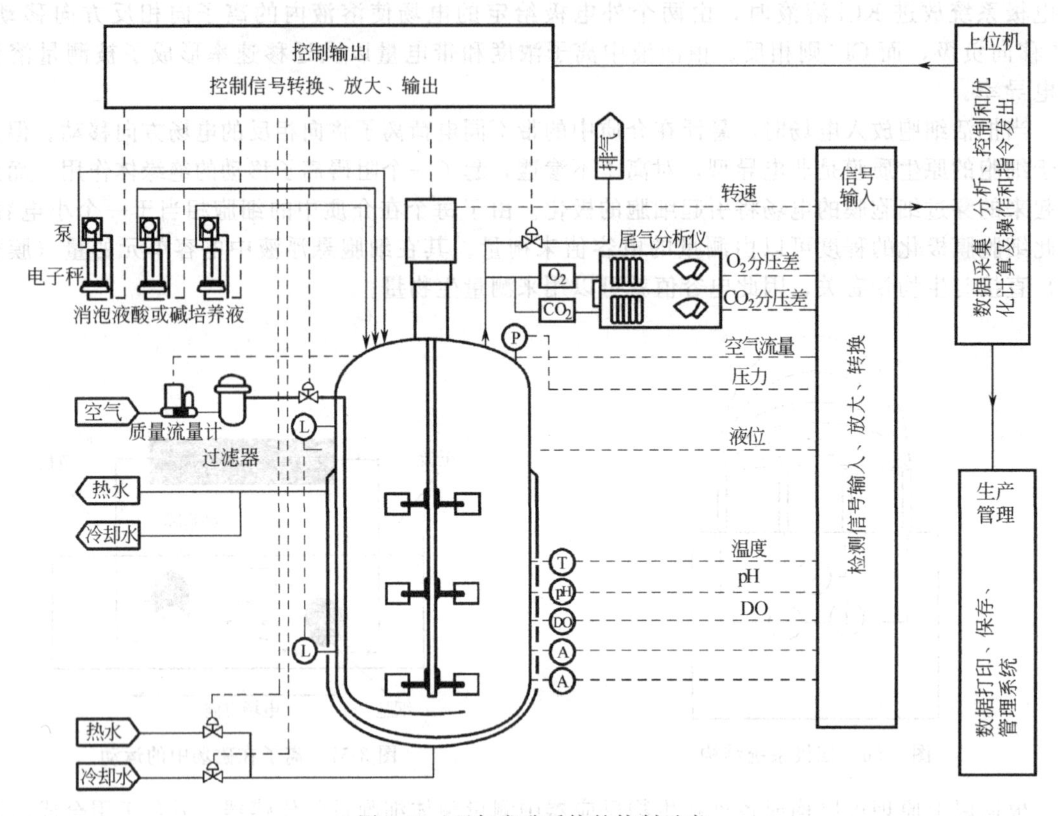

图 3-59 通气发酵系统的控制示意

微生物发酵或细胞培养过程一般是分批进行的，其所用的菌种或细胞系、培养基等存在很大的差异，因而生产过程的控制具有较大的难度，这是一种动态（时变）、多参数偶合、非线性（非叠加）和随机（不确定和不稳定性）的过程控制。

1. 常用控制方式

一般均要用反馈式控制（图 3-60），选择若干对细胞正常生长代谢过程影响大且易于控制的关键参数进行单回路的设定点控制，也可以根据“最佳”工艺控制轨迹的改变设定点的预定程序控制。常用的控制方式如下。

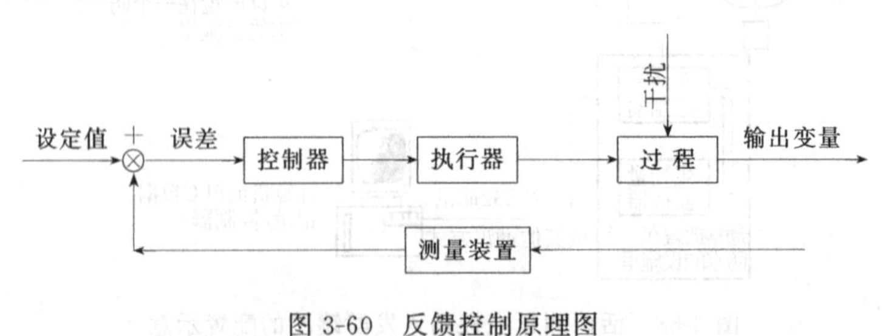

图 3-60 反馈控制原理图

① 两位式（开-关）控制。当检测量超过或低于某一设定值时执行元件就自动改变其开启或关闭的状态。这种控制可用于温度、pH、消沫、流加等控制。控制方式简单，但控制曲线不平滑。

② 比例-积分-微分控制。该控制的精度较高，但很难调整，调得不好会引起控制值的波

动。此种控制可用于温度、pH、搅拌转速（指安装变速电机时）、空气流量等控制。

③ 串级控制。一个主参数（主回路）的控制需通过几个相关参数（副回路）的协同调节来完成。如发酵罐中的溶氧水平需通过通气量、搅拌转速和罐压的协同调节才较理想。图3-61为串级控制原理图。

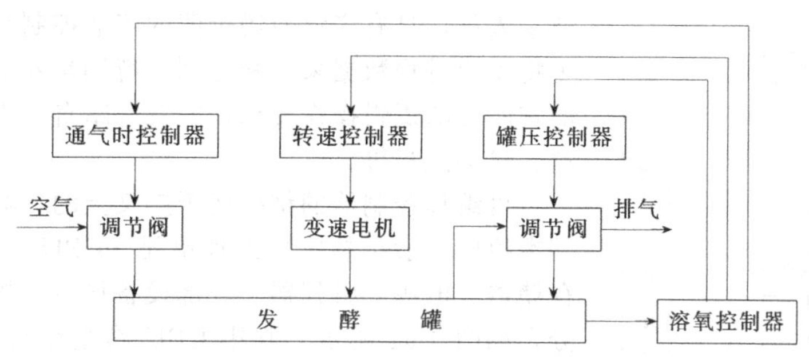

图 3-61　串级控制原理图

以上一般称常规控制，可用常规调节器、单片机和简单工业控制机进行。

2. 高级控制方式

最优控制、自适应控制，需对受控过程进行包括系统辨识（也称模型辨识）、模型变量（包含状态和参数，前者为时变变量，如细胞浓度、基质浓度、产物浓度等，后者为非时变量）的估计等过程模型化（也称建模）的研究。在实践上一般采用两级计算机控制，下位机负责数据检测、显示、储存和单回路常规控制，上位机负责数据处理、分析、决策输出人机对话、输入离线数据、输出图表记录等工作。

从计算机软硬件技术情况来看，目前用于生物反应过程的实时控制和数据处理系统主要有单片计算机系统、可编程控制器（PLC）、现场总线系统、工控机和集散控制系统（DCS）等，不同规模和应用要求不同的计算系统配置。

① 工业控制计算机。工业控制计算机可以通过各种输入/输出卡直接对生产过程进行控制，如图3-62所示。工业控制计算机通过数据采集卡采集数据，并加以存储和处理，然后通过控制输出卡对生产过程进行控制（数据采集卡和控制输出卡可以集成在一起）。

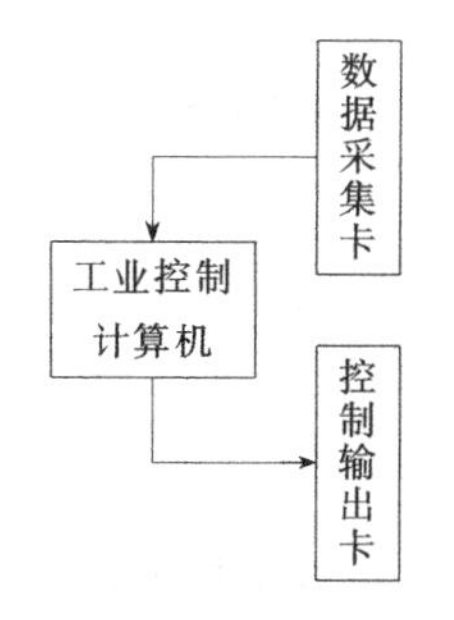

图 3-62　工业控制计算机直接控制

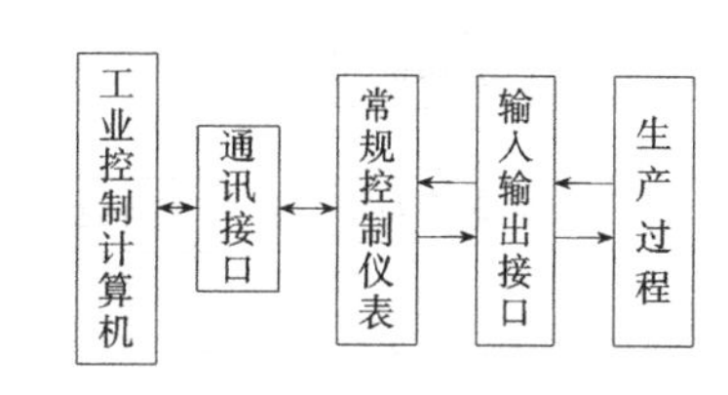

图 3-63　工业控制机二级控制系统

另一方面，可以将常规控制仪表（例如可编程控制器、单片机等）和工业控制计算机组成二级控制系统，如图3-63所示。该系统由常规控制仪表完成基础级自动控制，工业控制计算机作为上位机进行各种高级控制。二级控制系统的稳定性和可靠性相对较高，即使工业控制计算机出现了故障，整个系统仍可由常规控制仪表进行稳定的控制。这种系统结构既具有常规控制仪表的可组合性、可扩展性和可靠性，又能够通过工业控制计算机很强的数据处理和存储能力来进行各种复杂的运算，例如实时的数学模型优化控制、生产过程实时信息的管理等。

② PLC控制。在生物反应过程数据采集和控制中的应用可编程控制器（programmable

controller）中嵌入了微处理器，它源于继电器控制装置，输入和输出为 1 和 0 的开关信号。信息映射区对应于输入继电器和输出继电器，用户程序控制指令系统对内存的输入信息映射区和输出信息映射区进行变换。随着 PLC 技术的发展，各种外围模块不断丰富，PLC 的应用已扩展到模拟量控制领域。PLC 功能丰富，实时性强，工作可靠，适合于生产过程和现场工程技术人员，具有广泛使用价值的工业控制装置，也很适用于生物反应过程数据采集和控制，特别是发酵工程对设备提出的顺序性的逻辑操作要求，如发酵罐自动灭菌、自动杯式补料、自动配料等。

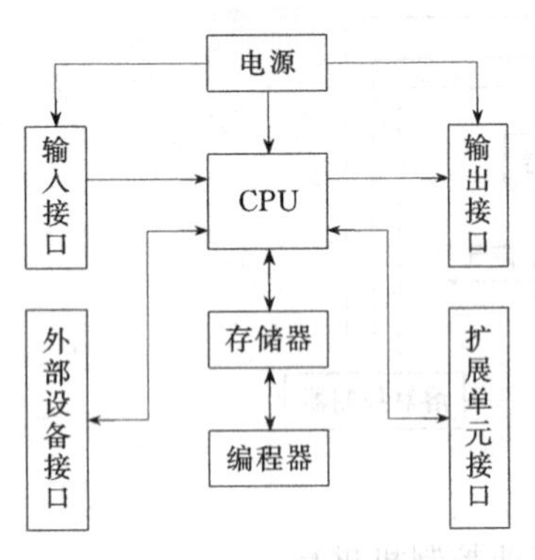

图 3-64 可编程控制器的结构

可编程控制器的结构属于广义上的计算机控制系统，其基本组成一般包括中央处理单元（CPU）、输入/输出接口、存储器、电源、编程器、外部设备接口、扩展单元接口等部分，如图 3-64 所示。其中 CPU 是整个可编程控制器的核心，负责整个系统的控制和运算。

系统可以通过输入接口采集各种信号，包括数字量和模拟量，通过输出接口输出数字量和模拟量，并且通过外部设备接口可以和其他设备相连，包括上位计算机和打印机等，同时通过扩展单元接口可以实现一些扩展功能，例如网络通讯等。系统的程序和数据存储在存储器中，并且可以通过编程器修改和下载。

③ 集散控制系统。集散控制系统（distributed control system，DCS）是一种以微处理器为基础，结合了网络通讯、自动控制、冗余和自诊断以及企业级管理等功能于一体的控制系统，由于采用了多级分层的结构形式，不仅可以实现稳定的工业化生产，而且满足了企业管理的要求，在生物工程工业化生产领域得到广泛的运用。DCS 系统采用危险和控制分散，而操作和管理集中的基本设计思想。通过多级分层的计算机网络结构，将过程监测与控制、数据采集与处理、生产计划与调度以及企业经营与管理等有机地结合起来，集成为一个统一的计算机网络系统，从而实现企业的现场过程控制与营销管理等信息资源的共享，如图 3-65 所示。

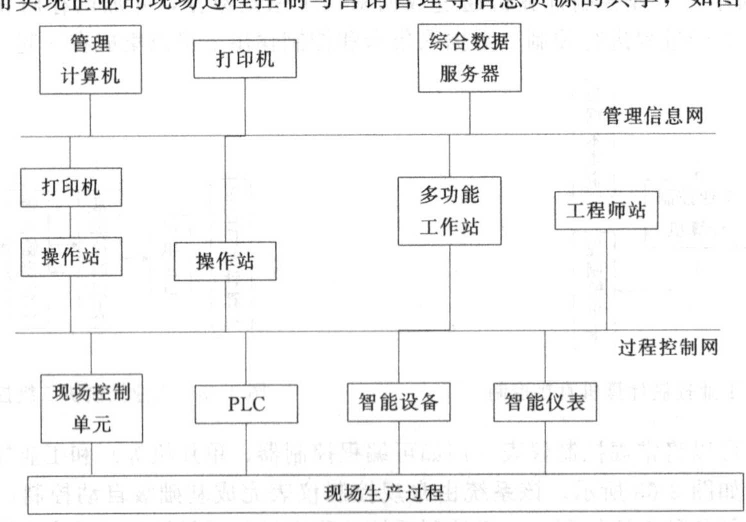

图 3-65 集散控制系统结构示意

集散控制系统吸收了常规控制仪表和计算机控制的优点，不仅具备极高的可靠性和稳定性，而且能够完成数据采集与分析处理、多变量相关控制、过程最优控制等功能。同时，由于集散控制系统采用了硬件模块化以及软件组态化的构建方式，因此系统的组建、维护和扩展较为便利。

④ 现场总线控制系统。现新建或改造的大中型生物发酵车间很多采用了 DCS 系统，但相对很多中小规模的生物发酵车间用工业规模的集散控制系统（DCS）的成本相对较高，一般企业常难以接受。随着半导体芯片技术的发展，利用远端数据模块以及相应的 I/O 设备已开发设计出低成本现场总线控制系统。系统具有高通讯速率、高采样分辨率、智能化、光电隔离、强抗干扰的特点。该系统利用远端数据模块在现场进行数据采集和控制，通过通讯方式与上位机进行远距离数据交换及执行指令通信，系统所有模块只需用一条线连结，上位机由专用的软件包进行数据分析、优化处理，中控室人员可根据这些信息和实际情况做出调整指令，通过局域网的连接车间管理级也可以实现对数据的远程监控。该系统已在中小规模的生物发酵车间得到很好的应用，可部分替代集散控制系统（DCS）。

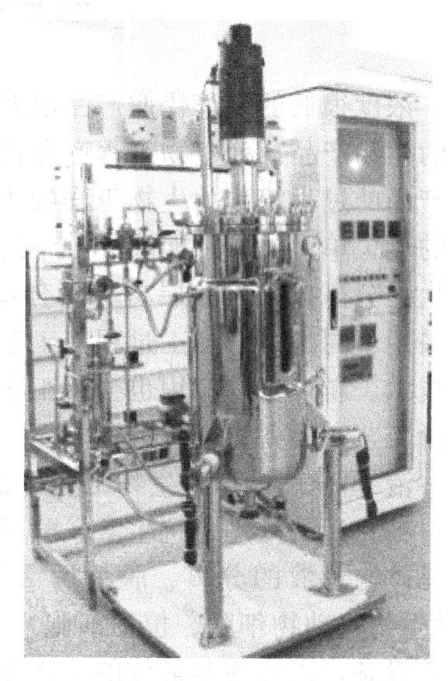

图 3-66　FUS-50L(A) 实验室用发酵罐

⑤ 实验室用高级发酵罐。对于实验室用的生物反应器，除了常规的温度、搅拌转速、消泡、pH、溶解氧浓度（DO）等测量控制以外，常还配置了其他一些功能参数的测量与控制，以便能进行多参数的控制研究，取得过程放大参数。可采用工业用计算机或低成本现场总线控制系统等，配备相应的计算机软件完成上述功能要求。

华东理工大学研制的 FUS-50L(A) 实验室用高级发酵罐（图 3-66）具有发酵液真实体积、高精度补料量（如基质、前体、油、酸碱物）测量与控制、高精度通气流量与罐压电信号测量与控制，并与尾气 CO_2 和 O_2 分析仪连接，整机具有 14 个以上在线参数检测（图 3-67）或控制，并配备专用控制软件包，可以实现参数逐渐调整的过程放大，一旦达到预定发酵指标后，进一步研究简化发酵工艺操作，获得的较稳定、可靠的小试或中试发酵工艺就可以进行车间推广。

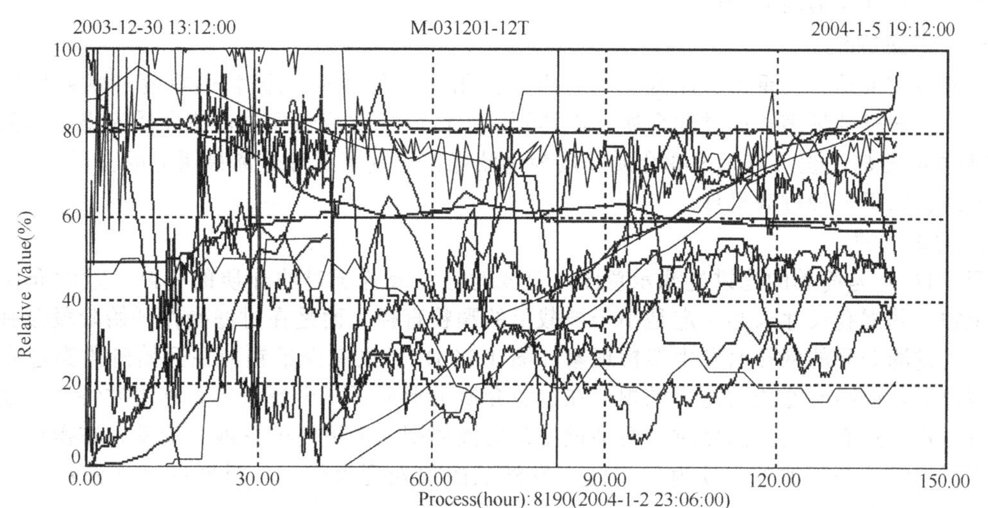

TEMP:28.34 AF1:0.00 AF2:436.00 AF3:1355.00 CER:51.05 DO:21.33 F:700.00 KLA:4123.49 PI:10.89 OUR:64.87

P2:89L53 PH2: 4.60 R1:7.22 R4:50.00 R5:10.00 RQ:0.79 S1:0.00 S2:0.80 V:5.39 X:306.00

图 3-67　FUS-50L(A) 实测的发酵过程参数趋曲线图

第四章　液-固分离设备

浓度很低的发酵代谢产品混合于培养液中，由此通过分离、纯化得到高纯度、符合质量要求的生物产品成为生物工程产业的重要任务。从发酵液、反应液或细胞培养液中分离、纯化有关产品的过程统称为生物工程的下游加工过程（downstream processing）。这一过程既包含传统的化工单元操作（如液-固分离、萃取、离子交换、蒸发浓缩、结晶、干燥），也包括发展中的生物分离技术（如层析、膜分离、超临界萃取等）。生物制品因其各自的理化和生物特性，而采用不同的下游加工过程与工艺。特殊的工艺条件，要求配备各种高效及先进的设备。同时新技术、新设备的应用也会给工艺的改进带来革命性的进步。提高产品质量、降低生产成本是评价工艺和设备先进性的标志。

液-固分离操作是生物工程下游加工过程中出现频率最高的单元操作，如味精生产中淀粉原料糖化后的处理、抗生素发酵液中菌丝体的去除、基因工程药物生产中菌体的收集及处理、结晶体与母液的分离、脱色后活性炭的去除等。但同样是液-固分离操作，因生产菌种不同（微生物、动物细胞、植物细胞），处理对象不同、加工要求也会不同，就应选用不同的液-固分离设备，以实现其最佳的生产工艺。本章讲述生物发酵企业液-固分离操作的主要设备，并介绍其工作原理、设备强化途径及选用方法。

第一节　液-固分离设备概述

液-固分离设备从原理上分有过滤和沉降两种，膜分离设备是有别于传统的过滤概念的分离设备，故单列在第四节论述。

一、过滤原理

过滤是在推动力（重力、压强、离心力）作用下，利用液-固微粒的重度或颗粒尺度的差异使悬浮液通过某种多孔性过滤介质，固体颗粒被截留，滤液则穿过过滤介质流出，从而实现液-固两相的分离过程。有无过滤介质，成为过滤操作区别于沉降分离最明显的特征。

过滤有以下三种过滤机理。

1. 滤饼过滤

图 4-1(a) 是简单的滤饼过滤示意图，过滤时悬浮液置于过滤介质的一侧。过滤介质常用多孔织物，其网孔尺寸未必一定是小于被截留的颗粒直径，而是在过滤操作开始阶段会有部分颗粒进入过滤介质的网孔而发生架桥现象［图 4-1(b)］，也有少量颗粒在开始阶段穿过介质而混于滤液中，但随着滤渣的逐步堆积，在过滤介质上形成了一个滤渣层，称为滤饼。不断增厚的滤饼才是真正有效的过滤介质，而穿过滤饼的液体则变为澄清的滤液。通常，在操作开始阶段所得到的滤液是浑浊的，须返回重滤。发酵液的预处理操作——板框过滤（去除菌丝体），就是典型的滤饼过滤例子。

2. 深层过滤

图 4-2 是深层过滤的示意图。在深层过滤中，固体颗粒并不形成滤饼，而是沉积于较厚的过滤介质的内部。此时，颗粒的尺寸小于介质孔隙，可立刻进入长而曲折的通道。在惯性和扩散作用下，进入通道的固体颗粒趋向通道壁面而借静电与表面力附着其上。深层过滤常用于净化含固量很少的悬浮液。如用颗粒活性炭对水进行的预处理就是利用这个原理。

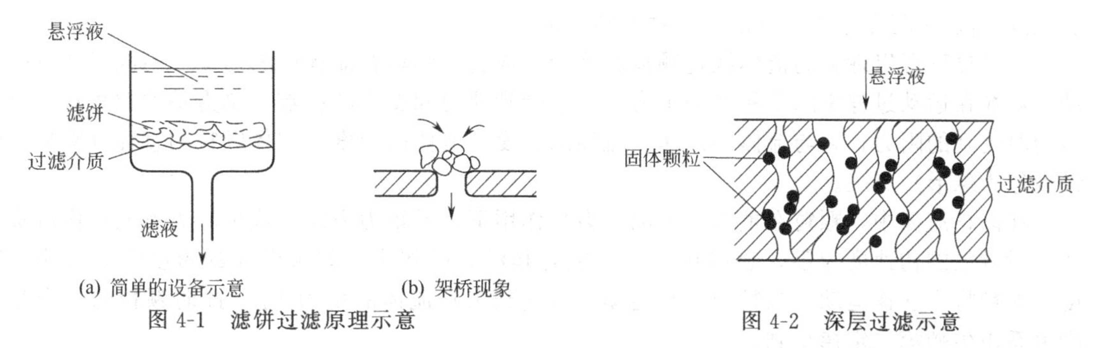

(a) 简单的设备示意　　(b) 架桥现象

图 4-1　滤饼过滤原理示意　　图 4-2　深层过滤示意

3. 绝对过滤

绝对过滤的特征是过滤介质的标示孔径小于被截留的固体颗粒。膜分离设备中的超滤是典型的绝对过滤的例子。由于被截留固体颗粒在介质表面堆积，从而影响过滤操作的流通量，此类过滤设备大多采用切向流的过滤技术。切向流过滤（tangerntial flow filtration，简称 TFF）是使过滤悬浮液沿着过滤介质平行的方向流动，不断更新过滤介质表面，是克服浓差极化现象最有效的方法（图 4-3）。

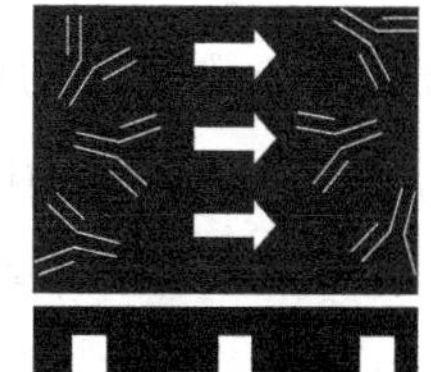

图 4-3　切向流原理示意

在工业上，常用的过滤介质主要有下列几种。

（1）织物介质　由天然或合成纤维、金属丝等编织而成的滤布、滤网，是工业生产使用最广泛的过滤介质。它的价格便宜，清洗及更换方便。可截留颗粒的直径视织物的编织方法和孔网的疏密程度，此类介质可截留颗粒的最小直径为 5～65μm。

（2）多孔性固体介质　此类介质包括素瓷、烧结金属（或玻璃）或由塑料细粉黏结而成的多孔性塑料管等，能截留小至 1～3μm 的微小颗粒。

（3）堆积介质　此类介质是由各种固体颗粒（砂、木炭、石棉粉）或非编织纤维（玻璃棉等）堆积而成，一般用于处理含固体量很小的悬浮液，如水的净化处理等。

（4）高分子膜　此类膜材料的主要特征是孔径小，能截留细菌等微生物，如液体培养基的无菌过滤和半成品液、成品液的除菌过滤。

过滤介质的选择要根据悬浮液中固体颗粒的含量及粒度范围，介质所能承受的温度和它的化学稳定性、机械强度等因素来考虑。

滤饼过滤在工业上较为常见，滤饼过滤的操作方程式为：

$$\frac{\mathrm{d}V}{\mathrm{d}\tau}=\frac{KA^2}{2(V+V_e)} \tag{4-1}$$

式中，A 为过滤设备的过滤面积，m^2；τ 为过滤时间，s；V 为滤液量，m^3；V_e 为形成于过滤介质阻力相等的滤饼层所得的滤液量，m^3；K 为过滤常数，m^2/s，其数值由实验测定。

过滤操作中，如采用恒速过滤，则其过滤方程式为：

$$V^2+VV_e=\frac{K}{2}A^2\tau \tag{4-2}$$

过滤操作中，如采用恒压过滤，其过滤方程式为：

$$V^2+2VV_e=KA^2\tau \tag{4-3}$$

过滤方程式可广泛用于过滤机的工艺设计、操作控制、过程强化和工程放大等场合。

二、沉降原理

沉降是利用液-固间的密度差异，在重力场或离心力场中的速度差而实现液-固分离的过程。因此密度差越大越有利于分离；重力场或离心力场越大越有利于分离。据推动力不同，可将沉降分为重力沉降和离心沉降。重力沉降因推动力小、分离效率低已很少在工业上应用。离心沉降在液-固沉降分离中占据了绝对主导地位。

沉降过程可以理解为流体绕过颗粒的运动，或者是颗粒在流体中的运动。不同于质点的运动，颗粒在运动过程中除了所受的重力外，还受到浮力和曳力的影响。曳力是颗粒相对于流体运动时受到的阻力，它与流体的流速、流体的黏度、流体的密度、固体颗粒的直径（颗粒均假设近似为球形）有关。

在静止流体中，颗粒在重力（或离心力）作用下，沿重力方向（或离心力方向）作沉降运动。设颗粒的初速度为零，起初颗粒只受重力和浮力的作用，如果颗粒的密度大于液体的密度，颗粒将作加速运动。当颗粒一旦运动，将受到来自流体的曳力 F_D。此时颗粒的受力与速度关系由牛顿第二定律得到：

$$F-F_b-F_D=m\frac{dw}{d\tau} \tag{4-4}$$

式中，F 为场力，重力场为 mg，离心力场为 $mr\omega^2$；F_b 为浮力，重力场为$\frac{m}{\rho_p}\rho g$，离心力场为$\frac{m}{\rho_p}\rho r\omega^2$；$F_D$ 为曳力，$\zeta A_p\left(\frac{1}{2}\rho\omega^2\right)$；$\zeta$ 为曳力系数；m 为颗粒质量，球形颗粒为$\frac{1}{6}\pi d_p^3\rho_p$；$w$ 为颗粒相对于流体的运动速度；ω 为颗粒的旋转角速度；ρ、ρ_p 为流体、颗粒的密度；τ 为时间。

代入各参数，式(4-4) 可改写为：

$$\frac{dw}{d\tau}=\left(\frac{\rho_p-\rho}{\rho_p}\right)g-\frac{3\zeta}{4d_p\rho_p}\rho\omega^2 \tag{4-5}$$

随着运动（下降）速度的不断增加，式(4-5) 右侧第二项（曳力项）逐渐增大，加速度逐渐减小。当速度增至某一数值时，$\frac{dw}{d\tau}=0$，颗粒将以恒速 w_t 继续下降，此 w_t 称为颗粒的自由沉降速度。对于小颗粒，沉降的加速阶段很短，加速距离也很小，可忽略加速阶段而认为颗粒始终以 w_t 下降。

1. 沉降速度

w_t 的大小取决于悬浮液的性质，当颗粒直径较小，处于斯托克斯定律区时（$Re_p<2$）：

$$w_t=\frac{gd_p^2(\rho_p-\rho)}{18\mu} \tag{4-6}$$

式中，w_t 为颗粒沉降速度，m/s；d_p 为颗粒直径，m；ρ、ρ_p 分别为悬浮液和颗粒的密度，kg/m³；μ 为液体黏度，N·s/m²；Re_p 为颗粒雷诺数，$Re_p=\frac{d_p\rho w_t}{\mu}$。

当颗粒直径较大，处于阿伦（Allen）区时（$2<Re_p<500$）：

$$w_t=0.27\sqrt{\frac{gd_p(\rho_p-\rho)Re_p^{0.6}}{\rho}} \tag{4-7}$$

当颗粒直径更大，处于牛顿区时（$Re_p>500$）：

$$w_t=1.74\sqrt{\frac{gd_p(\rho_p-\rho)}{\rho}} \tag{4-8}$$

上述是单颗粒的自由沉降速度之计算，实际颗粒的沉降尚需考虑干扰沉降、阻沉降、端效应、分子运动等。发酵液中的微生物有杆状、丝状、球状和椭球形等，而且有大有小，所以实际沉降速度应低于上述理想状态的计算数值，一般可以通过下式校正。

$$w_t'=\frac{w_t}{1+\alpha i^{1/3}} \tag{4-9}$$

式中，i 为容积系数，是悬浮液中固体与液体的体积比（即含固量）；α 为计算系数，其数值参见表 4-1。

表 4-1 阻沉降 α 计算取值表

颗粒情况	i 范围	α 取值
不规则颗粒	$0.15<i<0.5$	$\alpha=1+305i^{2.84}$
球形颗粒	$0.2<i<0.5$	$\alpha=1+229i^{3.43}$
极稀薄悬浮液	$i<0.15$	$\alpha=1\sim2$

在实际生产中，微生物并不是球形的，因此在计算时应以其当量直径 d_e 代入。细胞当量直径计算式如下：

$$d_e=\sqrt{\frac{18w_t\mu}{g(\rho_p-\rho_m)}} \tag{4-10}$$

$$\rho_p=\frac{\rho-(1-\alpha)\rho_m}{\alpha} \tag{4-11}$$

式中，d_e 为细胞当量直径，m；ρ_p 为细胞密度，g/cm^3；ρ 为发酵液密度，g/cm^3；ρ_m 为滤液密度，g/cm^3。

细胞的当量直径的取值也可参考如下：细菌 $d_e=1.0\sim1.5\mu m$，霉菌或放线菌 $d_e=130\sim345\mu m$，啤酒酵母 $d_e=4.5\sim5.5\mu m$。

【例 4-1】 对某大肠杆菌工程菌培养液进行液-固分离，已知该料液密度为 1000kg/m^3，黏度为 1.4×10^{-3}Pa·s，湿菌体密度为 1050kg/m^3，菌体当量直径为 1μm，菌体与料液体积比 $i=0.04$，问菌体的重力沉降速度是多少？

解：设该系统处于斯托克斯定律区，则其沉降速度

$$w_t=\frac{gd_p^2(\rho_p-\rho)}{18\mu}=\frac{9.81\times(1\times10^{-6})^2\times(1050-1000)}{18\times1.4\times10^{-3}}=6.81\times10^{-8}\ (m/s)$$

$$Re_p=\frac{d_p\rho w_t}{\mu}=\frac{1\times10^{-6}\times1000\times6.81\times10^{-8}}{1.4\times10^{-3}}=4.86\times10^{-8}<2$$

假设成立，重力沉降速度计算有效。考虑阻沉降因素，$i=0.04<0.15$，α 取 1.5，则

$$w_t'=\frac{w_t}{1+\alpha i^{1/3}}=\frac{6.81\times10^{-8}}{1+1.5\times0.04^{1/3}}=4.50\times10^{-8}\ (m/s)$$

该大肠杆菌在此培养液中的重力沉降速度为 4.50×10^{-8}m/s。

2. 离心分离因素

评价离心力大小的是离心分离因素，其定义是对象所受离心力与重力的比值或在离心力场中的离心加速度与重力加速度的比值，以 f 表示。

$$f=\frac{\omega^2r}{g}=\frac{\left(\frac{2\pi n}{60}\right)^2r}{g}=\frac{n^2r\pi^2}{1800g}\approx\frac{n^2r}{1800}=\frac{n^2d}{900} \tag{4-12}$$

式中，f 为离心分离因素；r、d 分别为离心机转鼓的半径和直径，m；ω 为转鼓角速度，s^{-1}；n 为转鼓转速，r/min；g 为重力加速度，9.81m/s^2。

f 在离心机行业常常被描述成 g 的倍数，如 1200g。这样更直接地表述了离心力是重力的多少倍。f 数值越大，越有利于固体的离心沉降。离心机以 f 值的范围分为常速离心机、中速离心机、高速离心机和超速离心机。

从式(4-12) 可以看出，f 的大小与离心机转鼓的直径（半径）成正比，与转鼓转速的平方成正比。增大转鼓的直径及转速都可以提高 f，但加大转鼓直径受到材料强度的限制。所以，提高离心机的 f，主要依靠提高转鼓转速。加上 f 与转鼓转速的平方成正比，提高转速也更有利于提高 f。这也是高速（或超速）离心机的转鼓较小，而转速较高的原因。当然，转鼓直径的大小决定了转鼓的体积，也就决定了容纳固体的能力（直接关系到离心机的生产能力），这对于间歇式离心机尤为重要。因此，考察离心机时必须关注离心分离因素、转鼓大小、转速等参数。

3. 当量沉降面积

离心机的当量沉降面积是指相当于重力沉降槽的面积，是离心机生产能力的重要参数。几种离心机的当量沉降面积列举如下。

管式离心机：

$$\Sigma=\frac{\pi\omega^2 h(3R_2^2+R_1^2)}{2g} \tag{4-13}$$

式中，Σ 为当量沉降面积，m^2；R_1 为轻液出口半径，m；R_2 为转鼓内半径，m；h 为离心机转鼓高度，m。

碟片式离心机：

$$\Sigma=\frac{2\pi\omega^2 s(R_2^3-R_1^3)}{3g\tan\theta} \tag{4-14}$$

式中，s 为碟片数；R_1、R_2 分别为碟片的内径和外径，m；θ 为碟片半个锥顶角的度数。

卧螺机：

$$\Sigma=\frac{\pi l_1\omega^2(3R_1^2+R_2^2)}{2g}+\frac{\pi l_2\omega^2(R_2^2+3R_2R_1+4R_1^2)}{4g} \tag{4-15}$$

式中，l_1 为转鼓圆柱部分料液轴向长度，m；l_2 为转鼓圆锥部分料液轴向长度，m；R_1 为轻液出口半径，m；R_2 为转鼓圆柱部分内径，m。

4. 离心机的生产能力

在实际工作中离心机的生产能力与单位时间的处理量，应该是：

$$Q=w_t'\Sigma/s \tag{4-16}$$

式中，Q 为生产能力，m^3/s；w_t' 为在阻沉降状况下的颗粒沉降速度，m/s。

如果用 w_t 最小颗粒自由沉降速度乘上离心机的当量沉降面积获得的该离心机生产能力将会比实际生产能力 $\omega_t'\Sigma$ 大很多，因此在初次计算时要注意到这一点。在选用离心机时，如单台不够处理，就选用多台。

【例 4-2】 采用 GF105 型管式离心机分离谷氨酸发酵液，以取得菌体作为综合利用。已知发酵液的密度为 $1000kg/m^3$，黏度为 $1.4\times10^{-3}Pa\cdot s$，湿菌体密度为 $1050kg/m^3$，菌体当量直径为 1.5μm，发酵液含固量为 15%，离心管出口内径控制在 30mm，求此离心机的分离发酵液的能力是多少？

解： 查 GF105 型管式离心机，转筒内径 105mm，离心管出口内径 30mm，转速 $n=15000r/min$，转筒高 0.75m

$$Q=w_t'\Sigma$$

$$\Sigma=\frac{\pi\omega^2 h(3R_2^2+R_1^2)}{2g}=\frac{3.14(2\times3.14\times15000/60)^2\times0.75\times(3\times0.0525^2+0.015^2)}{2\times9.81}$$

$$=2516.8\ (m^2)$$

谷氨酸发酵液的分离沉降为阻沉降

$$i=0.15$$

$$\alpha=1+305i^{2.84}=1+305\times(0.15)^{2.84}=2.394$$

$$w_t=\frac{gd_e^2(\rho_p-\rho)}{18\mu}=\frac{(1.5\times10^{-6})^2\times(1050-1000)}{18\times1.4/9810}=4.38\times10^{-8}\ (m/s)$$

$$w_t'=\frac{w_t}{1+\alpha i^{1/3}}=\frac{4.38\times10^{-8}}{1+2.394\times0.15^{0.333}}=1.93\times10^{-8}\ (m/s)$$

$$Q=w_t'\Sigma=3600\times1.93\times10^{-8}\times2516.8=0.1748(m^3/h)=174.8\ (L/h)$$

该离心机分离谷氨酸发酵液的能力为 174.8L/h。

从这个例题中可以看到，在有阻沉降状况下，该离心机的实际生产能力是不考虑阻沉降状况（理想状况）时生产能力的44%。

三、液-固分离设备的类别

液-固分离设备按原理分有两大类：过滤设备和沉降设备。

过滤设备按推动力不同可分为常压过滤机、加压过滤机和真空过滤机。常压过滤机因推动力小，过滤效率低，仅适用于易分离的物料，在工业上不多见。加压过滤机是最常见的过滤设备，如板框压滤机、板滤机、三足式离心过滤机等。真空过滤机如真空鼓式过滤机、叶滤机等。

沉降设备按推动力不同分为重力沉降槽和离心沉降机。重力沉降槽在当今工业上已不多见，离心沉降机中又有管式离心机、碟片式离心机、卧式螺旋式离心机、三足式离心机等。

离心机的分类按被处理料液的进入方式可分为连续流离心机和分批流离心机；按分离因素大小可分为常速离心机、高速离心机和超高速离心机；按处理目的不同可分为液-固分离和液-液分离离心机；按被分离对象可分为（动物）细胞离心机和菌体（微生物）离心机等。

液固分离设备
- 沉降设备
  - 重力沉降　重力沉降槽、增稠器
  - 离心沉降　管式离心机、碟片式离心机、卧式螺旋式离心机、三足式离心机
- 过滤设备
  - 常压过滤机
  - 加压过滤机　板框压滤机、板滤机
  - 真空过滤机　真空鼓式过滤机、叶滤机
  - 离心过滤机　三足式过滤机
- 膜分离设备　微滤器、超滤器、反渗透器

应当根据处理对象、生产工艺、使用场合等因素，选用合适的设备或几种设备的联合应用。在随后的章节里，将分别介绍各种设备的结构原理、型号特征、操作及选用计算等。

第二节　过滤设备及计算

目前生物工程行业，常见的用于液-固分离的过滤设备主要有板框压滤机、真空转鼓过滤机、叶滤机、三足式离心过滤机等。比如，抗生素工业中多采用板框压滤机实现放线菌发酵液的液-固分离。

一、板框压滤机

板框压滤机是典型的滤饼过滤，主要由若干块滤板和滤框间隔排列而成，板和框之间夹有滤布，当板框压紧后，即形成若干滤室。料液由离心泵或齿轮泵打入由板和框组成的通道，分别进入各滤室，滤液经滤饼和滤布层从滤板下方流出，滤渣即停留在滤室中成为滤饼（图4-4)。

1. 板框压滤机的结构

板框压滤机由机架、压紧机构和过滤机构三部分组成。

(1) 机架　机架是压滤机的基础部件，两端是止推板和压紧头，两侧的大梁将两者连接起来，大梁用以支撑滤板、滤框和压紧板。

止推板：它与支座连接，将压滤机的一端坐落在地基上，厢式压滤机的止推板中间是进料孔，四个角还有四个孔，上两角的孔是洗涤液或压缩气体进口，下两角为出口（暗流结构是滤液出口)。

压紧板：用以压紧滤板滤框，两侧的滚轮用以支撑压紧板在大梁的轨道上滚动。

大梁：是承重构件，根据使用环境防腐的要求，可选择硬质聚氟乙烯、聚丙烯、不锈钢包覆或新型防腐涂料等涂覆。

(2) 压紧机构　板框的压紧方式有手动压紧、机械压紧和液压压紧三种。

手动压紧：是以螺旋式机械千斤顶推动压紧板将滤板压紧。

机械压紧：压紧机构由电动机（配置过载保护器）减速器、齿轮、丝杆和固定螺母组成。压

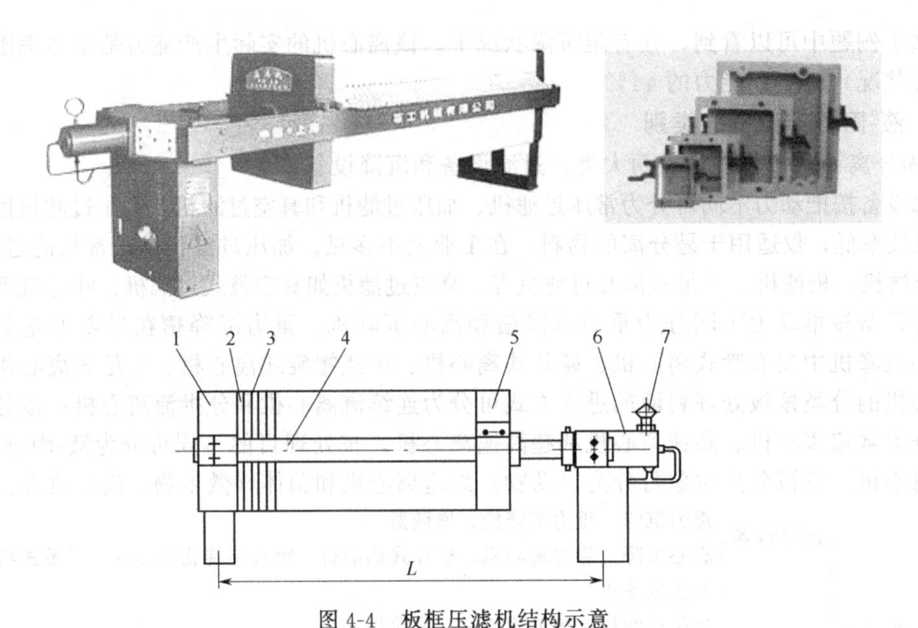

图 4-4 板框压滤机结构示意

1—止推板；2—滤框；3—滤板；4—横梁；5—压紧板；6—液压联体装置；7—压力表

紧时，电动机正转，带动减速器、齿轮，使丝杆在固定的丝母中转动，推动压紧板将滤板、滤框压紧。当压紧力越来越大时，电机负载电流增大，当大到保护器设定的电流值时，电动机电源被自动切断，电动机停止转动，由于丝杆和固定丝母有可靠的自锁螺旋角，能可靠地保证工作过程中的压紧状态。退回时，电动机会反转，当压紧板上的压块触压到行程开关时退回，自动停止。

液压压紧：液压压紧机构的组成有液压站、油缸、活塞、活塞杆以及活塞杆与压紧板连接的哈夫法兰卡片。液压站的结构组成有电动机、油泵、溢流阀（调节压力）换向阀、压力表、油路、油箱。液压压紧机构压紧时，由液压站供给高压油，油缸与活塞构成的元件腔充满油液，当压力大于压紧板运行的摩擦阻力时，压紧板缓慢地压紧滤板，当压紧力达到溢流阀设定的压力值（由压力表显示）时，滤板、滤框（板框式）或滤板（厢式）被压紧，溢流阀开始卸荷，这时自动切断电动机电源，压紧动作完成。退回时，换向阀换向，压力油进入油缸的有杆腔，当油压能克服压紧板的摩擦阻力时，压紧板开始退回。液压压紧为自动保压时，压紧力是由电接点压力表控制的。将压力表的上限指针和下限指针设定在工艺要求的数值，当压紧力达到压力表的上限时，电源切断，油泵停止供油。由于油路系统可能产生的内漏和外漏造成压紧力下降，当降到压力表下限指针时电源接通，油泵开始供油，压力达到上限时电源切断，油泵停止供油，这样反复电接点压力表控制使得过滤物料的过程中保证压紧力的效果。

（3）过滤机构　过滤机构由滤板、滤框、滤布、压榨隔膜组成。

滤板两侧由滤布包覆，需配置压榨隔膜时，每一组滤板由隔膜板和侧板组成。隔膜板的基板的两侧均包覆着橡胶隔膜，隔膜外边则包覆着滤布，侧板即普通的滤板。物料从止推板上的进料孔进入各滤室，固体颗粒因其粒径大于过滤介质（滤布）的孔径被截流在滤室里，滤液则从滤板下方的出液孔流出。滤饼需要榨干时，除用隔膜压榨外，还可用压缩空气或蒸汽从洗涤口通入，压缩滤饼去除水分，降低滤饼的含水量。滤板和滤框一般由铸铁、不锈钢、高分子材料等制成。滤板形状一般为方形，但也有圆形的。

滤液流出的方式分明流和暗流两种。明流过滤中，在每个滤板的下方出液孔上装有水阀，滤液直观地从水阀里流出。明流过滤的突出优点是，一旦某个滤室的滤布失效，则该水阀流出的滤液不清，即关闭该水阀，停止该滤室的工作，而不影响其他滤室的正常工作。

在暗流过滤机中，每块滤板的下方均设有出液通道孔，若干块滤板的出液孔连成一个出液通道，并由止推板下方的出液孔相连的管道排出。暗流过滤的优点是滤液收集是封闭的，在无菌过滤、滤液易挥发或不宜暴露在空气中等要求时，则可选择暗流过滤。

在滤饼需要洗涤时，可有明流双向洗涤和单向洗涤、暗流双向洗涤和单向洗涤。

明流单向洗涤是洗液从止推板的洗液进孔依次进入，穿过滤布，再穿过滤饼，最后从无孔滤板流出，这时有孔板的出液水阀应处于关闭状态，无孔板的出液水阀则应处于开启状态。

明流双向洗涤是洗液从止推板上方的两侧洗液进孔先后两次洗涤，即洗液先从一侧洗涤，再从另一侧进行洗涤，洗液的出口同进口是对角线方向的，所以又叫明流双向交叉洗涤。

暗流单向洗涤是洗液从止推板的洗液进孔依次进入有孔板，穿过滤布，再穿过滤饼，从无孔滤板流出。

暗流双向洗涤是洗液从止推板上方两侧的两个洗液进孔先后两次洗涤，即洗涤先从一侧洗涤，再从另一侧洗涤，洗液的出口同进口是对角线方向，所以又叫暗流双向交叉洗涤。

滤布是过滤介质，滤布的选用和使用对过滤效果有决定性的作用，选用时要根据过滤物料的 pH 值、固体粒径等因素选用合适的滤布材质和孔径以保证低的过滤成本和高的过滤效率，使用时要保证滤布平整不打折，孔径畅通。

滤布有棉质及合成纤维——尼龙、涤纶、丙纶、维纶等。其中合成纤维制成的滤布吸水性小，耐磨性强，过滤阻力小，但价格较高，滤液澄清度差。滤布有平纹、斜纹及缎纹等不同编制法，其中以平纹的阻力最大，缎纹的最小，但相应的滤液澄清度则以平纹最清，缎纹最差，而使用寿命则以斜纹的较长。目前微生物发酵行业常用的滤布为合成纤维，其性能比较如表 4-2。

表 4-2　合成纤维滤布性能比较

性能	涤纶	尼龙	丙纶	维纶
耐酸	强	较差	良好	差
耐碱	耐弱碱	良好	优	优
耐热	150℃	120℃	70℃	80℃

有些滤渣具有可压缩性，有些则带有胶体粒子，因而易把滤布堵塞，影响过滤速度，此时可以在料液中加入一定量的助滤剂（一般为 3%～5%），以利过滤。助滤剂由细小的、不可压缩的惰性颗粒组成，这种颗粒具有多孔不规则表面，质地轻而硬，因助滤剂使用后无法回收，故应价格低廉，来源广泛。常见的助滤剂如硅藻土、珠光岩粉（主要成分是硅酸铝）、炉渣粉，石棉粉和白土等也可作为助滤剂。

2. 板框压滤机的特点

① 结构简单、操作容易、故障少、保养方便，机器使用寿命长，所需辅助设备少。

② 对物料的适应性强，既能分离难以过滤的低浓度悬浮液和胶体悬浮液，又能分离料液黏度高和接近饱和状态的悬浮液。

③ 过滤面积选择范围广，可在 3～1250m^2 间选用。

④ 滤饼含湿量较低。

⑤ 固相回收率高、滤液澄清度好。

⑥ 滤布的检查、洗涤、更换较方便。

⑦ 过滤操作压力大，可达 1MPa，过滤操作稳定。

⑧ 造价低、投资小。

⑨ 间歇操作，辅助时间长，劳动强度大。

板框压滤机适用于微生物发酵行业中菌丝体的分离、培养基的预处理、活性炭脱色后的分离、成品分离等场合。

3. 板框过滤机的型号及选用

表 4-3 是部分板框压滤机型号及其主要参数。

表 4-3 中型号所代表的意义如图 4-5。

表 4-3　部分板框压滤机型号及主要参数

型　号	过滤面积 $/m^2$	框内尺寸 /mm	滤饼厚度 /mm	滤板数量 /个	滤框数量 /个	滤室容积 /L	过滤压力 /MPa	电极功率 /kW	整机质量 /kg
BAY4/450-30U	4	450×450	30	9	10	60	0.6	1.1	893
BMY15/630-30U	15	630×630	30	18	19	226	0.5	1.5	1368
BAY30/800-30U	30	800×800	30	23	24	460	0.5	1.5	2550
BMY40/800-30U	40	800×800	30	30	31	595	0.5	1.5	2767
BMY60/800-30U	60	800×800	30	46	47	902	0.5	1.5	3450
BMY70/800-30U	70	800×800	30	54	55	1056	0.5	1.5	3830

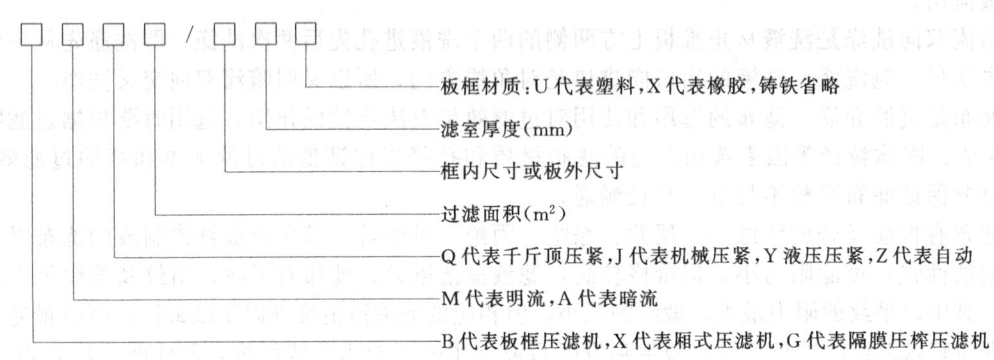

图 4-5　板框压滤机型号说明

板框压滤机的选用步骤如下。

① 考察需要处理的悬浮液的特性（处理量、黏度、含固量、滤速等）、处理要求、采用何种材质的板框压滤机、明流还是暗流、压紧方式等。也就是确定大致的型号范围。选择的原则如无菌过滤采用不锈钢、滤液不能暴露和易挥发的用暗流、含固量高的用厚框、考虑操作劳动强度尽量不选手动压紧方式或者选用全自动板框压滤机等。

② 计算板框压滤机的台数。一般采用滤饼估算法，即不考虑滤速情况下把悬浮液中的固体物质全部充填到板框压滤机中需要的台数，见式(4-17)：

$$N=\frac{V_F i}{K V_P}=\frac{V_F i}{K nabc} \tag{4-17}$$

式中，V_F 为需要处理的悬浮液体积，m^3；V_P 为压滤机最大容渣体积，m^3；K 为板框内滤渣充填系数，0.6～0.85；n 为框数；a、b、c 分别为框的内侧高、宽、厚，m；N 为板框选用的最少台数。

③ 评估过滤时间。必须考虑过滤时间以利于操作及工作时间的安排。考虑到板框压滤机操作的辅助时间较长，每个班次的过滤时间设计在 3h 左右。

过滤时间为

$$\tau=\frac{V_F(1-i)}{VNA} \tag{4-18}$$

式中，V 为过滤速度，$m^3/(m^2 \cdot h)$，指单位时间、单位过滤面积获得的滤液体积，一般通过实验测得或由经验值确定，表 4-4 是滤速的部分参考数据；A 为板框总过滤面积，m^2，$A=2nab$。

表 4-4　部分发酵液的滤速

悬　浮　液	滤速/$[m^3/(m^2 \cdot h)]$	悬　浮　液	滤速/$[m^3/(m^2 \cdot h)]$
青霉素丝状菌发酵液	0.025	灰黄霉素发酵液	0.03
青霉素球状菌发酵液	0.03	红霉素发酵液	0.02
四环素发酵液	0.02		

④ 综合场地、用电、人员配备等综合因素，确定板框压滤机的台数。

【例 4-3】 现有发酵液 30m³，经考察知其含固量为 15%，滤速为 0.018m³/(m²·h)。假定板框充填系数为 0.75，现有 BMY60/800-30U，请确定板框台数，并预测过滤时间。

解： 从表 4-3 查得，BMY60/800-30U 的过滤面积 $A=60\text{m}^2$，滤框容量 $V_P=902\text{L}=0.902\text{m}^3$。

$$N=\frac{V_F i}{KV_P}=\frac{30\times 0.15}{0.75\times 0.595}=6.7\text{（台），选 7 台}$$

$$\tau=\frac{V_F(1-i)}{VNA}=\frac{30\times(1-0.15)}{0.018\times 7\times 60}=3.37\text{（h）}$$

由此，确定板框压滤机台数为 7 台，过滤时间为 3.37h。

二、真空转鼓过滤机

真空转鼓过滤机又称真空鼓式过滤机，是一种可以连续操作的过滤设备（其流程参见图 4-6）。它具有一水平旋转的滤鼓，鼓的外表面镶有若干块矩形筛板，在筛板上再依次铺设金属丝网和滤布。在筛板内的转鼓空间，被径向筋片分隔成若干过滤室，每一过滤室都以其单独孔道连通至转鼓轴颈的端面。分配头即平压于该端面上，参见图 4-7。分配头内被径向的隔离块分成三个室（Ⅰ～Ⅲ），它们分别与真空和压缩空气（或蒸汽）管路相连通，参见图 4-8。

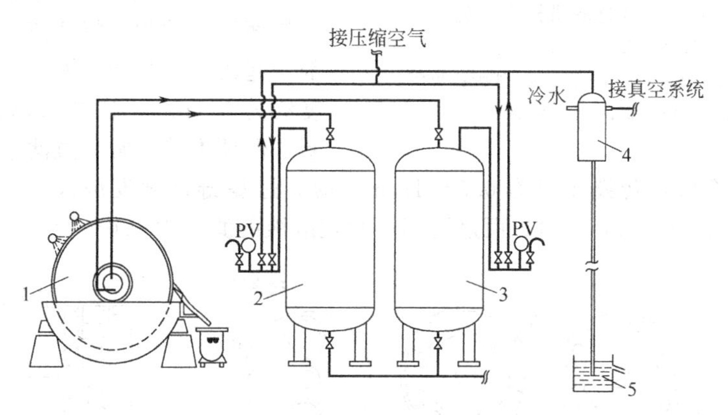

图 4-6　鼓式过滤机流程示意

1—鼓式过滤机；2—洗涤液贮罐；3—滤液贮罐；4—混合冷凝器；5—水池

滤鼓部分地浸没在料液槽中，浸没角约 90°～130°，由机械传动装置带动其缓慢旋转（转速约 0.5r/min）。在滤鼓旋转时，鼓中每一过滤室相继与分配头中的Ⅰ～Ⅲ室相通，也可以说整个转鼓可分成三个工作区，参见图 4-7。

第Ⅰ区（过滤区）　在此区中，转鼓中下面的一些过滤室与料液相接触。由于在此区中过滤室与真空系统相通，于是料液中的固体粒子被吸附在滤布的表面而形成滤渣层，而滤液则被吸入鼓内经导管和分配头排至滤液贮罐中。为了避免料液中固体物的沉降，常在料液槽中装置摇摆式搅拌器。

第Ⅱ区（洗涤及脱水区）　当转鼓从料液槽中转出后，洗涤水喷嘴即将洗涤水喷向鼓面上的滤渣层进行洗涤。由于此区也处在真空情况下，于是洗涤水和滤渣中的残余水分不断地被抽入鼓内，并通过分配头将其引入另一贮罐中。为了避免滤渣层产生裂缝，可在此区上方安装一滚压轴压紧滤渣层，以提高脱水效果和防止空气从滤渣层裂缝处大量漏入鼓内而影响其真空度。

第Ⅲ区（卸渣及再生区）　经过洗涤和脱水的滤渣层进入此区。在此区内通入压缩空气或蒸汽使滤渣松散而与滤布脱离，随后由刮刀将其刮下。刮下滤渣的滤布继续吹以压缩空气或蒸汽，以尽量吹落附在上面的残余固体物，使滤布获得再生。

目前，国产的GP型鼓式过滤机过滤面积有$1m^2$、$2m^2$、$5m^2$及$20m^2$四种，转鼓直径分别为1.1m、1.75m及2.6m。耐酸型的鼓式过滤机通常由不锈钢或玻璃钢等材料制成，也可用钢板贴胶制作。

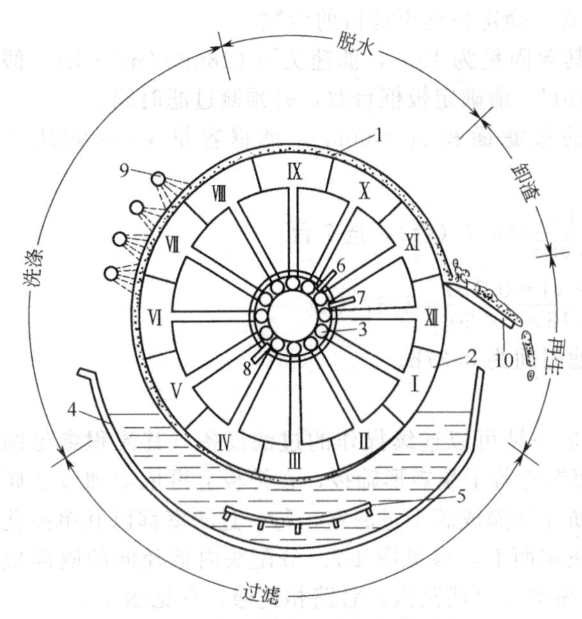

图 4-7　真空鼓式过滤机操作示意

1—转鼓；2—Ⅰ～Ⅻ过滤室；3—分配头；4—料液槽；5—搅拌器；6,7—洗涤液排出管；8—滤液排出管；9—洗涤水管；10—刮刀

鼓式过滤机的优点为吸滤、洗涤、卸渣、再生等作业可实现连续化操作，必要时还可进行自动控制。缺点是辅助设备较多，耗电量大，由于其过滤推动力小（最大时只能获得0.1MPa的压差），故对较细或较黏稠的物料不太适用。

青霉素发酵液的过滤可直接采用鼓式过滤机，每小时每平方米过滤面积约可处理发酵液$1m^3$。对于放线菌的发酵液，应在过滤前在鼓面上先预铺一层助滤剂——硅藻土，厚度约50～60mm。在过滤操作时，由缓慢向鼓面移动的刮刀将滤渣连同一小薄层助滤剂一起刮去，每转一圈，助滤剂被刮去的厚度约为0.1mm。这样可以使过滤面不断更新，保证维持正常的过滤速度。据报道，当用硅藻土进行预涂后，转鼓转速为0.5～1r/min时，过滤链霉素发酵液（pH 2～2.2，25～30℃）的滤速约为90L/(m^2·h)，而过滤四环素发酵液的滤速为170～270L/(m^2·h)。

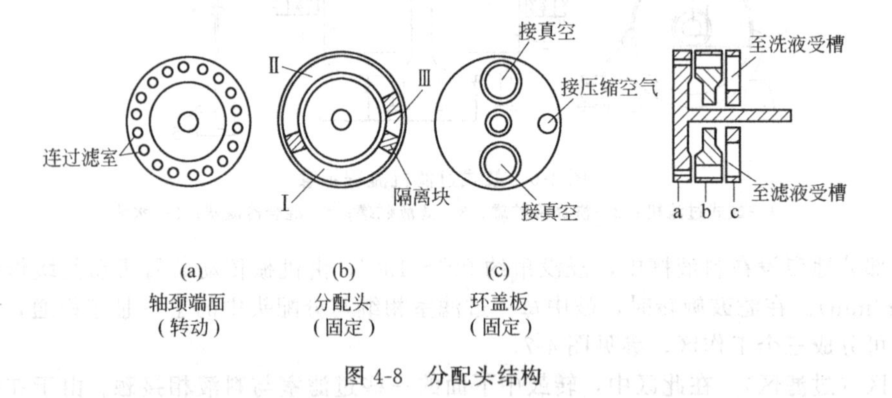

图 4-8　分配头结构

除了真空鼓式过滤机外，真空连续过滤设备还有真空连续叶滤机和真空连续翻斗式过滤机等。真空连续叶滤机的结构与真空鼓式过滤机相仿，所不同的是以一组可以旋转的圆盘形滤叶代替转鼓，这样可以使过滤面积增加不少。

真空鼓式过滤机的生产能力可由式(4-19) 计算而得。

$$V=262.2A\sqrt{\frac{\alpha\Delta pn}{\mu Z}}=C\sqrt{n} \tag{4-19}$$

式中，V为过滤机每小时得到的滤液量即生产能力，m^3/h；A为转鼓过滤总面积，m^2；Δp为推动力，Pa；n为转鼓转速，r/min；α为转鼓浸没角，弧度；Z为无压力下过滤比阻，m^{-1}；C为常数；μ为料液黏度，Pa·s。

由此可见，真空鼓式过滤机的生产能力即单位时间内得到的滤液量与转速n的平方根成正比。所以，在一定范围内适当增加转速，有利于生产能力的提高。当然转速也不能过大，否则会使得滤饼过薄过松，并影响到真空度和洗涤质量。

三、三足式离心机

三足式离心机是最早出现的液-固过滤离心机。三足式离心机可用于分离固体粒径从 10μm 至数毫米的、含固量约从 5%至 40%～50%的液-固两相悬浮液。当液-固两相悬浮液的含固体量很低且固体粒径又很小时，也可使用沉降式的三足式离心机。目前常见的三足式离心机有人工上部卸料三足式离心机、人工下部卸料三足式离心机和机械下部卸料三足式离心机等多种形式，三足式离心机的分类和操作方式见表 4-5。

表 4-5 三足式离心机类型和操作方式

类型	卸料方式			分离操作方式	主轴运转方式
	机构	方位	转速		
人工卸料	人工	上部	停机	间歇	恒速、间断
	起吊滤袋	上部	停机	间歇	恒速、间断
	手动刮刀	下部	低速	间歇	调速、连续
机械卸料	旋转刮刀	下部	低速	周期循环	调速、连续
	升降刮刀	下部	低速	周期循环	调速、连续
	气力输送	上部	低速	周期循环	调速、连续
	刮刀-螺旋	上部	低速	周期循环	调速、连续

三足式离心机在生物工程产业中主要用于活性炭脱色后活性炭与分离液的分离、结晶与母液分离以及酵母菌收集等场合。图 4-9 所示为人工卸料三足式离心机的结构示意图。可高速回转的转鼓悬挂支承在机座的三根支柱上，液-固两相悬浮液加入高速回转的开孔转鼓内，在离心力的作用下固体颗粒向鼓壁运动，受过滤介质的拦截在转鼓内壁堆积形成滤饼，液体在离心力作用下通过滤饼，过滤介质由转鼓的小孔离开转鼓，实现了液-固两相的分离。当滤饼形成一定厚度时可停止加料并将滤饼甩干，也可加入洗涤液对滤饼进行洗涤并甩干，最后停机，由人工从上部将滤饼卸出。其他还有不同卸料形式的三足式离心机，但其基本工作程序相同，仅卸料方法不同而已。

三足式离心机具有下列优点。

① 对物料的适应性强。选用恰当的过滤介质，可以分离粒径为微米级的细颗粒。通过调

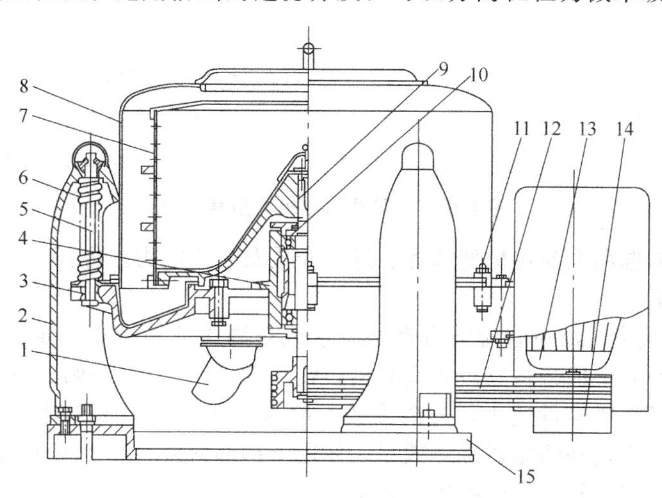

图 4-9 人工卸料三足式离心机结构示意

1—出液管（SSC 机型无出液管）；2—支柱；3—底盘；4—轴承座；5—樱杆；6—弹簧；7—转鼓；8—外壳；9—主轴；10—轴承；11—压紧螺栓；12—三角带；13—电；14—离心离合器；15—机座

整分离操作的时间，能适用于各种难分离的悬浮液，对滤饼洗涤有不同要求时也能适用。与其他形式离心机相比，其最大优点是当生产过程中被分离物料的过滤性能有较大变化时，也可通过调整分离操作时间来适应。

② 人工卸料三足式离心机结构简单，制造安装、维修方便，成本低，操作方便。停机或低速下卸料，易于保持产品的晶粒不被破坏。

③ 弹性悬挂支承结构，能减少由于不均匀负载引起的振动，机器运转平稳。

④ 整个高速回转机构集中在一个封闭的壳体中，易于实现密封防爆。

三足式离心机的缺点是：间歇或周期循环操作，进料阶段需起动、增速，卸料阶段需减速或停机，生产能力低；人工上部卸料三足式离心机劳动强度大，操作条件差，所以仅能用于中小型规模的生产过程。

三足式离心机的转鼓有过滤和沉降两种类型。根据它的卸料部位、方式及控制方法又可分为人工上部卸料（SS 型）、吊袋上部卸料（SD 型）、人工下部卸料（SX 型）、刮刀下部卸料（SG 型）、抽吸上部卸料（SC 型）、自动刮刀下部卸料（SGF 型）等多种形式。目前国产三足式离心机的主要技术参数范围为：内径 300～1500mm，高度 165～500mm，转速 600～2800r/min，容积 8～400L，离心分离因素 322～1320。

三足式离心机的型号标记见图 4-10。型号第一字符为 S，表示三足式离心机。型号第二字符表示卸料方式，分别为：S—人工上部卸料；D—吊袋上部卸料（机械）；C—抽吸上部卸料。型号第三字符表示特性，分别为：Z—自动；C—沉降式；F—电机为防爆型；ZY—自动、全部操作执行机构为液压控制。转鼓内径：用转鼓内径表示。材料代号：无代号—普通钢；N—耐腐蚀钢；I—钛材。设计代号：A—第一次修改设计；B—第二次修改设计。比如，一台三足式抽吸上部卸料自动离心机，转鼓直径为 ϕ1500mm，与物料接触部分的材料为耐腐蚀钢，型号标记为 SCZ1500—N。一台人工下部卸料三足式离心机，转鼓内径为 ϕ1000mm，与物料接触部分材料为耐腐蚀钢，第二次修改的机型，型号标记为 SX1000—NB。

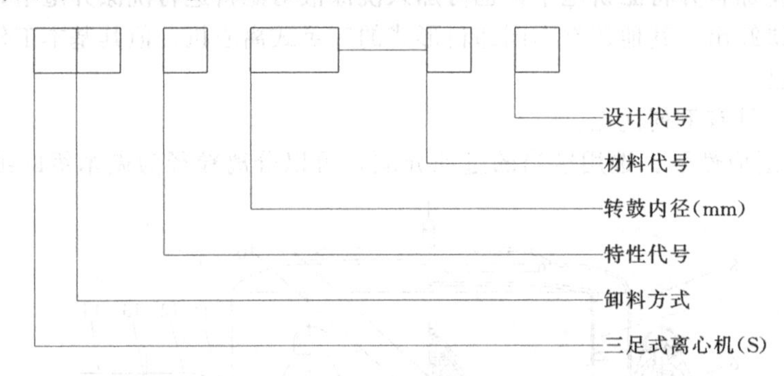

图 4-10　三足式离心机的型号标记

三足式离心机的选用主要在机型选择、过滤介质及生产能力三方面。

选型的原则如下。

① 当生产规模较大。滤饼含湿量有严格要求或对滤饼的洗涤有一定的要求时，一般可选用下部卸料或自动刮刀下部卸料三足式离心机，转鼓直径以 ϕ1000～ϕ1250mm 为好。因为这种类型的三足式离心机滤饼容量适中，分离因数一般为 500～800，相对来讲可获得含湿率较低的滤饼，而且也能取得较好的滤饼洗涤效果。使用下部卸料或自动刮刀下部卸料的方法，工人劳动强度低，可以适用于较大规模的生产要求。

② 在小规模生产或中间试验，选用较小转鼓直径的下部卸料三足式离心机是合适的。如果每天生产的批量不多时，则可选用上部人工卸料三足式离心机。因为这种类型的离心机结构最简单，价格也最便宜，对物料过滤性能变化的适应性好，改变操作时间最方便。

③ 对于固相浓度低、固相颗粒细、处理量不大时（处理量＜$10m^3/h$）、对沉渣含湿量没有严格要求的场合，可以选用带有撇液装置的三足式沉降离心机。这种机型与其他沉降离心机相比设备投资费用低，维修操作方便。

④ 对于固体颗粒较细（颗粒直径为 10μm 左右）、固相浓度较高（固相质量浓度为 30%～40%）、对滤饼的含湿率又有较高的要求时，可以选用带有撇液装置的下部卸料或刮刀下部卸料三足式离心机。这种三足式离心机，当物料进入转鼓后，固相粒子形成滤饼，而表层清液由于滤饼厚度大或滤饼本身的比阻力系数高致使通过滤饼的速率很低时，可以使用撇液装置将清液吸出，从而提高设备的生产能力，滤饼经甩干后可以使含湿率控制在较低的范围内。

⑤ 当生产规模不大，而且又是间歇批量生产，或产品的品种经常变化，或用于分离的产品对固相粒子外形有很高的要求时，亦可采用上部人工卸料三足式离心机。

三足式离心机常用的过滤介质有滤布、金属类（滤网、条形网）两大类。过滤介质选用可遵循以下基本原则。

a. 被过滤物料为较粗的结晶颗粒（粒径为 0.5～1mm）且晶粒分布很均匀时，可以选用捕集孔径较粗的单丝纤维织物或者金属丝网、条形网类过滤介质，以有利于降低滤饼的含湿率，提高设备的生产能力和过滤介质的再生效果。

b. 被过滤物料为中等颗粒且料液浓度较高时，可采用斜纹或者缎纹织法的工业滤布、孔径小的金属丝网等作为过滤介质，以保证固相颗粒的收率。另外，斜纹与缎纹织法的工业滤布和金属丝网作为过滤介质也有利于降低滤饼的含湿率。

c. 被过滤物料所含的固相颗粒很细但固相浓度较高或固相浓度中等，或被过滤物料虽然颗粒不很细但粒径分布很宽时，为了保证固相颗粒的收率，应选用捕集效果好的平纹织法的工业滤布，且滤布的紧密度应高。有时即使采用了很密的滤布，固体颗粒渗漏量仍较大时，应在操作方法上采取一些措施，例如降低加料时的转鼓转速，将过滤开始时的滤液回流到料液槽中，以回收这部分的固体。

三足式离心机的台数由式(4-20) 确定。

$$n=\frac{V}{V_s} \tag{4-20}$$

式中，V 为工艺要求的生产能力，m^3；V_s 为单台设备的生产能力，m^3；n 为台数，取整数。

表 4-6 为部分国产三足式离心机型号及技术参数，供参考。

表 4-6　部分国产三足式离心机型号及技术参数

型　号	主要技术指标				电机功率/kW	质量/kg	外形尺寸/mm×mm×mm
	转鼓 $\phi \times h$/mm×mm	转速/(r/min)	有效容积/L	最大分离因素(f)			
SS300N	300×165	2800	8	1320	1.1	180	666×666×788
SS450	450×220	2000	18	1000	2.2	230	1090×900×680
SS800NA	800×400	1200	90	640	5.5	830	1700×1030×1060
SSD1000	1000×420	1000	110	560	7.5	1370	1900×1490×1205
SS1200	1200×450	900	250	545	15	2300	2315×1720×1085
SSZ1500	1500×500	600	400	302	12	3150	3172×2000×2300

第三节　离心沉降设备及计算

目前生物工程产业中越来越多地采用离心沉降设备，其原因一方面是离心沉降设备的制造加工技术的提高，另一方面是离心机具有推动力大、连续操作及设备密闭等优势。

一、管式离心机

管式分离机是属于高速运转的沉降式离心机，由于分离机的转鼓直径较小而长度较长，形如管状，故称为管式离心机。这种离心机转速高，一般在10000r/min以上，机器结构为柔性轴系，转鼓上悬支撑，上部传动，转鼓下部设有振幅限制阻尼装置，使转鼓的振幅限制在某一允许范围之内，实现稳定安全运转。该机型结构简单，运转可靠，常见的转鼓直径为40～150mm，长度与直径之比为4～8。管式离心机的分离因数可达15000～65000，在沉降离心机中这种分离机的分离因数最高，分离效果最好，适用于处理固体颗粒直径0.1～100μm、固-液两相密度差大于10kg/m³、固相浓度小于5%的难分离的悬浮液和液-液两相密度差很小乳浊液的分离，每小时处理量为200～1200L。

图4-11 CEPA生产的Z81管式离心机

国产的管式分离机有GF型和GQ型两种。GF型管式分离机适用于乳浊液的分离。GQ型管式分离机适用于含固量小于1%的悬浮液澄清分离，特别适合于固相浓度小、黏度大、固相颗粒细、固-液两相密度差较小的固-液分离。

生物工程产业中，管式离心机常用在大肠杆菌工程菌菌体收集等过程。为避免菌体受热，常选用带冷冻装置的离心机。目前用于菌体收集，选用较多的管式离心机是美国CEPA生产的Z81型管式离心机，其转速为16000r/min、离心分离因素18000g、最大处理量2000L/h、渣容量8L、电机功率2200W，能配合50～500L发酵罐处理低黏度的发酵液（图4-11）。

管式离心机（图4-12）具有一个高速旋转的细长转鼓，由机身1、传动部件2、压紧轮3、主轴4、集液盘5、转鼓6、进液轴承座7等主要零部件构成。

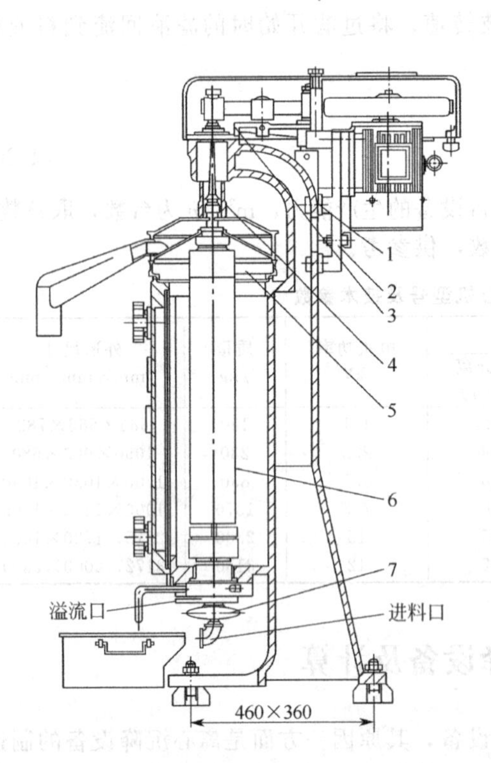

图4-12 GQ105NA型管式离心机示意

1—机身；2—传动部件；3—压紧轮；4—主轴；5—集液盘；6—转鼓；7—进液轴承座

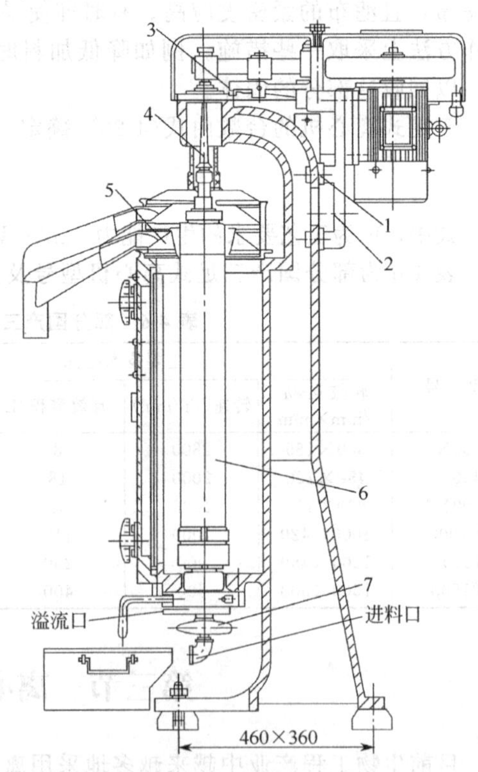

图4-13 GF105-NA型管式离心机示意

1—机身；2—传动部件；3—压紧轮；4—主轴；5—集液盘；6—转鼓；7—进液轴承座

图 4-13 属 GF 型管式分离机。该机上部通过细长主轴与转鼓相连，下部的底轴受径向浮动阻尼轴承限幅。机器启动后，料液由底部进液口进入转鼓，物料受高速旋转而形成的强大离心力场作用沿转鼓的内壁向上流动，并依其密度差沿轴向形成两个同心液环。其中轻液由靠近轴心的轻液出口处排出机外，重液则由靠近转鼓壁的重液出口处排出，微量的固体渣粒沉积在转鼓内壁上，停机后由人工卸除。GQ（澄清）型管式分离机，上部通过细长主轴与转筒相连，下部的底轴则由径向浮动阻尼轴承限幅。机器启动后，料液由底部进口进入，在强大离心力场的作用下沿转鼓内壁向上流动。液相中的固相微粒由于密度大于液相，逐渐向转鼓内壁移动形成沉渣层。澄清的液体由上部的排液口排出。当沉渣层厚度影响到液相澄清度时，或达到转鼓额定的容渣重量时，停机由人工清除转鼓壁上的沉渣。

管式离心机的型号标记见图 4-14。

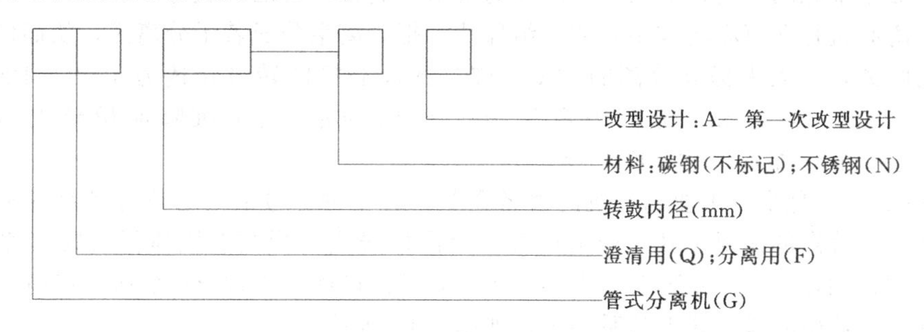

图 4-14　管式离心机的型号标记

二、螺旋卸料离心机

螺旋卸料沉降离心机可分为卧式螺旋卸料沉降离心机（简称卧螺离心机）、立式螺旋卸料沉降离心机和卧式螺旋卸料沉降/过滤复合离心机等机型。其中以卧式螺旋卸料沉降离心机的应用最为广泛。

卧螺离心机主要是由高转速的转鼓以及与转鼓转向相同但转速比转鼓略高或略低的螺旋差速器等部件组成。当要分离的悬浮液进入离心机转鼓后，高速旋转的转鼓产生强大的离心力而把比液相密度大的固相颗粒沉降到转鼓内壁，由于螺旋转子和转鼓的转速不同，二者存在有相对运动（即转速差），利用螺旋和转鼓间的相对运动把沉积在转鼓内壁的固相物料推向转鼓小端出口处而排出，而将分离后的清液从离心机另一端排出（图 4-15）。差速器（齿轮箱）的作用是使转鼓和螺旋之间形成一定的转速差。

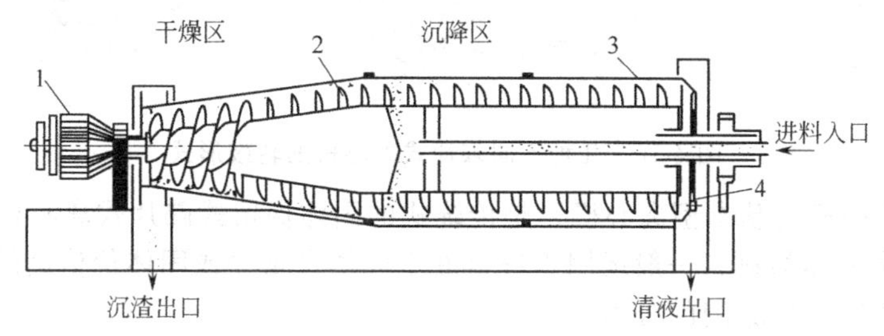

图 4-15　逆流式卧螺离心机结构简图

1—差速器；2—螺旋；3—转鼓；4—溢渡口

卧螺离心机主要特点如下。

① 应用范围广，能广泛地用于化工、石油、食品、制药、环保等需要液-固分离的领域，能够完成固相脱水、液相澄清、液-液-固和液-固-固三相分离、粒度分级等分离过程。

② 对物料的适应性较大，能分离的固相粒度范围较广（0.005～2mm），在固相粒度大小不均时能照常进行分离。

③ 能自动、连续、长期运转，维修方便，能够进行封闭操作。

④ 单机生产能力大，结构紧凑，占地小，操作费用低。

⑤ 固相沉渣的含湿量一般比过滤离心机高，大致接近于真空过滤机。

⑥ 固相沉渣的洗涤效果差

在大型的生物工程产业，固体产品收集、活性污泥脱水等场合能广泛应用到卧螺离心机。

三、碟片式离心机

碟片式离心机的分离因素高，但结构复杂、价格昂贵，可以间歇或连续的方式运行。碟片式离心机常用于高度分散（非均相）的液-固、液-液或液-液-固分离，密度相近的液体所组成的乳浊液的分离或含有细小固体颗粒的悬浮液的分离。在生物工程行业有液液萃取中轻重液的分离、培养液中细胞的分离、成品半成品液的澄清、病毒颗粒的回收等用途。

碟片式离心机是在离心转鼓中安装一组碟片，把分离室分成若干分离区，从而使分离行程达到最小的距离，可大大提高分离的效率。碟片式离心机的转鼓转速为 4000～12000r/min，转鼓直径为 150～1000mm，分离因素为 3000～13000g，当量沉降面积最大达 10000～200000m^2，生产能力最高可达 100m^3/h。

AlfaLaval 公司是生产工业离心机的著名企业，有多种型号的离心机可满足各种生物反应过程中生物物质分离的需要。其型号根据转鼓及固体排出的形式有固体保留式 B 系列、固体连续排放式的再循环式 QX 系列及基本形式 SX 系列、间歇排渣式 PX 系列、超高速间歇排渣式 AX 系列、固体中心排放式 UX 系列等，如图 4-16 所示。

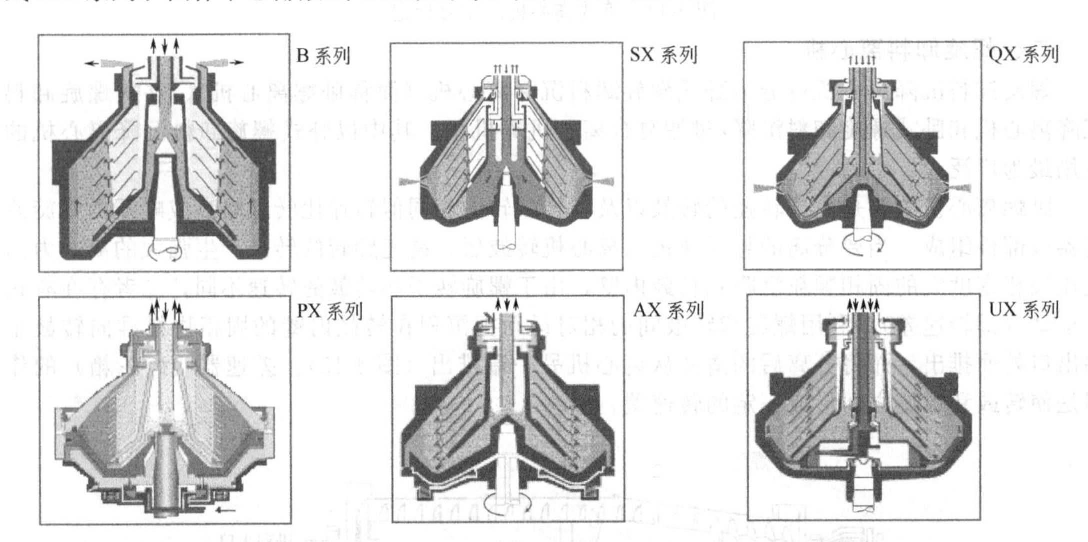

图 4-16　几种不同碟片式离心机的转鼓形式

B 系列碟片离心机为基本型离心机，是传统式的固体保留式碟片式离心机，特点是离心机停机后用手工收集固体物料。一般运用于进料液中固体含量少或固体价值高的处理工艺。此类离心机适用于液-固及液-液-固的分离。

SX 系列基本型离心机是传统形式的喷嘴转鼓式离心机，特点是喷嘴在转鼓的最大周边上，用于连续排放浓缩的固体（如酵母细胞自动排出）。清液是由内置于转鼓顶部的向心泵所产生的压力下将其从转鼓上部排出。一般运用于进料液中固体含量多的液-固处理工艺。

QX 系列再循环离心机仅用于液-固分离，其特点是基于 SX 系列离心机的改进型，可使部分浓缩物通过喷嘴再循环，这样可以补偿进料浓度的波动，并适于处理进料固体浓度非常低的情况。该型号的离心机也用向心泵排放液体。能处理含固量为 5%～35%的物料。

PX 系列离心机适用于液-固及液-液-固的分离，并可将分离出的固体间歇地排出转鼓，因此它对固体浓度非常低或较高的进料均能作同样好的处理。该离心机能处理含固量1%～10%的料液，优点是分离后的固体含液量低，固体排放间歇可调或固体含湿量可调。

AX系列离心机是PX系列离心机中运用于生物工程产业中较为先进的分离设备。其分离因素可高达13000g左右，能将极微小的柔软固形物从液体中分离出来，是目前微生物下游处理工艺中非常理想的高速碟片离心机。此类离心机大多用于液-固分离。

UX系列离心机在转鼓内部装有喷嘴，可将经浓缩后的固形物向中心腔内排放，此处装有一向心泵，能将浓缩物进行离心并在压力下排放。这样提供了全封闭的、洁净的加工过程，这对有无菌要求的细胞分离尤为重要。其主要结构是采用涡流喷嘴技术（图4-17所示），浓缩物沿周边切向进入涡流喷嘴，在涡流腔中形成旋转，然后通过中心孔排出。这样浓缩物中的固体浓度可以自我调节，使分离效果稳定。其缺点是被处理液含固量应小于6%。

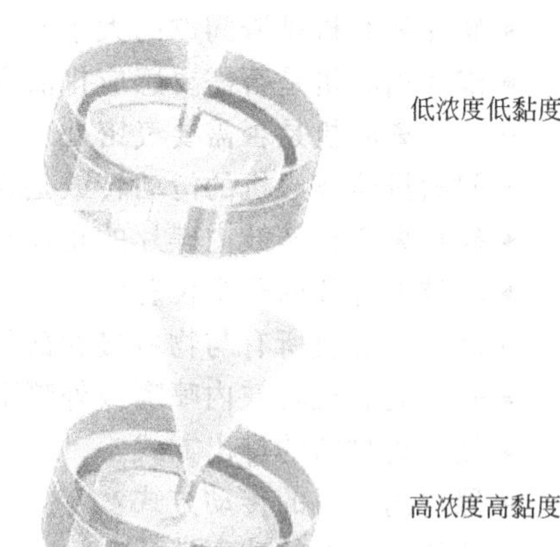

图4-17　涡流喷嘴示意

碟片式离心机的选型一般应遵循以下原则。

如何选择一个正确型号的碟片离心机来分离某一种物料，主要从两方面考虑：一是要了解被分离物料的理化性质；二是要了解碟片离心机的特性。

首先需了解被分离物料的性能：

- 被分离的物料是否为非均相流体？
- 被分离流体的每小时处理量？
- 被分离流体中固形物与液体间的密度差，固形物密度是否大于液相密度？
- 被分离流体中是否含有轻、重两相？
- 被分离流体中固形物含量？
- 被分离流体中固形物颗粒的硬度？
- 固形物的颗粒大小及分布状况？
- 被分离流体的黏度？
- 被分离流体的允许工作温度？
- 被分离流体的pH值？
- 被分离流体对离心机的材质要求？（腐蚀程度、机械部件表面光洁度……）
- 被分离流体是否为易燃易爆品？
- 被分离流体是否需作隔氧处理？（啤酒、果汁、茶等需隔氧处理）
- 被分离流体是否易起泡沫？
- 被分离流体是否对压力、流速特别敏感？具体的承受范围？
- 被分离后的各相物料所需达到的要求？（澄清度、干度、回收率……）
- 其他一些必须告知的敏感条件？

其二对碟片离心机的了解：

- 碟片离心机的运用功能（液-液-固三相还是液-固两相离心机）？
- 碟片离心机所能处理的流量？
- 碟片离心机的进料方式（底部进料、上部进料、特种进料区部件）？
- 碟片离心机所需的分离因素？

- 碟片离心机所需的沉降面积？
- 碟片离心机转鼓所需的渣腔？
- 碟片离心机排渣间歇的大小？
- 碟片离心机是否需要感应排渣方式？
- 碟片离心机是否需要气密处理？
- 间歇排渣离心机的滑动转鼓是否需衬里？
- 碟片离心机转鼓内碟片的角度与形状？
- 转鼓内碟片的开空位置？
- 碟片离心机所有与物料接触部位的材质、密封圈的材质？
- 碟片离心机转鼓内喷嘴或外喷嘴的个数与孔径大小？
- 被分离物料的排出方式？
- 碟片离心机的传动方式？
- 碟片离心机的功率消耗？
- 碟片离心机是否需要防爆处理或电机的密封与耐温等级？
- 碟片离心机的工作环境（场地、温度、湿度、基础、维修吊装高度……）？
- 其他相关的条件？

选用的原则就是分析物料的性质和了解各种离心机的性能特点，并根据工艺要求选择最合适的离心机型号并确定数量。下面是 Alfa-Lava 公司几款离心机的应用实例。

BTPX205 中试离心机是 Alfa-Laval 在生物工程领域应用最广的固体排渣式碟片离心机。可用于基因工程产品（激素、生长因子、蛋白质药物）生产中的细胞核细胞残渣的分离。其分离因素为 12800g，最大水通量为 1.2m^3/h，电机功率 6.5kW，并具有自动灭菌系统（SIP），其独有的计量环排渣系统能快速地粉碎固体渣并使液体的损失最小（图 4-18）。

图 4-18　Alfa-Laval 公司 BTPX205 碟片式离心机

BTAX215 生产规模离心机可用于生物工程产品（激素、生长因子、蛋白质药物、动物细胞）的生产，其分离因素为 12000g，最大水通量为 12m^3/h，电机功率为 30kW。该机在转鼓壁上带有特殊的固体收集腔，固体可由收集腔连接到排放通道，并由一个特殊的阀门控制，此阀由弹簧压紧滑动件保持闭合。固体（浓缩液）喷射时，滑动件由控制系统进行瞬间降低，收集腔的光滑形状可确保完全并即时的排放。该机还带有防爆和灭菌功能（图 4-19）。

BTUX510 密闭式离心机是最理想的适合于发酵培养物的处理系统。它采用了缩径涡流喷嘴自动控制系统，使细胞能承受较低的剪切力，从而降低了分离过程对细胞的破坏。该离心机分离因素为 15000g、最大水通量为 10m^3/h、电机功率为 45kW，带有 CIP 系统（图 4-20）。

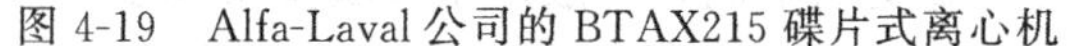

图 4-19　Alfa-Laval 公司的 BTAX215 碟片式离心机

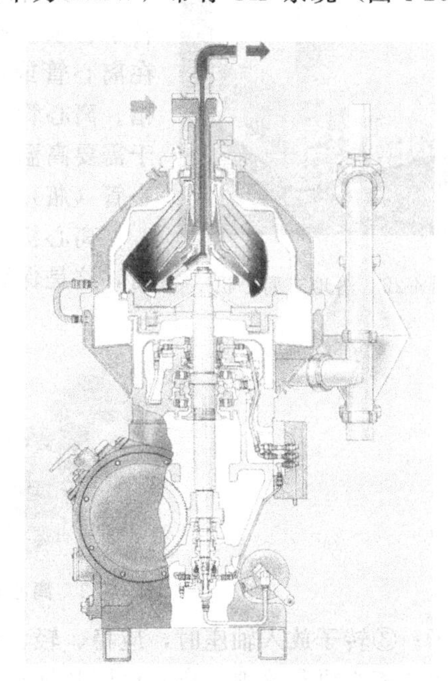

图 4-20　Alfa-Laval 公司的 BTUX510 碟片式离心机

四、生物体分离离心机

离心机现已成为现代生物分离技术领域中必不可少的装备。生物体因其具有特殊的细胞结构、生物活性、热敏性、剪切力敏感性等要求，在分离过程中有别于其他化工产品的分离。在生物制药领域中，世界各国均有严格的 GMP 生产管理规范，要求在生产过程中实现无菌、低温、密闭等特殊要求。如从培养液中分离收集病毒、细菌、酵母菌、动物细胞连续灌注培养中的细胞回收、血清分离、去除蛋白质溶液中的蛋白吸附剂等场合都用到生物体分离离心机。在这里，要求离心机不仅能实现液-固分离，而且要考虑生物的活性，必须使被处理物保持在低温（4℃左右）下，又不能让生物体与外界接触，以防止污染和毒素的侵害。所以生物体分离用离心机的最高目标是：离心分离系统具有在位清洗系统、在位消毒系统、程序控制系统，要完美结合。

图 4-21　台式离心机

用于生物体分离的离心机一般有批式流离心机和连续流离心机两类。

批式流离心机最典型的是台式离心机（图 4-21），常用于分子生物学实验等实验室研究规模。其次是大容量落地式离心机（图 4-22），用于细胞、菌体、血清等实验室及中试规模的分离，一般为低速（<6000r/min）大容量（10L/批以上）。离心机一般由驱动系统、转速控制系统、温度控制系统、真空系统、转子、外壳等组成。离心机的驱动方式有油涡轮驱动、电机齿轮驱动、

图 4-22　落地式离心机

变频电机直接驱动等方式。利用变阻器和带有旋速计的控制器提供了转速的预先选择。转子的加速、减速由程序控制，转速精度一般达到±1%。离心机的温度控制是要保证样品在4℃左右进行离心，以保持其生物活性。恒温系统一般有两个作用：一是控制轴承的温度，使轴承不致过热；二是冷却离心腔，以控制转头的温度。超速离心机还增加了真空系统，其目的是减少转头在高速旋转时因空气与转头之间发生摩擦而产生的阻力和热量，同时也可减少红外线探测转头温度时空气的干扰。转子一般有固定角度转子、水平转子、垂直转子和区带转子等形式。被处理的料液装在离心管或离心瓶内，离心管（瓶）放在转子中，应再盖上封帽。离心管（瓶）的材料有不锈钢和塑料。不锈钢离心管主要用于需要高温灭菌的场合。常用的还是采用透明或半透明的塑料离心管（瓶）（图 4-23）。

离心机的操作应当注意：①离心管（瓶）放入转子前必须平衡，这是保证离心机正常运行的首要条件；②选用合适的离心管

图 4-23　离心机转子、离心瓶、封帽示意

和转子；③转子放入轴座时，应稳、轻、准；④转速不超过转子的限速。

台式离心机和落地式离心机因其批式流特点处理量受到限制，一般用于实验室研究及中试过程，要求处理量大时一般采用管式离心机或碟片离心机。但一般的上述这类离心机在冷冻、离心分离因素等方面也有限制。目前在要求较高离心分离因素、有无菌要求而处理量较大时，采用连续流方式的台式离心机和落地式离心机转子已有产品。图 4-24 为美国 Kendro 公司生产的连续流高速转子，其处理量可达 36L/h、转子可高温灭菌、沉淀容量为 800ml、离心分离因素达 47808g、转速 20000r/min。

另一种是用于动物细胞大规模灌注培养的细胞回收及分离系统 CENTRITECH®，通过轻柔离心作用（离心分离因素小于 200g），采用一次性的离心分离袋，将分离袋（图 4-25 所示）

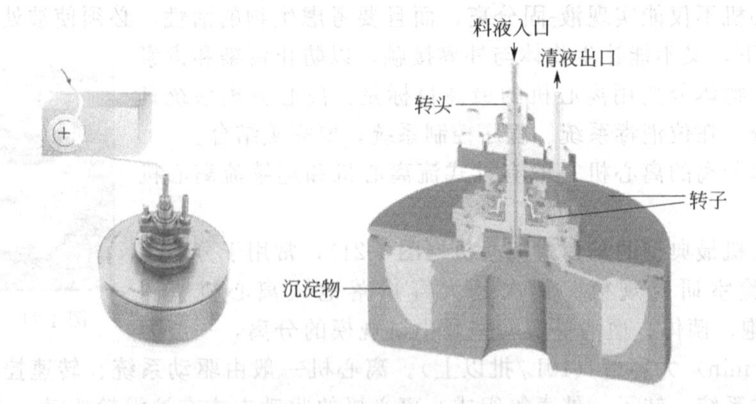

图 4-24　连续流转子示意

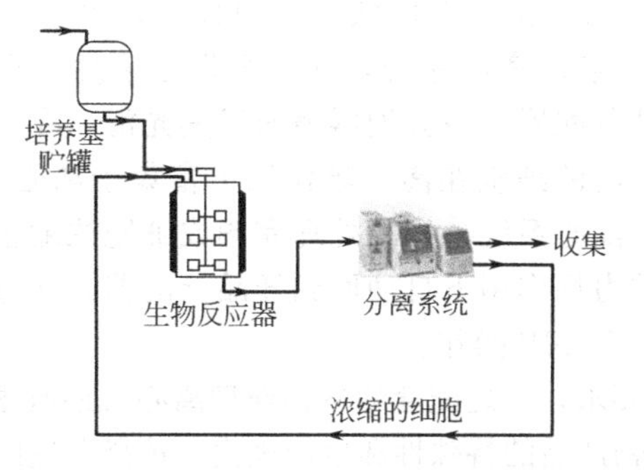

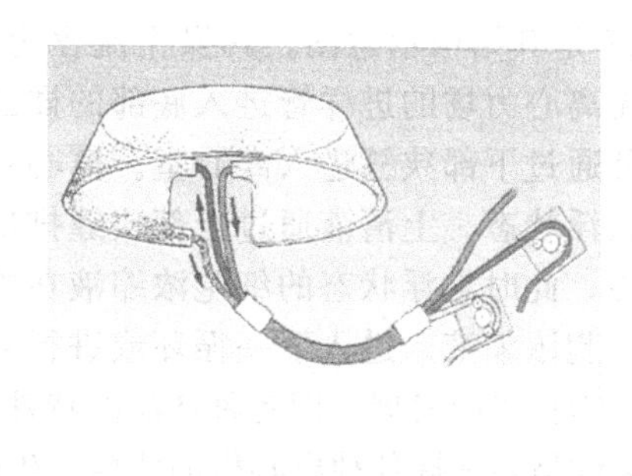

图 4-25　细胞回收及分离系统 CENTRITECH®示意

安装在台式离心机的转子内壁与固定环之间的狭缝内。分离开始后分离袋转动，液体从内袋底部进入分离袋。在离心作用下活细胞较死细胞更快地向外壁移动，再滑向内袋顶部并回收到反应器，死细胞与分离液从底部另一出口排出。该系统已用于单克隆抗体、疫苗、重组蛋白等生产，若与生物反应器配套使用会取得良好的效果。

连续流离心是工业规模生物体分离的主流。本章前述的管式离心机、碟片式离心机是收集微生物菌体最常见的设备。这里介绍一种新的连续流工业离心系统——美国 CARR® Powerfuge®，它综合了管式离心机的高速和碟片式离心机的大批量自动化的优点，加上在位清洗和在位灭菌（CIP/SIP）、符合 GMP 要求等特点，可应用于细菌、酵母收集、包含体回收及洗涤、细胞碎片澄清、疫苗和血液制品制备等生产场合。图 4-26 是其结构示意图。该系统采用夹套式温度控制系统，工作温度 2～40℃。其最高转速 15325r/min、最大离心分离因素 20000g、流速 60～1700L/h、最大沉淀容量 32L。其操作流程为离心加速至设定速度，由投料口连续进料，离心后固体沉积于管壁，排出清液，至固体容量达到最大时自动停止离心，自动驱动刮刀，低速旋转，固体排料，然后开始下轮循环或进入 CIP/SIP 操作。该系统的最大优点是全封闭，这样可以和发酵罐、后处理系统直接连接，这对于药物生产是十分重要的。

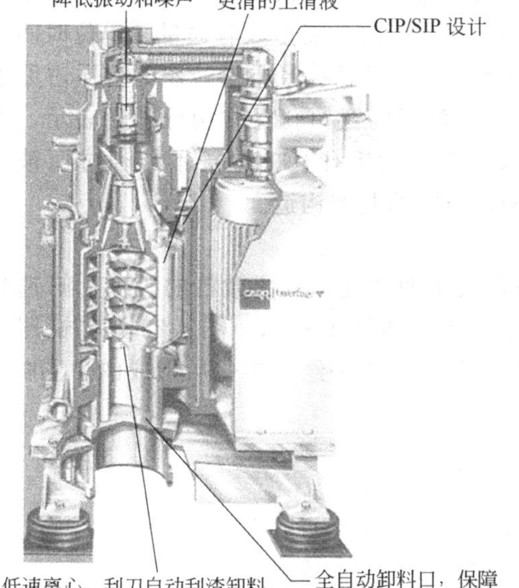

图 4-26　CARR® Powerfuge®结构图

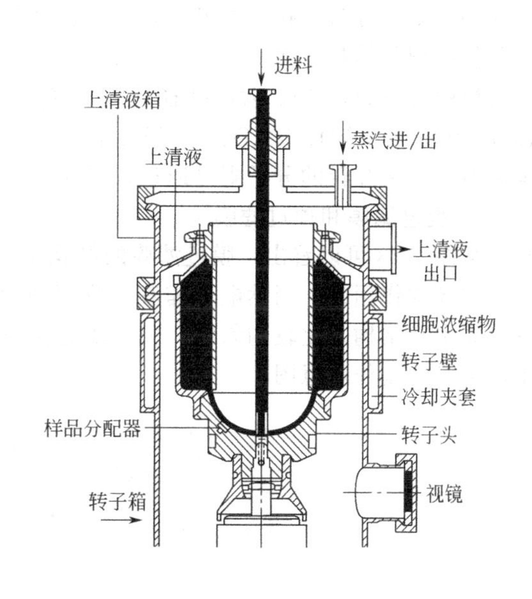

图 4-27　CARR® ViaFuge™结构示意

还有一种专用于动物细胞表达的 CARR® 离心机，采用低剪切力设计，可以避免细胞损伤。图 4-27 是其结构示意图。其操作流程为：启动离心系统，加速至设定速度，样品通过位于中部的无离心力场的进样管进入底部的样品分配器。该分配器表面极其光滑，在适当离心力作用下样品通过下部狭缝进入离心室。离心室内的细胞在离心场作用下富集于离心室壁周围，但仍保持悬浮状态。上清液通过上部狭缝排出离心系统，样品处理完毕或细胞浓缩至所需要求后停止离心，此时悬浮状态的细胞浓缩液在重力场作用下自动回到样品分配器。通过泵或其他方式回收细胞浓缩液，进入下一循环或进行 CIP/SIP 操作。

随着生物技术的发展，因各种产品的特殊要求，与之配套的各种新型离心机还有很多。离心机选择的关键是要掌握各种离心机的特性、生物产品的特殊性和生产规模，选择合适的离心机。

第四节　膜分离设备

膜分离技术是借助于膜的孔径，在推动力作用下，把大于标示膜孔径的物质分子加以截留，以实现溶质的分离、分级和浓缩的过程。随着新材料的不断发明、发现，在使用膜技术方面的选择范围也越来越大。在制药行业中，抗生素、生物工程产品的下游分离、血液制剂的分离等过程中，应用膜分离技术已经非常普及。

现在膜分离技术有微滤（MF）、超滤（UF）、纳滤（NF）、反渗透（RO）、电渗析（ED）、膜电解（ME）、扩散渗析（DD）、透析、气体分离（GS）、蒸汽渗透（VP）、全蒸发（PV）、膜蒸馏（MD）、膜接触器（MC）和载体介导传递等。

膜分离与其他一些分离手段相比，具有干净（比萃取）、效率高（比薄膜蒸发浓缩）、投资小（比大型离心机）、易验证（比有机溶剂沉淀）、连续操作、易于放大等优点。而且膜分离过程一般是在常温下操作，整个过程完全是物理过程、无相变化，这对处理热敏性物质如基因工程菌所表达的蛋白质药物等热敏产品尤其具有优势。

一、膜的结构

膜分离系统一般指膜本身及其相关的辅助设备，当然其核心是膜。广义的膜应该包括膜过滤膜及预过滤介质。膜过滤的膜是有真正的孔径的，而预过滤介质是没有绝对孔径的。根据膜孔径的大小可分为微孔过滤膜、超滤膜、反渗透膜等。表征膜的性能参数有通量［单位时间通过单位面积膜的料液体积流量，$L/(m^2 \cdot h)$］和截留率（一定截留孔径下透过膜的溶质占原液中溶质的百分数，%）。膜的孔径用微米（μm）表示，超滤膜的截留孔径常用分子量表示，如 1kD、10kD、30kD、50kD、100kD、300kD 等。一般说来，大于孔径的分子不能通过而被完全截留，小于孔径的分子则可通过。下面以微滤为例说明膜的基本构造。

1. 膜过滤膜和预过滤膜

从图 4-28 可以看出，膜过滤膜的结构上具有一定大小的微孔，截留微粒的机理上筛选是起了主导的作用的。当然电子捕获、范德华力等也起了非常重要的作用。图 4-28 的电镜照片可以看出其结构是比较均匀的。膜过滤的膜一般不是天然的，均是经过熔化后形成的。图4-29 是该种膜的制作示意图。

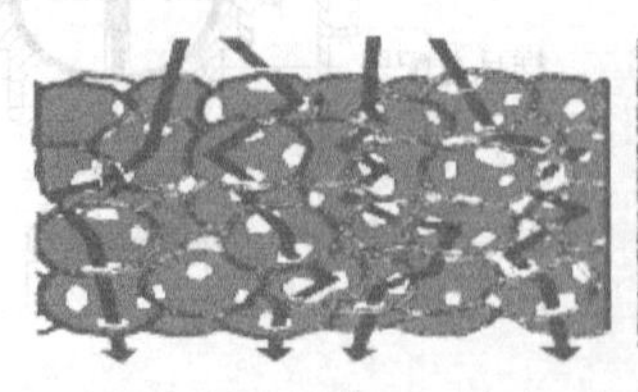
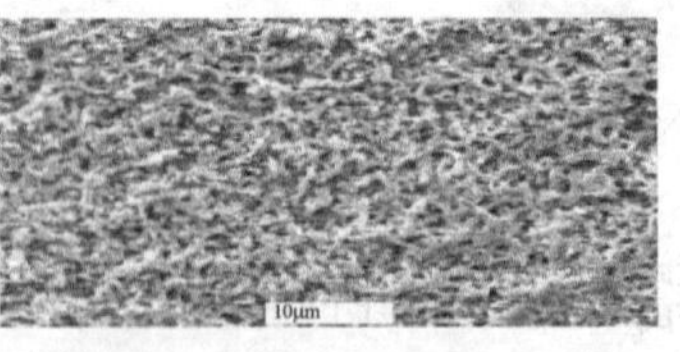

图 4-28　膜过滤膜的示意图及电镜照片

在制作膜时，高温熔化的膜材料中加入一些非常容易挥发的有机溶剂，这些有机溶剂在干燥挥发后留下的位置就会形成一个一个的孔道。当然具体在制作时对环境的控制（温度、湿度、压力等）的要求是非常严格的。制作过滤膜的材质有很多，现在已产业化的有聚偏二氟乙烯（PVDF）、聚四氟乙烯（PTFE）、聚醚砜（PES）、纤维素（cellulose）、尼龙（nylon）、聚丙烯（PP）等。此种膜的使用点一般处于过滤链的终端，如制药行业中应用场合，有产品除菌、产品的澄明度的提高、产品生物负荷度的降低等。

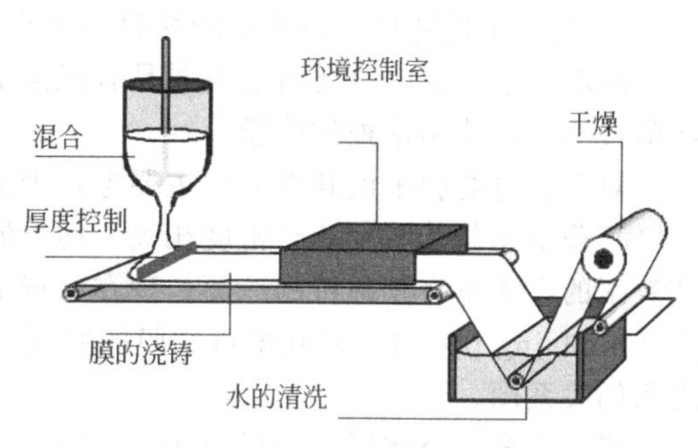

图 4-29　膜过滤膜的制作工艺

预过滤膜的过滤方向是从上至下，从图 4-30 可以看出，此种过滤介质是由杂乱无章的纤维组成，其截留颗粒的机理不是筛选，因为它没有自己绝对的孔径，截留的原理是捕获，靠其独特的结构及一些化学因素去捕获颗粒。此种过滤介质在具体操作上对压差的控制是比较严格的，否则由于操作压差过大，会使已经被截留的颗粒重新释放至下游而污染料液。预过滤膜的主要作用是除去料液中的颗粒，以保护膜过滤膜（人肉眼所能看到的最小颗粒大约为 40μm），而膜过滤膜的孔径大多为 0.45μm、0.22μm，所以预过滤膜充分保证液体至膜过滤膜面时，液体中已几乎没有颗粒，使终端的膜过滤膜的作用只是去除微生物。

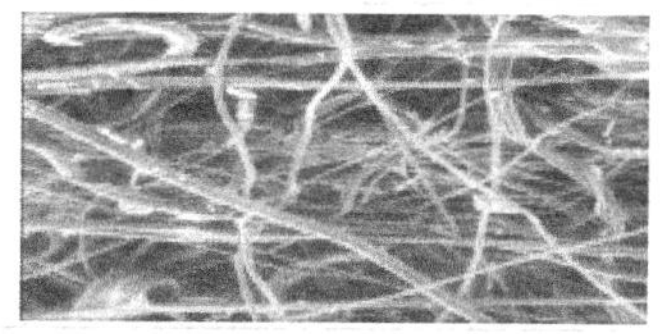

图 4-30　预过滤膜的示意及电镜照片

2. 亲水性过滤膜及疏水性过滤膜

在膜过滤膜中按照所过滤的料液的性状的不同，又可以分为亲水性膜过滤膜及疏水性膜过滤膜。

亲水性过滤膜：过滤膜的材质能被水所润湿，该种膜的材料为亲水性过滤膜，其大致的物理性状如图 4-31 所示。该种膜与水接触后，水会逐渐地平铺开来，其液-固接触角是锐角。该种膜的过滤料液主要以水相为主。

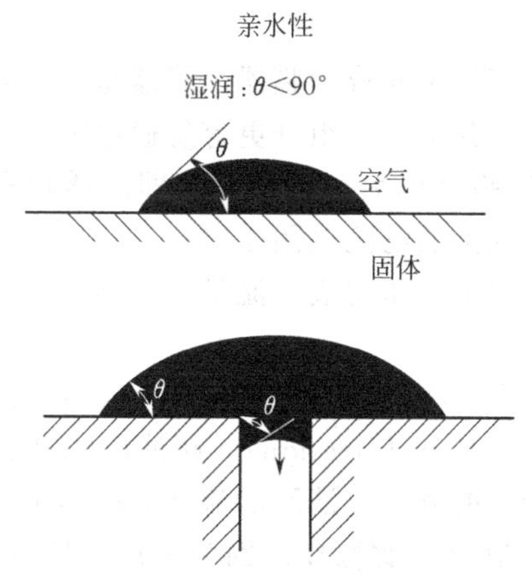

图 4-31　亲水性过滤膜润湿的物理现象

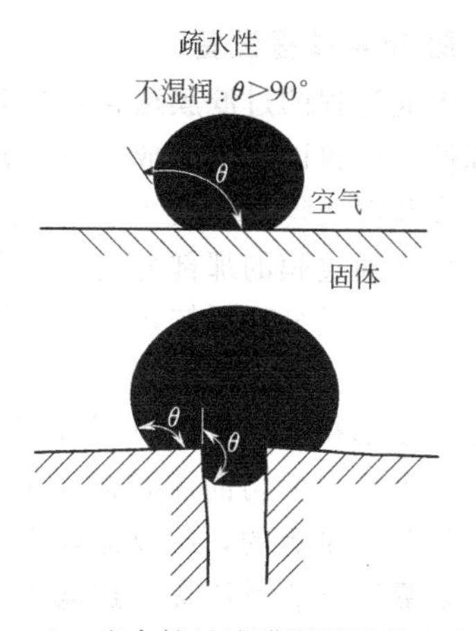

图 4-32　疏水性过滤膜润湿的物理现象

疏水性过滤膜：该种膜与水接触后，过滤膜材不能被水所润湿，水不会逐渐地平铺开来，其液-固接触角是钝角。该种膜的材料为疏水性过滤膜，其大概的物理性状如图 4-32 所示。

疏水性过滤膜的过滤料液主要是有机溶剂及气体。抗生素生产行业中的发酵用压缩空气的除菌过滤就是使用这种过滤膜。

对于预过滤膜来说其性能的主要考核因素是截留率。预过滤膜是由杂乱无章的纤维组成，所以其截留率与其厚度及致密度相关。而过滤膜由于其有自己相对应的独特的结构，所以检验其效率的方法也有其独特的一面。现在市场上所应用的膜过滤膜一般的检验方法是测定其起泡点（bubbling point），而除菌过滤膜的验证不仅需要测起泡点，还需要测起泡点与细菌截留率之间的关系图。

膜孔中充满液体后，一般由于表面张力，其表面一般为内凹式的。在膜的上游加压，直至膜孔中的液体完全被气体吹出的一刹那时的气体压力被称为起泡点压力（图 4-33）。其压力公式为：

$$BP=\frac{4K\gamma\cos\theta}{d} \tag{4-21}$$

式中，K 为常数因子；γ 为表面张力；θ 为接触角；d 为孔径。

可以看出起泡点压力与膜孔径成反比，如果膜的孔径变大，起泡点压力就会降低。所以用这个方法可以检测膜的完整性。图 4-34 就是除菌过滤膜的起泡点及细菌截留率之间的对照表。LRV 是细菌截留率，以上提过 FDA 规定只有截留为 1×10^7 个/cm^2 才称为除菌过滤膜，所以滤膜的起泡点须达到或超过 30psi（1psi＝6894.76Pa）才能称之为除菌过滤膜。

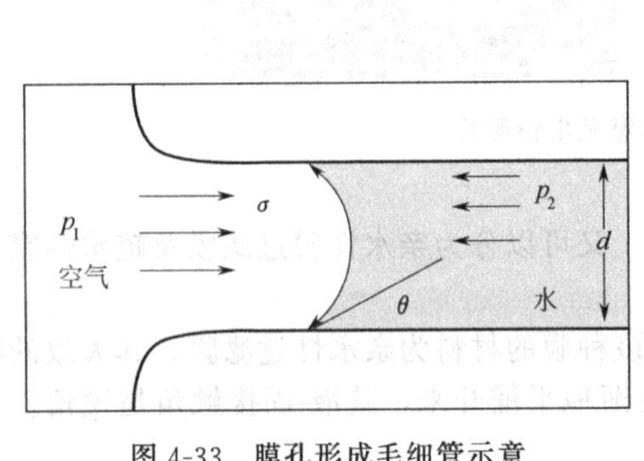

图 4-33　膜孔形成毛细管示意

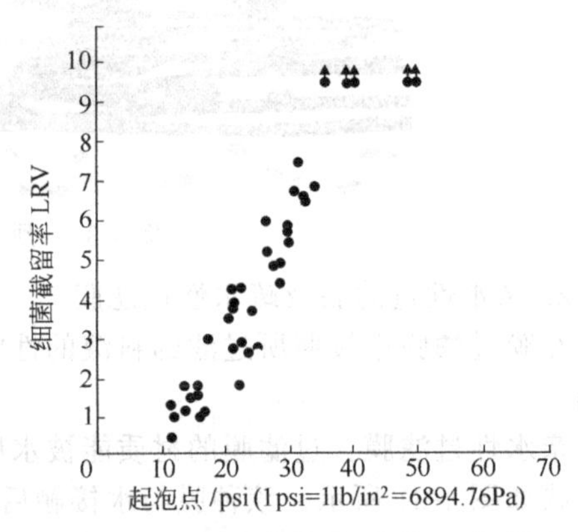

图 4-34　起泡点及细菌截留率关系

二、膜分离过程设备

用于工业过程的过滤膜通常需要较大面积，安装膜面的单元成为膜器。膜器是膜分离设备的核心部件。原料以一定组成、一定流速进入膜器，由于其中某一组分更容易通过膜，膜器内原料的组成和流速均随位置变化。进入膜器的物流通过膜器以后分成两路，即渗透物和截留物。渗透物为通过膜的那部分物流，截留物则为被膜所截留的物流（图 4-35）。

除了膜器，膜分离系统还必须配置提供过滤推动力的泵、压力表、流量计、储液槽及相应的管路等。

超滤是生物技术行业中应用最广泛的膜分离操作。下面将以超滤为例，介绍其分离过程及装置。超滤又称之为切向流过滤，简称 TFF（tangential flow filtration），超滤膜的孔径一般非常小，是分子量级的，所以需非常在意膜的堵塞。传统的微孔过滤膜的流体流向是垂直于膜的表面，是靠正压或反压提供过滤动力，但这种方法不适合超滤操作。因为采用反压或正压，会很快在膜表面形成高浓度的凝胶层，导致膜的浓差极化，使过滤速度急剧下降。通过切向流可以避免这种现象，当液体以一定速度连续流过超滤膜表面时，在过滤的同时，也会对超滤膜的表面进行冲刷，使膜的表面不会形成凝胶层，从而保持稳定的超滤速度。图 4-36 是微孔过滤及超滤的操作方式的比较。

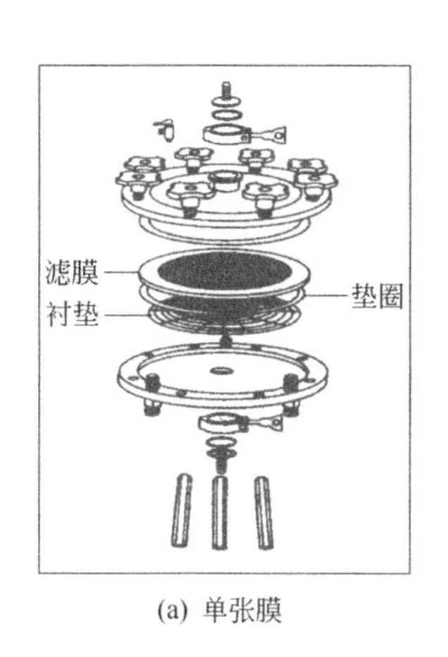

(a) 单张膜

(b) 层叠状膜

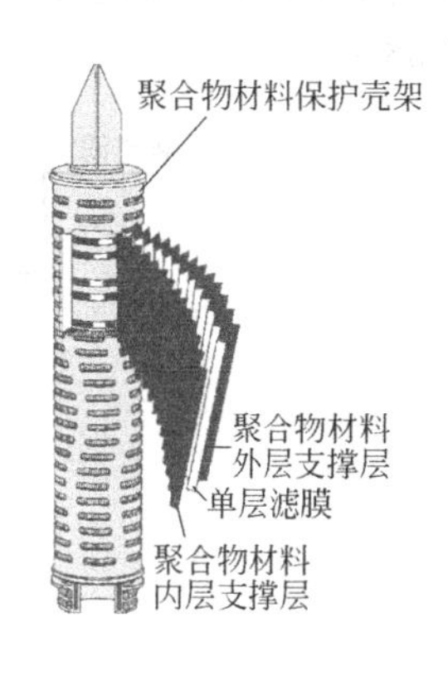

(c) 滤芯

图 4-35 膜结构示意

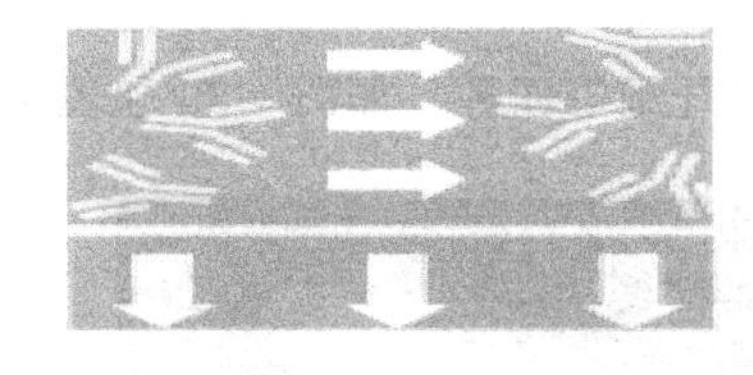

(a) 切向流过滤。液体沿着与膜平行的方向流动，在过滤的同时对膜表面进行冲洗，使膜表面保持干净，从而保持过滤速度

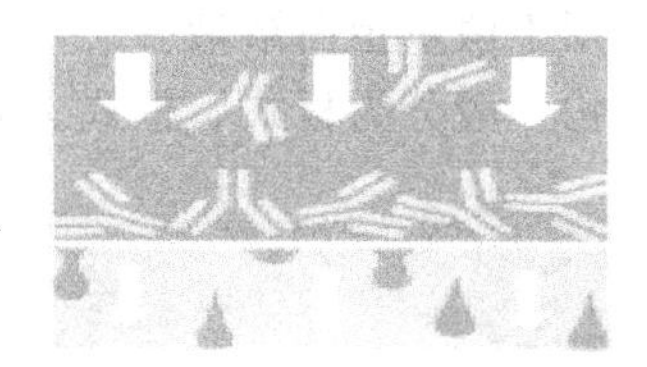

(b) 正压过滤。液体垂直通过膜，会在膜表面形成高浓度凝胶层，造成过滤速度下降

图 4-36 微孔过滤及超过滤运行示意

今天，超滤膜的结构已发生了重大的改变。传统的超滤膜是一种黏合膜，该膜的超滤孔径部分与支撑的微孔部分是非常脆弱的，是非常不耐反压的。这样的超滤膜为了保证孔径的均匀，迫使膜的开孔率非常低，因为开孔率过高，在高的操作压力下膜会穿孔。而现在世界上知名的超滤膜生产厂家已采用了先进的复合膜工艺制造，将超滤膜涂铸在微孔膜支撑层上，微孔膜支撑层孔径均匀、表面光滑，在涂铸时增强了与超滤膜之间的黏合性，避免了孔隙的出现。这种新一代的超滤膜具有强度好、截留率高、流速快、耐反压能力强的优点，并且可以使用高压或高灵敏度的膜完整性检测方法进行检测，以减少风险，提高收率，提高生产效益。图4-37是新一代膜与传统膜的结构比较。

超滤膜的孔径的标定，每个公司的方法不尽相同，但大都用葡聚糖来标定。

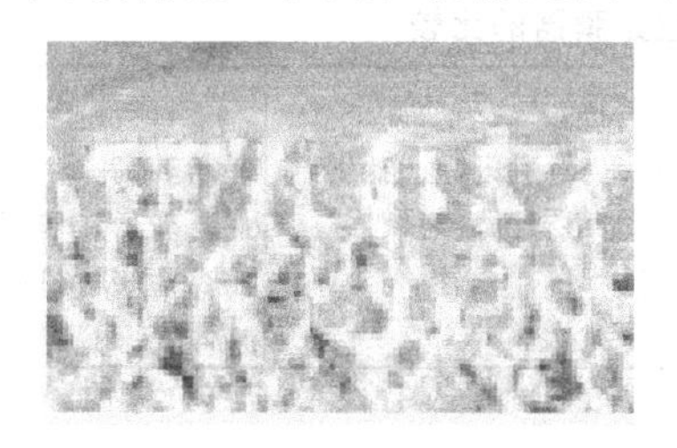

(a) 新膜——海绵状

(b) 传统膜——手指状

图 4-37 新膜、传统膜的电镜图

超滤膜的主要作用有浓缩、透析和除热原。下面用超滤的流程图来介绍其工作原理。

料液从料液罐中由泵打至超滤膜上面，分子量比膜孔大的循环回料液罐中，比膜孔小的分子就透过膜至下游，从而达到浓缩的目的。目前超滤应用在生物工程的下游过程操作已非常广泛（图 4-38）。

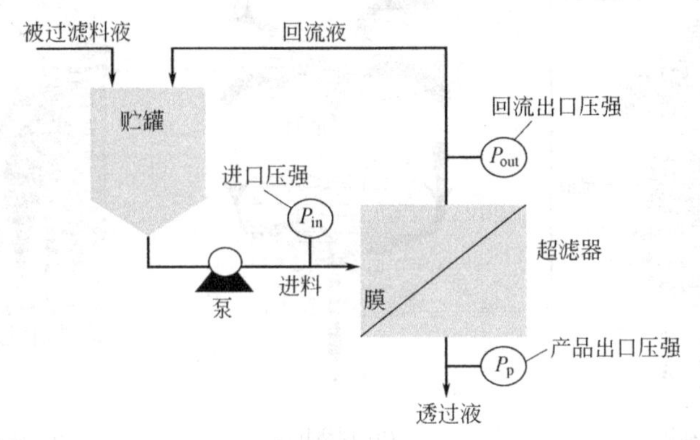

图 4-38 超滤流程示意

超滤膜的主要材质有聚醚砜及改良纤维素，前者的主要应用为高黏度、高浓度的料液，而改良纤维素主要用于微量蛋白溶液。

超滤膜的结构一般分为板式、框式、卷式、中空纤维等四种，如图 4-39 和表 4-7 所示。

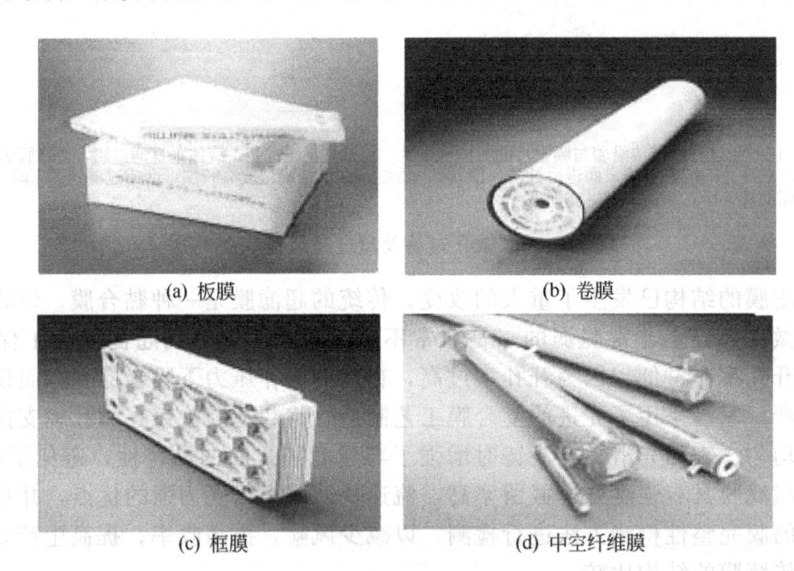

图 4-39 各种超滤膜器示意

表 4-7 各种超滤膜器的比较

膜的形式	制作方式	适 用 点	优 点	不 足 之 处
板式	黏合	生物工程高价值产品	速度快、寿命长、耐压好、残留低	单价较高
框式	热熔	有机溶剂的料液	速度较快，能耐有机溶剂	耐压较低、串联形式需要高泵流速
卷式	黏合	低价值、大处理量的料液	膜的成本低	寿命短、残留高、速度慢
中空纤维	黏合	低黏度的产品	膜装填密度高	成本高、耐压非常低

第五章 萃取设备

溶剂萃取法是20世纪40年代兴起的一项化工分离技术，它是利用液体混合物中的各组分在某溶剂中溶解度的差异，用一种溶剂将产物自另一种溶剂（如水或其他溶剂）中提取出来，达到浓缩和提纯的目的。溶剂萃取法在生物制药企业中也称溶媒萃取法。

溶剂萃取法比化学沉淀法分离程度高，比离子交换法选择性好、传质快，比蒸发能耗低且生产能力大、周期短、便于连续操作，容易实现自动化。但也存在耗用大量有机溶剂、需配备离心机及溶剂回收设备、厂房必须具备防爆要求等缺点。

溶剂萃取法在生物工程行业是一种重要的提取方法和分离混合物的单元操作，并且应用相当普遍。不仅在抗生素、有机酸、维生素、激素等生产领域采用有机溶剂萃取法进行提取，而且在近20年来溶剂萃取技术与其他技术交叉产生了一系列新的分离技术，如逆胶束萃取、超临界萃取、液膜萃取等，以适应现代生物技术的发展，用于生物制品（如酶、蛋白质、核酸、多肽和氨基酸等）的提取与精制。

溶剂萃取含液-液萃取和液-固萃取。比如用乙醇提取放线菌丝中的制霉菌素、用丙酮提取菌丝体中的灰黄霉素等都为液-固萃取。液-固萃取设备结构简单，本章中不再作介绍。

在生物工程产业中，应用萃取技术最多的是抗生素生产的领域，故本章讨论较多的是应用在抗生素生产领域的液-液萃取设备。

第一节 溶剂萃取法概述

在溶剂萃取中，被处理的溶液称为料液，其中欲提取的物质称为溶质，用以进行萃取的溶剂称为萃取剂或称溶媒。经混合-分离后，大部分溶质转移到萃取剂中，该液相称为萃取液或称萃取相，被萃取出溶质后的料液称为萃余液或称萃余相。图5-1为萃取操作示意图。

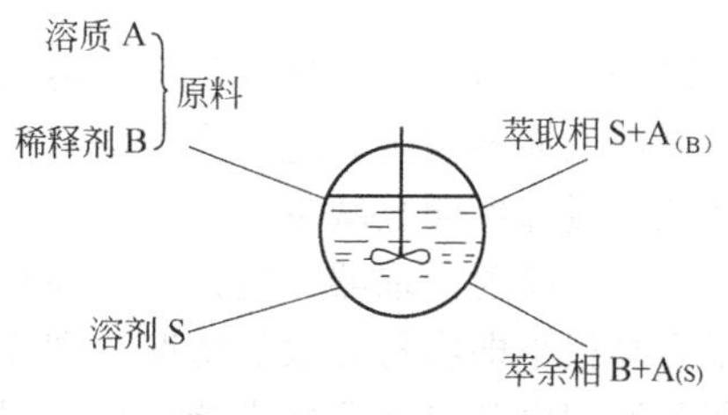

图5-1 萃取操作示意

设某溶液内含A、B两组分，为将其分离可加入某溶剂S。该溶剂S与原溶液不互溶或只是极少部分互溶，于是混合体系就构成两个液相。为加快溶质A由原混合液向溶剂的传递，将整个物系进行搅拌，使溶剂以小液滴形式分散于料液中，造成很大的相际接触表面。然后停止搅拌，两液相因密度差异而分层。这样，萃取相S中出现浓度很高的A和少量B，萃余相中出现少量溶剂S和残留少量的溶质。

在生物产品生产中，液-液萃取技术应用得相当广泛，如用乙酸丁酯萃取发酵滤液中的青霉素或红霉素等。在液-液萃取中所采用的萃取剂——有机溶剂应与料液（发酵滤液）不互溶或是部分互溶，这样才能在萃取后把萃取液和萃余液加以分离。

液-液萃取设备应包括两个部分：①混合设备，它要求将溶媒及料液进行充分的混合，使之能在较短的时间内接近于相平衡；②分离设备，将经过萃取后的萃取相（溶媒相）和萃余相（水相）进行分离。上述两个操作过程可以分别在两个独立的设备中完成（称分段式萃取设备），但也可以在一个综合性设备中完成（如多级萃取设备或逆向连续萃取设备）。

第二节　溶剂萃取设备

一、分段式萃取设备

1. 混合设备

在溶剂萃取中，实现两液相混合的设备有混合（萃取）罐、混合（萃取）管、喷射萃取器及泵等。

（1）混合罐　一般混合罐实际即为一带有搅拌桨的反应罐，一般采用螺旋桨式搅拌器，转速约为400～1000r/min；若用涡轮式搅拌器，转速约为300～600r/min。为避免旋涡，应在罐壁安装挡板。混合罐一般为封闭式，以减少溶剂的挥发。罐顶上有溶剂、料液、调节pH值的酸液（或碱液）和去乳化剂等的进口管道。一般液体在罐内平均混合停留时间约为1～2min。

在混合罐中，由于搅拌器的混合作用，可使罐内两相液体的平均浓度几乎与出口的乳浊液中两相的浓度相同，因此在罐内相间的质量传递的推动力——浓度差就显得较小。为了改善这种情况，可用中心有开口的水平隔板把混合罐分隔成若干上下连通的"混合室"，在每个室中都装一个搅拌器。物料从罐顶进入，罐底排出，这样仅在最下面一个室中的混合液才具有与出口乳浊液相同的浓度。

图 5-2　静态混合器

（2）混合管　一般采用S形长管（必要时外面可装有冷却套管），溶剂及料液等经泵在管的一端导入，混合后的乳浊液在另一端导出。为了使两液相能充分混合，应保证管内流体的流动应呈完全湍流，一般要求$Re=5\times(10^4\sim10^5)$，流体在管内的平均停留时间为10～20s。混合效果更好的是静态混合器（图5-2），其管内安装有正反螺旋相间隔的混合螺旋片元件。静态混合器的混合过程是靠固定在管内的混合元件进行的。由于混合元件的作用，使流体时而左旋时而右旋，不断改变流动方向，不断地将中心液流推向周边，继而又将周边流体推向中心，从而造成良好的径向混合效果。与此同时，流体自身的旋转作用在相邻元件连接处的界面上亦会发生。这种完善的径向环流混合作用，使流体在管子截面上的温度梯度、速度梯度和质量梯度明显减少。

（3）喷射萃取器　这是一种体积小、效率高的混合装置，特别适用于两液相的黏度和界面张力都很小即容易分散的情况。图5-3是几种喷射萃取器的示意图，其中（a）为器内混合的，即两液相由各自导管导入器内进行混合，管道内没有混合元件；（b）及（c）为加强混合效果，在器内设置混合元件。两液相在器内通过喷嘴或孔板后，加强了湍流程度，从而提高了萃取效

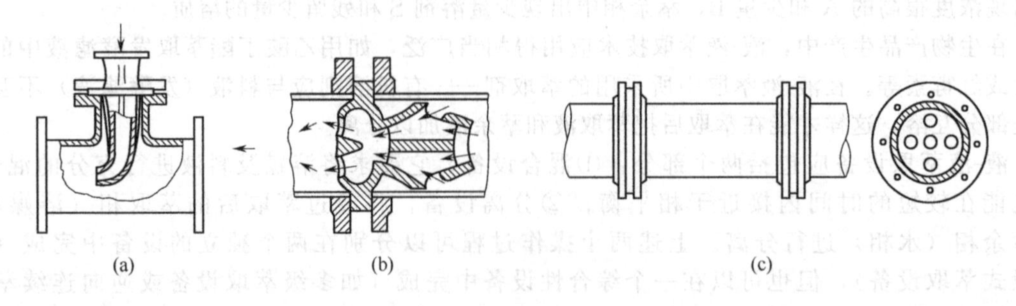

图 5-3　喷射萃取器示意

率。这种设备投资费用不大，但应用时需使用较高压头的泵将液体送入器内，故操作费用较大。

(4) 泵　在两液相较易混合的情况下，可直接利用离心泵来混合料液和溶剂。

2. 分离设备

由于发酵滤液中含有一定量的蛋白质等表面活性物质，致使萃取过程中发酵滤液和有机溶剂间产生相当稳定的乳化液层。虽然在萃取过程中可加入某些去乳化剂，但仍难将两者在短时间内靠重力加以分离。离心机是有效地分离上述乳浊液的设备。工业化生产中一般采用管式离心机或碟片式离心机来处理萃取混合液。

(1) 管式离心机　管式离心机在第四章液-固分离设备中已作过介绍，它有一管式转筒，筒底有萃取混合液进口管，此管实际上也是转筒的底部支承。转筒顶有固定的轻液溢流环、可置换的重液堤圈和轻液出口、重液出口。转筒一般以 $>10^4$ r/min 的转速旋转，为了避免使筒内液体因惯性作用不随转筒旋转，可在转筒内放置一截面为 Y 形、其边缘与筒内壁密切接触的挡流板，以保证筒内液体与转筒同步旋转。

国产 GF-105 型管式离心分离机（图 5-4）的主要规格和技术特性为：

转筒内径　105mm　　　转筒高度　750mm

工作容积　6L　　　溢流环内径　30mm

堤圈（共 5 片）外径　74mm　　　内径　1#——37.4mm　2#——39.0mm　3#——41.4mm　4#——43.8mm　5#——46.2mm

转速　15000r/min　　　最大分离因数　13180

电动机功率　1.5kW　　　生产能力　200～800L/h

转筒材料　钢或不锈钢（后者型号为 GF-105B）

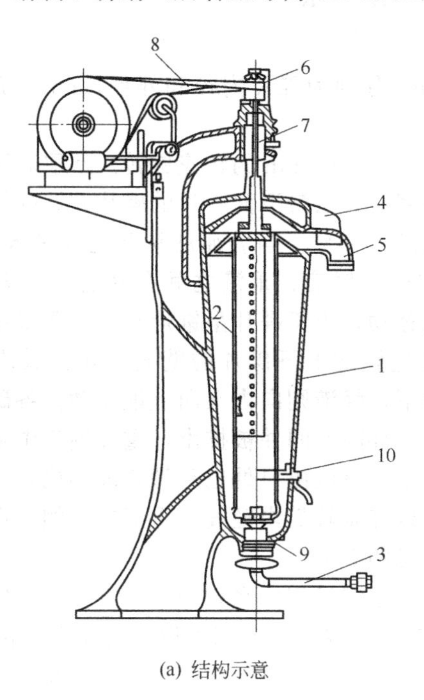

(a) 结构示意

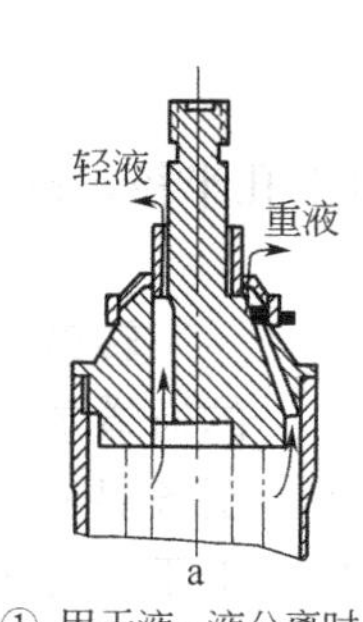

① 用于液-液分离时

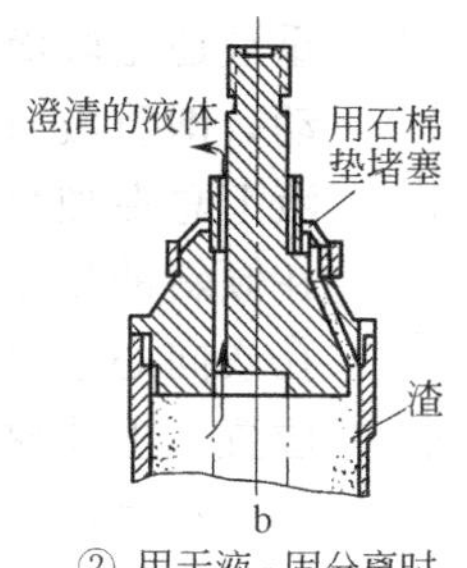

② 用于液-固分离时

(b) 工作状况示意

图 5-4　管式超速离心机

1—机座；2—转筒；3—乳浊液进入管；4—清液排出管；5—重液排出管；6—皮带轮；7—挠性轴；8—平皮带；9—支撑轴承；10—掣动器

当乳浊液进入转筒，因受惯性离心力的作用而被甩往筒壁，但由于乳浊液中的重液（水相）具有比轻液（溶媒相）较大的密度，因而获得较大的惯性离心力，故集中在外层形成重液层。乳浊液中的轻液相对地往内层移动，形成轻液层。两层液体的厚度除了与重液、轻液之间的密度差有关外，还与堤圈的内径有关。凡重液、轻液间密度差愈大，堤圈内径愈大，重液层就愈薄，分界面就往转筒壁靠拢。

若把上述用于液-液分离的转筒的重液出口堵塞住，那么就可作为离心沉降液-固分离之用。

(2) 碟片式离心分离机　碟片式离心分离机具有生产能力大、性能可靠的优点，但结构较复杂，因此价格较高，同时装拆清洗也较不方便。

碟片式离心分离机与第四章中所介绍的液-固分离离心沉降机结构相似，它具有直径约为350～550mm 的转鼓，鼓内有数十至上百片倒锥形碟片。碟片由 0.3～0.4mm 的薄不锈钢板制成，碟片的锥顶角约为 60°～100°；碟片间的距离最小为 0.3mm，最大可至 10mm，而以 0.8～1.5mm 较为常用，碟片的间距由焊在碟片上的三条不锈钢筋条的厚度决定。碟片上还有若干开孔，这些开孔一般均匀地分布在两个不同半径的同心圆上，当碟片按照一定叠放位置叠齐后，这些开孔能上下串通形成若干垂直通道，这些通道就是乳浊液进入碟片的进口，而在操作中究竟用内圈还是外圈的通道进料，则决定于乳浊液中轻液和重液的比例：若乳浊液中重液体积大于轻液，则用内圈，即靠近转轴的小半径的那一圈的通道；而当轻液体积大于重液时，则用外围，即靠近鼓壁的大半径的那一圈通道。可以更换最下面的一块碟片上的开孔位置来决定操作中用内圈还是用外圈的孔道进料。最下面的碟片有两种类型，每一类型碟片仅有一圈开孔，其开孔位置可以和上面诸碟片中内圈或外圈开孔相通。碟片上的进料孔位置可由下式求得：

$$R_f=\sqrt{\frac{R_1^2+\phi R_2^2}{1+\phi}} \tag{5-1}$$

式中，R_f 为进料孔半径，mm；R_1 及 R_2 分别为碟片内径和外径，mm；ϕ 为轻液与重液的体积比。

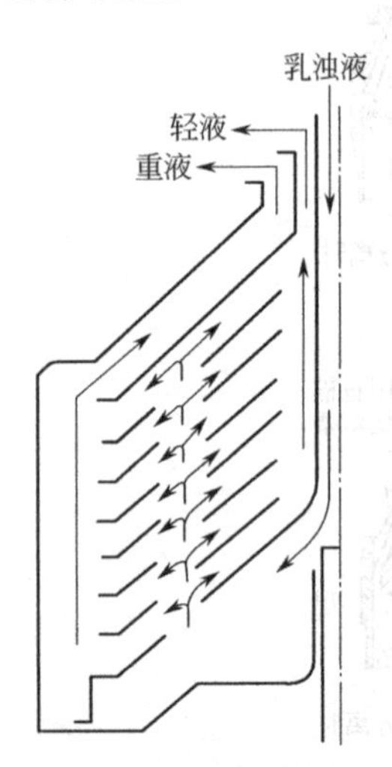

图 5-5　碟片式离心分离机原理图

转鼓一般以 4000～7000r/min 的转速旋转。萃取乳浊液从转轴旁边的通道加入，到达鼓底后，从最下面一片的碟片开孔处折向上方，分配至各碟片之间的空间进行分离。当乳浊液从开孔处进入碟片的空间后，由于惯性离心力的作用和轻液、重液之间存在着密度差，重液往外移动，轻液则被迫往内移动，由于碟片呈锥形且其间距很小，所以不论是重液还是轻液都能迅速到达上下碟片的壁面，并在碟片间以反方向移动，即重液向外又向下，轻液则向内又向上地流动。各碟片间流出的轻液汇总在加料管周围的环隙空间并被排出，重液则集中在鼓壁旁，最后在倾斜的鼓盖上方排出。重液出口处也和管式离心机相似，有堤圈、螺孔或向心泵等装置，以控制转鼓内轻液、重液的比例，也即界面半径的位置。上述原理可参见图 5-5。

在生产中，由于在萃取过程中水相的 pH 值可能很低（如萃取青霉素时，pH 为 2.5 左右）或很高（如在萃取红霉素时，pH 为 10 左右），因此应使用不锈钢制造离心机的转鼓和碟片，另外在酸性萃取液或碱性萃取液中一些蛋白质会凝固沉淀，因此碟片间距不能过小。

常用的液-液分离碟片式离心机有国产的 DRY-400 型、原苏联的 CAЖ-3 型、德国的 Westafalia OEH10006 型及 OEP10006 型等。现把上述离心机的性能特点列表于表 5-1。

表 5-1　几种常用碟片式离心机的规格和性能

型　　号	DRY-400	CAЖ-3	OEP-10006	型　　号	DRY-400	CAЖ-3	OEP-10006
转鼓直径/mm	400	330	550	碟片锥顶角/(°)		80	
碟片外径/mm		250	400	转速/(r/min)	6650	4620	4060
碟片内径/mm		100	120	分离因数(f)	9800	3900	5040
碟片个数	80～92	75	150	生产能力/(m^3/h)	4	2.5	10
碟片间隙/mm	0.8	0.8		电极功率/kW	13	3.5	11

国产碟片式离心机系用堤圈调节鼓内轻液和重液的分界半径。俄制的 CAЖ-3 型离心机则在转鼓不同半径的同心圆上开有若干螺孔（共有五种同心圆半径，最小的离中心 53mm，最大 75mm，操作中仅开启某一同心圆上的螺孔，其他的则用平头螺栓加以封闭），作为轻液和重液分界半径的调节装置。OEH10006 型及 OEP10006 型离心分离机两者间无甚差别，后者仅是在前者的基础上更换和增加一些零件的产品。这两种离心机的轻液、重液出口处均装有向心泵（图 5-6），向心泵是一个用螺套固定在机盖上的静止叶轮，叶轮上下有遮板，中间有两个或三个由边缘向中心逐渐扩大的通道。当转鼓转动时，鼓内的流体也随之旋转，即具有相当大的动压头，当旋转的液体由向心泵的外缘经过逐渐扩大的通道时，部分动压头转变为静压头，因此从向心泵中心引出的液体具有一定的压强，可以不必另用泵将其排出。这种离心机的轻液向心泵直径是固定的，而重液的向心泵的直径可以选择更换，它相当于堤圈的作用。在 OEP 型及 OEH 型机器的重液出口处还装有一个进料口，以便再次加入新鲜溶媒，加入后的溶媒与具有一定压强的重液在管道中相混合，这样就可省去下一级的萃取混合设备。另一种和 OEH 型及 OEP 型基本一样的离心机称 OH 型及 OP 型，所差别处即在重液出口处无轻液进料口。因此 OEH 型及 OEP 型是为多级分级萃取及分离的工艺而设计的，而 OH 型及 OP 型即单纯作为分离设备。

图 5-7 是利用 OEP 型及 OP 型分离机进行两级逆流萃取的流程图。

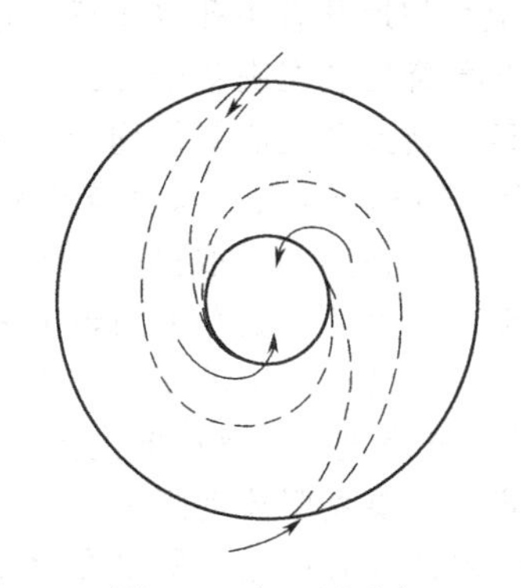

图 5-6　向心泵示意

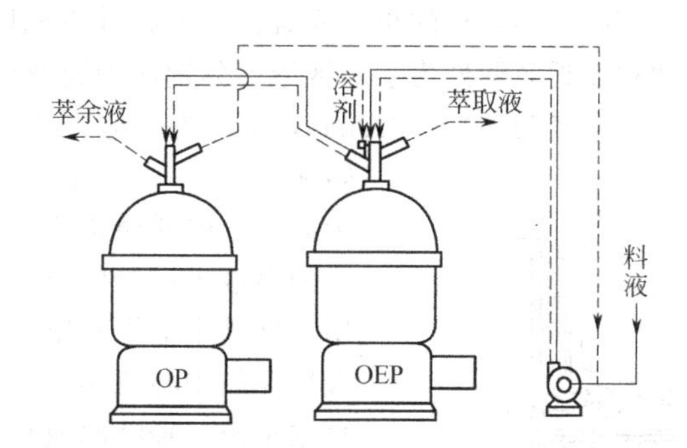

图 5-7　用 OEP 型及 OP 型分离机进行两级逆流萃取流程

二、多级离心萃取机

多级离心萃取机是在一台机器中装有两级或三级混合及分离装置的逆流萃取设备。图 5-8 是 Luwesta EK10007 三级离心萃取机的示意图，从图中可以看出，此机是三个单级混合和分离设备的叠合装置，分上、中、下三段，下段是第Ⅰ级混合和分离区，中段是第Ⅱ级，上段是第Ⅲ级，每一段的下部是混合区域，中部是分离区域，上部是重液引出区域。新鲜的溶媒由第Ⅲ级加入，原始重液则由第Ⅰ级加入，萃取后的轻液在第Ⅰ级引出，萃余的重液则在第Ⅲ级引出。这种萃取机的转鼓转速为 4500r/min，最大生产能力为 $7m^3/h$，重液进料压力为 0.5MPa，轻液为 0.3MPa。

三、连续逆流离心萃取机

连续逆流离心萃取机是将溶媒与料液在逆流情况下进行多次混合和多次分离的萃取设备，因此可以在机内获得几个理论平衡级。

设备的主要部件是一个由若干不同直径的同心圆筒组成的转鼓，在这些同心圆筒上开有小孔，以作重液和轻液流动的通道。逆流萃取机上有四个进出口，均在轴的内部或轴周围的套筒上。重液的强制流动方向是从转鼓内部（近轴处）流向外部（近壁处），而轻液的强制流动方向则相反，由外向内。

连续离心萃取机有卧式及立式两种，它们不仅是转轴的旋转方向不同，两相流体接触和分离的方式也不尽相同。

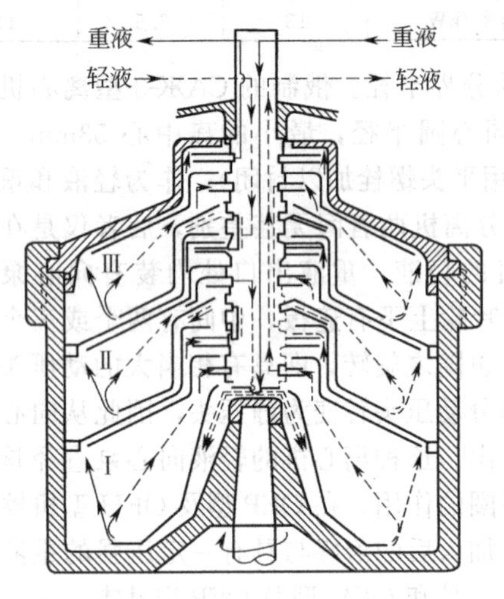

图 5-8　三级离心萃取机示意

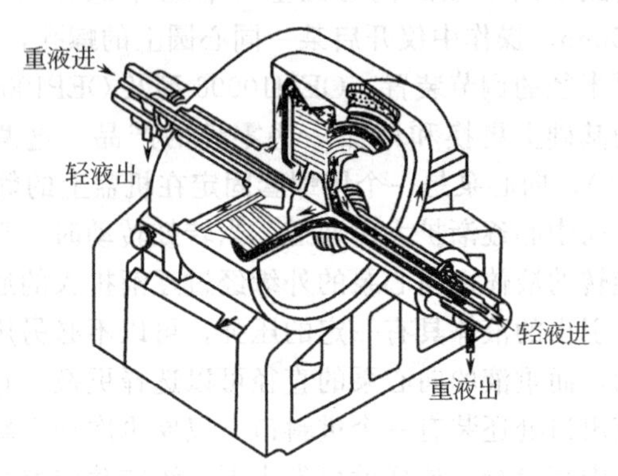

图 5-9　Podbielniak 离心萃取剂示意

1. 卧式离心萃取机

卧式离心萃取机的典型产品是美国生产的 Podbielniak 离心萃取机（图 5-9）。此种萃取机有一个可水平转动的转鼓，鼓中有数十个从小至大的同心圆筒，筒面上均匀地开有小孔（注意大直径的筒开孔密度比小直径的小，而维持开孔数基本相同），此种同心圆筒几乎充满整个转鼓，但在靠近转轴和靠近鼓壁处为空隙区域，分别作为轻液与重液的澄清区。转鼓和同心圆筒均为不锈钢制成，鼓的直径为 450～1200mm，宽度约为 500～1200mm，转速为 1750～5000r/min（直径愈大，转速愈小），生产能力为 0.225～17m^3/h。在离心萃取机中，重液由鼓中心的通道进入，逐层向外缘流出，为了克服有关的阻力和抵消轻液出口处的压强，重液在进口时应具有一定的压强，而在出口处基本上为常压。轻液则是由鼓的外缘进入，逐层向内流动，最后在鼓中心流出，由于进口的轻液不但要克服流动阻力，还要克服重液、轻液两液相由于密度差引起的离心压差，所以在整个操作系统中它应具有最高的压强（0.14～1.25MPa）。轻液的出口压强一般称为背压，可根据系统特点和操作要求予以调节。凡要求鼓内主界面往外移时（即要求鼓内轻液多于重液或要求轻液是连续相时）可增大背压，也可以说需增大背压比（背压比是指轻液出口压强与进口压强之比值），当然轻液出口压强加大了，重液入口压强也相应提高。

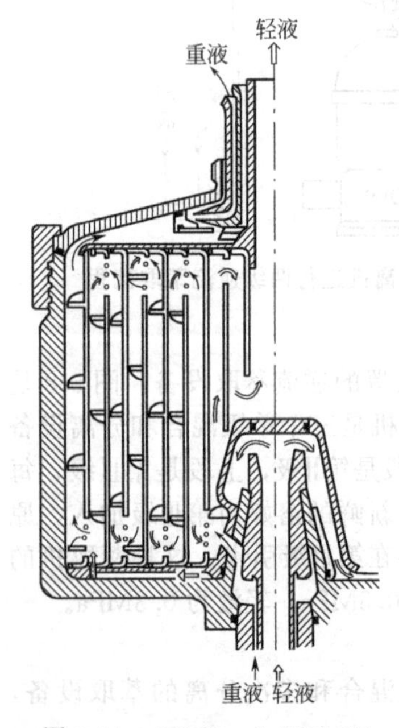

图 5-10　Alfa-Laval ABE-216 离心萃取机示意

由于在卧式离心萃取机中小孔是在圆筒上均匀开口的，因此它是属于连续接触和连续分离的萃取设备。在进行青霉素萃取时，最大理论级数可大于 2 级，当溶剂比为 1/6 时，收率可达 96%。

2. 立式离心萃取机

立式离心萃取机的型号较多，较典型的是 Alfa-Laval ABE-216 型离心萃取机（图 5-10）。这种离心萃取机与卧式离心萃取机相比，不但转鼓旋转方向不同，在转鼓中同心圆筒的开孔方式和位置也有所不同。它仅在筒的一端开孔，同时筒与筒间开孔位置上下错开，所以液体是上下曲折地流动，再加上在圆筒外壁还附有螺旋形导流板，这样就使两个液相流动的流道大为加长。由于它的开孔不是连续的，所以两相间不是连续接触，而是分段接触和分段分离，这与卧式离心萃取机不同。

ABE-216E 型离心萃取机的转鼓直径为 550mm，内有同心圆筒 11 个，流道总长 26m，均用不锈钢制成，转速为 4400r/min，电动机功率为 30kW，重液出口有向心泵，轻液进口泵也附置在机内。

用 ABE-216E 型离心萃取机萃取青霉素时，当溶剂比为 1/3 时，处理量为 $8m^3/h$，轻液入口压强为 0.25MPa，重液入口压强为 0.12MPa，轻液出口压强为 0.27MPa。

国产的 LC-500 型离心萃取机的结构和性能与 ABE-216E 型离心萃取机基本相同，但转鼓直径为 500mm，转速为 4700r/min，生产能力为 $5m^3/h$。

第三节　液-液萃取设备的计算

一、液-液萃取过程的计算

萃取过程可分单级萃取和多级萃取两大类，后者又可分为错流萃取和逆流萃取两种。所谓错流萃取即将新鲜溶媒分别加入各级，而料液仅在第一级加入（以料液加入的级作为第一级），被萃取后的残液在末一级引出，而逆流萃取是将新鲜溶媒在末一级加入，而将料液在第一级加入。以下计算公式假定两液相间完全不互溶，且溶质在两液相中的分配系数 K 不随组成的变化而变化，即在一定温度下为一常数，同时假定溶质在两液相中能很快地达到完全平衡，两相在混合后又能很快地获得完全分离。

1. 单级萃取

分配系数和萃取因素的关系可见式(5-2) 及式(5-3)。

$$K=\frac{c_1}{c_2} \tag{5-2}$$

$$E=\frac{c_1 V_s}{c_2 V_F}=K\frac{V_s}{V_F}=K\frac{1}{m} \tag{5-3}$$

式中，K 为分配系数；c_1、c_2 分别为萃取相中和萃余相中的溶质浓度；V_s、V_F 分别为溶媒及料液的体积；m 为浓缩倍数，$m=V_s/V_F$。

于是未被萃取的分数为：

$$\phi=\frac{c_2 V_F}{c_1 V_s+c_2 V_F}=\frac{1}{\frac{c_1 V_s+c_2 V_F}{c_2 V_F}}=\frac{1}{E+1} \tag{5-4}$$

而理论收得率为 $1-\phi$：

$$1-\phi=\frac{E}{E+1}=\frac{K}{K+m} \tag{5-5}$$

从式(5-5) 看，K 值愈大，$1-\phi$ 也愈大；m 值愈大，$1-\phi$ 则愈小。

2. 多级错流萃取

如加至每一级的新鲜溶媒量相同，则每级的 E 值也都相等，又因每一级未被萃取的分数均为 $\frac{1}{E+1}$，于是经过 n 级错流萃取后，未被萃取分数可用式(5-6) 求取：

$$\phi=\left(\frac{1}{E+1}\right)^n=\frac{1}{(E+1)^n} \tag{5-6}$$

而理论收得率为：

$$1-\phi=\frac{(E+1)^n-1}{(E+1)^n} \tag{5-7}$$

若每一级萃取中溶媒不同，并以 E_1、E_2、E_3、…、E_n 表示各级的萃取因素，此时：

$$\phi=\frac{1}{(E_1+1)(E_2+1)\cdots(E_n+1)} \tag{5-8}$$

多级错流萃取的理论收得率高于单级萃取。如单级萃取中 $E=4$ 时，根据式(5-5)，$1-\phi=80\%$。如该用两级错流萃取，每级采用的溶剂量为单级的 1/2，则 $E_1=E_2=2$，于是根据式(5-7)，$1-\phi=89\%$。

如已知 ϕ 及 E 值，欲求 n 时可用式(5-9) 计算：

$$n=\frac{\lg(1/\phi)}{\lg(E+1)} \tag{5-9}$$

如已知 ϕ 及 n 值，欲求 E 时可用式(5-10) 求出：

$$E=\left(\frac{1}{\phi}\right)^{1/n}-1 \tag{5-10}$$

3. 多级逆流萃取

如假定在多级逆流萃取或连续逆流萃取过程中两液相的体积或流量不发生变化，再加上分配系数也不变，于是整个过程中 E 值不变。若共有 n 级时，未被萃取分数为：

$$\phi=\frac{E-1}{E^{n+1}-1} \tag{5-11}$$

理论收率为：

$$1-\phi=\frac{E^{n+1}-E}{E^{n+1}-1} \tag{5-12}$$

多级逆流萃取可以获得更高的收得率，如当 $E=4$、$n=2$，根据式(5-12) 可得 $1-\phi=95.2\%$，即比错流萃取的收得率增加了 6.2%，比起单级萃取则增加了 15.2%。

若已知 ϕ 及 E 值，欲求 n 时可用式(5-13) 计算：

$$n=\frac{\lg\left(\frac{E-1}{\phi}+1\right)}{\lg E}-1 \tag{5-13}$$

利用式(5-13) 可以计算逆流连续萃取设备的理论级数。

若已知 ϕ 值及当 $n=2$ 时：

$$E=\frac{\sqrt{(4/\phi)-3}-1}{2} \tag{5-14}$$

【例 5-1】 若用一逆流连续萃取操作，萃取剂是乙酸丁酯，用来萃取青霉素，料液中青霉素浓度为 2×10^4 u/ml，废液中青霉素浓度为 200u/ml，若料液与溶媒之比为 3，青霉素在乙酸丁酯和水中分配系数为 35(pH 2.2)，求该萃取机在操作中实际所能达到的理论级数。

解：

$$E=\frac{K}{m}=\frac{35}{3}=11.67$$

$$\phi=\frac{200}{20000}=0.01$$

由式(5-13)：

$$n=\frac{\lg\left(\frac{E-1}{\phi}+1\right)}{\lg E}-1=\frac{\lg\left(\frac{11.67-1}{0.01}+1\right)}{\lg 11.67}-1=1.83\ (\text{级})$$

二、液-液萃取设备的计算

设有一混合罐，其装料体积为 $V(m^3)$，已知料液加入流量为 $X(m^3/h)$，其浓度为 $x_1(kg/m^3)$，溶媒加入流量为 $Y(m^3/h)$，因加入的是纯溶媒，故其浓度 $y_1=0(kg/m^3)$。若欲求混合

后乳浊液的流量 $Q(m^3/h)$、平均混合时间 $\tau_0(h)$、混合后乳浊液的萃取液（溶媒相）的浓度 y_2 及萃余液（水相）的浓度 x_2（图 5-11），可按下述方法计算。

根据物料衡算，乳浊液流出量为：

$$Q=X+Y \tag{5-15}$$

平均混合时间为：

$$\tau_0=V/Q \tag{5-16}$$

若两液相间能达到完全平衡，则 $y_2/x_2=K$（K 为分配系数）。

由溶质的物料衡算

$$Xx_1+Yy_1=Xx_2+Yy_2$$

因 $y_1=0$；$y_2=Kx_2$；$X/Y=m$（m 为浓缩倍数）。于是

$$x_2=\frac{x_1}{1+\dfrac{K}{m}} \tag{5-17}$$

$$y_2=Kx_2 \quad 或 \quad y_2=\frac{x_1}{\dfrac{1}{K}+\dfrac{1}{m}} \tag{5-18}$$

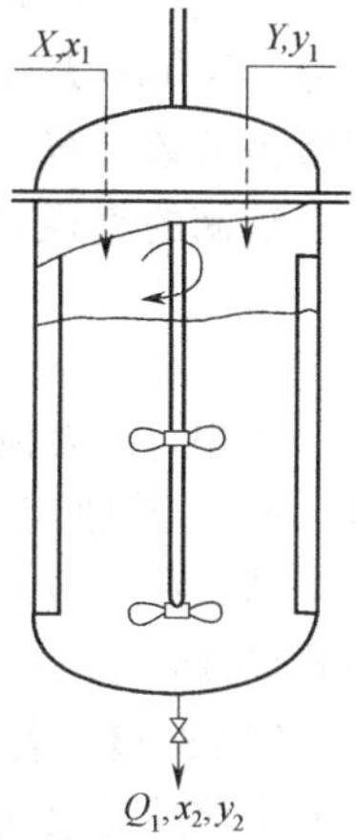

图 5-11 混合罐的物料恒算

在实际情况下，由于两液相在罐内因混合时间及传质系数的限制，流出的乳浊液中的两相间不可能达到完全平衡，加上在混合罐中存在着返混情况，部分的分散相（一般把体积大的相作为连续相，体积小的相作为分散相）在罐内的停留时间 τ 有可能超过或小于平均停留时间 τ_0，因此在较精确的计算中不能采用式(5-17) 及式(5-18) 计算 x_2 及 y_2 值。在考虑到混合时间和传质系数的影响的情况下，x_2 及 y_2 值可用下列诸式求得：

$$y_2=\frac{x_1}{\dfrac{1}{K}+\dfrac{1}{m}+\dfrac{1}{K\phi}} \tag{5-19}$$

$$x_2=\frac{x_1}{1+\dfrac{K}{m}\left(\dfrac{\phi}{1+\phi}\right)} \tag{5-20}$$

或

$$x_2=\frac{y_2}{K\left(\dfrac{\phi}{1+\phi}\right)} \tag{5-21}$$

以上诸式中的 $\phi=6\beta\tau_0/Kd_p$，为一无因次参数，它与所处理物系的物理性质和操作条件有关；式中，β 为溶质在两液相间传递时的传质系数，m^3/h；τ_0 为两液相平均混合时间，s；K 为溶质在两液相中的分配系数；d_p 为分散相的平均直径，m。

β 值可从下列准数方程式中求得：

$$Sh=2+0.55Re^{1/2}Sc^{1/3} \tag{5-22}$$

或

$$\frac{\beta d_p}{D}=2+0.55\left(\frac{d_p w_c \rho}{\mu}\right)^{1/2}\left(\frac{\mu}{\rho D}\right)^{1/3} \tag{5-22a}$$

分散相液滴直径 d_p 可由下式求得：

$$d_p=0.0142\frac{\sigma^{0.6}}{\rho^{0.2}(P/V)^{0.4}}H^{0.5}(\mu_d/\mu)^{0.25} \tag{5-23}$$

式(5-22a) 中的 w_c 可由下式求得：

$$w_c=5.98\frac{(P/V)^{0.2}\sigma^{0.2}}{\rho^{0.4}} \tag{5-24}$$

式中，Sh 为舍伍德（sherwood）准数，$Sh=\beta d_p/D$；Re 为雷诺准数，$Re=\dfrac{d_p w_c \rho}{\mu}$；$Sc$ 为

施密特（Schmidt）准数，$Sc=\mu/\rho D$；D 为两相间分子扩散系数，m^2/s；ρ 为连续相的密度，kg/m^3；μ 为连续相的黏度，Pa・s；w_c 为液滴环流速度（相对速度），m/s；σ 为两相间的表面张力，N/m；P/V 为混合罐中单位体积液体所消耗的搅拌功率，kW/m^3；H 为混合液中分散相所占分数，$H=1/(1+m)$；μ_d 为分散相的黏度，Pa・s。

液滴的直径 d_p 也可用下式求得：

$$\frac{d_p}{d}=0.06(1+9H)\left(\frac{\sigma}{n^2d^3\rho}\right)^{0.6} \tag{5-25}$$

式中，d 为搅拌器直径（指六平叶涡轮搅拌器，叶径为罐径的 1/3），m；n 为搅拌器转速，r/s；其他与式(5-23) 相同。

从式(5-19) 及式(5-20) 看，ϕ 值愈大，由式(5-19) 及式(5-20) 计算所得的 y_2 及 x_2 就愈与式(5-18) 及式(5-17) 的计算结果相近，而欲提高 ϕ 值就必须增加 β 或 τ_0 值或者减小 d_p 值。

【例 5-2】 若有一装料体积为 75L 的混合罐，料液流量为 $3m^3/h$，纯溶媒流量为 $1m^3/h$，料液中溶质浓度为 $12kg/m^3$，溶质在两液相中的分配系数为 30，求两相达到完全平衡时的出口浓度；若搅拌功率为 $0.5kW/m^3$，连续相的密度和黏度分别为 $1000kg/m^3$ 及 0.001Pa・s，分散相的黏度可视为与连续相的相同，两相间的扩散系数为 $1.25\times10^{-9}m^2/s$，界面张力为 $4.41\times10^{-2}N/m$，求此时的 x_2 和 y_2 值。

解：(1) 若视两相达到完全平衡，可按式(5-17) 及式(5-18) 计算：

$$x_2=\frac{x_1}{1+\frac{K}{m}}=\frac{12}{1+\frac{30}{3}}=1.09\ (kg/m^3)$$

$$y_2=Kx_2=30\times1.09=32.7\ (kg/m^3)$$

(2) 若考虑两相间不能达到完全平衡，则可按下列步骤进行计算：

平均停留时间 $\tau_0=V/Q=V/X+Y=0.075/(3+1)=0.0188(h)=67.5\ (s)$

液滴直径

$$d_p=0.0142\times\frac{\sigma^{0.6}}{\rho^{0.2}(P/V)^{0.4}}H^{0.5}(\mu_d/\mu)^{0.25}$$

$$=0.0142\times\frac{(4.41\times10^{-2})^{0.6}}{1000^{0.2}(0.5)^{0.4}}\times\left(\frac{1}{1+3}\right)^{0.5}=3.61\times10^{-4}\ (m)$$

$$w_c=5.98\times\frac{(P/V)^{0.2}\sigma^{0.2}}{\rho^{0.4}}$$

$$w_c=5.98\times\frac{0.5^{0.2}\times(4.41\times10^{-2})^{0.2}}{1000^{0.4}}=0.176\ (m/s)$$

$$\beta=\frac{D}{d_p}\left[2+0.55\left(\frac{d_pw_c\rho}{\mu}\right)^{1/2}\left(\frac{\mu}{\rho D}\right)^{1/3}\right]$$

$$=\frac{1.25\times10^{-9}}{3.61\times10^{-4}}\times\left[2+0.55\times\left(\frac{3.61\times10^{-4}\times0.176\times1000}{0.001}\right)^{0.5}\times\left(\frac{0.001}{1000\times1.25\times10^{-9}}\right)^{1/3}\right]$$

$$=1.48\times10^{-4}\ (m/s)$$

$$\phi=\frac{6\beta\tau_0}{Kd_p}=\frac{6\times1.48\times10^{-4}\times67.5}{30\times3.61\times10^{-4}}=5.53$$

由式(5-19) 及式(5-20) 得：

$$y_2=\frac{x_1}{\frac{1}{K}+\frac{1}{m}+\frac{1}{K\phi}}=\frac{12}{\frac{1}{30}+\frac{1}{m}+\frac{1}{30\times5.53}}=32.2\ (kg/m^3)$$

$$x_2=\frac{x_1}{1+\frac{K}{m}\left(\frac{\phi}{1+\phi}\right)}=\frac{12}{1+\frac{30}{3}\times\left(\frac{5.53}{1+5.53}\right)}=1.26\ (kg/m^3)$$

可见，实际萃取相含溶质浓度要低于平衡时所含浓度，而萃余相含溶质浓度更高于平衡时所含浓度。

三、离心分离机及离心萃取机中分界面计算

离心分离机及离心萃取机中轻液、重液两液相的分界面的控制对保证两液相的完全分离极为重要。为了说明离心分离设备中的分界面的位置，下面先对重力分离器的分界面进行讨论。

图 5-12 是一重力分离器的示意图，此分离器有一混合液的入口和两个分别导出重液和轻液的出口。其中，轻液的出口高度是固定的，重液的出口高度则可以随意调节。当重液的出口调节在某一适宜的高度时，进入器内的混合液在重力作用下会自动分为两层，并分别从各自的出口导出，此时器内轻液、重液间有一明显的分界面，其高度也固定不变。

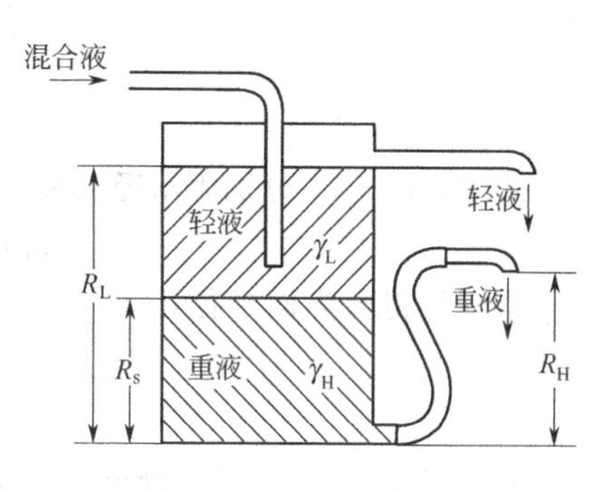

图 5-12　重力分离器示意

若用 R_L 代表轻液的出口高度（对器底而言），m；R_H 代表重液出口的高度，m；R_s 代表轻液、重液间分界面的高度，m；ρ_L 及 ρ_H 分别为轻液和重液的密度，kg/m^3。因轻液和重液出口处均与大气相通，压强相等，于是有：

$$\rho_L(R_L-R_s)+\rho_H R_s=\rho_H R_H$$

$$R_s=\frac{\rho_H R_H-\rho_L R_L}{\rho_H-\rho_L} \tag{5-26}$$

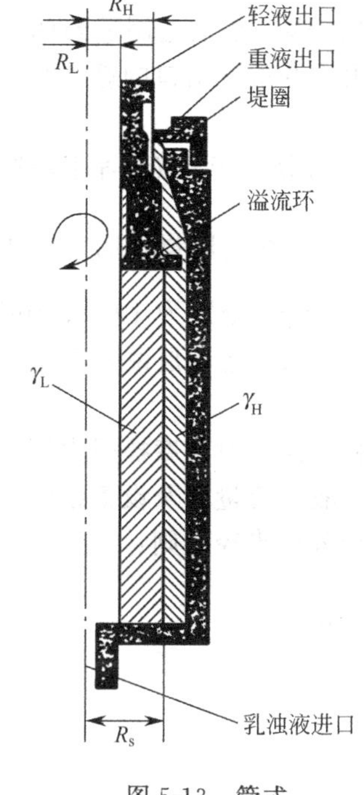

图 5-13　管式离心机示意

从式(5-26) 中看出，分离器中的轻液、重液分界面高度与两相的体积比无关，而与两相的密度差和轻液及重液出口高度有关。在密度差和轻液出口高度不变时，分界面高度仅与重液的出口高度有关。因此，可以用调节重液出口高度来变动分界面的高度。

R_H 值虽可随意调节，但是也有一定的极限，不能调得太低，否则 R_s 为负值，此时轻液将随着重液一起从重液出口流出。R_H 的下限是 $R_s=0$，此时 $\rho_H R_H=\rho_L R_L$ 或 $R_H=\rho_L R_L/\rho_H$。R_H 的上限为 $R_H=R_L=R_s$。因此，在操作过程中应保持 $R_L>R_H>\rho_L R_L/\rho_H$。例如在分离水和乙酸丁酯混合物时，其密度分别为 1000kg/m^3 及 880kg/m^3，若 $R_L=1$m，则 R_H 的调节范围为 0.88m（$\rho_L R_L/\rho_H=880/1000=0.88$）与 1m 之间，$R_H$ 若小于 0.88m，乙酸丁酯将随水流出，这就是溶剂回收车间乙酸丁酯分离器的设计原理。从上述讨论中还可看出，若加大两相间的密度差，R_H 的调节范围也随着扩大。

在离心分离萃取设备中，以离心力代替了重力，凡密度较大、离开旋转轴距离越远的质点具有较大的离心力。

图 5-13 是一管式离心分离机的示意图。若离心机的角速度为 $\omega(s^{-1})$，假定在半径 R(m) 处有一薄层圆筒形液体，其质量为 d_m(kg)，则该层物质所受到的离心力为：

$$dF=\omega^2 R d_m g$$

因为 $d_m=2\pi\rho Rh dR$（ρ 为液体密度，h 为离心机转筒高度），于是：

$$dF=2\pi\rho h\omega^2 R^2 g dR$$

在 R 处回转面上所受压强 $dp=dF/(2\pi Rh)=\omega^2\rho Rg dR$。对轻液而言，在分界半径至轻液

出口范围内：

$$\int_{p_1}^{p_s} dp = \int_{R_L}^{R_s} \omega^2 \rho_L Rg \, dR$$

积分后得

$$p_s - p_1 = \omega^2 \rho_L g (R_s^2 - R_L^2)/2$$

对重液而言，在分界半径至重液出口范围内：

$$\int_{p_2}^{p_s} dP = \int_{R_H}^{R_s} \omega^2 \rho_H Rg \, dR$$

$$p_s - p_2 = \omega^2 \rho_H g (R_s^2 - R_H^2)/2$$

式中，p_1、p_2 分别表示轻液和重液出口压强，均等于大气压，即 $p_s - p_1 = p_s - p_2$，则有：

$$\rho_L (R_s^2 - R_L^2) = \rho_H (R_s^2 - R_H^2)$$

整理后得分界面半径：

$$R_s = \sqrt{\frac{\rho_H R_H^2 - \rho_L R_L^2}{\rho_H - \rho_L}} \tag{5-27}$$

从式(5-27) 看，离心分离设备中的分界半径与两液相间的密度差及两液相的出口半径有关，而与两液相的体积比无关，这和重力分离器的情况相仿。

当两液相的密度差和轻液出口半径 R_L 不变时，分界半径 R_s 仅随重液出口半径 R_H 而变化。若加大 R_H，R_s 也随之加大，也即分界半径往外移，使转筒内重液层变薄，轻液层变厚，有利于轻液的分离。反之，减小 R_H，R_s 即随之减小，分界半径内移，使重液层变厚而有利于重液的分离。

管式离心机或某些碟片式离心机用堤圈来调节 R_H 的大小。堤圈是一组外径相同、内径不同的金属片（类似金属垫片），放在重液出口处。对某一系统的混合液讲，必须选用适当的堤圈才能使两相分离清楚。当然，对某些型号的碟片离心机来讲，是用改变重液出口的螺孔开口位置或改变向心泵直径等方法来调节 R_H 值。

液-液萃取离心机的 R_H 值也有一定范围，其上限（即最大 R_H）为分界半径 R_s 等于转筒内固定的溢流环的外径 R_f，当 $R_s = R_f$ 时，$R_H = \sqrt{\dfrac{\rho_L R_L^2 + R_f^2(\rho_H - \rho_L)}{\rho_H}}$，在实际操作时，应小于此值而大于下限（即最小 R_H）值，下限 R_H 值等于 R_L 值。若 ρ_H 及 ρ_L 分别为 1000kg/m^3 及 880kg/m^3，R_L=15mm，R_f=47mm，则算得的最大 R_H 值为 22.1mm，这就是说要选用的堤圈内径应小于 44.2mm。

以上所讨论的分界半径实际是静分界半径，即没有考虑到两液相在流动时因摩擦阻力等影响因素。而实际分界半径也称动分界半径，则与两液相的比例、混合液的流量以及设备结构有关。若重液和轻液在流动时的压强降分别为 Δp_H 与 Δp_L，R_D 表示动分界半径，则：

$$\Delta P_L + \frac{\rho_L g \omega^2}{2}(R_D^2 - R_L^2) = \Delta p_H + \frac{\rho_H g \omega^2}{2}(R_D^2 - R_H^2)$$

而静分界半径的关系式为：

$$\frac{\rho_L g \omega^2}{2}(R_s^2 - R_L^2) = \frac{\rho_H g \omega^2}{2}(R_s^2 - R_H^2)$$

以上两式相减，得：

$$\Delta p_H - \Delta p_L = \frac{\omega^2 g}{2}(\rho_H - \rho_L)(R_s^2 - R_D^2) \tag{5-28}$$

若 $\Delta p_H > \Delta p_L$，$R_s > R_D$；$\Delta p_H = \Delta p_L$，$R_s = R_D$；$\Delta p_H < \Delta p_L$，$R_s < R_D$。而 Δp 与流量 Q 成正比。当 $Q_H > Q_L$ 时，$\Delta p_H > \Delta p_L$，$R_s > R_D$，即这时动分界面半径就会小于静分界半径。在碟片式离心机中，加料孔半径 R_f 最好能与 R_D 相吻合，在 $Q_H > Q_L$ 情况下，应用靠近转轴

的进料孔。

四、离心分离机的生产能力计算

液-液分离离心机的生产能力计算与液-固分离离心机基本相同。

管式离心机的生产能力为：

$$Q=(w_t)_c\cdot\Sigma=\frac{gd_c^2(\rho_H-\rho_L)}{18\mu}\times\frac{\pi\omega^2h(3R_2^2+R_1^2)}{2g} \tag{5-29}$$

碟片式离心机的生产能力为：

$$Q=(w_t)_c\cdot\Sigma=\frac{gd_c^2(\rho_H-\rho_L)}{18\mu}\times\frac{2\pi\omega^2s(R_2^3-R_1^3)}{3g\tan\theta} \tag{5-30}$$

式中，Q 为离心机生产能力，m^3/s；d_c 为最小轻液液滴直径，m。

第六章　层析设备和离子交换设备

层析技术，又称色谱技术，是利用不同分子在固定相和流动相即在两相介质间分配比例的不同而实现分离的技术。与固定相作用强的分子通过层析介质的速度小于作用相对较弱的分子，借此达到分离纯化的目的。近 20 年中，层析技术发展迅速，已成为生物大分子分离和纯化过程中不可缺少的单元操作。胰岛素是最早使用层析技术生产的药物。在当今生物工程领域产品中，干扰素、疫苗、抗凝血因子、生长激素、单克隆抗体、基因重组药物、天然药物分离等生产都应用了层析技术。近年来层析设备随着层析技术的发展也走向了集成化、自动化，使层析技术的应用更为广泛、更为便捷。

本章是在层析原理的基础上介绍层析设备的基本组成、各设备的结构和特性、设备操作及工程放大方法，在选用、使用层析设备时起到引导作用。

离子交换法是利用离子交换树脂作为吸附剂，吸附溶液中需要分离的离子组分，然后在适宜的条件下再用洗脱剂将该组分从树脂上解吸下来，从而达到分离、浓缩和提纯的目的。离子交换法的特点是离子交换树脂无毒性并可反复再生使用、操作过程无需有机溶剂、设备简单、操作方便，是生物工程领域中提纯分离的主要方法之一。如在链霉素生产中，就是用离子交换树脂吸附发酵液或滤液中的链霉素，然后再用酸将链霉素解吸下来，从而实现链霉素与发酵液中其他组分的分离。离子交换设备的设计是根据离子交换法的特点和操作工艺特性而定。通过本章学习，可以了解离子交换设备的结构特征，学会离子交换设备的有关计算和设计、放大的原理。

第一节　层 析 设 备

为便于了解层析设备，先简单介绍层析的基本原理和一些专业术语。

一、层析原理

20 世纪初，俄国的植物学家 T. SWETT 在他的实验室安装了一根敞口的玻璃柱，里面装填了碳酸钙的填料，他再将树叶碾碎后，用石油醚浸泡，然后将该浸泡液移到碳酸钙的柱子上去，另外再用石油醚作为流动相冲洗。结果发现了一个非常有趣的现象——浸泡液在碳酸钙中的柱子上分成了一根根颜色不同的条带。由此色谱分离诞生了。目前在国内，生物学家通常将这种分离方法称为层析，而化学家喜欢把它称为色谱，它们的英文名是同一个词——chromatography。

层析依据其分离原理和方法的不同，分为凝胶层析、亲和层析、反相和疏水层析及离子交换层析等。

1. 体积排阻层析（SEC）

体积排阻层析是一种纯粹按照溶质分子在流动相溶剂中的体积大小而进行分离的层析。填料具有一定范围的孔尺寸，大分子物质因进不去，而率先流出了层析柱，小分子物质继而流出。在用水系统作为流动相的情况时，也称为凝胶过滤层析。用于生物大分子分离的传统 SEC 填料主要是多糖聚合物软胶，它只能在低压下作慢速分离用，目前在很大程度上被微粒型交联的亲水凝胶（如交联琼脂糖 Superose6 和 Superose12），乙烯共聚物（如 TSK-GelPW）和亲水性键合硅胶（如 Zorbax GF250 和 Zorbax GF450）取代。随所用填料的孔径大小不同，SEC 能分离的分子量级分范围在 1 万到 200 万之间。对于分析分离或实验室小规模制备，以平均粒度在 3～13μm 的规格较适用，因其有良好的柱效率和分离能力。但对大规模的制备分离和纯化，因要考虑成本和渗透性，可以采用较粗的粒度。体积排阻层析一般用作原料液的初分离，以获取几个分子量级分，然后再作进一步分离纯化。

2. 离子交换层析——蛋白质的离子交换层析（IEC）

该分离技术已被生物化学家使用许多年了，但至今仍是很受欢迎的一种分离方法。其原因在于 IEC 的介质材料以及含盐的缓冲流动相系统都十分类似于蛋白质可稳定存在的生理液条件，有利于增加其活性回收率。生物大分子和离子交换剂之间的相互作用主要是静电作用，而导致介质表面的可交换离子与带相同电荷的蛋白质分子发生交换。蛋白质分子表面上的大多数可解离部位并未同填料表面进行离子交换，而是通过盐桥联系在一起，那些没有交换的剩余部位将继续同填料表面发生多重的相互作用。所用的介质其基体主要是亲水共聚物，如苯乙烯-二乙烯基苯共聚物和大孔硅胶，孔径在 30～400nm 之间。

3. 反相层析（RPC）

反相层析是基于溶质、极性流动相和非极性固定相表面间的疏水效应而建立的一种层析模式。任何一种有机分子的结构中都有非极性的疏水部分，这部分越大，一般保留值越高。在高效液相色谱中这是应用最广的一种分离模式。在生物大分子的反相液相层析条件下，流动相多采用酸性的、低离子强度的水溶液，并加入一定比例的能与水互溶的异丙醇、乙腈或甲醇等有机改性剂。大量使用的填料为孔径在 30nm 以上的硅胶烷基键合相，除此之外，也有少量高聚物微球。烷基链长对蛋白质的反相保留没有显著的影响，但在蛋白质的活性回收上短链烷基（如 C_4、C_8、苯基）和长链烷基（如 C_{12}、C_{22}）反相填料是有区别的，表现在烷基链越长，固定相的疏水性越强，因而为使蛋白质较快洗脱下来，需要增加流动相的有机成分。过强的疏水性和过多的有机溶剂会导致蛋白质的不可逆吸附和生物活性的损失。总的来说，在烷基键合硅胶上的反相层析，由于其柱效高、分离度好、保留机制清楚，是蛋白质的分离、分析、纯化和结构阐明广泛使用的一种方法。

4. 疏水层析（HIC）

疏水层析的工作原理与反相层析相同，区别在于 HIC 填料表面疏水性没有 RPC 强。所用填料同样分有机聚合物（如交联琼脂糖 Superose12、TSK-PW、乙烯聚合物等）和大孔硅胶键合相两类。疏水配基一般是低密度分布在填料表面上的苯基、戊基、丁基、丙基、羟丙基、乙基或甲基，也有的是在硅胶表面键合聚乙二醇。流动相一般为 pH 6～8 的盐水溶液［如 $(NH_4)_2SO_4$］，作降浓梯度淋洗，在高盐浓度条件下蛋白质与固定相疏水缔合，浓度降低时疏水作用减弱，逐步被洗脱下来。和普通反相液相色谱相比，这种表面带低密度疏水基团的填料对蛋白质的回收率高，蛋白质变性可能性小。由于流动相中不使用有机溶剂，也有利于蛋白质保持固有的活性。

5. 亲和层析(AC)

亲和层析是利用生物大分子和固定相表面存在某种特异性吸附而进行选择性分离的一种生物大分子分离方法。通常是在载体（无机填料或有机填料）表面先键合一种具有一般反应性能的所谓间隔臂（如环氧、联氨等），随后再连接上配基（如酶、抗原或激素等）。这种固载化的配基将只能和与其有生物特性吸附的生物大分子相互作用而被保留，没有这种作用的分子因不被保留而先流出色谱柱。此后改变流动相条件（如 pH 值或其组成），将保留在柱上的大分子以纯晶形态洗脱下来。例如，若在间隔臂链段上分别反应上抗原、蛋白质 A 或磷脂酰胆碱，便可分离和回收到相应的抗体、免疫球蛋白或膜蛋白。亲和色谱选择性强、纯化效率高，实际上也可以认为是一种选择性过滤，往往可以一步法获得纯品。

在层析技术应用中，应根据所需分离物质的性质确定采用某一种或几种层析技术的组合。层析系统与 HPLC（高压液相色谱）有什么区别呢？从仪器的结构上来讲，两者差不多，但必须清楚这两类仪器的定位是不同的。层析系统主要是用于生物大分子的分离，兼顾小分子化合物的纯化；而 HPLC 是为小分子化合物的分离纯化而设计的。由此它们所使用的材料也有所不同。层析系统采用的是 100%生物兼容性的 PEEK 材料，它对生物分离所常用的缓冲液耐受性好，对有机溶剂如三氯甲烷等耐受性差；HPLC 则采用不锈钢材料，对有机溶剂耐受性好，对含 Cl^- 缓冲液耐受性差，且会非特异性地吸附生物大分子，并使其变性。所以，必须根据研究对象的不同，合理选择仪器，才会得到最佳的实验及生产结果。

二、层析设备的组成

随着电子科学和材料科学的发展，越来越多的全自动或半自动的层析设备展现在大家面前，取代了传统的一些操作过程如液位差层析等。这些层析设备有着五花八门的仪器外观及辅助配置的多样性，但其核心构造却是万变不离其宗，其主要组成有泵、阀门、层析柱、检测器、收集器等（图 6-1）。

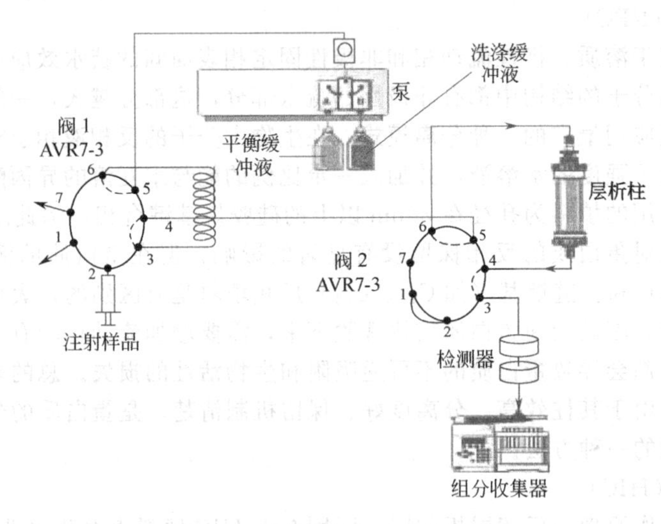

图 6-1 层析设备的一般组成

将一种混合物分成单个组分是一个熵减的过程，故外界必须要给此过程提供能量。在层析系统中，泵就是担当这样的角色，它的作用是推动溶液，它是层析系统的心脏。

阀系统，它的作用是控制溶液的流向，提供自动控制层析过程的可能性，仪器对阀的接收能力越大，则仪器的自动化性能也越高。

层析柱，它的功能是填装不同的层析介质，使混合物在通过它时，因不同蛋白分子与层析介质作用强度不同，因而迁移速度不同，从而分开混合物。

检测器，它的作用是确定混合物中各物质的位置和浓度，以及缓冲液的各种参数，如 pH、电导率等。

收集器，顾名思义它是用来收集样品的。

1. 泵

泵是层析系统的心脏，用于蛋白质纯化的泵应该满足下列要求：流量精确，双向变速可调；不会析出影响产品活性的物质；可连续低温使用，可与相关的组分收集器等层析组件相连。较好的泵应该还能够容纳几种不同内径的管子供调节流速用；能与多种不同型号的记录仪、收集器相连等。

在层析系统中所用的泵一般都是恒流泵，即无论系统的压力有多少，只要在其允许范围内，层析柱在单位时间内流出的体积保持恒定。可根据泵提供压力的不同，由低到高，将泵分为蠕动泵（0～30psi，1psi＝$1bf/in^2$＝6894.76Pa）、隔膜泵（0～145psi）、注射泵（0～

700psi）和柱塞泵（0～3500psi）这几类。

（1）蠕动泵　蠕动泵是通过旋转的滚柱使胶管的空腔容积发生变化来输送液体的。被输送的液体只是在胶管内流动，与泵的其他零件不相接触，从而避免了与外界接触污染的可能。它的流量与转速间存在一个线性的恒定关系，即驱动装置输出的转速是一个确定值。由于该泵在结构和材料上的限制，泵的转速不宜太高，压力也不易太大，一般在 30psi 左右。它的特点是：输送的介质不与泵体接触，这样有利于输送一些对金属腐蚀性较强的介质（如酸、碱溶液），或者一些含氯离子的盐溶液；清洗、拆卸简单快捷；由于介质只在软管内流动，清洗仅针对软管即可，而且蠕动泵软管的安装和拆卸都比较简单，只要点动电机，就可完成安装和拆卸操作；可控制转速来调节流量，用于蠕动泵的电机经过减速机的减速以后，转速都不高，一般最大转速不超过 165r/min，而且在电机的选型上可采用手动调速和变频调速，从而可更好地控制流量。蠕动泵的软管可以选择以下几种材料。

当软管需要良好的生物兼容性时，推荐使用硅胶管。这种材料不含有可被萃取出来的细胞毒素，并有极好的耐潮特性。它还可耐高压灭菌，并可加热去除热原。然而，高浓度的酸或碱会损害硅胶管。

聚乙烯管线透明、坚固，可以比硅胶管耐受更高的压力，外表透明使它成为层析管线系统的理想选择。但是，它不能高温灭菌，而且可被高浓度酒精损害。

PharMed 管线具有比硅胶管和聚乙烯管线更广的化学兼容性，是用于蠕动泵的理想管线。多数情况下，PharMed 管线的使用寿命比聚乙烯或硅胶管长 10 倍。

Teflon 管线具有化学惰性，可用于任何试剂，且在 400℃下仍保持稳定。

表 6-1 是各种管线材料比较。

表 6-1　管线材料比较

项　　目	硅胶	聚乙烯	PharMed	Teflon	项　　目	硅胶	聚乙烯	PharMed	Teflon
外观	半透明	透明	白色	半透明	化学兼容性	一般	一般	好	极好
柔韧性	极好	极好	极好	一般	与蠕动泵匹配性能	好	一般	极好	不接受
高压灭菌	可	不可	可	可					

（2）隔膜泵　隔膜泵是一种可调整的往复式正排量泵，它由三相交流电机驱动，通过蜗轮将电机转速降低，并将其转化为偏心凸轮和推杆的直线往复运动；一个往复弹簧紧紧压住凸轮端部，如此便可获得无滞后的往复运动，改变推杆的返回位置便可对其行程进行精确调节。利用隔膜的前后动作，使隔膜与泵头间的空腔变化造成球阀的上下移动，形成真空抽吸与推挤过程，而导致液体的输送（图 6-2）。

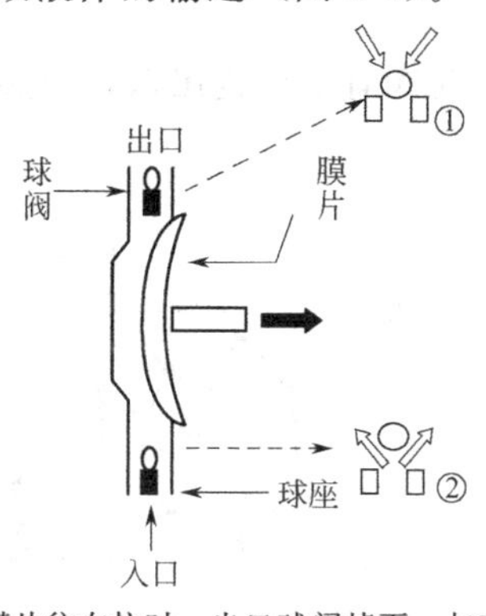

（1）当膜片往右拉时，出口球阀掉下，与球座紧紧密合（见①），入口球阀因膜片后拉时与泵头间产生真空而往上浮起（见②），液体跟着被吸上来

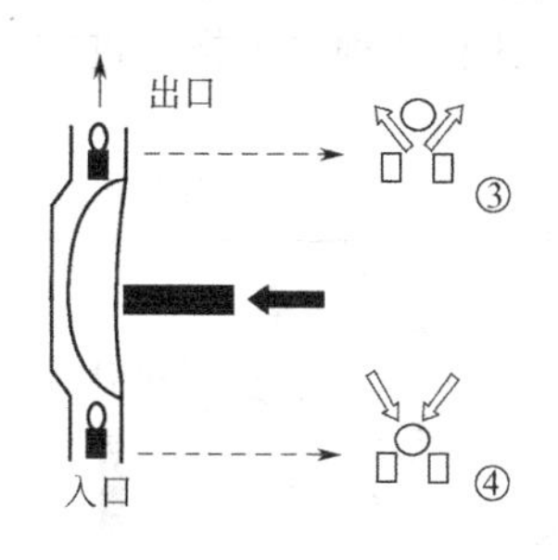

（2）当膜片往左推时，入口球阀与球座气密（见④），使液体不会通过，而出口因膜片往前推挤使球阀开启（见③），液体吐出

图 6-2　隔膜泵动作原理剖析图

隔膜泵所能提供的压力较蠕动泵高，一般可达 145psi，但通过前面的原理介绍可以知道：膜片、泵头、球阀及球座中任何一项元件造成漏气，均会造成隔膜泵无法输送流体或引起流量异常。

(3) 注射泵　此泵的工作原理非常简单：犹如医生打针——先将液体抽到针管内，然后根据需要量进行注射。此泵也是如此，先将缓冲液吸到管内，一般为 10～50ml，然后根据设定的流速和流量打出。它可以提供 700psi 左右的压力，属于中压泵。缺点是要浪费部分缓冲液。

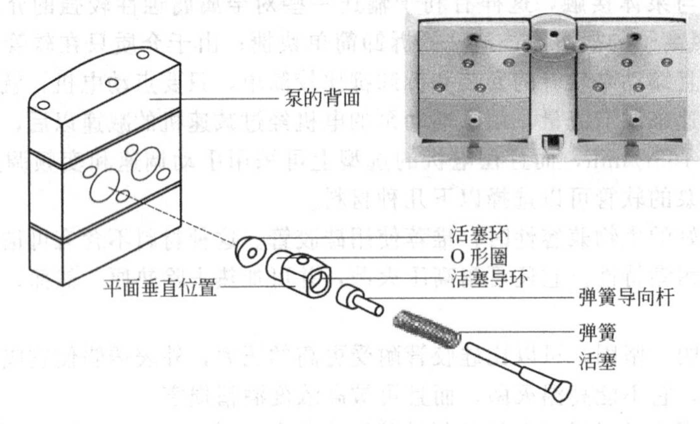

图 6-3　柱塞泵结构示意

(4) 柱塞泵　图 6-3 是一种柱塞泵的内部结构图，此泵能提供 1000～6000psi 的压力，流速范围在 10～100ml/min。它的精度可由柱塞的截面积来控制，柱塞截面积越小，精度越高。流速大小是由柱塞截面积和柱塞往返频率控制的。在一定精度下，提高流速，则必须加快柱塞往返频率，往返频率的增加则势必产生大量热量，会影响柱塞泵的寿命。所以，选择泵时，一定要根据操作的需要，选择合适精度和流速的泵。目前市场上高档的层析系统一般采用双柱塞双泵，即每个泵有两个柱塞，系统是由两个泵组成的。采用双柱塞的目的是使输液平稳，减少脉冲现象；双泵能提供缓冲液高压混合的能力，相比低压混合精度更高，重复性更好。

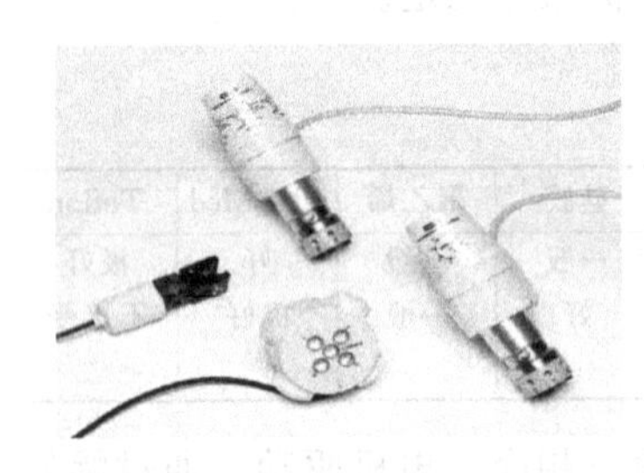

图 6-4　阀

2. 阀

阀（图 6-4）直接关系着流量的精确控制和系统的自动化程度。从功能上讲，可以将阀分为三类：上样阀、缓冲液选择阀和分流/旁通阀。

(1) 上样阀　图 6-5 为一个 AVR7-3 阀的功能示意图。此阀有 7 个进出口，能实现 3 个位点的转化，执行 3 种（上样、进样、洗涤）不同的任务。

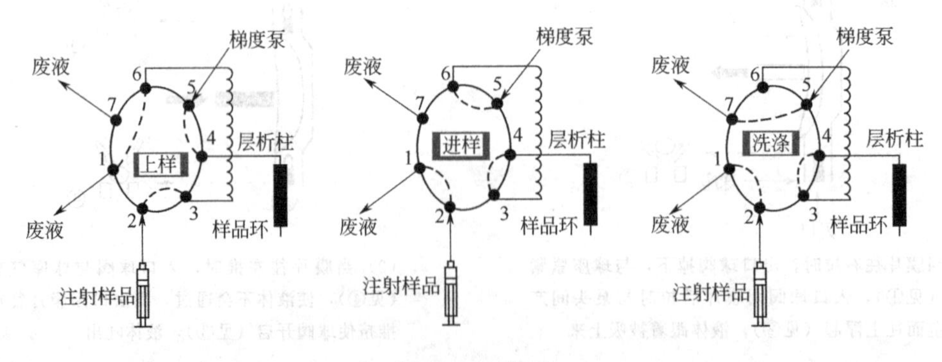

图6-5　上样阀

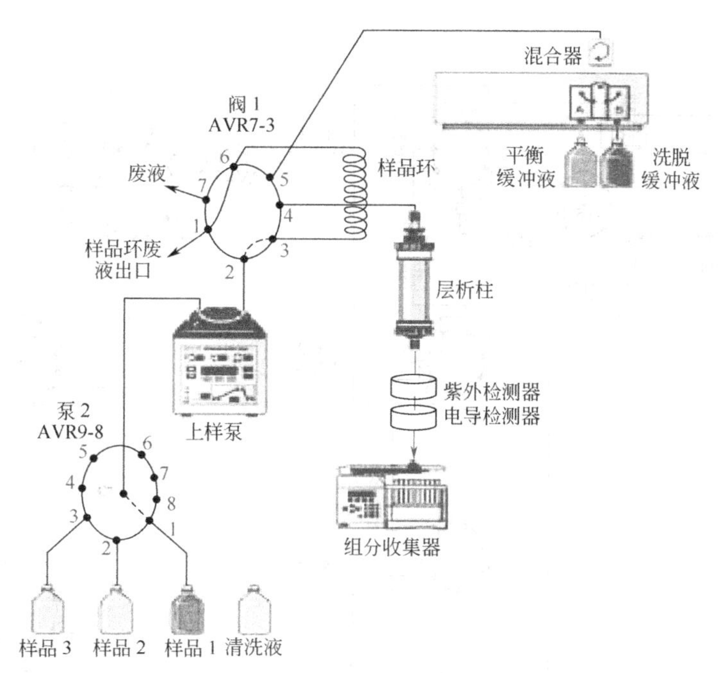

图 6-6 缓冲液选择阀

(2) 缓冲液选择阀　通过阀位点的切换，调换不同的缓冲液（图 6-6）。也可以通过这些阀来进行多柱切换及大体积收集等功能。此类阀根据其耐压的高低，可分为高压阀和低压阀；另外也可按其位点的多少来区分，如 AVR9-8、SV5-4、SV3-2 等。

(3) 分流/旁通阀　是由层析系统控制的二相螺线管阀。当与系统连接时，分流/旁通阀将液体从层析柱导入至旁通位点，或至收集器或至废液位点。阀的功能由后置的 mini-DIN 接头和阀管线决定。

(4) 开发新的应用领域

串联收集——将层析柱流出液进行分流、收集至两个不同部位的试管或酶标板中，作进一步的测试和分析。

取样操作——在发酵进程中可例行取样，以监控目标产品的浓度；培养液通过梯度蠕动泵再循环，分流阀还可定时将等量试样送至收集器作进一步分析。

实时生物活性检测——流出液中添加底物来检测反应混合物。梯度蠕动泵可提供一定流速的底物，并通过三通管与分装的流出液相混合，收集反应混合液作进一步分析，或送至液流检测器以记录生色团的变化。

以上介绍了几种不同类型的阀，在层析过程中缓冲液的配制、梯度的控制都需要用阀门来完成，并且可以通过这些阀的组合来达到一些新的功能，如三柱级联（图 6-7）、多柱切换（图 6-8）、逆向洗脱（图 6-9）等。

三柱级联图：前一柱子未结合的蛋白进入第二、三根柱子，三根柱子可以独立洗脱。

第一根柱子独立上样、洗脱。组分经换向阀进入第二根柱子，独立洗脱。组分经换向阀进入第三根柱子，独立洗脱收集。

目前市场上比较高档的层析系统扩展阀的容量可达 6 低压 6 高压共 12 个阀。这样一来系统的自动化程度就很高了。

3. 层析柱

层析柱是分离混合物的主要场所，根据产品性质的不同，选择不同的层析介质。并且可根据具体的产品或研究要求，选择不同高度、不同直径、不同材料的层析柱。

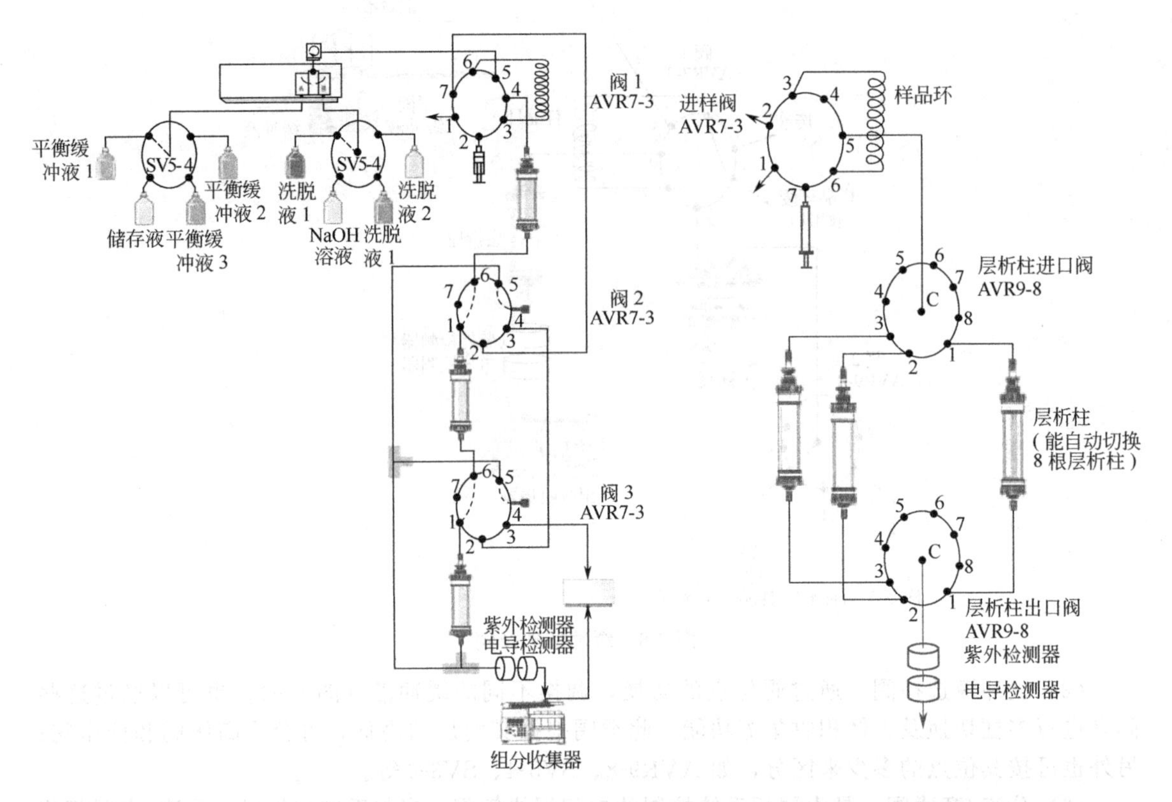

图 6-7　三柱级联示意　　　　图 6-8　多柱切换示意

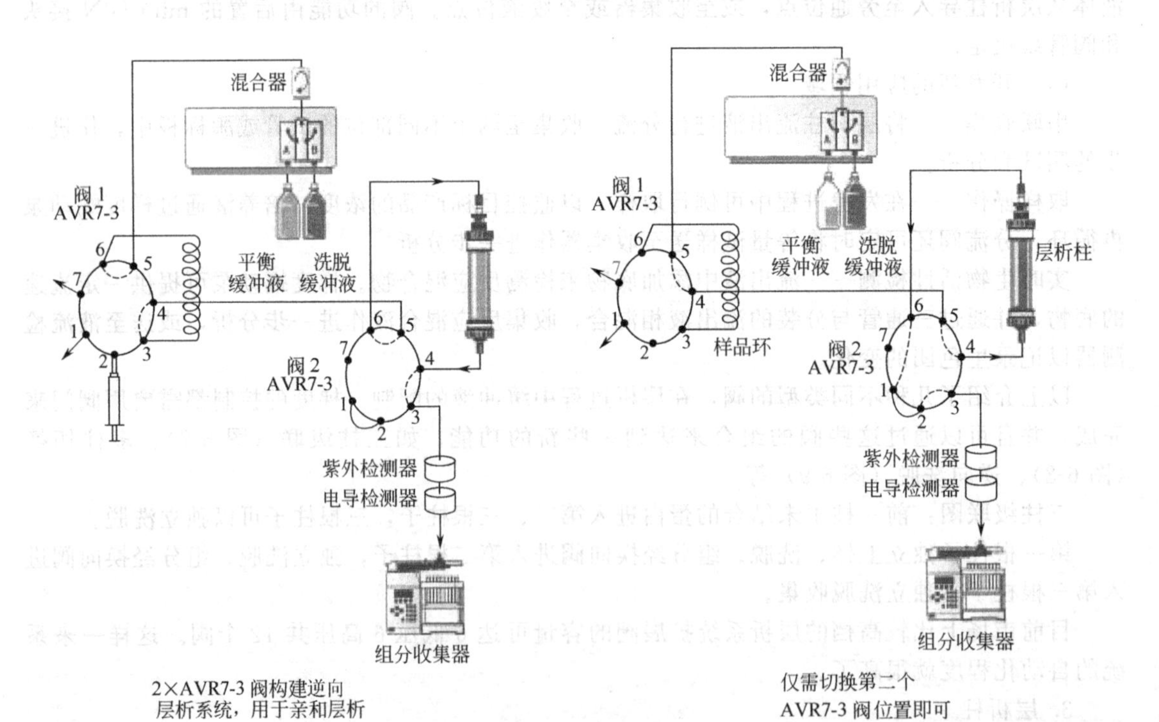

图 6-9　逆向洗脱示意

(1) 玻璃层析柱　玻璃层析柱是经济实惠的低压层析柱（图 6-10）。柱底部的多孔聚合物柱床撑板能保留细小颗粒，透明的聚丙烯末端接头便于监测。玻璃层析柱最好与液流转换接头匹配。液流转换接头可用于去掉凝胶柱床上部的死体积，并保护柱床在加样过程中免受干扰，有效地提高了层析柱性能，并直接把缓冲液和样品传送到柱床顶部，提高了分辨率。

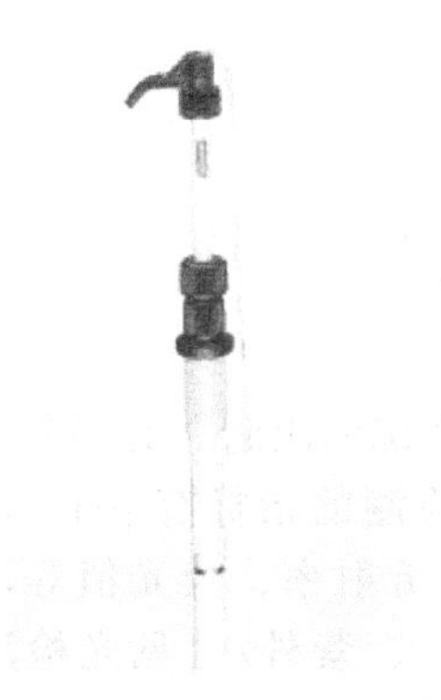

图 6-10　玻璃层析柱

图 6-11　护套层析柱

(2) 护套层析柱　护套层析柱含内置水护套，应用于要求温控的操作，如羟磷灰石热层析分离 DNA（图 6-11）。柱底部的多孔聚合物柱床撑板保留细小颗粒，透明聚丙烯末端接头易于监测。在分离纯化蛋白时，经常会犯这样一个错误，即认为环境温度越低越好，其实不然。蛋白的降解主要发生在上样前及纯化后，当样品在层析柱上时，由于其各个组分是分开的，所以其不会因为蛋白水解酶的作用而降解；另外温度的降低使液体的黏度增大，不利于分离。所以在选择分离温度时不是越低越好，而应选择目标蛋白不失活的温度。

(3) 径向柱　径向柱的主要特点是使原料及流动相由柱床的侧壁以垂直纵轴的方向向心流动和分离，流出液由柱床轴心的管道汇集并自出口流出（图 6-12）。与传统层析柱不同，径向流层析柱的分辨率与柱床半径的平方成正比，在工艺放大时需要增加的是柱长而非直径。当保持层析柱直径不变，只增加柱长时，柱长的增加量与增加的原料处理量成正比。因其径向流的特点，该层析操作过程，柱形成的反压较低，允许使用较高的流速，原料层析速度快，用普通的常压层析系统就能够达到快速高效的层析效果。

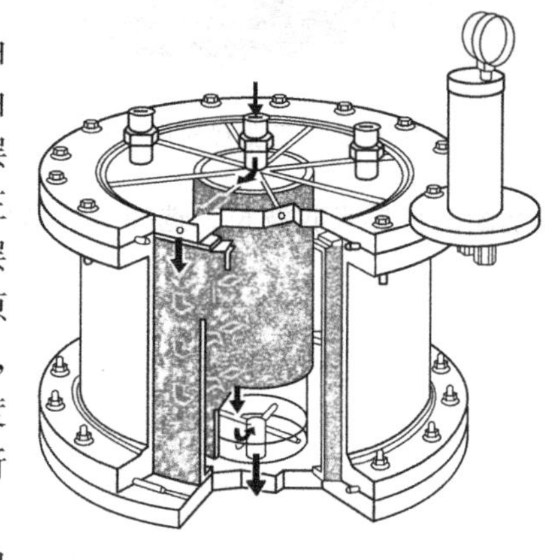

图 6-12　径向柱

(4) 高分辨率层析柱　高分辨率层析柱能为大多数层析提供极高的分辨率（图 6-13）。耐压性能极好，可达 700～1000psi 压力。Bio-Scale^{MT}层析柱，可精确上样，并提供高分辨率分离所需的低死体积。优化的设计便于装柱、调高、上样和平衡。

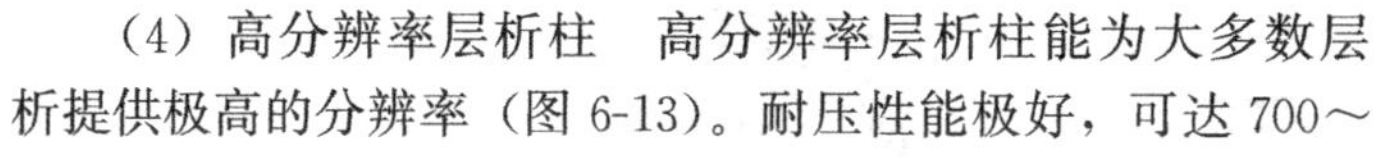

图 6-13　高分辨率层析柱

(5) 工业规模层析柱　工业规模层析柱是为工业化生产而设计的层析柱（图 6-14）。它具有独特的密封设计，能防止死区和渗漏，允许使用泵装柱程序和原位清洗层析柱与介质。特殊设计的独特滤板和流量分配器，确保均衡柱内栓塞流。对溶剂和试剂都具有化学稳定性。工业规模层析柱特性包括：

● 耐腐蚀性和生物兼容性；

- 不同规格（从 10cm 放大到 3m）的设计，性能相同；
- 可消毒，寿命长，符合用户各种应用要求；
- 完全符合药证申报要求；
- 中心螺旋机制的可调节柱高的转换头；
- 特殊的可膨胀密封设计；
- 可用轴向压缩装柱，提高装柱效率；
- 不同直径规格可选择，最大 3m；
- 有硼硅酸盐玻璃、丙烯酸和不锈钢等材料层析管可选择；
- 卫生设计，易清洗消毒接头，电抛光表面和无暴露连接。

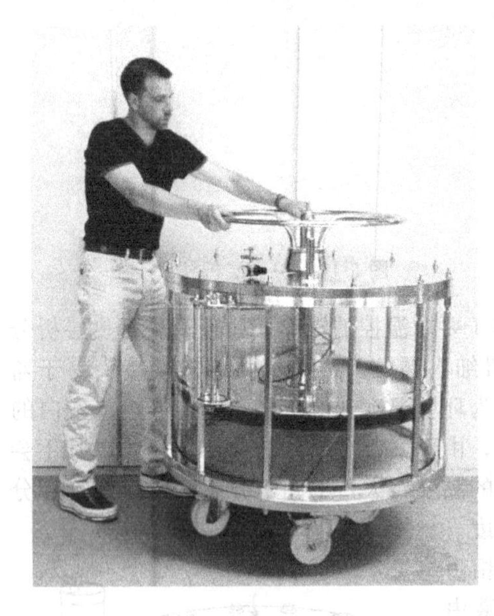

图 6-14 工业规模层析柱

4. 检测器

检测器是层析系统的眼睛，必须具有足够的灵敏度。在层析中需要检测的指标有 pH、离子强度、紫外/可见光吸收值、折射率、荧光值等，相应的检测器有 pH 计、电导仪、紫外/可见光检测器、示差检测器、荧光检测器等。

（1）紫外/可见光检测器　紫外检测器是最常用的检测器，用于检测层析柱流出物或梯度离心等产物，含有一个流动池（图 6-15）。较好的紫外检测器是双波长（254/280nm）检测，流动池体积较小，以减小组分混合效果，光学模块接近层析柱的流出端以获得最佳的检测结果。但混合蛋白样品的缓冲液常常干扰常规检测，如缓冲液中 Triton-X 在 280nm 有强吸收。紫外/可见光检测器（190～740nm，连续可调）可同步检测 4 种波长，灵活地适应所有层析系统，检测诸如 245nm 的非峰值波长（代替 280nm），还能同时监测 224nm 波长，获取更高的蛋白灵敏度而不受背景干扰。表 6-2 为各基团的特异吸收波长。选择波长范围还需依照不同化合物具体情况而定。

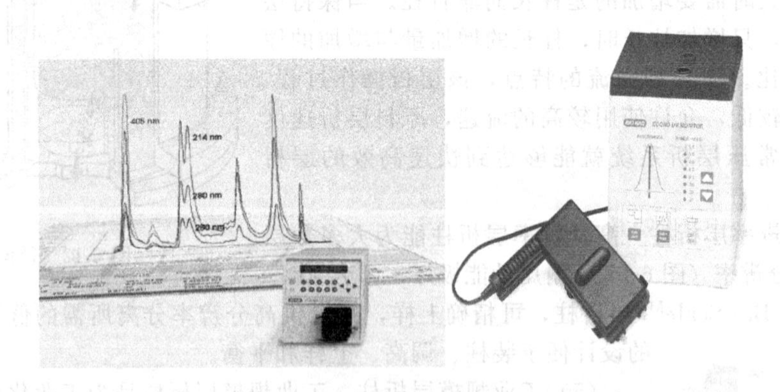

图 6-15 紫外检测器

（2）示差检测器　应用较广泛的检测器，主要用于脂类、糖类物质的测定，灵敏度高，在适当的条件下能检测到 3μg/ml 的样品量，但对温度比较敏感。

（3）电导检测器　电导检测是优化蛋白质分离方法及确认层析分离效果的最基本手段。优秀的层析系统需要实时在线检测电导值，较好的电导检测应该实现：接头方便，能在低温使用，

表 6-2　各基团的特异性吸收波长

波　长	特　异　吸　收
206nm	Carboxyl groups, ester links, amide or peptide bonds(羧基,酯键,氨基或肽键)
214nm	Peptide bonds(肽键)
224nm	Peptide bonds(肽键)
245nm	Proteins in the presence of Trion X-100(在 Trion X-100 存在下蛋白质)
254nm	Nucleotides, Nucleotide Bases, DNA, RNA(核苷,核苷碱基,DNA,RNA)
260nm	Nucleotides, Nucleotide Bases, DNA, RNA(核苷,核苷碱基,DNA,RNA)
280nm	Proteins with Aromatic amino acids(蛋白质,含芳环氨基酸)
313nm	Certain Vitamins, Antibiotics with Conjugated ring systems(某些维生素,带共轭环系的抗生素)
365nm	Some steroids, NADH, NADPH, flavoproteins, bacteriochlorophylls with Conjugated ring systems(一些类固醇,NADH,NADPH,香味蛋白,带共轭环系的细菌叶绿素)
405nm	Myoglobin with Heme group(肌球蛋白,带亚铁血红素)
550nm	Cytochromes(细胞色素)

外置流动池可以随意放置，检测范围在 0～500MS。

(4) pH 检测器　检测用于层析的缓冲液 pH 的变化情况。理想的 pH 检测器应该与所有缓冲液兼容（AgCl/Ag 电极不与 Tris 等缓冲液兼容），能够避免参考电极的干涸，能适应较高流速，流动池死体积小，满足对样品 pH 条件，并进行实时在线监测。

图 6-16　圆盘式组分收集器

5. 组分收集器

组分收集器又称分部收集器，用于收集相关从层析柱流出的组分，进行回收或者定性定量分析。较好的组分收集器应该能够提供多种收集模式，能与多种层析系统兼容，能够收集多种体积的样品，死体积小，可手动和自动。根据形状可分为圆盘式组分收集器及方型组分收集器。

(1) 圆盘式组分收集器　圆盘式组分收集器，收集盘是圆形的，简单易用，可以提供时间或滴数收集模式或体积收集模式（图 6-16）。

(2) 方型组分收集器　方型组分收集器较为高级，适用于分析型和制备型层析，提供了各种高精密度的收集控制功能。可使用流速在 100ml/min 以内的任何基本或复合收集方法（图 6-17）。有的型号可提供多种收集架供选择。传统型的收集架，可以在从滴到升的大体积范围内精准收集。非传统型收集架，扩展了收集的方式，使其更具灵活性，储存样品也更节省成本。主要功能如下：可用时间或滴数、体积模式、峰值收集、时间窗收集四种收集模式；收集臂采用 *XY* 轴运动模式；带有冰浴冷藏功能。

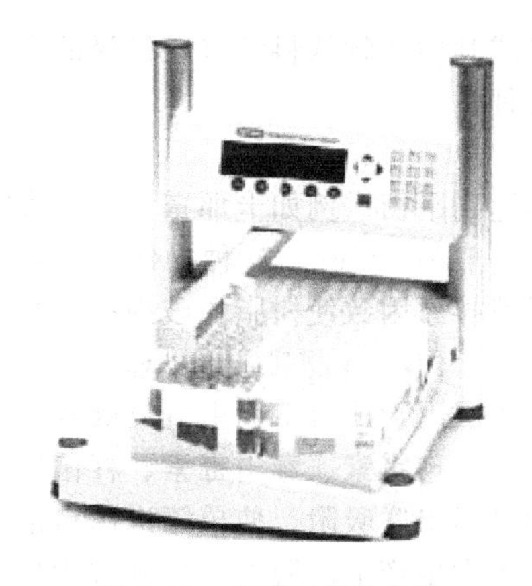

图 6-17　方型组分收集器

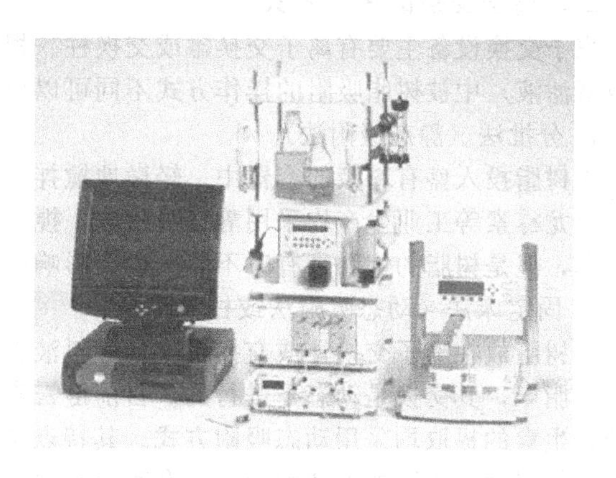

图 6-18　Biologic Duo-Flow Pathfinder 20 全自动层析仪

随着计算机技术和工业自动化技术的发展，出现了全自动的层析工作站。图 6-18 是 Biologic Duo-Flow Pathfinder 20 全自动层析仪，它可以按照要求批量自动地进行工作，有界面友好的计算机操作平台，具有层析图比较功能等。目前世界上提供全套自动化层析系统的有安玛西亚公司（Amersham）的 AKTA，伯乐公司（BIO-RAD），密理博公司（Millipore）等。

第二节　离子交换设备

一、离子交换概述

离子交换操作长期以来应用于水处理和金属回收。离子交换操作是基于由一种高分子合成材料作为吸着剂（称为离子交换剂）来吸附某些有价值的离子。在生物工程产业中，离子交换剂，即离子交换树脂，广泛用于提取抗生素、氨基酸、有机酸等小分子物质。本节以抗生素提取为例介绍离子交换设备。

离子交换法提取抗生素的方法，是把抗生素从经稀释的发酵液或滤液中吸着在对欲提取的抗生素有选择性的离子交换树脂上，然后在适宜的条件下将抗生素洗脱下来，这样能使体积缩小到几十分之一，同时使抗生素的纯度也获得了提高。由于离子交换法具有成本低、设备简单、操作方便以及不用或少用有机溶剂等优点，已成为提取抗生素的主要方法之一。例如，链霉素、新霉素、卡那霉素、庆大霉素、土霉素、多黏菌素等均可用离子交换法进行提取。

但离子交换法也有其缺点。如生产周期长；成品质量有时较难控制；在生产过程中，pH 变化较大，故不适用于稳定性较差的抗生素；生产过程中生成酸性废水、碱性废水量大，故要加强废水处理等。

离子交换法还可用于制备软水和无盐水，以供锅炉和制剂生产的需要。

离子交换树脂是一种不溶于酸、碱和有机溶剂的网状结构的功能高分子化合物，它的化学稳定性良好，且具有离子交换能力。其结构由三部分组成：第一部分是不溶性的具有三维空间网状结构构成的树脂骨架，使树脂具有化学稳定性；第二部分是与骨架相连的功能基团；第三部分是与功能基团所带电荷相反的可迁移的离子（称为活性离子），它在树脂的骨架中进进出出，就发生离子交换现象。活性离子是阳离子的被称为阳离子交换树脂，活性离子是阴离子的则被称为阴离子交换树脂。

离子交换树脂一般为球形，这样可提高树脂的机械强度，并可在装柱操作中减小流体阻力。

二、离子交换的操作方式

离子交换设备主要有离子交换罐或交换柱。根据抗生素或其他产物从料液（经稀释的发酵液或者滤液）中被树脂吸附的操作方式不同可以分为如下几种。

1. 分批法（静态吸附法）

将树脂投入盛有料液的容器中，轻微地搅拌，使其交换达到平衡。例如卡那霉素、庆大霉素、巴龙霉素等工业生产均采用静态吸附法，搅拌交换时间一般为 4～6h。这种操作方式和设备简单，但是树脂的饱和度有时不够高也会影响收率，且因搅拌原因致使树脂的破损率升高。

2. 固定床法（动态吸附法或柱吸附法）

将树脂放在离子交换柱或交换罐中，使料液自上而下（正吸附）或自下而上（反吸附）地流经树脂床，其交换是动态下进行的。目前链霉素、新霉素、头孢霉素、春雷霉素、杆菌肽等多数抗生素的提取均采用动态吸附方式。其特点是可以采用多罐串联吸附，使单罐进出口浓度达到相等程度，树脂的饱和度较高，有利提高收率。此外抗生素生产上的脱盐、中和过程也多采用此方法。

3. 流动床法（连续离子交换法）

料液和树脂都处于流动状态，一般作对向流动（逆向方式），整个操作完全连续，故称之为连续离子交换法，常见用于纯水的制备操作。

三、离子交换设备的结构

1. 一般离子交换罐

一般的离子交换罐为带有椭圆形顶及底的圆筒形设备，其圆筒体的高径比（H/D）一般为2～4。树脂层高度约占圆筒高度的50%～70%，须留有充分空间，以备反冲时树脂层的膨胀。在交换罐的上部有溶液分布装置，以使含有产物的料液、解吸液或再生剂能在整个罐截面上均匀地通过树脂层。圆筒体的底部与椭圆形底封头之间应装有多孔板、筛网及滤布以支撑树脂层，当离子交换罐直径很大，考虑到支撑板承受载负过大，易变形，也有不安装支撑板，而是用石英石或卵石直接铺于罐底作支撑树脂用。石块大的在下，小的在上，一般分5层，各层石块的直径范围分别是16～26mm、10～16mm、6～10mm、3～6mm和1～3mm，每层高度约10cm。罐顶上应有人孔或手孔，大型离子交换罐的人孔也可以装在罐壁上，以便于观察装卸树脂。视镜孔和灯孔可以在罐顶上，也可以在罐壁上（用条型视镜）。罐顶部的料液、解吸液、再生剂、软水进口可合用一个进口管与罐顶连接，另外罐顶上应有压力表、排空口及反洗水出口。罐底部的各种液体出口、反洗水进口和压缩空气（疏松树脂用）进口也可合用一个出口管与罐底连接。

生产用离子交换罐一般用钢板制成，内壁衬橡胶或钢衬搪瓷、钢喷涂环氧树脂、玻璃钢等制成。小型交换罐可用硬聚氯乙烯板或有机玻璃板制成，实验室一般用玻璃或有机玻璃制成离子交换柱。

常用的离子交换罐的结构见图6-19及图6-20。

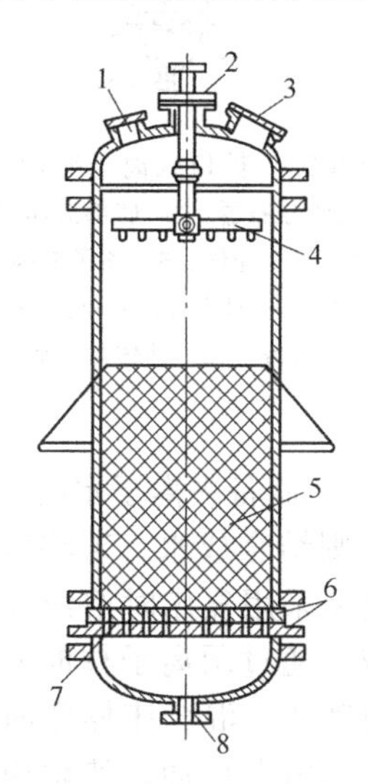

图6-19 具有多孔支持板的离子交换罐

1—视镜；2—进料口；3—手孔；4—液体分布器；5—树脂层；6—多孔板；7—尼龙布；8—出液口

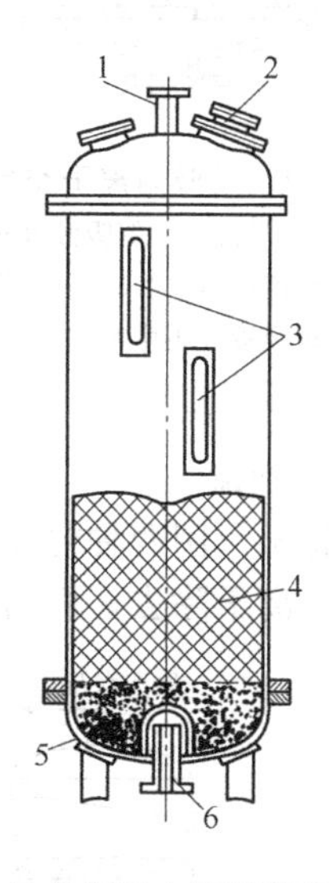

图6-20 具有块石支持层的离子交换罐

1—进料口；2—视镜；3—液位计；4—树脂层；5—卵石层；6—出液口

将几个离子交换罐串联起来操作便成为多床设备。串联操作时溶液用泵或高位槽压入第一罐，然后靠罐内空气压力将料液压入下一罐。为了使料液能连续自上一罐流入下一罐，罐中压强应逐个减小。

离子交换罐的附属管道一般用硬聚氯乙烯管，阀门可用塑料、铸铁衬胶的橡皮隔膜阀或不锈钢阀。料液的流量一般用转子流量计测量。通常在阀门和交换罐之间装有一段玻璃视镜管，观测流体的流动。

2. 反吸附离子交换罐

在反吸附离子交换罐中，被交换的料液由罐的下部导入，使用时控制流速以使树脂颗粒在罐内呈沸腾状而不溢出罐外为宜，交换后的料液则由罐顶的出口溢出。反吸附操作除可以省去菌丝过滤这一工序外，还具有液-固两相接触面积大而且较均匀，操作时不产生短路、死角，以及流速大和生产周期短等优点，因此解吸后所得的抗生素产品质量较高。但反吸附时树脂的饱和度不及正吸附的高。从理论上讲，正吸附时有可能达到多级平衡，而反吸附时最多是一级平衡。另外反吸附罐内装树脂层高度要比正吸附时低一些，以免树脂外溢。

反吸附交换罐的结构可见图 6-21。图 6-22 是为了避免或减少树脂外滥而设计的反吸附罐，其上部扩口成锥形，是为了使流体流速降低而减少对树脂的夹带。

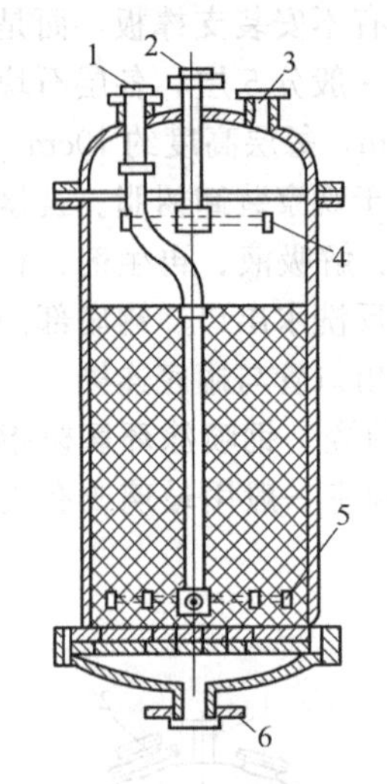

图 6-21　反吸附离子交换罐

1—进料口；2—淋洗水、解吸液及再生剂进口；3—废液出口；4,5—分布器；6—淋洗水、解吸液及再生剂出口，反洗水进口

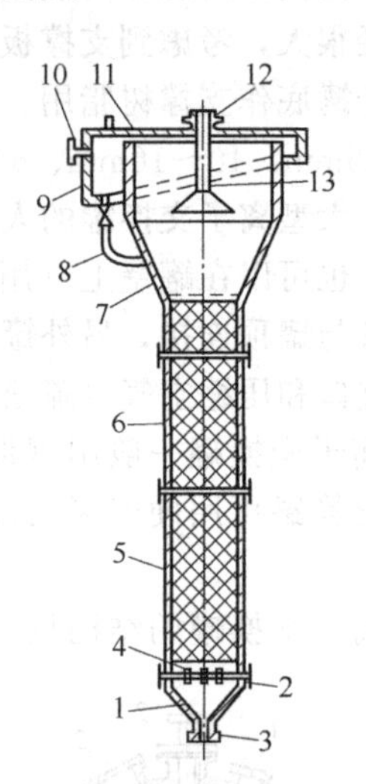

图 6-22　扩口式离子交换罐

1—底；2—液体分布器；3—底部液体进、出口管；4—填充层；5—壳体；6—离子交换树脂层；7—扩大沉降段；8—回流管；9—循环管；10—液体出口管；11—顶盖；12—液体加入管；13—喷头

3. 混合床交换罐

混合床系将阳、阴两种树脂混合而成，脱盐效果较完全。在制备去离子水时，可将水中更多的阳离子、阴离子除去，而树脂上交换出来的 H^+ 及 OH^- 则结合成水。若将混合床用于抗生素精制，则可避免采用复床时溶液变酸（通过阳离子柱时）或变碱（通过阴离子柱时）的现象，因而可减少抗生素的破坏。混合床操作时料液由上而下流动；再生时，先用水反冲，使阳树脂、阴树脂因密度差分层（一般阳离子树脂较重，二者密度差应为 0.1～0.13g/cm³），然后将碱由罐的上部引入，酸由罐底引入，废再生剂则在中部引出，再生及洗涤完毕后，用空气将两种树脂重新混合。亦可将两种树脂分柱后分别再生——柱外再生法。阳离子、阴离子交换树脂常以体积比 1∶1 混合，制备去离子水时流速约为 25～30m/h。混合床制备去离子水的流程可见图 6-23。

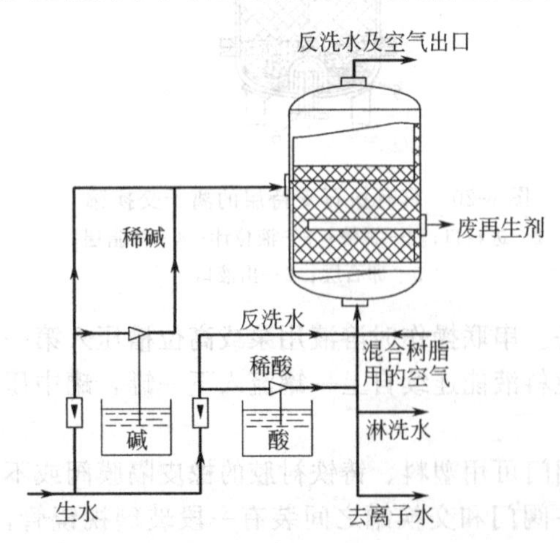

图 6-23　用混合床制备去离子水的流程

4. 连续逆流离子交换设备

固定床的离子交换操作中（指正吸附操作），交换仅限于在很短的交换带中进行，因此树脂利用率低，生产周期长。若采用连续逆流操作则可避免上述缺点，且交换速度快，产品质量均匀，可连续化生产并便于自动控制。但连续离子交换过程中树脂破损很大，设备较复杂且不易控制，故迄今未能在大生产中使用，仅在软水及去离子水生产中有所采用。

连续逆流离子交换设备的设计形式很多，图 6-24 及图 6-25 是两种实验设备的示意图。在用这种设备进行提取抗生素的操作中，再生后的树脂由柱顶以一定速度加入并不断在柱中下降，与由柱底进入的溶液逆流接触，饱和树脂在柱底流出，废液则在柱顶流出。

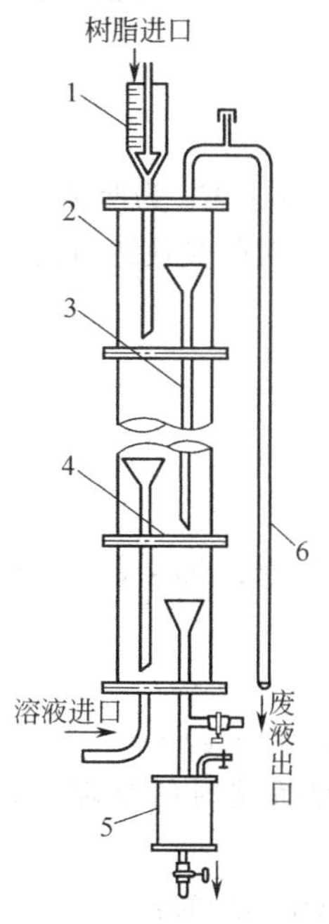

图 6-24　筛板式连续离子交换设备

1—树脂计量管及加料口；2—塔身；3—漏斗形树脂下降管；4—筛板；5—饱和树脂受器；6—虹吸管

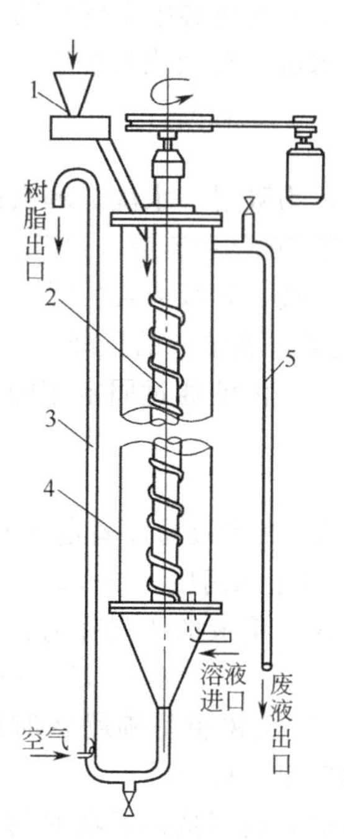

图 6-25　旋涡式连续离子交换设备

1—树脂加料器；2—具有螺旋带的转子；3—树脂提升管；4—塔身；5—虹吸管

四、离子交换设备的设计

离子交换设备的设计要解决两个问题：一是离子交换罐的结构尺寸；二是离子交换树脂的装量。

确定交换罐结构，首先要考虑被提取物质的理化特性及操作工艺，一般通过小规模的实验获得小试数据，然后要根据设计任务进行放大，确定生产离子交换罐的树脂用量、设备主要几何尺寸 H 和 D 等参数。

1. 离子交换树脂的用量

计算树脂用量可以根据树脂的吸附量来计算。例如在一交换罐中树脂的总吸附量 Q_1 为：

$$Q_1 = V_M q \times 10^6 \tag{6-1}$$

式中，Q_1 为交换罐中树脂对产品的总吸附量，u（成品单位）；V_M 为树脂床体积，m^3；q 为树脂的有效交换容量，u/ml（树脂）。

溶液中的产品被树脂的吸附量 Q_2 为：

$$Q_2 = V(c_1 - c_2) \times 10^6 = V_F \tau (c_1 - c_2) \times 10^6 \tag{6-2}$$

式中，Q_2 为溶液中的产品被树脂吸附的量，u；V 为溶液总体积，m^3；V_F 为溶液通过交换罐的体积流量，m^3/h；τ 为溶液通过交换罐的操作时间，h；c_1、c_2 为进口溶液、出口溶液中产品的浓度，u/ml。

因 $Q_1=Q_2$，故：

$$V_M=\frac{V(c_1-c_2)}{q}=\frac{V_F\tau(c_1-c_2)}{q} \tag{6-3}$$

若要求干树脂的质量，则：

$$G=\frac{V_M\times10^3}{x} \tag{6-4}$$

式中，G 为交换罐中干树脂的质量，kg；x 为每克干树脂相当的湿树脂体积，ml/g。

吸附、水洗、解吸或再生所需时间可用下式求得：

$$\tau=\frac{V}{V_F}=\frac{V}{V_M a}=\frac{VH}{V_M w} \tag{6-5}$$

式中，V 为吸附、水洗、解吸或再生时所用溶液总体积，m^3；V_F 为吸附、水洗、解吸或再生时所用溶液的体积流量，m^3/h；a 为吸附、水洗、解吸或再生时的交换罐负荷，$m^3/(m^3\cdot h)$；w 为吸附、水洗、解吸或再生时的流速，m^3/m^2。

2. 溶液通过固定床的压降

正吸附时，溶液通过固定床的压降为

$$\Delta p=\frac{200\mu(1-\varepsilon)Hw}{\varepsilon^3 d_P^2} \tag{6-6}$$

式中，Δp 为溶液通过固定床时压强降，Pa；μ 为溶液的黏度，Pa·s；ε 为固定床中的空隙率；H 为固定床高度，m；d_P 为树脂的平均直径，m。

反吸附时，溶液的压强降为：

$$\Delta p=H_b(\rho_M-\rho_F)(1-\varepsilon_b)g=H(\rho_M-\rho_F)(1-\varepsilon)g \tag{6-7}$$

式中，H_b 为树脂呈沸腾状时的高度，m；ε_b 为树脂成沸腾状时的空隙率；ρ_M、ρ_F 为树脂、溶液的密度，kg/m^3。

反吸附时，树脂成沸腾状时的溶液最低（即临界）流速（m/s）为：

$$w_c=0.00917\frac{d_P^{1.82}(\rho_M-\rho_F)^{0.94}}{\rho_F^{0.06}\mu^{0.88}} \tag{6-8}$$

反吸附时，溶液最大流速即为树脂的自由沉降速度（m/s）（超过最大流速时树脂会被溶液带走），其值为：

$$w_0=\frac{gd_P^2(\rho_M-\rho_F)}{18\mu} \tag{6-9}$$

式(6-8)、式(6-9) 中的代号与式(6-6)、式(6-7) 相同，但在式(6-8) 计算时，d_p 应取树脂中的大颗粒直径，而在式(6-9) 计算时，d_p 应取树脂中小颗粒的直径。

【例 6-1】 用弱酸型树脂，采用三罐串联吸附链霉素，料液中链霉素的浓度为 5000u/ml，流量为 $6m^3/h$。经 12h 后，第一罐中树脂的吸附量为 1.7×10^5 u/ml（Na 型树脂），第三罐出口的废液浓度始终不大于 200u/ml。求每一罐中的树脂用量。

解：虽然吸附过程是三罐串联进行的，但在某一批操作开始时，第一个罐已在前两批操作时吸附了较大部分的链霉素，第二个罐也在前一批操作中吸附了小部分的链霉素，仅第三个罐是刚经再生未曾吸附链霉素的，而在这一批操作结束时，第二个罐中吸附的链霉素量相当于开始时的第一个罐中的链霉素量，第三个罐中的吸附的链霉素量相当于开始时的第二个罐的链霉素量，因此可以看成每批操作时进入系统的链霉素全部被第一罐吸附。这样多床系统的树脂量计算实际上和计算单床时相同，但每一罐中应放入同样数量的树脂。

$$V_M=\frac{V_F\tau(c_1-c_2)}{q}=\frac{6\times12\times(5000-200)}{1.7\times10^5}=2.03\ (m^3)\ (\text{Na 型湿树脂})$$

每 1g H 型干树脂相当于 7ml Na 型湿树脂，即相当于 H 型干树脂质量为：

$$G=\frac{V_M\times10^3}{x}=\frac{2.03\times10^3}{7}=290\ (\mathrm{kg})$$

【例 6-2】 若吸附链霉素用的弱酸型树脂（Na 型湿树脂）的平均颗粒直径为 0.57mm，最大颗粒直径为 0.89mm，最小颗粒直径为 0.44mm，静止时树脂床的空隙率为 0.34，床高为 1.27m，湿树脂的密度为 1135kg/m^3，含链霉素的料液密度为 1000kg/m^3，黏度为 2cP（2×10^{-3}Pa·s），正吸附时流速为 3.81m/h，求正吸附时通过固定床的压强降以及反吸附时的压强降、临界流化速度和最大流速各为多少？

解：（1）正吸附时的压强降

$$\Delta p=\frac{200\mu(1-\varepsilon)Hw}{\varepsilon^3d_P^2}=\frac{200\times2\times10^{-3}\times(1-0.34)^2\times1.27\times(3.81/3600)}{0.34^3\times(0.57/1000)^2}$$

$$=18340\ (\mathrm{Pa})$$

（2）反吸附时压强降

$$\Delta p=H(\rho_M-\rho_F)(1-\varepsilon)g$$

$$=1.27\times(1135-1000)\times(1-0.34)\times9.81$$

$$=1110\ (\mathrm{Pa})$$

（3）反吸附时的临界流化速度

$$w_c=0.00917\frac{d_P^{1.82}(\rho_M-\rho_F)^{0.94}}{\rho_F^{0.06}\mu^{0.88}}$$

$$=0.00917\times\frac{0.00089^{1.82}\times(1135-1000)^{0.94}}{1000^{0.06}\times(2\times10^{-3})^{0.88}}$$

$$=4.05\times10^{-4}\ (\mathrm{m/s})$$

（4）反吸附时最大流速

$$w_0=\frac{gd_P^2(\rho_M-\rho_F)}{18\mu}$$

$$=\frac{9.81\times0.00044^2\times(1135-1000)}{18\times2\times10^{-3}}$$

$$=7.1\times10^{-3}\ (\mathrm{m/s})$$

3. 固定床的放大

在固定床放大时，通常是根据单位树脂床体积中所通过溶液的体积流量或单位树脂床截面积上所通过溶液的体积流量相同的原则进行。

（1）根据单位树脂床体积中所通过溶液的体积流量相同的原则进行放大　单位树脂床体积中所通过溶液的体积流量也可称为交换器负荷，可以 ml/(ml·min) 或 m^3/(m^3·h) 表示，或以 min^{-1}及 h^{-1}表示。此值的倒数即为溶液与树脂接触时间。若保证在实验设备和大设备中此值相同，即说明两者的接触时间相同。在制备去离子水时，单位体积的流量约为（1/4～1/6)min^{-1}，再生时约为（1/20～1/30)min^{-1}；在链霉素提取时，正吸附的单位体积流量约为（1/20～1/30)min^{-1}，反吸附时可增大至（1/15～1/20)min^{-1}，解吸时则为（1/200～1/250)min^{-1}。根据此法放大，树脂床的几何形状即高径比（H/D）不是一个决定因素，一般可维持大设备与实验设备有相似的几何形状，即相同的高径比。用该原则放大，计算十分方便，只要知道大设备中的溶液体积流量是实验设备的若干倍，就可知道大设备中湿树脂的装量是实验设备的若干倍，从而很容易算出大设备中湿树脂的体积是多少，至于操作时间等条件完全可与实验设备相同。

若以 a 代表交换器的负荷，m^3/(m^3·h)；V_F 代表通过溶液的体积流量，m^3/h；V_M 代表湿树脂的体积，m^3，则：

$$a=\frac{V_F}{V_M} \tag{6-10}$$

若以下标 1 代表小设备的操作条件，下标 2 代表大设备的操作条件，当 $a_1=a_2$ 时：

$$\frac{V_{F1}}{V_{F2}}=\frac{V_{M1}}{V_{M2}} \tag{6-11}$$

则大设备中树脂体积为：

$$V_{M2}=V_{M1}\frac{V_{F2}}{V_{F1}} \tag{6-12}$$

上式中 V_{F2}/V_{F1} 即为放大倍数 m，故式(6-12) 也可写为：

$$V_{M2}=mV_{M1} \tag{6-13}$$

若以 H 代表树脂床高，D 代表树脂床直径：

$$\left(\frac{\pi D_1^2}{4}\right)H_1=V_{M1}，\left(\frac{\pi D_2^2}{4}\right)H_2=V_{M2}$$

或

$$\left(\frac{\pi D_1^3}{4}\right)\frac{H_1}{D_1}=V_{M1}，\left(\frac{\pi D_2^3}{4}\right)\frac{H_2}{D_2}=V_{M2}$$

因

$$\frac{H_1}{D_1}=\frac{H_2}{D_2}$$

故

$$\frac{V_{M1}}{\frac{\pi D_1^3}{4}}=\frac{V_{M2}}{\frac{\pi D_2^3}{4}}$$

或

$$\left(\frac{D_2}{D_1}\right)^3=\frac{V_{M2}}{V_{M1}}=\frac{V_{F2}}{V_{F1}}=m$$

因此，大设备的树脂床直径及高度为：

$$D_2=m^{1/3}D_1 \tag{6-14}$$

$$H_2=\frac{D_2}{D_1}H_1 \tag{6-15}$$

(2) 根据单位树脂床截面积上所通过溶液的体积流量相同的原则进行放大　单位树脂床截面积上所通过溶液的体积流量可以用 ml/(cm^2 · min) 或 m^3/(m^2 · h) 来表示，或以 cm/min 及 m/h 表示。此值即为溶液通过树脂床的线速度。根据此法放大时，要维持大设备与实验设备的树脂床高度相同，仅直径加大，以保证两者线速度相同，实际上也就是保证两者接触时间相同。

若以 w 代表线速度，m/h；A 代表树脂床截面积，m^2，则：

$$w=\frac{V_F}{A} \tag{6-16}$$

或

$$w=\frac{V_F}{A}=\frac{V_F H}{AH}=\frac{V_F}{V_M}H=aH \tag{6-17}$$

当 $w_1=w_2$ 时：

$$\frac{V_{F1}}{A_1}=\frac{V_{F2}}{A_2}$$

$$A_2=\left(\frac{V_{F2}}{V_{F1}}\right)A_1=mA_1$$

$$\frac{\pi D_2^2}{4}=m\frac{\pi D_1^2}{4}$$

$$D_2=m^{1/2}D_1 \tag{6-18}$$

$$H_2=H_1 \tag{6-19}$$

$$V_{M2}=\frac{\pi D_2^2}{4}H_2 \tag{6-20}$$

用法（2）计算出来的树脂体积 V_{M2} 实际上和法（1）计算的结果相同。因考虑到解吸时 H/D 较高的罐解吸液浓度比较集中，故一般采用法（1）放大较好，不过用法（1）放大时，树脂床高增加了，线速度也相应增加，流体阻力也增大了。

通过固定床的放大，得出树脂床的高度 H_2 后，可确定交换罐的高度：

$$H_t=\frac{H_2}{\eta} \tag{6-21}$$

式中，H_t 为离子交换罐高度，m；η 为离子交换罐装填系数，0.5～0.7。

【例 6-3】 若用弱酸型树脂吸附链霉素溶液，其体积流量为 $3m^3/h$，树脂床的高度为 1.27m，直径为 1m，现将流量放大 1 倍，求放大后的交换罐中树脂床的高度及直径。

解： 原有树脂床体积：$V_{M1}=\frac{\pi\times 1^2}{4}\times 1.27=1.00$（$m^3$）

交换器负荷：$a=\frac{V_F}{V_M}=3(h^{-1})=0.05$（$min^{-1}$）

$w=aH=3\times 1.27=3.81$（m/h）

① 根据交换器负荷相同的原则放大

树脂体积：$V_{M2}=mV_{M1}=2\times 1.00=2.00$（$m^3$）

树脂床直径：$D_2=m^{1/3}D_1=2^{1/3}\times 1=1.26$（m）

树脂床高度：$H_2=\frac{D_2}{D_1}H_1=\frac{1.26}{1}\times 1.27=1.60$（m）

② 根据线速度相同的原则放大

树脂床直径：$D_2=m^{1/2}D_1=\sqrt{2}\times 1=1.42$（m）

树脂床高度：$H_2=H_1=1.27$（m）

树脂体积：$V_{M2}=\frac{\pi D_2^2}{4}H_2=\frac{\pi\times 1.42^2}{4}\times 1.27=2.00$（$m^3$）

第七章　蒸发和结晶设备

蒸发是用加热的方法使溶液中的部分水分或溶剂气化并除去，以提高溶液中溶质的浓度或使溶液浓缩到饱和而析出溶质，也就是使挥发性的溶剂与不挥发的溶质进行分离的一种重要的单元操作。

蒸发的目的是浓缩，所以蒸发也被称之为蒸发浓缩。但浓缩的手段不只蒸发一种，在生物工程产业中，超滤、萃取等也能起到溶液浓缩的作用。

尽管蒸发操作的目的是物质的分离，但其过程的实质主要是热量传递而不是物质传递，溶剂气化的速率取决于传热速率，因此，蒸发操作应属于传热过程。但是，蒸发操作是含有不挥发溶质的溶液的沸腾传热，它具有某些不同于一般传热过程的特殊性。①浓溶液在沸腾气化过程中常在加热表面上析出溶质而形成垢层，而使传热过程恶化。因此，应适当对所设计蒸发器的结构设法防止或减少垢层的生成，并使加热面易于清理。②溶液的性质往往对蒸发器的结构设计提出特殊的要求。例如，当溶质是热敏性物质时，在高温下停留时间过长会引起变质，应设法减少溶液在蒸发器中的停留时间。某些溶液增浓后黏度大为增加，使沸腾传热的条件恶化，对此类溶液的蒸发应设计特殊结构的蒸发器。③溶剂气化需吸收大量气化热，因此蒸发操作是一种大量耗热的过程，节能是蒸发操作应必须关注的问题。

大多数工业蒸发所处理的是水溶液，热源是加热蒸汽，所产生的仍是水蒸气（称二次蒸汽），两者的区别是温位（或压强）不同。导致蒸汽温位降低的主要原因有两个：①传热需要有一定的温度差作为推动力，所以气化温度必低于加热蒸汽的温度；②在指定的外压下，由于溶质的存在造成溶液的沸点升高。

在生物工程产业中，蒸发主要是用在发酵滤液、树脂洗脱液及各种提取液的浓缩，以利于下一工序的进行。由于生物产品大多为热敏性物质，故在蒸发设备的设计和操作中应尽量降低蒸发温度和缩短蒸发时间。

结晶操作是获得纯净固体物质的重要方法之一。生物工程的许多产品（如抗生素、氨基酸、柠檬酸、葡萄糖、核苷酸等）都是采用结晶的方法来提纯精制的。

蒸发与结晶之间最大区别在于，蒸发是将部分溶剂从溶液中排出，而使溶液的浓度增加，溶液中的溶质没有发生相变，而结晶是从均一的溶液相中析出固相晶体的一个化工单元操作。结晶过程的操作与控制比蒸发过程要复杂得多。有的工厂将蒸发与结晶过程置于蒸发器中连续进行，这样虽然可以节约设备投资，但对结晶的晶体质量、结晶收率即产品提取率存在一定的负面影响。

第一节　蒸 发 设 备

蒸发设备主要是由蒸发器、冷凝设备、气-液分离器（又称除沫器）、真空系统等组成。

蒸发器是蒸发操作的核心，其形式有标准式、外加热式、管外沸腾式、强制循环式、升膜式、降膜式、刮板式、离心式等。表 7-1 列出了常见蒸发器的一些主要性能。

根据生物产品的热敏性特点，在生物工程产业中普遍采用的是膜式真空蒸发器。其主要特点是传热系数大、浓缩效率高、可处理黏性大和易产生泡沫的溶液。所以本节主要介绍膜式真空蒸发器。

表 7-1　常见蒸发器的一些主要性能

蒸发器形式	总传热系数		制造价格	料液在管内流速/(m/s)	停留时间	料液循环与否	浓缩液浓度是否恒定	浓缩比	设备处理量	料液性质是否合适					
	低黏度	高黏度								低黏度	高黏度	易产生泡沫	易结垢	由结晶析出	热敏性
标准式	良好	低	最廉	0.1～0.5	长	循环	可	良好	较小	适	可	可	尚可	稍适	尚可
外加热	高	良好	廉	0.4～1.5	较长	循环	可	良好	较大	适	尚可	较好	尚可	稍适	尚可
管外沸腾式	高	良好	高	1.5～2.5	较长	循环	可	良好	较大	适	尚可	较好	尚可	稍适	尚可
强制循环式	高	高	高	2.0～3.5	—	循环	可	较高	大	适	好	好	适	适	尚可
升膜式	高	良好	廉	0.4～1.0	短	不	较难	高	大	适	尚可	好	尚可	不适	良好
降膜式	良好	高	廉	0.4～1.0	短	不	尚可	高	大	较适	好	可	不适	不适	良好
刮板式	高	高	最高	—	短	不	尚可	高	较小	较适	好	较好	不适	不适	良好

1. 单流长管膜式蒸发器

膜式蒸发器的特点，若是溶液仅通过加热管一次，不作循环，称为单流式。溶液在加热管壁上形成一层薄膜的流动液层，薄液层受热快速气化而得到浓缩液，故其传热效率高。且停留时间短（数秒至数十秒）。加上真空操作使蒸发在低沸点条件下进行，蒸发温度低，能满足生物产品的快速蒸发浓缩之要求。

单流式长管薄膜蒸发器具有一细长的竖立管束，管束中的长管直径一般为 20～50mm，高度一般为 2～12m，因此其高径比一般为 100～150。作为加热用的蒸汽或热水在壳程内流动，料液则在管程内流动。根据料液以及从其中蒸出的二次蒸汽流动方向不同，长管薄膜蒸发器可分为升膜式、降膜式和升-降膜式三种。薄膜蒸发器一般在真空下操作，但也可在常压下进行操作。

(1) 升膜式长管蒸发器　图 7-1(a) 为升膜式长管蒸发器的示意图。

在升膜式长管蒸发器中，料液经预热器加热至接近沸点后进入器底，器底的料液高度约为管高的 1/5～1/4。由于器内处于真空状态下，料液又经过预热，因此器底的料液很容易受热

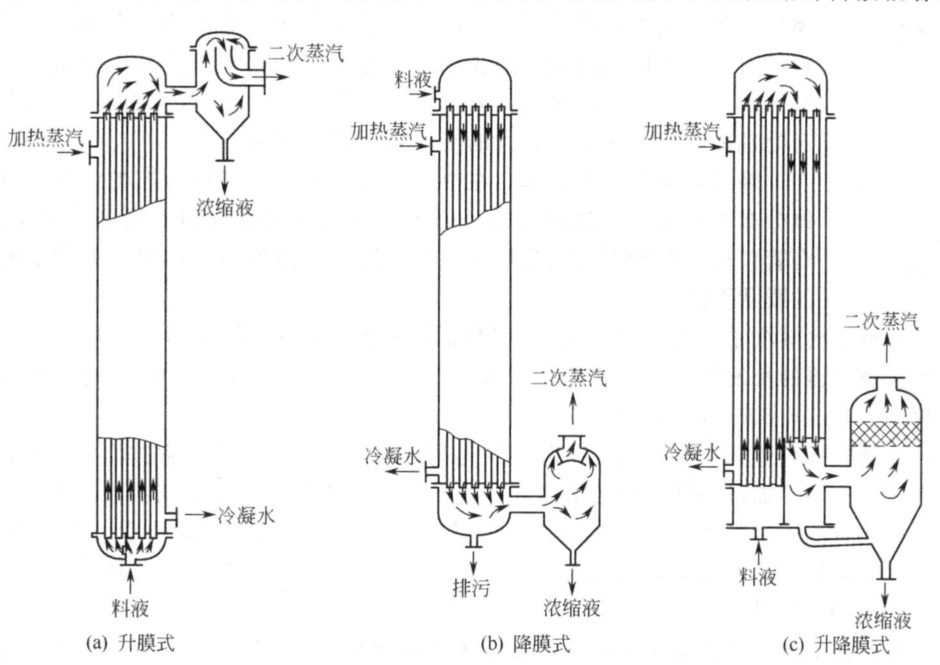

图 7-1　单流长管膜式蒸发器

而气化，蒸汽在管内以很高的速度上升，并夹带着部分还未气化的料液以液膜的形式沿着管内壁上升，且边上升边被浓缩。被蒸汽夹带出来的浓缩液在器顶的气-液分离器中进行分离，二次蒸汽在分离器顶部被引出并在冷凝器中冷凝，浓缩液则在分离器底部被引入浓缩液储罐。此种蒸发器适用于黏度不大于 0.05Pa·s 和易产生泡沫的料液，但不适用于在浓缩过程中有结晶析出或易结垢的料液。其总传热系数 K 在 1200～4200W/(m^2·℃) 之间。如果温度差选择恰当，一次通过的浓缩比可达 4 以上。

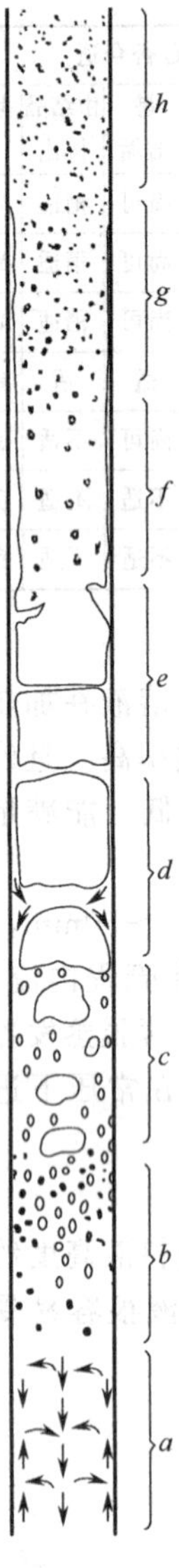

长管内液膜的形成过程可参见图 7-2。(a) 料液在低于沸点温度进入加热管内，管外通蒸汽，加热料液，使其温度上升，传热方式为自然对流，不发生相变；(b) 料液温度继续升高到沸腾时，大量气泡产生，并分散在连续的液相中；(c) 此时开始两相流动，当气泡生成更多时，气泡碰撞汇合增大，而形成块状流；(d) 气泡进一步增大形成柱栓；(e) 柱栓被冲破而形成环状流动体系；(f) 此时在管子中央形成蒸汽柱，上升的蒸汽将料液在管壁四周拉曳成一层液膜，沿管迅速上升；(g) 若上升气速进一步增大，冲刷管壁上的液膜，而形成了雾沫夹带，在蒸汽柱内形成带有液体雾沫的喷雾流；(h) 随着热流量和蒸汽上升速度继续增加，环状液膜被进一步蒸发而变薄，甚至部分消失，会导致产生局部干壁现象。在上述现象中，以环状流动［(d)～(f)］的传热系数最大，这一段是加热管的最佳工作状态。因此要将料液预热到接近沸点，以便进入加热管即达沸腾状态。同时，应保持上升蒸汽速度能将料液拉成膜状。在常压下，出口管内的气速不小于 10m/s，一般控制在 20～50m/s 为宜。而在减压下，出口气速可达 100～160m/s，甚至更高。如果料液中的溶剂量不大，蒸发后的出口气速就达不到要求。若操作不当（如蒸发量过大、管子太长等），就可能在此区域内产生局部的干壁现象，并会降低传热效果。

(2) 降膜式长管蒸发器　此种蒸发器的结构与升膜式相似［图 7-1(b)］，但料液是由顶部经液体分布装置均匀分布后进入加热管中，并沿管内壁以液膜状下降。随着液膜的下降，部分料液被气化，蒸出的二次蒸汽由于管顶有料液封住，所以只能随着液膜往管底排出，然后在分离器中分离。由于蒸发及液膜的运动方向均是由上向下，所以溶液在蒸发器内的停留时间很短，这对处理高度热敏或黏度较大的溶液是特别有利的。

降膜式蒸发器的效率，在很大程度上决定于液体分布的好坏。常用的液体分布方法为在加热管顶端开锯齿形缺口（此时管的上缘应高于花板），或在管口插入螺旋形或圆盘形导流栓，让料液沿着每一加热管的内壁能成均匀的膜状下降。

图 7-2　在垂直加热长管中气-液两相的状态

为了避免二次蒸汽量过大，影响液膜下降而形成液泛现象，加热蒸汽温度不宜过高。同时，降膜式蒸发器的蒸发管的高径比应较升膜式稍小，一般可取 50～70℃。这种蒸发器的总传热系数 K=1200～6000W/(m^2·℃)。

(3) 升降膜式长管蒸发器　这是一种能获得高蒸发速率的蒸发器，它犹如将一升膜式蒸发器与一降膜式蒸发器加以串联。稀溶液应先经过升膜区的浓缩，再上升到器顶，然后经液体分布装置，把初步浓缩后黏度较大的溶液再经过降膜区进一步浓缩，然后再引入分离器进行气-液分离。在升降膜式蒸发器中，加热管的高径比可选用得较小些，以免引起压力降过大。

2. 循环式薄膜蒸发器

如溶液仅在单流式蒸发器中通过一次蒸发还达不到要求的浓度，则可采用循环式薄膜蒸发器进行浓缩。所谓循环式蒸发器就是将溶液在加热管中进行多次蒸发的装置，若为升膜式蒸发器，可将分离器中分离出来的溶液引至加热管底部与新鲜料液一起再经加热管加热和气化，若为降膜式蒸发器，则必须借助于循环泵，将分离器引出的溶液送往器顶重新进行分布和浓缩。用升降膜蒸发器对溶液进行循环浓缩，则可不用循环泵。

图 7-3 所示是一种用于链霉素溶液浓缩的自然循环式升膜蒸发器及其生产流程。此种蒸发器的直径为 450mm，高为 1700mm，器内有蒸发管 7 根（图 7-3 中仅画出其中的一根）。蒸发管由外加热面（即通过壳体内蒸汽对蒸发管加热）及内加热面（通过插入蒸发管中央的蒸汽管进行加热）组成。溶液即在内外加热面之间的环隙间通过而蒸发，蒸发管的外管由 ϕ117mm×4mm 不锈钢管制成，内管（加热棒）由 ϕ89mm×3mm 不锈钢管制成，因此内外管的间隙为 10mm，管长为 1250mm，总换热面积为 5.5m^2，水分蒸发量为 250L/h。料液进入时为 10℃，经预热至 25～27℃进入蒸发器，加料量为 350～400L/h，蒸发水量为 250L/h，蒸发器内的真空度为 600～620mmHg（1mmHg＝133.322Pa），分离器内真空度要求在 750mmHg 以上，加热蒸汽温度为 95～98℃，溶液沸腾温度为 60℃左右，二次蒸汽温度为 30℃左右，总传热总系数约为 900～950W/(m^2·℃)。

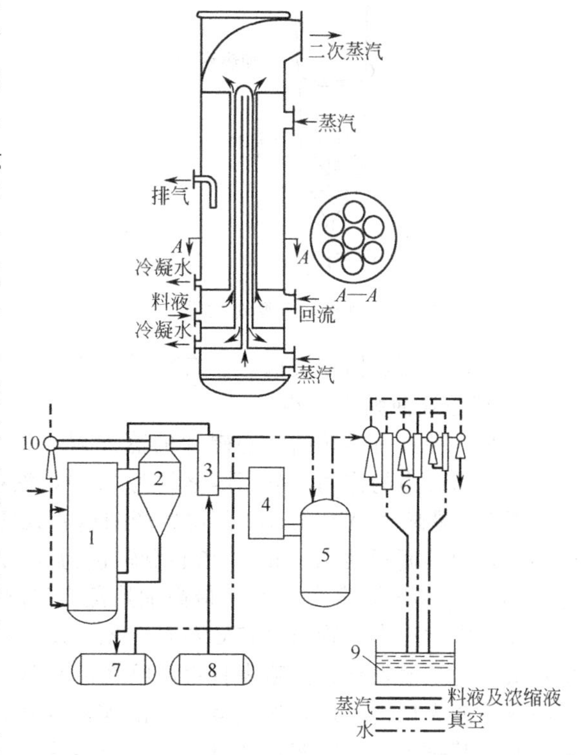

图 7-3 自然循环升膜蒸发器及其生产流程

1—蒸发器；2—分离器；3—热交换器；4—冷凝器；5—真空罐；6—四级喷射真空泵；7—浓缩液罐；8—料液罐；9—水池；10—喷射泵

图 7-3 所示的蒸发器附有蒸汽再压缩装置——蒸汽喷射泵，当高压蒸汽（一般要求表压在 0.7MPa 以上）进入喷射泵后，将一部分由分离器中排出的二次蒸汽吸入喷射泵，并与高压蒸汽混合后形成低压的蒸汽，而作为加热蒸汽用，这样不但减轻了二次蒸汽的冷凝负荷，而且使部分二次蒸汽经过升压后作为加热蒸汽用，进而节省了热能。

3. 刮板式薄膜蒸发器

图 7-4 所示为一刮板式薄膜蒸发器，它具有一搅拌轴，轴上附有若干块刮板，其作用是将溶液甩至蒸发器的器壁（加热面），并增加液膜的湍动性，以减少传热过程的液膜阻力和防止固体析出物的沾壁。此种蒸发器可分为两段，下段为加热蒸发段，上段为气-液分离段。下段中具有加热夹套，上段有扩大的截面及固定的叶板，以利于气-液分离。料液在加热蒸发段的顶部加入，并在器内以螺旋状的液膜形式下降，二次蒸汽所夹带的溶液被刮板甩至器壁，沿壁下降，会同料液重新被浓缩。由于此种蒸发器具有机械搅拌，故可处理高黏度甚至带有固体粒子的物料。用此种蒸发器处理的浓缩液黏度可高达 100Pa·s（在蒸发温度下）。对 0.001～0.005Pa·s 的料液，其总传热系数可达 6900～7000W/(m^2·℃)，浓缩比一般不超过 3，否则蒸气器下部薄膜断裂，会使物料发生结焦或热分解。此种蒸发器的缺点是生产能力较小，具有传动件，需经常加以维护，而且造价较高。

刮板式蒸发器直径约为 0.1～0.5m，相应的换热面积为 0.1～4m^2，加热段高度约为直径的 3～5 倍，蒸发水量为 200L/(m^2·h)，刮板转速为 230～1600r/min（随着传热面加大，转速减小），其线速度一般为 4～10m/s，并可以进行调节，刮板与器壁间的间隙一般要求小于 1.5mm。

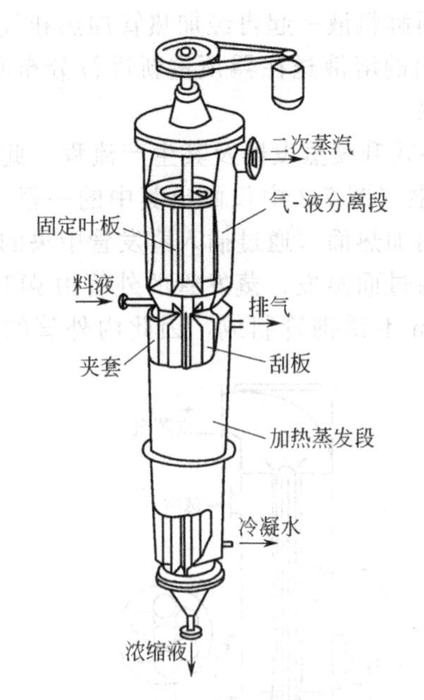

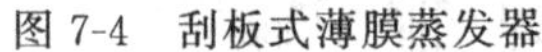

图 7-4　刮板式薄膜蒸发器

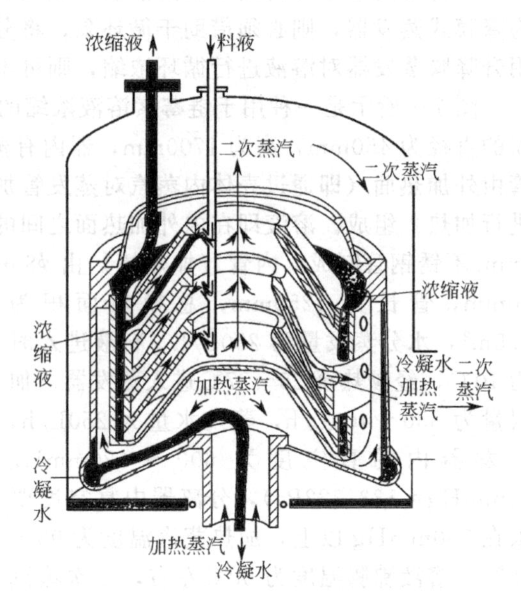

图 7-5　离心式薄膜蒸发器

与刮板式蒸发器相类似的还有转子式和转盘式薄膜蒸发器。

4. 离心式薄膜蒸发器

这是一种具有旋转的空心碟片的蒸发器，料液在碟片上形成一层厚度约 0.1～1mm 的薄膜，由于离心力的作用（分离因素约为 200），液料加热时间仅为 1min 左右。

图 7-5 是瑞典 Alfa-Laval 公司生产的离心式薄膜蒸发器的剖面图。它具有六片 ϕ650mm 的离心盘，加热面积共 2.58m^2，离心盘转速为 690r/min。最大进料量为 1000L/h，最大蒸发量为 800L/h，蒸发温度为 45℃，最高加热蒸汽温度为 80℃，总传热系数 $K=6900W/(m^2\cdot ℃)$。

在操作过程中，物料（45℃左右）先经过滤器，进入可维持一定液面的贮罐，再由螺杆泵将料液输送至蒸发器，由喷嘴将料液喷在离心盘背面，在离心力作用下使其形成均匀薄膜。在离心盘中的夹层内，通入加热蒸汽。浓缩液在通过膨胀式冷却器后冷却为 20℃的成品，由浓缩液泵将其排出。二次蒸汽经过板式冷凝器后冷凝，再用真空泵将其抽出。

此外，还有一种旋风式离心薄膜蒸发器，其外形类似旋风分离器。料液靠泵在蒸发器顶呈切线方向以 10m/s 左右的速度引入，并靠惯性离心力将物料在器壁上形成薄膜。此类蒸发器只适用于含水量较高而黏度较小的物料。

5. 蒸发器的配套设备

单效蒸发设备除了蒸发器以外，还有气-液分离器、冷凝器和真空装置。

(1) 气-液分离器　气-液分离器又称除沫器，其作用是把二次蒸汽夹带的液体分离出来。分离器的形式很多，常直接装在蒸发器内顶盖下面（图 7-6），也有装在蒸发器外的（图 7-7）。

(2) 蒸汽冷凝器　蒸汽冷凝器的作用是用冷却水将二次蒸汽冷凝或液体。当二次蒸汽为有回收价值的溶剂或会严重地污染冷却水时，应采用间壁式冷却器，如列管式、板式、螺旋管式及淋水管式等热交换器。当二次蒸汽为水蒸气时，可用直接接触式冷凝器。二次蒸汽与冷却水可直接接触进行热交换，其冷凝效果好，结构简单，操作方便，造价低廉，因此被广泛采用。

直接接触是冷凝器有多孔板式、水帘式、填充塔式及水喷射式等，如图 7-8 所示。

多层多孔板式冷凝器是目前广泛使用的形式之一。其结构如图 7-8(a) 所示。冷凝器内部装有 4～9 块不等距的多孔板，冷却水通过板上小孔分散成液滴而与二次蒸汽接触，接触面积大，冷凝效果好。但多孔板易堵，二次蒸汽在折流过程中压降较大；若采用压降较小的单层多

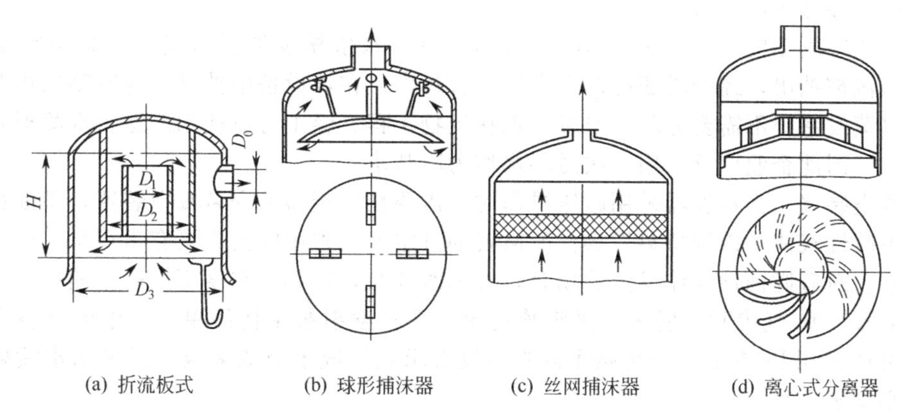

图 7-6 装在蒸发器内的气-液分离器

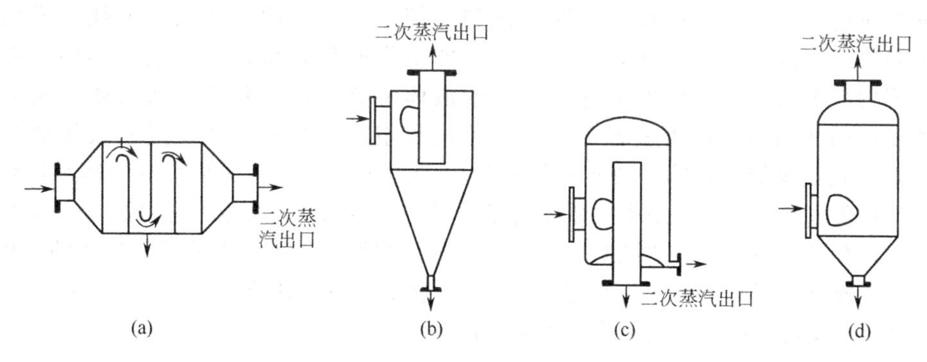

图 7-7 装在蒸发器外的气-液分离器

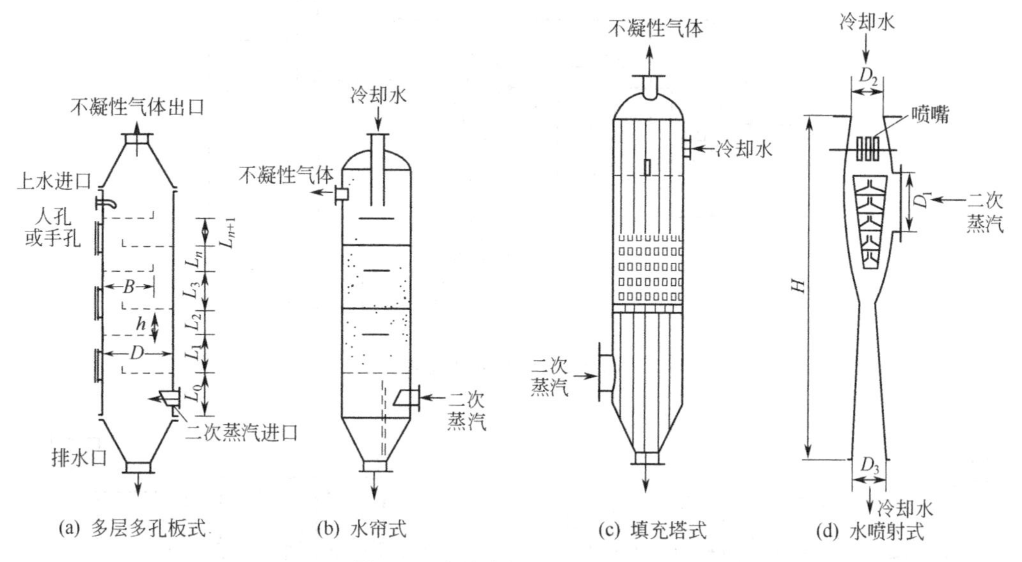

图 7-8 直接接触式冷凝器示意

孔板式冷凝器，其冷凝效果较差。

水帘式冷凝器的结构如图 7-8(b) 所示。器内装有 3～4 对固定的圆形隔板和环形隔板，使冷却水在各板间形成水帘，二次蒸汽通过水帘时被冷凝。其结构简单，压降较大。

填充塔式冷凝器的结构如图 7-8(c) 所示。塔内上部装有多孔板式液体分布板，塔内装填拉西环填料。冷却水与二次蒸汽在填料表面接触，提高了冷凝效果。其适用于二次蒸汽量较大和冷凝具有腐蚀性气体的情况。

水喷射式冷凝器的结构如图 7-8(d) 所示。冷却水依靠泵加压后经喷嘴高速喷出形成真空，二次蒸汽被抽出，经冷凝随冷却水由排出管排出。在该设备中抽真空与冷凝二次蒸汽同时发生，所以蒸发系统不需要另配真空泵，现在生物工程、轻工行业使用广泛。水喷射式冷凝器用水量较大，因此企业广泛采用二次循环水作为冷却水。

(3) 真空装置　当蒸发器采用减压操作时，需要在冷凝器后安装真空装置，不断抽出水蒸气所带的不凝性气体，以维持蒸发操作所需要的真空度。常用的真空泵有水环泵、往复式真空泵及喷射泵。对有腐蚀性气体发生的场合，宜用水环泵，但其真空度不太高。喷射式真空泵又分为水喷射泵、水-气串联喷射泵及蒸汽喷射泵。蒸汽喷射泵结构简单，产生的真空度较水喷射泵高，可达 100kPa 左右，还可按不同真空度要求设计成单级或多级。当采用水喷射式冷凝器时，不必安装真空泵。

6. 多效蒸发

蒸发操作过程主要费用是能耗，即蒸汽和冷却二次蒸汽的冷却水的消耗。采用多效蒸发操作是解决以上问题的主要途径。多效蒸发的工作原理是将若干个蒸发器串联起来，利用将各效蒸发器的操作压力依次降低使相应的液体沸点也依次降低，从而使二次蒸汽作为下一效蒸发器的加热蒸汽，通过若干次二次蒸汽利用而进行的操作。把通入加热蒸汽的蒸发器称为第一效蒸发器，以第一效蒸发器所产生的二次蒸汽作为加热蒸汽的蒸发器称为第二效蒸发器，其余依此类推。实施多效蒸发的条件是加热蒸汽的温度和压强须比该效蒸发室的为高，只有两者有温度差存在，才能使引入的二次蒸汽起加热作用。多效蒸发操作的流程根据加热蒸汽与料液的流向不同，可分为并流（顺流）、逆流、平流和错流，图 7-9～图 7-11 示出各流程图（错流蒸发流程由于工业上应用不多，故此处未给图示）。

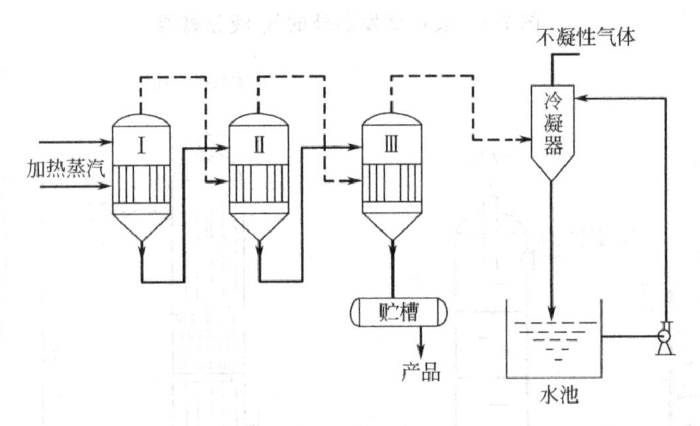

图 7-9　三效并流流程

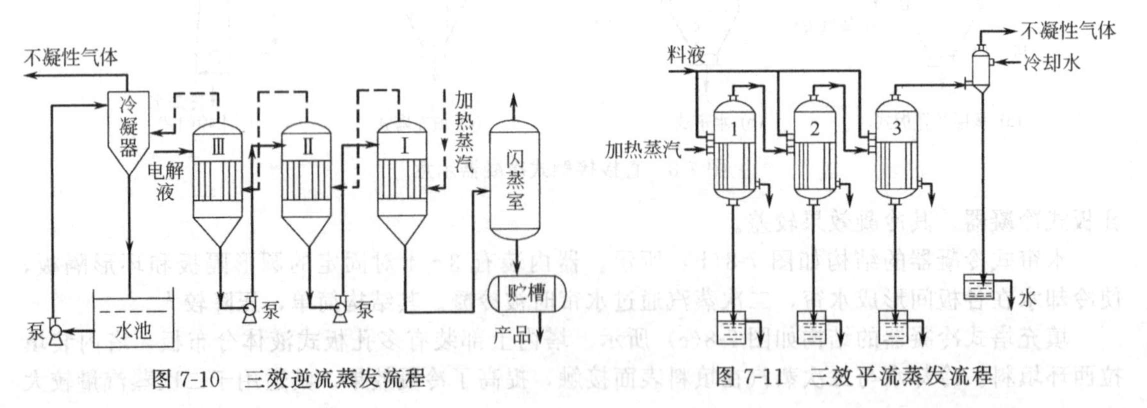

图 7-10　三效逆流蒸发流程

图 7-11　三效平流蒸发流程

采用多效蒸发的目的是为了充分利用热能，即通过蒸发过程中二次蒸汽的利用减少蒸汽的消耗和减少二次蒸汽量，相应地节约大量的冷却水，从而提高了蒸发装置的经济效益。效数越多，节约的蒸汽量也就越多，从理论上讲，n 效蒸发器每蒸发 1kg 水仅需 $(1/n)$kg 蒸汽，但实际上由于热损失，所以实际蒸汽消耗量略多些，见表 7-2 所示。

表 7-2　不同效数蒸发设备的蒸汽消耗量

效　数	蒸发 1kg 水所需理论蒸汽量/kg	蒸发 1kg 水所需实际蒸汽量/kg
单效	1	1.1
双效	0.5	0.57
三效	0.33	0.4
四效	0.25	0.3
五效	0.2	0.27

采用多效蒸发可以提高热量利用率，降低燃料消耗，但不能够提高生产能力。它仅仅是用增加蒸发器来换取节省加热蒸汽的消耗量。在生物工程工业中，使用的多效蒸发器一般为四效以下。

第二节　蒸发设备的计算与设计

本节仅讨论单效蒸发设备的设计计算。

1. 物料衡算和热量衡算

在一个连续操作的蒸发器中，设料液的加料量为 L_f(kg/h)，其中固体的质量分数为 x_f，经蒸发后，浓缩液的出料量为 L_p(kg/h)，其中固体质量分数为 x_p，二次蒸汽的形成量为 V_e(kg/h)，于是：

$$L_f = L_p + V_e \tag{7-1}$$

$$L_f(1-x_f) = L_p(1-x_p) + V_e \tag{7-2}$$

在一般情况下，L_f、x_f 及 x_p 是已知的，L_p 及 V_e 则可利用式(7-1)、式(7-2) 求出，即：

$$L_p = L_f \frac{x_f}{x_p} \tag{7-3}$$

$$V_e = L_f \frac{x_p - x_f}{x_p} \tag{7-4}$$

若加热蒸汽用量为 V_s(kg/h)，其热焓值为 i_s(kJ/kg)，料液的平均比热容为 c_p[kJ/(kg·℃)]，二次蒸汽产生时的热焓值为 i_e(kJ/kg)，料液温度为 t_f(℃)，蒸发温度为 t_b(℃)，不计热量损失，则：

$$V_s i_s = L_f c_p (t_b - t_f) + V_e i_e \tag{7-5}$$

于是，加热蒸汽的消耗量为：

$$V_s = \frac{L_f c_p (t_b - t_f) + V_e i_e}{i_s} \tag{7-6}$$

蒸发器的热负荷为：

$$Q = V_s i_e \tag{7-7}$$

在应用式(7-5)、式(7-6) 时应注意，在溶液蒸发时，因为溶液中具有溶质，故其蒸发温度 t_b 应高于纯溶剂的，即并不与真空度相对应。另外，料液温度 t_f 应尽量接近沸点，这样就可以充分利用蒸发器的加热面积，否则蒸发管一部分仅起预热作用。为此常将料液先经过预热器进行预热。

在蒸发操作中，通常把每千克加热蒸汽所蒸出的水量称为热效率，可由式(7-8) 表示：

$$\eta=\frac{V_e}{V_s} \tag{7-8}$$

2. 传热计算

在蒸发器设计计算中，主要是蒸发器的换热面积。如在单流长管膜式蒸发器设计中，选定加热管子的直径，一般为 ϕ20mm～ϕ50mm，设高径比为一适当值，则可知管子长度 L，再由换热面积可得出加热管子的根数。

换热面积：

$$F=\frac{Q}{K\Delta t} \tag{7-9}$$

式中，F 为换热面积，m^2；Q 为蒸发器热负荷，kJ/h，如忽略热损失由式(7-7) 而得；Δt 为传热温度差，$\Delta t=t_s-t_f$，如近沸点进料，$\Delta t\approx t_s-t_b$；K 为总传热系数，是传热热阻的倒数，kW/(m^2·℃)，由式(7-10) 计算而得：

$$\frac{1}{K}=\frac{1}{\alpha_f}+\frac{\delta}{\lambda}+R_f+\frac{1}{\alpha_s} \tag{7-10}$$

管外蒸汽冷凝的热阻 $1/\alpha_s$ 一般很小，但须注意及时排除加热室中的不凝性气体（如空气），否则不凝性气体在加热室内不断积累，将使此项热阻明显增加。

加热管壁的热阻 δ/λ 一般可以忽略。

管内壁液体一侧的垢层热阻 R_f，取决于溶液的性质及管内液体流动状况。降低垢层热阻的方法是定期清理加热管、加快流体的循环运动速度、加入微量阻垢剂以延缓形成垢层，在处理有结晶析出的物料时可加入少量晶种（结晶颗粒），使结晶尽可能地在溶液的主体中而不是在加热面上析出。

管内沸腾给热的热阻 $1/\alpha_f$ 主要决定于沸腾液体的流动情况。对清洁的加热面，此项热阻是影响总传热系数的主要因素。

3. 蒸发设备的生产强度

蒸发装置设备费大小直接与传热面积有关，生产上通常将蒸发装置（包括冷凝器、泵等辅助设备）的总投资折算成单位传热面的设备费来表示。对于给定的蒸发任务（蒸发量一定），所需的传热面小，说明设备的生产强度高，所需的设备费少。一般定义单位传热面积的蒸发量为蒸发器的生产强度 U[kg/(m^2·h)]，也称蒸发强度，即：

$$U=\frac{V_e}{F} \tag{7-11}$$

一般升膜式长管蒸发器的蒸发强度为 60kg/(m^2·h)，降膜式长管蒸发器的蒸发强度为 100kg/(m^2·h)，刮板式膜式蒸发器的蒸发强度为 200kg/(m^2·h)。

若不计热损失和浓缩热，料液近沸点进料，则蒸发器热负荷 $Q=V_e i_e$，则

$$U=\frac{V_e}{F}=\frac{Q}{Fi_e}=\frac{K\Delta t}{i_e} \tag{7-12}$$

可见蒸发设备的生产强度 U 的大小取决于蒸发器的传热温度差与传热系数的乘积和蒸发的操作工艺。提高膜式蒸发器生产强度的途径有：①物料要接近沸点进料，管内壁极大部分成有效膜蒸发状态；②要采用合适的 Δt 温度，加热源与料液沸点温度差不能很大，不能发生干壁状况；③要有足够的冷凝量，把二次蒸汽尽量冷凝成液体，减少真空泵的负荷；④合适的真空泵及真空管道配置，真空度高，物料的沸点低，蒸发量大，真空管道阻力要小。

【例 7-1】 现欲设计一单流升膜真空蒸发器用来浓缩井冈霉素发酵滤液，滤液单位 10000u/ml，要求浓缩液单位为 30000u/ml；蒸发器内蒸发温度为 60℃，处理量为 600kg/h，加热蒸汽 99℃，传热系数 $K=4600$kJ/(m^2·h·℃)；加热管采用 ϕ25×2.5 不锈钢，$L/d=$

125，混合冷凝器进口水温 33℃，系统漏入空气量为 2kg/h；物料性质与水的物性数据相似。求：①设计一套升膜真空蒸发器的流程；②蒸发器的传热面积和列管的根数与长度；③分离器的直径和结构尺寸；④真空系统的排气量（作为选用真空泵的重要参数）。

解：① 设计一套升膜真空蒸发器的流程

一套升膜真空蒸发器系统，其主要设备应该有料液贮罐、进料流量计、蒸发器、冷凝器、真空发生器等，其设备流程图如下：

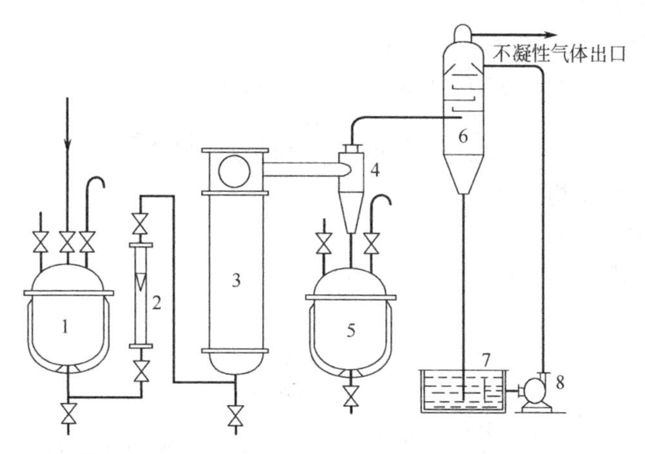

1—井冈霉素滤液贮罐；2—进料流量计；3—蒸发器；4—气-液分离器；
5—浓缩液贮罐；6—混合式冷凝器；7—循环水池；8—水泵

② 蒸发器的传热面积和列管的根数与长度

根据题意蒸发温度 60℃，由 60℃ 查其饱和水蒸气压强为 149.4mmHg（1mmHg＝133.322Pa），相对真空度＝760－149.4＝610.6mmHg。设计进料温度低于沸点 3～4℃，进料温度为 60－4＝56℃。

99℃ 99℃ 60℃ 56℃

a. $\Delta t_m=\dfrac{43+39}{2}=41$（℃）

b. 加热段面积 F_1

$F_1=\dfrac{Q_1}{K_1\Delta t_m}$ 取 $K_1=630\text{kJ/(m}^2\cdot\text{h}\cdot℃)$

$$Q_1=cL_f\Delta t=4.187\times600\times(60-56)=10048.8\text{kJ/(m}^2\cdot\text{h}\cdot℃)$$

$$F_1=\frac{Q_1}{K_1\Delta t_m}=\frac{10048.8}{630\times41}=0.39\ (\text{m}^2)$$

c. 蒸发水量 V_e 及蒸发段的面积 F_2

$$V_e=600\times2/3=400\ (\text{kg/h})$$

$Q_2=V_e i_e$ 查 60℃时水的气化潜热为 2355.2kJ/kg

$$Q_2=400\times2355.2=942080\ (\text{kJ/h})$$

$$F_2=\frac{Q_2}{K_2\Delta t_m}$$

$$K_2=4600\text{kJ/(m}^2\cdot\text{h}\cdot℃)$$

$$\Delta t_m=99-60=39\ (℃)$$

$$F_2=\frac{942080}{4600\times39}=5.25\ (\text{m}^2)$$

所以蒸发器的总面积 $F=F_1+F_2=0.39+5.25=5.64$（m^2）

设计面积 $F_{设}=1.2F=1.2\times5.64=6.76$（$\text{m}^2$）

求蒸发器的总面积方法二：

根据同品种、同生产工艺条件下工厂实测到的井冈霉素滤液薄膜浓缩蒸发强度 $U=60\text{L}/(\text{m}^2\cdot\text{h})$ 来设计蒸发器的面积

$$F=600\times\frac{2}{3}\div 60=\frac{400}{60}=6.7\ (\text{m}^2)$$

两种计算结果基本相同，在实际设计放大时，采用后者方法更可靠。

d. 列管的根数与长度

根据题意选用 $\phi25\times2.5$ 不锈钢管，其

长度 $$L=125d=125\times(0.025-0.005)=3\ (\text{m})$$

根数 $$n=\frac{F}{d\pi L}=\frac{6.76}{0.020\times3.14\times3}=36\ (\text{根})$$

③ 分离器的直径和结构尺寸

求气-液分离器的直径 D。

根据真空度查得进气口气速 $w_s=35\sim45\text{m/s}$

现取 $w_s=40\text{m/s}$

$$d_1=\sqrt{\frac{V}{0.785w_s}}$$

$$V=\frac{V_e}{18}\times22.4\times\frac{T_2}{T_1}\times\frac{p_1}{p_2}=\frac{400}{18}\times22.4\times\frac{333}{273}\times\frac{760}{149.4}=3088(\text{m}^3/\text{h})=0.858\ (\text{m}^3/\text{s})$$

$$d_1=\sqrt{\frac{V}{0.785w_s}}=\sqrt{\frac{0.858}{0.785\times40}}=0.165\ (\text{m})$$，经圆整，取 160mm

根据气-液分离器的结构比例，设计为：

汽液分离器直径 $D=2.5d_1=160\times2.5=400$ (mm)

二次蒸汽出口 $d_2=0.5D=200$ (mm)

二次蒸汽进口 $d_1=160$ (mm)

圆筒部高度 $L_1=1.5D=600$ (mm)

圆锥部高度 $L_2=2.0D=800$ (mm)

④ 真空系统的排气量

真空发生装置的作用是将冷凝后的二次蒸汽中含有的不凝性气体不断排除，以维持蒸发器中所需真空度。选择真空设备的依据是排气量和真空度这两个指标。二次蒸汽中不凝性气体来自两个方面：一是因蒸发系统设备和管道的不紧密漏入的空气量 g_1；二是溶解于液体中（包括料液和冷凝器用的冷却水）的气体量 g_2 因减压而泄出的。

$$G_m=G_a+G_n$$

式中，G_m、G_a、G_n 分别为排出混合气体质量流量、不凝性气体中含的饱和水蒸气量、不凝性气体量，kg/h。

$$G_a=2g_1+g_2$$

根据题意，系统漏入的空气量为 $g_1=2\text{kg/h}$

本系统处理量 $M_1=600\text{kg/h}=0.6\text{m}^3/\text{h}$

经计算混合式冷凝器需冷却水量

$$L_2=\frac{V_e(i-c_pt_2)}{c(t_2-t_1)}$$

冷却水进口 $t_1=33℃$，设 $\Delta t=12℃$，出口温度 $t_2=33+12=45$ (℃)（一般混合式冷凝器内 Δt 在 10～20℃）。

查 60℃时蒸汽的热焓 $i=2606.4\text{kJ/kg}$

$$L_2=\frac{V_e(i-c_p t_2)}{c(t_2-t_1)}=\frac{400\times(2606.4-4.187\times45)}{1000\times4.187\times(45-33)}=19.25\ (\text{m}^3/\text{h})$$

查得 33℃时空气在液体中的溶解度为 20g/m^3

$$g_2=20\times(M_1+M_2)=20\times(0.6+19.25)=397(\text{g/h})=0.397\ (\text{kg/h})$$

$$G_a=2g_1+g_2=2\times2+0.397=4.397\ (\text{kg/h})$$

$$G_n=G_a\left(0.622-\frac{p_n}{p_1-p_n}\right)$$

式中，p_n 为相当于冷凝器出口气体温度 t_{As} 时的蒸汽分压；p_1 为吸入压强。

$$t_A=t_1+4+0.1\times(t_2-t_1)=33+4+0.1\times(45-33)=38.2\ (℃)$$

由 38.2℃查得此时蒸汽分压 $p_n=50.208\text{mmHg}$。

根据题意，蒸发温度 60℃，查得 $p_1=149.4\text{mmHg}$

$$G_n=G_a\left(0.622\times\frac{p_n}{p_1-p_n}\right)=4.397\times\left(0.622\times\frac{50.208}{149.4-50.208}\right)=1.384\ (\text{kg/h})$$

排出的混合气体 $G_m=G_a+G_n=4.397+1.384=5.781\ (\text{kg/h})$

真空度要求大于 610mmHg。

第三节　结 晶 设 备

1. 结晶过程

结晶是从均一的溶液相中析出固相晶体的一个重要化工单元操作。通常是将溶液浓缩除去部分溶剂（如从制霉菌素乙醇抽提液中蒸出乙醇），或改变溶液的温度（如将红霉素萃取液冷冻）的方法来获得结晶，还可用加入某些化学反应剂（如在土霉素酸性溶液中加入氨水）和加入第二种溶剂（如在卡那霉素洗脱液中加入乙醇）等方法获得结晶。

结晶过程包括三个过程：①形成过饱和溶液；②晶核形成；③晶体生长。溶液达到过饱和是结晶的前提，过饱和度则是结晶的推动力。制备过饱和溶液的方法有：①将热的饱和溶液进行冷却；②将部分溶剂蒸发；③化学反应结晶；④盐析结晶。也可采用上述方法的组合。

物质在溶解时一般吸收热量，在结晶时则应是放出热量，即称其为结晶热。因此结晶过程还伴有热量传递的过程。

2. 结晶设备的结构与分类

结晶设备根据结晶方式及操作方法可分为三类：①冷却结晶器，其代表设备为自然冷却敞开式结晶器、搅拌结晶器、连续式结晶器；②蒸发结晶器，其代表设备为搅拌蒸发结晶器、循环式结晶器；③真空结晶器，其代表设备为搅拌真空结晶器、循环式连续真空结晶器。由于结晶过程中一般均需改变溶液的温度，故结晶设备均附有热交换装置，同时一般还附有机械搅拌器或泵，以便溶液流动，也使晶核能悬浮在溶液中而获得大小均匀的晶体。由于结晶操作的质量直接影响成品产量，结晶设备一般为不锈钢或搪玻璃设备，内壁要求十分光滑，使晶体不易粘壁，并易于就地清洗或灭菌。

常用的结晶设备是带搅拌的结晶罐，罐体上附有夹套，以便根据工艺需要改变罐内温度。搅拌器的形式有框式搅拌器、直叶式搅拌器、螺旋式搅拌器等。搅拌器形式及搅拌转速的选择应视溶液性质和晶体大小而定。一般趋向于采用较大直径搅拌桨叶、较低的转动速度。如味精结晶时采用 6～15r/min，柠檬酸结晶时用 8～10r/min。图 7-12～图 7-15 为几种结晶设备示意图。

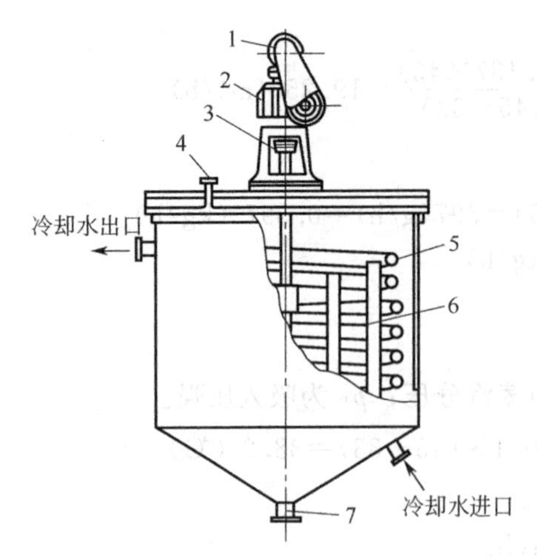

图 7-12　立式搅拌结晶罐

1—电动机；2—减速器；3—搅拌轴；4—进料口；
5—冷却蛇管；6—框式搅拌器；7—出料口

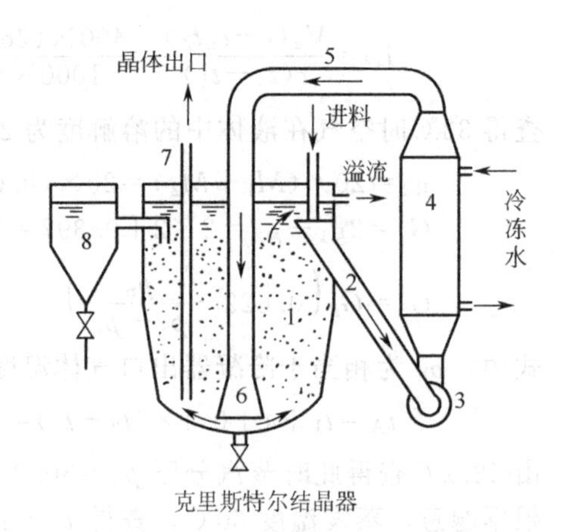

图 7-13　连续式冷却结晶器

1—结晶罐；2,5—循环管；3—循环泵；4—冷却器；
6—中心管；7—出料口；8—分离器

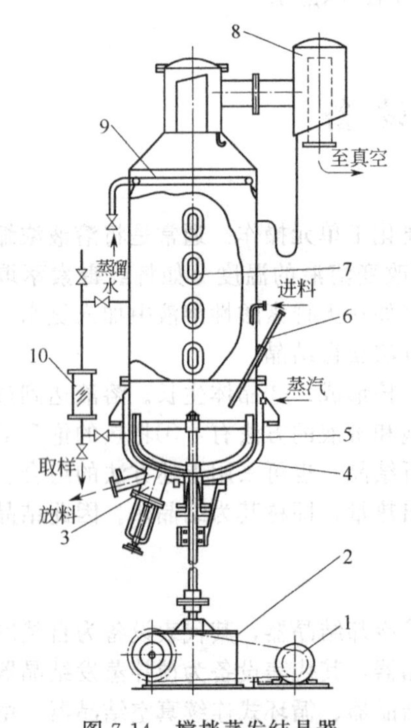

图 7-14　搅拌蒸发结晶器

1—电动机；2—减速机；3—放料底阀；4—夹套；
5—锚式搅拌器；6—温度计；7—视镜；8—分离器；
9—淋水管；10—置比重计筒

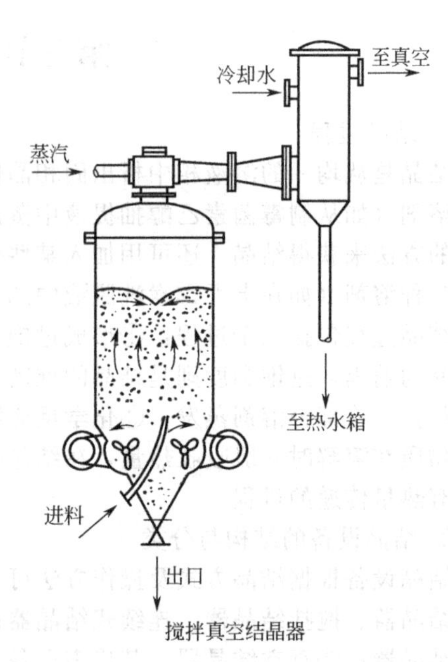

图 7-15　搅拌真空结晶器

3. 结晶设备计算

(1) 物料恒算

总物质平衡
$$F=M+G+E \tag{7-13}$$

溶质平衡
$$Fx_F=Mx_M+Gx_G \tag{7-14}$$

式中，F 为料液量，kg；x_F 为料液中溶质质量分数；M 为母液量，kg；x_M 为母液浓中溶质质量分数；G 为晶体量，kg；x_G 为结晶所含溶质的质量分数，当结晶不含结晶水时其值为 1；E 为溶剂蒸发量，kg。

（2）热量恒算　结晶器的热量恒算应为带入结晶器的热量等于带走的热量。

① 原料液带入的热量　　$Q_1 = Fc_F T_F$　　(7-15)

式中，Q_1 为原料液带入的热量，kJ；c_F 为原料液的比热容，kJ/(kg·℃)；T_F 为原料液的温度，℃。

② 结晶时放出的热量 Q_2（kJ）。

③ 加热溶液的热量 Q_3（kJ），对于冷却结晶，$Q_3 = 0$。

④ 随母液带走的热量　　$Q_4 = Mc_M T_M$　　(7-16)

式中，Q_4 为随母液带走的热量，kJ；c_M 为母液的比热容，kJ/(kg·℃)；T_M 为母液的温度，K。

⑤ 随晶体带走的热量　　$Q_5 = Gc_G T_M$　　(7-17)

式中，Q_5 为随晶体带走的热量，kJ；c_M 为晶体的比热容，kJ/(kg·℃)。

⑥ 随溶剂蒸汽带走的热量 Q_6（kJ），$Q_6 = Ei_E$。

⑦ 冷却结晶中，设备冷却带走的热量

$$Q_7 = Wc_w(t_1 - t_2) \tag{7-18}$$

式中，Q_7 为设备冷却带走的热量，kJ；W 为冷却液用量，kg；c_w 为冷却液的比热容，kJ/(kg·℃)；t_1、t_2 为冷却液入口、出口温度，℃。

对于蒸发结晶，$Q_7 = 0$。

⑧ 结晶设备向环境散失的热量　　$Q_8 = \alpha F\tau\Delta t$　　(7-19)

式中，Q_8 为结晶设备散失的热量，kJ；α 为结晶设备对环境空气的给热系数，W/(m^2·℃)；F 为结晶设备表面积，m^2；τ 为结晶时间，s；Δt 为结晶设备与环境温度差，℃。

热量恒算式　　$Q_1 + Q_2 + Q_3 = Q_4 + Q_5 + Q_6 + Q_7 + Q_8$　　(7-20)

第八章　生物产品干燥设备

生物工程产品，如抗生素成品，除了水针剂，其他如粉针剂、悬浮剂、片剂、胶囊剂、膏剂等都是由干燥的粉状原料经制剂加工后制成的。干燥粉末状的生物工程产品不仅易于包装运输，更重要的是其在干燥情况下较为稳定，其生物活性免于下降，且便于贮藏。所以绝大多数生物工程制品的生产都需要干燥这一操作。

表 8-1 列举了我国药典（2005 年版）所规定的一些抗生素产品的含水标准。

表 8-1　一些抗生素产品的含水标准

抗生素产品	最低%或最低效价	最高含水量/%	测定方法
青霉素钠(注射用)	96%(1600)	1.0	费休氏法(A)
青霉素钾(注射用)	95%(1534)	0.5	费休氏法(A)
普鲁卡因青霉素(注射用)	95%(960)	4.0	费休氏法(A)
红霉素	920	6.0	费休氏法(A)
盐酸柔红霉素	88.9%	3.0	费休氏法(A)
罗红霉素	94.0%	3.0	费休氏法(A)
吉他霉素	1300	3.0	费休氏法(A)
克拉霉素	94.0%	2.0	费休氏法(A)
阿奇霉素	945	5.0	费休氏法(A)
盐酸大观霉素(注射)	90.0%～110.0%	16.0	费休氏法(A)
盐酸克林霉素	83.0%	6.0	费休氏法(A)
盐酸林可霉素	82.5%	6.0	费休氏法(A)
硫酸小诺霉素	590	12.0	费休氏法(A)
乙酰螺旋霉素	1200	3.0	105℃干燥至恒重
硫酸核糖霉素	680	4.0	60℃减压干燥至恒重
麦白霉素	850	2.0	105℃干燥至恒重
硫酸链霉素(注射用)	720	7.0	60℃减压干燥 4h
盐酸四环素(口服)	95.0	1.0	105℃干燥至恒重
(注射)		0.5	105℃干燥至恒重
盐酸金霉素	91%		105℃干燥至恒重
盐酸土霉素	88.0%		费休氏法(A)
硫酸卡那霉素	67.0%	4.0	105℃干燥至恒重
硫酸庆大霉素	590		费休氏法(A)
硫酸新霉素	650	6.0	60℃减压干燥至恒重
灰黄霉素	95.0%	0.5	105℃干燥至恒重

化工生产中所用的干燥设备类型很多。由于生物工程制品一般均为热敏物质，干燥的设备必须是快速高效的，加热温度不能过高，产品与干燥介质的接触时间不能太长，同时考虑到生物工程制品有一定纯度和无菌要求，不能在干燥过程中有杂质混入，因此要求干燥设备能保持密闭，且便于在位清洗，生产注射用的产品还要使设备保持无菌。

常用于微生物制药生产的干燥设备有气流干燥器、沸腾干燥器、喷雾干燥器、沸腾造粒干燥器、真空干燥器和冷冻干燥器等。

第一节　干燥过程的基本计算方法

一、湿空气的性质

大多数的干燥过程中，热空气作为干燥介质，热空气将热量传至湿物料，水分即在湿物料表面气化，并被热空气带走，因此热空气在干燥过程中既作为载热体又作为载湿体。在干燥过程中湿物料需不断地将内部水分扩散至表面，因此干燥过程中除了传热过程外，还同时存在着传质过程。

在以热空气为干燥介质时，必须要求湿物料表面的水蒸气压大于热空气中水汽分压，压差愈大，干燥愈迅速。湿物料表面的水蒸气压随着物料表面温度上升而增加，在对流干燥时，物料的温度升高是借空气的传递而引起的，而进入干燥器的空气温度及热含量（焓）不断下降，其水汽含量（湿含量及相对湿度）则不断上升。

空气的湿含量 x，为 1kg 干空气中所含水汽的质量。

$$x=\frac{G_w}{G_g}=\frac{M_w n_w}{M_g p_g}=\frac{M_w p_w}{M_g(p-p_w)}=\frac{18}{29}\times\frac{p_w}{p-p_w}=0.622\times\frac{p_w}{p-p_w} \tag{8-1}$$

空气的相对湿度，为空气中水汽含量与同温度同压强下空气的饱和水汽含量之比，或空气中水汽分压与同温度下水的饱和蒸气压之比。

$$\varphi=\frac{p_w}{p_s}\times100\% \tag{8-2}$$

将式(8-2) 代入式(8-1) 得

$$x=0.622\times\frac{\varphi p_w}{p-\varphi p_w} \tag{8-3}$$

湿空气的热含量（即热焓）I 为湿空气中的干空气热含量和水汽热含量之和。

$$I=1.00t+(2491+1.93t)x=(1.00+1.93x)t+2491x \tag{8-4}$$

式中，x 为湿空气的湿含量，kg/kg；φ 为湿空气的相对湿度，%，I 为湿空气的热含量，kJ/kg；G_w、G_g 分别为湿空气中水汽及干空气的质量，kg；M_w、M_g 分别为水及空气的分子量，kg/mol；$c_{空气比热}=1.00$kJ/(kg·℃)；$c_{水气比热容}=1.93$kJ/(kg·℃)；0℃时水的气化潜热为 2491kJ/kg；n_w、n_g 分别为湿空气中水汽及干空气的千摩尔数，kmol；p_w、p_g 分别为湿空气中水汽及干空气的分压，Pa；p 为湿空气的总压强，Pa；p_s 为与湿空气同温度下的水的饱和蒸气压，Pa；t 为湿空气的温度，℃。

湿球温度 t_w 是少量的水与大量流动的湿空气长时期接触后的温度，它是表明湿空气状态的一个重要参数。它由空气的干球温度 t 及湿含量 x 或相对湿度 φ 所决定。对一定干球温度的湿空气而言，相对湿度愈低，湿球温度也就愈低，反之相对湿度愈高，湿球温度也随之升高。如湿空气达到饱和，干球温度、湿球温度即相同，也即是此湿空气的露点 t_d，此时 $t=t_w=t_d$；而对不饱和的湿空气而言 $t>t_w>t_d$。在湿物料干燥过程中，对于表面保持湿润的物料来说，其表面温度即为通入干燥室的热空气的湿球温度。干球温度 t 与湿球温度 t_w 间有如下关系：

$$t_w=t-\frac{r}{1.09}(x_w-x) \tag{8-5}$$

式中，r 为温度 t_w 时水的汽化潜热，kJ/kg；x_w 为根据温度为 t_w 时水的饱和蒸气压由式(8-1) 计算而得的湿含量值。

绝热饱和温度 t_s 为当一定量不饱和空气在绝热情况下与大量的水（水温低于空气温度）相接触，最后达到饱和时的温度。

绝热饱和温度 t_s 与干球温度 t 间存在如下关系：

$$t_s = t - \frac{2491}{1.00 + 1.93x_s}(x_s - x) \tag{8-6}$$

式中，x_s 为根据温度 t_s 时水的饱和蒸气压值求出的 x 值。

由于式(8-5) 中的$\frac{r}{1.09}$值与式(8-6) 中$\frac{2491}{1.00+1.93x_s}$值基本相同，因此在实际计算过程中，可将绝热饱和温度 t_s 以湿球温度 t_w 代替。

湿空气的比体积或比容 v_x(m^3/kg)（指在常压情况下）为：

$$v_x = (0.733 + 1.244x)\left(\frac{273+t}{273}\right) \tag{8-7}$$

湿空气的各项参数间的相互关系可以很方便地在湿空气的湿-焓图（I-x 图）中表示出来。

图 8-1 为 I-x 图的示意图。它是在总压强为 0.1MPa 的条件下绘制的，其中与纵坐标轴平行的诸线代表不同 x 值，称等 x 线；与垂直线成 135°夹角的斜坐标轴平行的诸线代表不同 I 值，称等 I 线。等 t 线是根据式(8-4) 绘出的；等 φ 线是根据式(8-3) 绘出的；蒸气分压线（p_W 线）是根据 $\varphi=1$ 由式(8-3) 绘出的。在 I-x 图上不同的点代表不同的空气状态，只要知道空气诸参数（x、I、t、φ、t_W、t_d）中任何两个，就可以从图中方便地读出其他参数的数值。如已知某空气的温度 t 及相对湿度 φ，可以很方便在图中找到此空气所处的位置；若要求此空气的湿球温度 t_w，可自 A 点画一等 I 线，此线与 $\varphi=100\%$线相交处的温度即为 t_w；若要求露点，可自 A 点画一等 x 线，此线与 $\varphi=100\%$线相交处的温度即为 t_d。

若总压强 $p<0.1$MPa 时，式(8-3) 的分母值 $p-\varphi p_s$ 将减小，x 值将增大，于是等 φ 线将下移；相反，总压强 $p>0.1$MPa 时，等 φ 线将上移。

式(8-3) 也可写成如下形式：

$$\varphi = \frac{p}{p_s} \times \frac{x}{0.622+x} \tag{8-8}$$

从式(8-8) 可以看出：同一空气若 x 及 t 不变，φ 与 p 成正比。因此说真空下 φ 值将下降（真空干燥时由于 φ 下降，推动力就增大），压缩空气的 φ 值将增大。

若同一空气的 x 不变，而 p 及 t 有所变化时：

$$\varphi_2 = \varphi_1\left(\frac{p_{s1}}{p_{s2}}\right)\left(\frac{p_2}{p_1}\right) \tag{8-9}$$

式中，p_{s1} 及 p_{s2} 分别表示在 t_1 及 t_2 温度下水的饱和蒸气压。

在 $p\neq10^5$Pa 时，湿空气的相对湿度 φ_p 也可以用湿球温度计进行测量，但其数值不能从一般常压的图表中查出，而可利用下式求出：

$$\varphi_p = \frac{p_s'}{p_s} - 0.000642(t-t')\frac{p}{p_s} \tag{8-10}$$

式中，t 及 t' 分别为在有压强或真空下测得的干球及湿球温度，℃；p 为压缩空气或减压空气的绝对压强，Pa；p_s 及 p_s' 分别为 t 及 t' 温度下的饱和水蒸气压强，Pa。

二、干燥过程的物料及热量衡算

物料中的含水量可用湿基含水量 w[kg/kg（水/干物料）] 或干基含水量 c[kg/kg（水/干物料）] 表示，两者间关系为：

$$c = \frac{w}{1-w} \tag{8-11}$$

$$w = \frac{c}{1+c} \tag{8-12}$$

若湿物料的质量为 G_1，含水量为 w_1，干物料的含水量为 w_2，则干物料的质量 G_2 为：

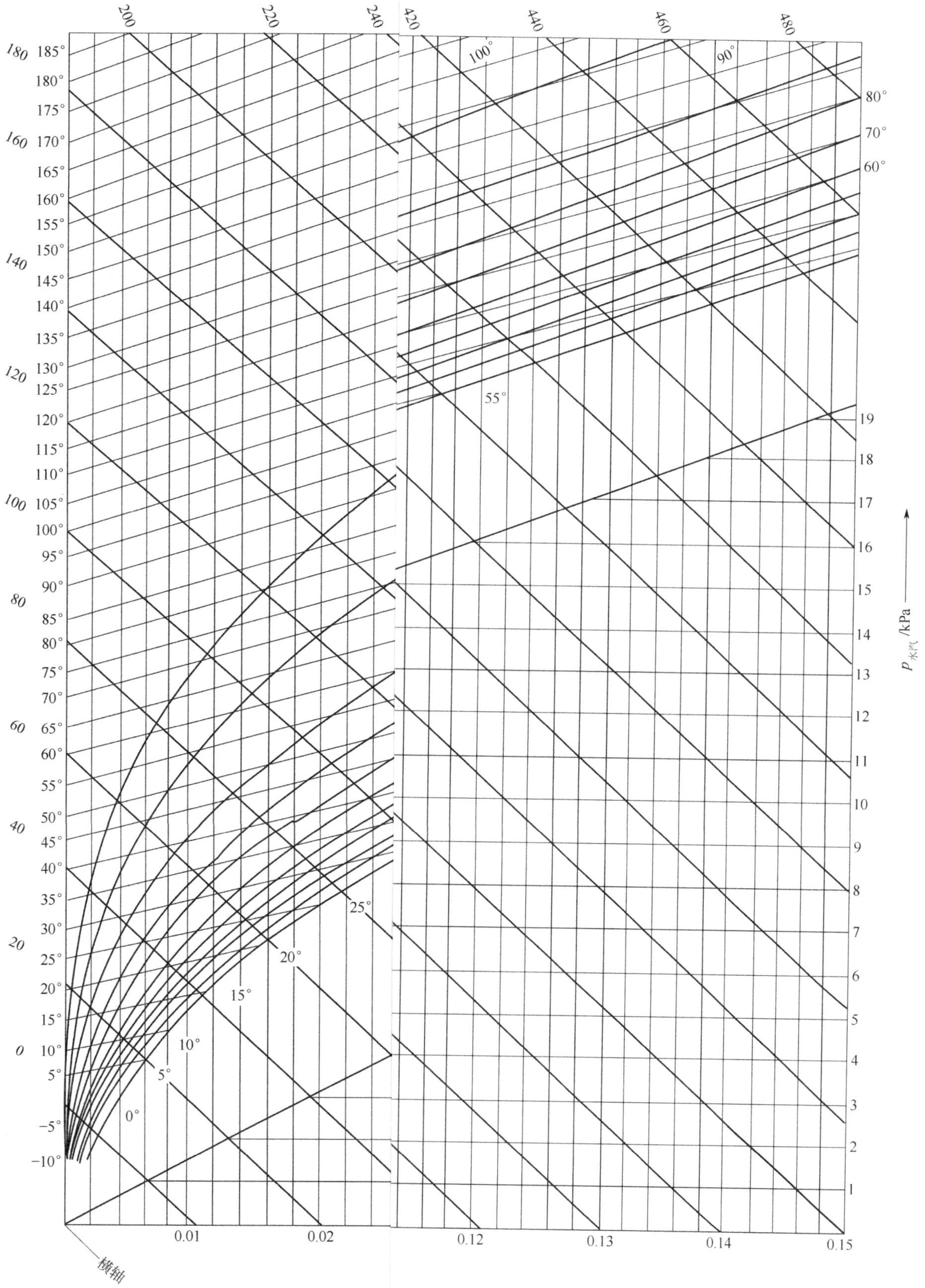

200 220 240 420 440 460 480

185° 180° 175° 170° 165° 160° 155° 150° 145° 140° 135° 130° 125° 120° 115° 110° 105° 100° 95° 90° 85° 80° 75° 70° 65° 60° 55° 50° 45° 40° 35° 30° 25° 20° 15° 10° 5° −5° −10°

180 160 140 120 100 80 60 40 20 0

湿空气的焓 h(kJ/kg)

100° 90° 80° 70° 60° 55° 25° 20° 15° 10° 5° 0°

19 18 17 16 15 14 13 12 11 10 9 8 7 6 5 4 3 2 1

$p_{水汽}$/kPa

0.01 0.02 0.12 0.13 0.14 0.15

横轴

$$G_2=G_1\frac{1-w_1}{1-w_2} \tag{8-13}$$

干燥过程去除的水分 W 为：

$$W=G_1-G_2=G_1\frac{w_1-w_2}{1-w_2}=G_2\frac{w_1-w_2}{1-w_1} \tag{8-14}$$

在已知 G_2、w_1 及 w_2 时：

$$G_1=G_2\frac{1-w_2}{1-w_1} \tag{8-15}$$

在用干基含水量表示时，若绝对干物料质量为 G_c（kg），则：

$$G_1=G_c(1+c_1) \tag{8-16}$$

$$G_2=G_c(1+c_2) \tag{8-17}$$

$$W=G_1-G_2=G_c(c_1-c_2) \tag{8-18}$$

在干燥过程中，若需从湿物料中去除 W（kg）水分，空气的湿含量从 x_1 增加到 x_2(kg/kg)（水/干空气），则干空气的用量 L 为：

$$L=\frac{W}{x_1-x_2} \tag{8-19}$$

所需空气的体积为：

$$V=Lv_x=L(0.733+1.244x)\left(\frac{273+t}{273}\right) \tag{8-20}$$

式中，L 为干空气用量，kg；V 为湿空气的体积，m^3；x 及 t 值应随风机装置部位的空气状态而定；v_x 是湿含量为 x 时空气的比体积，m^3/kg。

在干燥器中，一般不在干燥室内加入热量，所有需要的热量均在预热器中加入，于是：

$$LI_0+W\theta_1+G_2c_m\theta_1+Q_p=LI_2+G_2c_m\theta_2+Q_r \quad (G_1=W+G_2)$$

或

$$Q_p=L(I_1-I_0)=G_2c_m(\theta_2-\theta_1)-W\theta_1+L(I_2-I_0)+Q_r \tag{8-21}$$

式中，Q_p 为预热需要加入的热量，kJ；c_m 为干物料的比热容，kJ/(kg・℃)；θ 为物料温度，℃；Q_r 为损失于周围的热量，kJ；下标 0 表示空气进入预热器前即大气的状态；下标 1 表示空气离开预热器进入干燥室前的状态；下标 2 表示空气离开干燥室时的状态。

Q_p 也可用下式求得：

$$Q_p=L(I_1-I_0)=L(1.00+1.93x_0)(t_1-t_0) \tag{8-22}$$

在设计一干燥室时，空气进口状态 t_0 及 x_0 和空气预热温度 t_1 是已知的，而空气出口状态 t_2 及 x_2 可通过下列式子求得：

$$\frac{t_1-t_2}{x_2-x_0}=\frac{4.187W(595+0.46t_2-\theta_1)+G_2c_m(\theta_2-\theta_1)+Q_r}{W(1.00+1.93x_0)} \tag{8-23}$$

【例 8-1】 现欲设计一干燥器，已知：$G_2=100$kg/h；$W=20$kg/h，$\theta_1=15$℃，$c_m=1.26$kJ/(kg・℃)；$t_0=20$℃，$x_0=0.008$kg/kg；$t_1=110$℃，$\theta_2=50$℃；$Q_r=26169$kJ/h。若 $t_2=70$℃，求出口空气的 x_2、空气用量 L 及预热器加入的热量 Q_p。

解：（1）求出口空气的 x_2

将已知条件代入式(8-23)

$$\frac{110-70}{x_2-0.008}=\frac{4.187\times20\times(595+0.46\times70-15)+100\times1.26\times(50-15)+26169}{20\times(1.00+1.93\times0.008)}$$

$$x_2=0.018\ (\text{kg/kg})$$

（2）求出空气用量 L

$$L=\frac{W}{x_1-x_2}=\frac{20}{0.018-0.008}=2000\ (\text{kg/h})$$

(3) 求出预热器加入的热量 Q_p 由式(8-22)

$$Q_p = L(I_1 - I_0) = L(1.00 + 1.93x_0)(t_1 - t_0)$$
$$= 2000 \times (1.00 + 1.93 \times 0.008) \times (110 - 20) = 182780 \text{ (kJ/h)}$$

也可从 I-x 图中查出 I_0 及 I_1 值，然后按式(8-22) 算出 Q_p。

干燥器的干燥效率 η 常指干燥过程中去除水分所需热量 Q 与预热器中加入热量 Q_p 之比，即

$$\eta = \frac{Q}{Q_p} = \frac{4.187W(595 + 0.46t_2 - \theta_1)}{L(1.00 + 1.93x_0)(t_1 - t_0)} \tag{8-24}$$

三、干燥速率及干燥时间的计算

为了确定干燥器的尺寸和干燥周期，必须对干燥速率及干燥时间进行计算。干燥速率除了与干燥条件即热空气温度、湿含量、流量、流速等有关外，还与物料本身含水量及所含水分的性质有关。

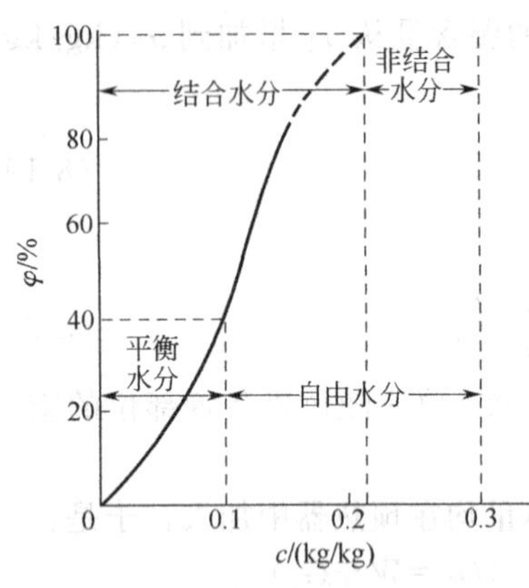

图 8-2 平衡水分、自由水分、结合水分及非结合水分的关系

物料水分=0.3；结合水分（平衡曲线与100%的等 φ 线交点）=0.21 以下部分，非结合水分=0.21～0.3；与相对湿度为40%的空气接触时的平衡水分=0.1；自由水分=0.3−0.1=0.2

有些物料具有较光滑的表面或具有较大空隙的结构，它所含水分产生的蒸气压等于同温度下纯水的饱和蒸气压，这种物料被称为非吸水性物料，所含水分被称为吸附水分或非结合水分；另有些物料中的水分存在于较小的毛细管中，或存在于物料中的细胞壁内，或溶有一定量的溶质时，它产生的蒸气压则低于同温度下纯水的饱和蒸气压，这种物料被称为吸水性物料，所含水分被称为毛细管水分或结合水分。当然在吸水性物料表面多余的水分也属于非结合水分（图 8-2）。在干燥过程中结合水分较难去除，含有结合水的吸水性物料在干燥过程中有一个极限含水量，被称为平衡水分 c^*。吸水性物料的平衡水分除了与该物料的性质有关外，还与外界空气的相对湿度有关，同时也与物料本身的温度有关，物料的温度愈高，外界空气的相对湿度愈低，其平衡水分也愈低。硫酸链霉素在 90℃时与相对湿度为 5%的空气接触时的平衡水分约为 0.02kg/kg（水/干物料）。非吸水性物料的平衡水分几乎接近于零。高于平衡水分的水分，即在干燥过程中可以去除的水分，称自由水分或游离水分。平衡水分与自由水分之和即为物料的总水分。

由于非结合水分具有纯水的性质，故空气条件不变时，干燥速率也不变，物料温度也不变；而结合水分在干燥过程中，不但干燥速率会逐渐减小，而且物料温度也不断增高，参见图 8-3 及图 8-4。干燥过程中，从恒速干燥过渡到降速干燥时物料的水分称为临界水分 c_0。

干燥速率可以下式表示：

$$u = \frac{dW}{F d\tau} = \frac{G_c dc}{F d\tau} \tag{8-25}$$

在恒速阶段：

$$u_c = \frac{dW}{F d\tau} = \frac{dQ}{rF d\tau} = K_x(x_W - x) = \frac{a}{r}(t - t_W) \tag{8-26}$$

式中，r 为气化潜热，kJ/kg；K_x 为总传质系数，kg/(m³·h)；α 为总传热系数，kJ/(m²·h·℃)。

恒速阶段的干燥时间 τ_c 为：

$$\tau_c = \frac{G_c(c_1 - c_0)}{u_0 F} \tag{8-27}$$

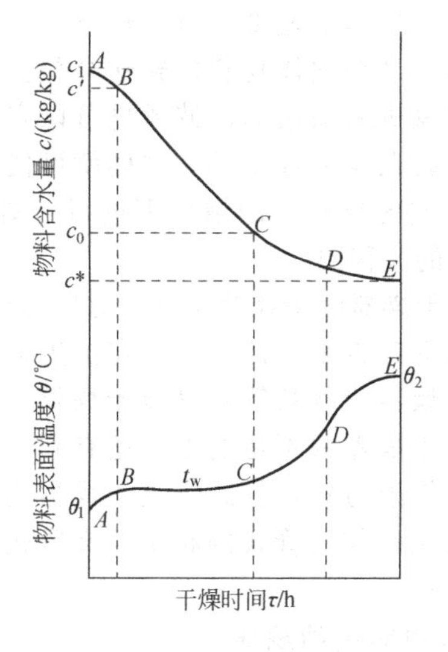

图 8-3　干燥曲线

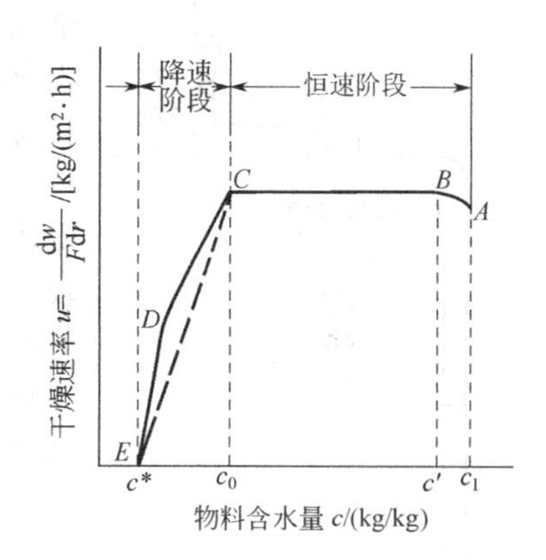

图 8-4　干燥速率曲线

降速阶段的干燥时间 τ_f 为：

$$\tau_f=\frac{G_c}{K_f F}\ln\frac{c_0-c^*}{c_2-c^*} \tag{8-28}$$

上两式中，u_c 为恒速时的干燥速率，kg/(m^2·h)；K_f 为降速阶段干燥曲线（图 8-4 中的 CE 线）的斜率；c_1、c_2 分别表示物料的初水分和终水分；c_0 为临界水分；c^* 为平衡水分（以上均以干基表示）。

第二节　气流干燥器及其计算

利用高速热气流将物料在流态化输送过程进行干燥的操作称气流干燥。气流干燥具有下列特点。

① 由于物料在气流中呈悬浮状态，气-固间的接触面积很大，而且在气-固间存在一定的相对速度，因此传热效果很好。一般气流干燥器的全管平均体积传热系数 α_a 可在 4100～12500kJ/(m^3·h·℃)，物料在干燥管中仅停留 0.5～2s 即可达到干燥要求，因此适用于热敏性或低熔点物料的干燥。

② 由于物料在干燥管中停留时间很短，而且气-固相是并流操作的，因此可用较高温度的空气作干燥介质，这样就增大了气-固间的平均温度差 Δt_m。

③ 设备结构简单，制造方便，占地面积小，能连续操作，适合采用自动控制，但干燥管一般较高，对厂房建筑有一定要求。

④ 适用性广，可适用于各种粉粒状、碎块状以至泥状物料的干燥，粒径范围约为 0.1～10mm，初含湿量可大至 30%～40%，因物料悬浮在热气流中，因此物料的临界含水量可为之降低，干燥物料的最终含水量也可达到较低的水平。

⑤ 因干燥过程中气流速度较高，对物料有一定磨损，因此不适用对晶形有严格要求的产品，同时对黏性很大的物料也不适用气流干燥。

在生物工程行业中，气流干燥常用来干燥四环类抗生素或对晶形外观无特殊要求的各种产品。典型的气流干燥器为长管式气流干燥器，它是一根几米至十几米的垂直管，湿物料及热空气在管的下端进入，干燥后的物料则在管的顶端进入分离器并将物料和空气加以分离。在气流干燥过程中，热空气的上升流速应大于物料颗粒的自由沉降速度，此时物料颗粒即以热空气流

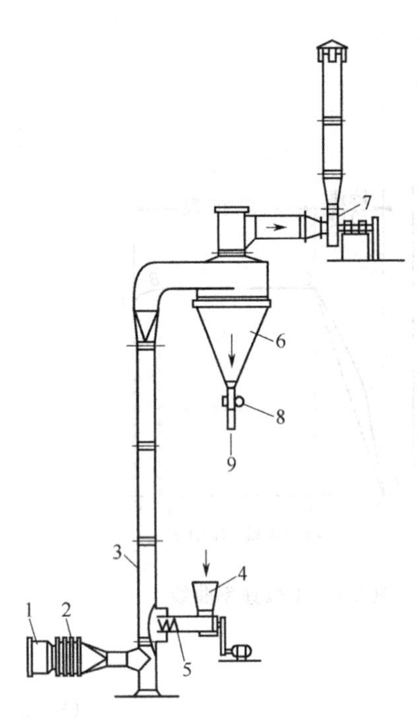

图 8-5　长管式气流干燥器流程图
1—过滤器；2—加热器；3—气流干燥器；4—加料器；5—螺旋推进器；6—旋风分离器；7—风机；8—锁气器；9—产品出口

速与颗粒自由沉降速度之差的速度上升，热空气在气流干燥器中既是干燥介质，又是固体物料的输送介质。在气流干燥中，空气是靠鼓风机来输送的，鼓风机可以安装在整个流程的头部，也可装在尾部或中部，这样就可使干燥过程分别在正压、负压或先负后正的情况下进行。图 8-5 是长管式气流干燥装置的流程图。

由于长管式气流干燥器的干燥管很高，对厂房屋建筑、操作运行和设备检修等都带来不便，因此在抗生素生产中较多以旋风式气流干燥器代替长管式气流干燥器。前者不但克服了长管式气流干燥器的不足之处，还有利于结块的湿物料的粉碎，但空气阻力较长管式气流干燥器为大。旋风式气流干燥装置的流程与长管式的相仿，旋风式干燥器的流程如示意图 8-6 所示。

一、颗粒在气流中的运动规律

1. 颗粒在静止空气中的沉降

当一直径为 d_p、质量为 F_p、密度为 ρ_p 的颗粒置于静止空气中，空气对其产生一为 F_b 的浮力，由于颗粒的重力大于浮力，故颗粒开始作加速沉降运动，但当颗粒下降时，空气对颗粒产生一个方向相反的阻力 F_s，该阻力随着沉降速度的增加而增大。当颗粒的沉降速度加速至某一值，即颗粒的重力与浮力的差值等于阻力时，颗粒即不再以加速沉降，而是以等速沉降，此时的颗粒沉降速度称自由沉降速度或终端沉降速度 w_t。此时：

$$F_p - F_b = F_s \text{（即重力－浮力＝阻力）} \quad (8\text{-}29)$$

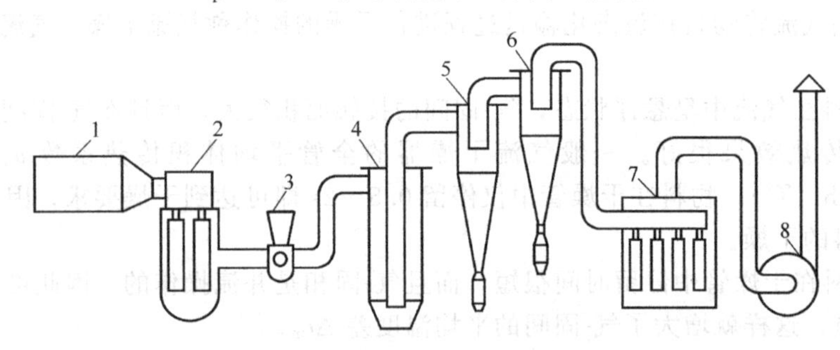

图 8-6　旋风式气流干燥器流程图
1—空气加热器；2—空气过滤器；3—连续加料器；4—旋风式干燥器；5,6—旋风分离器；7—袋滤器；8—排风机

若系球形颗粒：

重力
$$F_p = \frac{\pi}{6} d_p^3 \rho_p$$

浮力
$$F_b = \frac{\pi}{6} d_p^3 \rho_g$$

阻力
$$F_s = \xi \frac{\pi}{4} d_p^2 \rho_g \frac{w_t^2}{2g}$$

于是
$$\frac{\pi}{6} d_p^3 (\rho_p - \rho_g) = \xi \frac{\pi}{4} d_p^2 \rho_g \frac{w_t^2}{2g}$$

或
$$w_t=\sqrt{\frac{4gd_p(\rho_p-\rho_g)}{3\xi\rho_g}} \tag{8-30}$$

式中，w_t 为颗粒自由沉降速度，m/s；d_p 为颗粒直径，m；ρ_p、ρ_g 为颗粒及空气的密度，kg/m^3；ξ 为阻力系数。

阻力系数 ξ 与沉降时的 Re_t 数有关：

$$Re=\frac{d_p w_t \rho_g}{\mu_g g}$$

当 $Re_t=0\sim1$ 时 $\qquad \xi=\frac{24}{Re_t}$

当 $Re_t=1\sim500$ 时 $\qquad \xi=\frac{10}{Re_t^{0.5}}$

当 $Re_t=500\sim150000$ 时 $\qquad \xi=0.44$

若将 $\xi=24/Re_t$ （$Re_t=0\sim1$）代入式(8-30)，则得：

$$w_t=\frac{d_p^2(\rho_p-\rho_g)g}{18\mu_g} \tag{8-31}$$

若将 $\xi=10/Re_t^{0.5}$ （$Re_t=1\sim500$）代入式(8-30)，则得：

$$w_t=\left[\frac{2d_p^{1.5}g^{0.5}(\rho_p-\rho_g)}{15\mu_g^{0.5}\rho_g^{0.5}}\right]^{\frac{1}{1.5}} \tag{8-32}$$

若将 $\xi=0.44$ （$Re_t=500\sim150000$）代入式(8-30)，则得：

$$w_t=5.45\sqrt{\frac{d_p(\rho_p-\rho_g)}{\rho_g}} \tag{8-33}$$

在计算颗粒自由沉降速度 w_t 时，究竟应采用上述三式中的哪一式，要先确定 Re_t 数的范围，而 Re_t 数本身就包括 w_t 在内，因此常先假定一个 Re_t 范围，计算出 w_t 后再核算 Re_t 值是否在假定范围之内。

也可用下法求 w_t 值，即先求出无因次群——基尔比契夫准数 K_i 的值：

$$K_i=d_p\sqrt{\frac{4\rho_g(\rho_p-\rho_g)}{3g\mu_g^2}} \tag{8-34}$$

再由图 8-7 查出相应的 Re_t 数，再根据下式求出 w_t：

$$w_t=\frac{\mu_g g}{d_p\rho_g}Re_t \tag{8-35}$$

2. 颗粒在流动气流中的运动

上述颗粒在静止空气中的沉降速度与阻力间的关系也适用于颗粒为静止而空气为流动的场合。假设有一静止的颗粒，当有一速度为 w_t 的上升气流通过它时（w_t 值相当于颗粒在静止空气中的自由沉降速度），它即受到一个数值为$\zeta\frac{\pi}{4}d_p^2\rho_g\frac{w_t^2}{2g}$、方向与气流方向相同的力。若此力等于该颗粒的重力和该颗粒在空气中的浮力之差时，颗粒即可悬浮在气流中保持不动或以等速运动，即：

$$\xi\frac{\pi}{4}d_p^2\rho_g\frac{w_t^2}{2g}=\frac{\pi}{6}d_p^3(\rho_p-\rho_g) \tag{8-36}$$

上式与前述颗粒在静止空气中的自由沉降关系式完全相同。由此可见，颗粒在静止空气中运动时的阻力或流动气流对颗粒的作用力都和空气与颗粒间的相对速度有关。

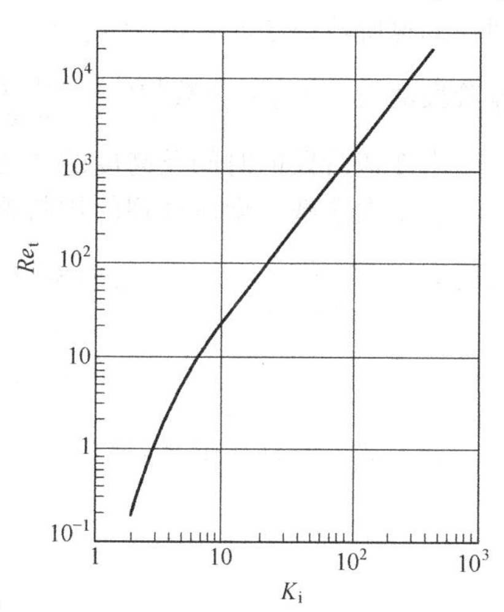

图 8-7 Re_t 与 K_i 的关系图

若上升空气的速度 $w_g > w_t$，颗粒受到的上升力 $\xi \frac{\pi}{4} d_p^2 \rho_g \frac{w_g^2}{2g} > \frac{\pi}{6} d_p^3 (\rho_p - \rho_g)$，颗粒即随着气流以一定的加速度上升，但颗粒上升速度不可能无限制增加，当其速度增至某一极限值 w_p（$w_p = w_g - w_t$）时，颗粒即以等速上升。颗粒在气流中的运动也可以用空气与颗粒之间的相对速度来加以分析。若颗粒在静止状态下加入上升气流中，此时 $w_p = 0$，而空气与颗粒间的相对速度 $w_r = w_g - 0 = w_g$，因 $w_g > w_t$，所以在开始时颗粒所受到的力 $\xi \frac{\pi}{4} d_p^2 \rho_g \frac{w_g^2}{2g} > \frac{\pi}{6} d_p^3 (\rho_p - \rho_g)$，因而颗粒有一个向上的净力，此力使颗粒产生加速运动。随着颗粒速度的增加，空气与颗粒间的相对速度逐渐减小，直至相对速度等于 w_t，此时 $\xi \frac{\pi}{4} d_p^2 \rho_g \frac{w_g^2}{2g} = \frac{\pi}{6} d_p^3 (\rho_p - \rho_g)$，颗粒即不再加速，而以等速上升了。

若增大气流速度，颗粒等速上升的速度也会相应增大，但两者间的相对速度仍为 w_t。当在较大气流速度时，加速阶段的时间和高度均有所增大。

由于颗粒在气流中的传热速度与颗粒和气流间的相对速度有很大关系，加速阶段的传热速度常比等速阶段要大上好几倍，故有必要探索一下加速阶段颗粒的运动规律。

下面将从理论上推算颗粒在加速阶段的时间及高度。

在加速阶段，颗粒上升的净力等于气流作用于颗粒的力减去颗粒的重力与浮力之差值。

$$\text{气流作用于颗粒的力} = \xi \frac{\pi}{4} d_p^2 \rho_g \frac{w_r^2}{2g}$$

$$\text{颗粒的重力与浮力之差} = \frac{\pi}{6} d_p^3 (\rho_p - \rho_g)$$

$$\text{颗粒上升的净力} = -\frac{\pi}{6} d_p^3 \frac{\rho_p}{g} \times \frac{dw_r}{d\tau}$$

以上式中，d_p 为颗粒直径，m；ρ_p 及 ρ_g 分别为颗粒与气流的密度，kg/m³；w_r 为气流与颗粒间的相对速度，m/s；$\frac{dw_r}{d\tau}$为相对速度随时间的变化率，也可以看成为颗粒上升时的加速度，m/s²，因 dw_r 随 $d\tau$ 的增加而减小，故为一负值。

于是，在加速阶段：

$$-\frac{\pi}{6} d_p^3 \frac{\rho_p}{g} \frac{dw_r}{d\tau} = \xi \frac{\pi}{4} d_p^2 \rho_g \frac{w_r^2}{2g} - \frac{\pi}{6} d_p^3 (\rho_p - \rho_g) \tag{8-37}$$

式(8-37) 中的 w_r 是变数，在 $\tau = 0$，即在加速阶段开始时，$w_p = 0$，故 $w_r = w_g$；在 $\tau = \tau$，即在加速阶段终了时，$w_r = w_g - w_p = w_t$。式中的 ξ 值也为一变数，因 ξ 为 Re 数的函数，而加速阶段的 Re 数为一变数$\left(Re = \frac{d_p w_r \rho_g}{\mu_g g}\right)$。由于 w_r 及 ξ 均为变数，故加速度$\frac{dw_r}{d\tau}$也为变数。

求变速阶段的时间及高度的方法有多种，这里介绍一种较简便的方法。

由于大多数干燥所处理的物料颗粒在气流中作相对运动时的 Re_t 数在 1～500 之间，因此可将 $\xi = 10\left(\frac{\mu_g g}{d_p w_r \rho_g}\right)^{0.5}$ 代入式(8-37)，经整理后得：

$$-\frac{2 d_p^{1.5} \rho_p}{15 g^{0.5} \mu_g^{0.5} \rho_g^{0.5}} \times \frac{dw_r}{d\tau} = w_r^{1.5} - \frac{2 d_p^{1.5} \rho_p g^{0.5}}{15 \mu_g^{0.5} \rho_g^{0.5}} \tag{8-38}$$

根据式(8-32)，在 $Re_t = 1～500$ 时，$w_t = \left[\frac{2 d_p^{1.5} \rho_p g^{0.5}}{15 \mu_g^{0.5} \rho_g^{0.5}}\right]^{1/1.5}$，于是上式可简化为：

$$-\frac{w_t^{1.5}}{g} \times \frac{dw_r}{d\tau} = w_r^{1.5} - w_t^{1.5}$$

或

$$\frac{dw_r}{d\tau} = -g\left[\left(\frac{w_r}{w_t}\right)^{1.5} - 1\right] \tag{8-39}$$

将上式进行分离变量和积分，可得：

$$\int_0^\tau d\tau = \frac{1}{g}\int_{(w_t)_\tau}^{(w_r)_0} \frac{dw_r}{(w_r/w_t)^{1.5}-1} \tag{8-40}$$

在上式中，当 $\tau=0$ 时，$(w_r)_0=w_g$；当 $\tau=\tau$ 时，$(w_r)_\tau=w_t$。若在此积分范围进行积分，当 $w_t=w_t$ 时，上式右方积分式的分母将为 0，此积分式成为一奇异积分而无解。

现试以 $\frac{1}{(w_r/w_t)^{1.5}-1}$ 对 w_r 进行标绘，将式(8-39) 进行图解分析（图 8-8）。从图 8-8 中可以看出，当 w_r 为 w_t 时，$\frac{1}{(w_r/w_t)^{1.5}-1}$ 为∞，此时根据式(8-40) 计算的 τ 值也为∞，而实际上 $\frac{1}{(w_r/w_t)^{1.5}-1}$ 值虽增长得十分迅速，但总是一个可计算的值。当然，w_r 愈接近 w_t，由式(8-40) 计算出来的 τ 值就愈大。

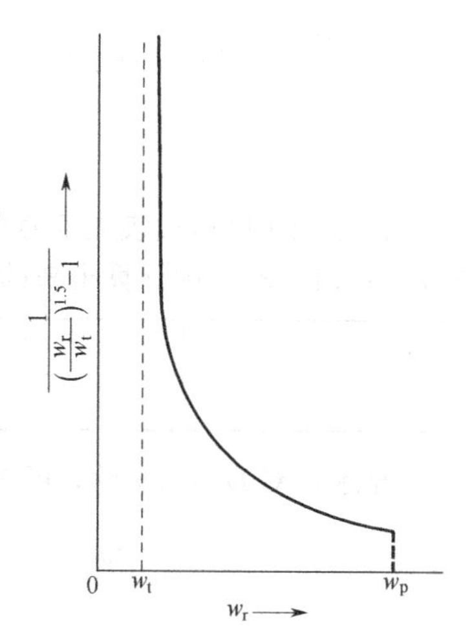

图 8-8 $\frac{1}{(w_r/w_t)^{1.5}-1}$ 对 w_r 的标绘

然而，从式(8-39) 中看，在 w_r 接近 w_t 时，颗粒的加速运动已很不显著，此时颗粒的运动已与等速运动相差无几了，也可以说此时微弱的加速度对增大传热速度的效果已很不明显了。为此，在设计气流干燥器的加速段时，没有必要把此段设计得很大。有人把加速段恒作为 2m 来处理，但这样处理因不够严格，故精确性较差。为此可以式(8-40) 右方的积分上限 $(w_r)_r$ 等于 $1.1w_t$ 或 $2w_t$ 甚至 $4w_t$ 来计算加速段中上升所需的时间。

若 $a=\frac{w_r}{w_t}$，$a_0=\frac{(w_r)_0}{w_t}=\frac{w_g}{w_t}$，$a_r=\frac{(w_r)_r}{w_t}=\frac{1.1w_t}{w_t}=1.1$，$da=d\left(\frac{w_r}{w_t}\right)=\frac{1}{w_t}dw_r$，$dw_r=w_t da$，则式(8-40) 可写为：

$$\tau=\frac{w_t}{g}\int_{1.1}^{a_0}\frac{da}{a^{1.5}-1} \tag{8-41}$$

再令 $x=a^{1/2}$，则 $a=x^2$，$da=2xdx$，于是式(8-41) 可改成为：

$$\tau=\frac{w_t}{g}\int\frac{2x}{x^3-1}dx \tag{8-42}$$

上式中 $$\int\frac{2x}{x^3-1}dx=\int\frac{2x}{(x-1)(x^2+x+1)}dx=\int\frac{A}{x-1}dx+\int\frac{Bx+C}{x^2+x+1}dx$$

上式中的 A、B 及 C 为待定系数，则：

$A(x^2+x+1)+(Bx+C)(x-1)=(A+B)x^2+(A-B+C)x+(A-C)=2x$

于是 $A+B=0$，$A-B+C=2$，$A-C=0$，解此联立方程式得 $A=2/3$，$B=-2/3$，$C=2/3$。

将此系数代入原式得：

$$\int\frac{2x}{x^3-1}dx=\frac{2}{3}\int\frac{dx}{x-1}-\frac{2}{3}\int\frac{x-1}{x^2+x+1}dx$$

$$=\frac{2}{3}\ln(x-1)-\frac{1}{3}\ln(x^2+x+1)+\frac{2}{\sqrt{3}}\arctan\frac{2x+1}{\sqrt{3}}+C \tag{8-43}$$

将 $x=a^{1/2}$ 代入式(8-41)，得：

$$\tau=\frac{w_t}{g}\int_{1.1}^{a_0}\frac{da}{a^{1.5}-1}=\frac{w_t}{g}\left[\frac{2}{3}\ln(\sqrt{a}-1)-\frac{1}{3}\ln(a+\sqrt{a}+1)+\frac{2}{\sqrt{3}}\arctan\frac{2\sqrt{a}+1}{\sqrt{3}}\right]_{1.1}^{a_0}$$

$$=\frac{w_t}{g}\left\{\left[\frac{2}{3}\ln(\sqrt{a_0}-1)-\frac{1}{3}\ln(a_0+\sqrt{a_0}+1)+\frac{2}{\sqrt{3}}\arctan\frac{2\sqrt{a_0}+1}{\sqrt{3}}\right]+1.168\right\}$$

$$=\frac{w_t}{g}D \tag{8-44}$$

上式中的 D 值代表大括号内的部分，若将不同的 a_0 值即 w_g/w_t 值代入，可得不同 D 值，如 $a_0=1.1\sim30$，则计算出来的 D 值如下：

a_0	1.1	2	4	6	10	15	20	30
D	0	1.411	1.984	2.148	2.348	2.468	2.538	2.618

若将 a_0 对 D 进行标绘，可得图 8-9 中的曲线 1。从此曲线中可方便地查得不同 a_0 值下的 D 值。

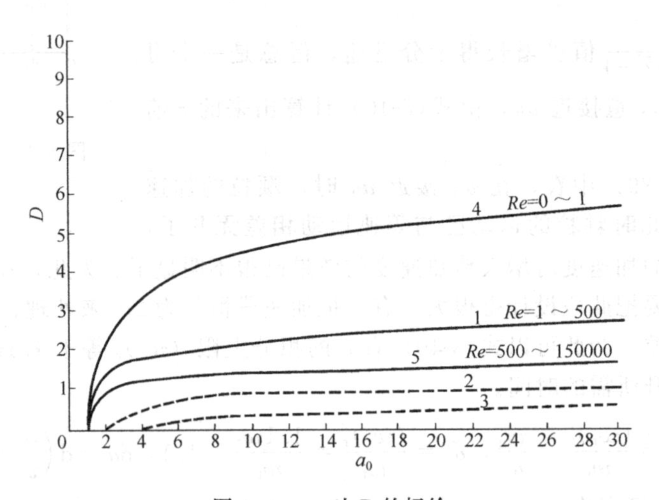

图 8-9　a_0 对 D 的标绘

如将式(8-44) 中的上限分别改为 2 及 4，即得图中的曲线 2 及曲线 3。

D 值查出后，即可由式(8-44) 求出加速段中颗粒停留的时间 τ。

在加速段中，颗粒的平均加速度 $(\mathrm{d}w_t/\mathrm{d}\tau)_m$ 可由式(8-45) 求得。

$$\left(\frac{\mathrm{d}w_t}{\mathrm{d}\tau}\right)_m=\frac{(w_r)_r-(w_r)_0}{\tau}=\frac{1.1w_t-w_g}{\tau} \tag{8-45}$$

此平均加速度应为一负值，说明随着气流上升空气对颗粒的阻力逐步增加，因此加速度逐渐减小。

加速段的高度则可由式(8-46) 求出。

$$H=w_g\tau+\frac{1}{2}\left(\frac{\mathrm{d}w_t}{\mathrm{d}\tau}\right)_m\tau^2 \tag{8-46}$$

【例 8-2】 将平均直径为 200μm、密度为 2000kg/m³ 的球形颗粒分别在静止状态下置于速度为 10m/s、20m/s 及 30m/s 的上升气流中，若气流的温度为 140℃，求颗粒在加速段中停留时间和上升高度各为多少？(该颗粒最终速度为 $1.1w_t$)。

解：(1) 求颗粒在加速段中停留时间

已知：$d_p=2\times10^{-4}$m；$\rho_p=2000$kg/m³；查得 $\mu_g=2.42\times10^{-6}$kg·s/m²；$\rho_g=0.854$kg/m³。

$$w_t=\left(\frac{2d_p^{1.5}\rho_p g^{0.5}}{15\mu_g^{0.5}\rho_g^{0.5}}\right)^{1/1.5}=2\times10^{-4}\left[\frac{2}{15}\times2000\times\left(\frac{9.81}{2.42\times10^{-6}\times0.854}\right)^{0.5}\right]^{1/1.5}=1.4\ (\mathrm{m/s})$$

(2) 颗粒的上升高度

$$Re_t=\frac{d_p w_t\rho_g}{\mu_g g}=\frac{2\times10^{-4}\times1.4\times0.854}{2.42\times10^{-6}\times9.81}=10.07<500$$

$$Re_g=\frac{d_p w_g \rho_g}{\mu_g g}=\frac{2\times10^{-4}\times10\times0.854}{2.42\times10^{-6}\times9.81}=72<500$$

若 $w_g=10\text{m/s}$，$a_0=10/1.4=7.14$，查图 8-9 中的曲线 1，得 $D=2.02$。

颗粒停留时间 $\tau=\frac{w_t}{g}D=\frac{1.4}{9.81}\times2.02=0.288\ (\text{s})$

颗粒的平均加速度 $\left(\frac{dw_t}{d\tau}\right)_m=\frac{1.1w_t-w_g}{\tau}=\frac{1.1\times1.4-10}{0.288}=-29.3\ (\text{m/s})$

颗粒在加速段中的上升高度 $H=w_g\tau+\frac{1}{2}\left(\frac{dw_t}{d\tau}\right)_m\tau^2=10\times0.288-\frac{1}{2}\times29.3\times0.288^2=1.66(\text{m})$

同样，可求出 $w_g=20\text{m/s}$ 及 $w_g=30\text{m/s}$ 情况下的 τ 及 H，现将计算结果列表如下：

$w_g/(\text{m/s})$	$a_0(w_g/w_t)$	Re_g	D	τ/s	$\left(\frac{dw_t}{d\tau}\right)_m/(\text{m/s})$	H/m
10	7.14	72	2.02	0.288	−29.3	1.66
20	14.3	154	2.44	0.348	−53.0	3.71
30	21.4	231	2.55	0.363	−78.1	5.70

若颗粒在气流中作相对运动时的 Re_t 数范围在 0～1 间，此时 $\xi=24/Re_t$，将此代入式(8-37)，并以 $w_t=\frac{d_p^2(\rho_p-\rho_g)g}{18\mu_g}$（注意这里 μ_g 的单位是 $\text{kg}\cdot\text{s/m}^2$）代入后得

$$\frac{dw_t}{dt}=-g\left[\left(\frac{w_r}{w_t}\right)-1\right] \tag{8-47}$$

$$\tau=\frac{1}{g}\int_{1.1w_t}^{w_g}\frac{dw_r}{\left(\frac{w_r}{w_t}\right)-1}=\frac{w_t}{g}\int_{1.1}^{a_0}\frac{da}{a-1}=\frac{w_t}{g}[\ln(a-1)]_{1.1}^{a_0}$$

$$=\frac{w_t}{g}[2.303+\ln(a_0-1)]=\frac{w_t}{g}D \tag{8-48}$$

以不同 a_0 值代入式(8-48) 可得不同 D 值，其标绘可见图 8-9 中的曲线 4。

同样，若 Re_t 数范围在 500～150000 时，$\xi=0.44$，$w_t=5.45\sqrt{\frac{d_p(\rho_p-\rho_g)}{\rho_g}}$，代入式(8-37)可得

$$\frac{dw_r}{d\tau}=-g\left[\left(\frac{w_r}{w_t}\right)^2-1\right] \tag{8-49}$$

$$\tau=\frac{1}{g}\int_{1.1w_t}^{w_g}\frac{dw_r}{\left(\frac{w_r}{w_t}\right)^2-1}=\frac{w_t}{g}\int_{1.1}^{a_0}\frac{da}{a^2-1}=\frac{w_t}{g}\left(\frac{1}{2}\ln\frac{a-1}{a+1}\right)_{1.1}^{a_0}$$

$$=\frac{w_t}{g}\left(1.52-\frac{1}{2}\ln\frac{a_0+1}{a_0-1}\right)=\frac{w_t}{g}D \tag{8-50}$$

此范围内的 a_0 与 D 的标绘可见图 8-9 中的曲线 5。

二、颗粒在气流中运动时的传热和传质

由于颗粒在气流中呈分散状态，气-固间接触面积很大，加上气流与颗粒间存在一定相对速度，因此气-固间的传热效果和传质效果很好，特别是在加速阶段，加之在此阶段中气-固间的温度差也较大，因此传热和传质效应就更为明显。

对于空气-水系统，反映传热效应的 Nu（努塞尔特准数）与反映流动状态的 Re_t 间的关系可由下式表示。

$$Nu=2+0.54Re_t^{0.5} \tag{8-51}$$

$$Nu=\frac{\alpha d_p}{\lambda_g}$$

$$Re_t=\frac{d_p w_t \rho_g}{\mu_g g}$$

式中，α 为传热系数，kJ/(m² · h · ℃)；w_t 为颗粒自由沉降速度，m/s；λ_g 为空气的热导率，kJ/(m · h · ℃)；ρ_g 为空气的密度，kg/m³；μ_g 为空气的黏度，kg · s/m²。

在加速段的加料处，气-固间具有最大的相对速度（$w_r=w_g$），此时 Nu_{max} 与 Re_g 间有下列关联式。

当 $30<Re_g<400$ 时

$$Nu_{max}=0.76Re_g^{0.65} \tag{8-52}$$

当 $400<Re_g<1300$ 时

$$Nu_{max}=0.95\times10^{-4}Re_g^{2.15} \tag{8-53}$$

整个加速段的传热系数 α_m 可取 α_{max} 及等速阶段 α 值的对数平均值，而等速阶段 α 值可由式(8-51) 求出。

在等速阶段中，w_g 的增大不会增加 w_r 值（因等速段中 $w_r=w_g-w_p=w_t=$常数）。因此说增大气流速度只对加速段的传热有利，而对等速段不起影响。相反，由于气流速度增大，要增加气流干燥管的高度，并增加气流在管道中的阻力和物料在管道中的摩擦。正因为上述理由，可把气流干燥管作成下细上粗的形式，即在加速段采用小直径管，而在等速段采用大直径管，或用大小直径交替变化的管道（称脉冲管），使管内气流速度忽大忽小，产生脉冲效应，气流中的颗粒由于惯性作用，可使气-固间的相对速度比一般不变径的干燥管大。

【例 8-3】 把平均直径为 200μm、密度为 2000kg/m³ 的球形颗粒置于上升速度为 30m/s、温度为 140℃的热气流中，求等速段的传热系数和加速段的平均传热系数。

解：（1）求等速段的传热系数

根据上例，知 $d_p=2\times10^{-4}$m，查得 140℃时空气的 $\mu_g=2.37\times10^{-5}$Pa · s$=2.4\times10^{-6}$kg · s/m²，$\lambda_g=3.486\times10^{-2}$W/(m · ℃)$=0.125$kJ/(m · h · ℃)，$\rho_g=0.854$kg/m³。$\rho_p=2000$kg/m³ 的颗粒置于 140℃空气中的自由沉降速度 $w_t=1.4$m/s，$Re_t=10.07$。

由式(8-51) 可求得等速段的传热系数

$$\alpha=\frac{\lambda_g}{d_p}(2+0.54Re_t^{0.5})=\frac{0.125}{2\times10^{-4}}\times[2+0.54\times10.07^{0.5}]=2321\ [\text{kJ/(m}^2\cdot\text{h}\cdot℃)]$$

（2）求加速段的平均传热系数

加料处的 $Re_g=\dfrac{2\times10^{-4}\times30\times0.854}{2.40\times10^{-6}\times9.81}=217.6$

由式(8-52) 求加料处 α_{max}：

$$\alpha_{max}=\frac{\lambda_g}{d_p}(0.76Re_g^{0.65})=\frac{0.125}{2\times10^{-4}}\times[0.76\times217.6^{0.65}]=15710\ [\text{kJ/(m}^2\cdot\text{h}\cdot℃)]$$

若以等速段的 α 值作为加速段出口处的 α 值，则加速段的平均传热系数 α_m 为

$$\alpha_m=\frac{\alpha_{max}-\alpha}{\ln\dfrac{\alpha_{max}}{\alpha}}=\frac{15710-2321}{\ln\dfrac{15710}{2321}}=7001.5\ [\text{kJ/(m}^2\cdot\text{h}\cdot℃)]$$

三、直管式气流干燥器的计算

在计算直管式气流干燥器时，一般应已知：被干燥颗粒的原始含水量 c_1、临界含水量 c_0、平衡含水量 c^* 及干燥后产品的含水量 c_2（以上均以干基表示），颗粒的最大直径及平均直径 d_p，每小时湿物料的处理量 G_1，湿物料进口温度 θ_t，物料的密度 ρ_p 及比热容 c_p；大气中空气的状态 t_0 及 x_0，空气进入干燥管及离开干燥管的状态 t_1、x_1，t_2、x_2 或 φ_2 等数值。要求通过

计算求出：干燥产品量、空气用量、加热器的加热量、空气在加速段及等速段的流速、加速段及等速段的直径及高度等。

1. 物料衡算及热量衡算

气流干燥过程的物料及热量衡算基本上可用本章第一节所述方法进行。

如已知每小时湿物料处理量 G_1、湿物料的原始含水量 c_1（干基）及物料在干燥后的含水量 c_2（干基）时，每小时处理的绝对干物料量 G_c(kg/h) 由式(8-16) 计算而得，即为：

$$G_c=\frac{G_1}{1+c_1}$$

由式(8-18) 知每小时中除去水分量 W(kg/h) 为：

$$W=G_c(c_1-c_2)$$

气流干燥过程的热量衡算可利用式(8-21) 计算，即利用 I-x 图和已知空气的进出口状态，需求出干空气用量 L、预热器加热量 Q_p 及热损失 Q_c。在一般情况下，空气在干燥器进出口状态不可能在设计前全部确定，而往往仅已知空气在预热器进口温度 t_0、湿含量 x_0、预热温度 t_1 及物料进口温度 θ_1，这时可假设空气在干燥器的出口温度为 t_2、$\varphi_2<10\%$及物料出口温度 θ_2，然后再核算假定值是否合理（如果假设的值与最后计算结果相差很大，要重新假设）。计算步骤如下：

$$\text{干空气用量 } L=\frac{Q}{(1.00+1.93x_0)(t_1-t_2)} \tag{8-54}$$

式中，L 为干空气用量，kg/h；Q 为干燥管中空气所释出的热量，kJ/h。

$$Q=Q_1+Q_2+Q_3 \tag{8-55}$$

式中，Q_1 为汽化物料中的水分所需热量，kJ/h；Q_2 为物料升温所需要的热量，kJ/h；Q_3 为过程中损失的热量，kJ/h。

$$Q_1=4.187W(595+0.46t_2-\theta_1) \tag{8-56}$$

$$Q_2=G_c c_m(\theta_2-\theta_1) \tag{8-57}$$

因为 $L=\dfrac{W}{x_2-x_1}=\dfrac{W}{x_2-x_0}$，因此出口空气的湿含量为 $x_2=\dfrac{W}{L}+x_0$。根据 t_2 及 x_2 在 I-x 图中核对 φ_2 是否小于 10%，并查出出口空气的湿球温度 t_w（此湿球温度可视为干燥管物料在恒速干燥阶段的表面温度）。最后可用式(8-55) 核算所假设的 θ_2 值是否合理，若计算出的 θ_2 值与假设的相差过大，应重新假设后再计算。

$$\frac{t_2-\theta_2}{t_2-t_w}=\frac{r_w(c_2-c^*)-c_p(t_2-t_w)\left(\dfrac{c_2-c^*}{c_0-c^*}\right)^{\frac{r_w(c_0-c^*)}{c_p(t_2-t_w)}}}{r_w(c_0-c^*)-c_p(t_2-t_w)} \tag{8-58}$$

式中，t_2 及 t_w 为空气离开干燥管时的干球温度及湿球温度，℃；θ_2 为物料离开干燥管时的温度，℃；r_w 为湿球温度下水的汽化热，kJ/kg；c_p 为物料的比热容，kJ/(kg·℃)；c_0、c^* 及 c_2 为物料的临界含水量、平衡含水量及干燥产品的含水量，%(干基)。

$$\text{预热器所加入热量}\qquad Q_p=L(1.00+1.93x_0)(t_1-t_0) \tag{8-59}$$

2. 干燥管的直径及高度计算

在干空气用量 L 确定后，空气的体积流量 V(m^3/h) 即可由式(8-20) 求得。

$$V=L(0.773+1.244x)\left(\frac{273+t}{273}\right)$$

若确定了空气在干燥管中流速 w_g，则干燥管管径 D 为：

$$D=\sqrt{\frac{V}{3600\times\frac{\pi}{4}w_g}} \tag{8-60}$$

在气流干燥中，若采用变径管，在加速管的入口 w_g 可取 10～30m/s；在等速管出口，则可取 $w_g=2w_t$ 或 $w_g=w_t+3$m/s。在计算 w_t 时应以最大颗粒直径计算为宜。

加速段热量总传递量为：

$$Q_A=\alpha_m\left(a\ \frac{\pi}{4}D^2\right)_A(\Delta t_m)_A H_A \tag{8-61}$$

等速段所需高度 H_c 为

$$H_c=\frac{Q_c}{\alpha\left(a\ \frac{\pi}{4}D^2\right)_c(\Delta t_m)_c} \tag{8-62}$$

式中，H_c 为等速段高度，m；Q_A 及 Q_c 为加速及等速阶段空气传递给物料的热量，kJ/h，其中 $Q_c=Q_1+Q_2-Q_A$，而 Q_1 与 Q_2 分别由式(8-56) 及式(8-57) 求得；α_m 及 α 分别为加速段平均传热系数及等速段传热系数，kJ/(h・m²・℃)；a 为单位干燥管体积中颗粒的总表面积，或称比表面积，m²/m³，由式(8-63) 求得；Δt_m 为空气与物料间的平均温度差,℃，由式(8-65) 及式(8-66) 求得；H_A 为加速段高度，m，由式(8-46) 求得。

$$a=\frac{G_c}{3600\left(\frac{\pi}{6}d_p^3\right)\rho_p}\times\frac{\pi d_p^2}{\left(\frac{\pi}{4}D^2\right)w_p} \tag{8-63}$$

或

$$a\ \frac{\pi}{4}D^2=\frac{G_c}{600d_p\rho_p w_p} \tag{8-64}$$

上两式中，w_p 为颗粒上升速度，在加速段中应为颗粒平均上升速度 $(w_p)_m=H_A/\tau$，在等速段中 $w_p=w_g-w_t$。

若粗略地计算，在加速段中：

$$(\Delta t_m)_A=\frac{(t_1-t_w)-(t_2'-t_w)}{\ln\frac{t_1-t_w}{t_2'-t_w}} \tag{8-65}$$

在等速段中

$$(\Delta t_m)_c=\frac{(t_2'-t_w)-(t_2-\theta_2)}{\ln\frac{t_2'-t_w}{t_2-\theta_2}} \tag{8-66}$$

上两式中，t_1 及 t_2 分别为空气进入和离开干燥管时的温度，℃；t_w 为物料在恒速干燥阶段的表面温度，也即加热空气的湿球温度，℃；t_2' 为空气离开加速段而进入等速段时的温度，℃，此温度可粗略地用式(8-67) 求得。

$$t_2'=t_1-\frac{Q_A}{Q_A+Q_c}(t_1-t_2) \tag{8-67}$$

【例 8-4】 物料平均直径为 200μm 的颗粒，其密度为 2000kg/m³，比热容为 2.1kJ/(kg・℃)，原始温度为20℃，原始含水量为50%，临界水分为8%，与相对湿度为5%的空气接触时的平衡含水量为2%（以上均为干基)。现用气流干燥法将其干燥至终水分为 4%（干基)。若热空气的进口温度为 140℃，湿含量为 0.013kg/kg，每小时加料量为 100kg，求干燥管的等速段及加速段的直径和高度。

解： ① 物料平衡

干物料量 $G_c=\frac{G_1}{1+c_1}=\frac{100}{1+0.5}=66.7$ (kg/h)

水分汽化量 $W=G_c(c_1-c_2)=66.7\times(0.5-0.04)=30.7$ (kg/h)

② 热量平衡

根据经验，可取空气离开干燥管时的温度 $t_2=90$℃，并假设物料离开干燥管的温度 $\theta_2=58$℃。

汽化水分所需热量 $Q_1=4.187W(595+0.46t_2-\theta_1)$

$=4.18\times30.7\times(595+0.46\times90-20)=79232.6$ (kJ/h)

物料升温所需热量 $Q_2=G_c c_p(\theta_2-\theta_1)=66.7\times2.1\times(58-20)=5322.7$ (kJ/h)

若热损失为 Q_1+Q_2 的 15%，则总热量 $Q=1.15\times(79232.6+5322.7)=1.15\times84555.3$

$=97238.6$ (kJ/h)

干空气用量 $L=\dfrac{Q}{(1.00+1.93x_1)(t_1-t_2)}=\dfrac{97238.6}{(1.00+1.93\times0.013)\times(140-90)}=1897$ (kg/h)

空气离开干燥管的湿含量 $x_2=W/L+x_1=30.7/1897+0.013=0.0292$(kg/kg)

从 I-x 图中，可查得 $t_2=90$℃、$x_2=0.0292$kg/kg 的空气，其 $\varphi_2=7\%$，$t_w=49.5$℃。

代入式(8-58)

$$\frac{t_2-\theta_2}{t_2-t_w}=\frac{90-\theta_2}{90-40.5}=\frac{r_w(c_2-c^*)-c_p(t_2-t_w)\left(\dfrac{c_2-c^*}{c_0-c^*}\right)^{\frac{r_w(c_0-c^*)}{c_p(t_2-t_w)}}}{r_w(c_0-c^*)-c_p(t_2-t_w)}$$

$$=\left[4.187\times573\times0.02-2.1\times49.5\times\left(\frac{0.02}{0.06}\right)^{\frac{573\times0.06\times4.187}{2.1\times49.5}}\right]\div[4.187\times(573\times0.06-0.5\times49.5)]$$

$$=25.46/40.32=0.63$$

$\theta_2=90-49.5\times0.63=58.8$ (℃)，与所假设的 58℃基本符合（说明假设成立，反之要重新假设）。

③ 加速段的计算

空气进入干燥管的比体积 $v_1=(0.773+1.244x_1)\left(\dfrac{273+t_1}{273}\right)$

$=(0.773+1.244\times0.013)\left(\dfrac{273+140}{273}\right)$

$=1.19$ (m^3/kg)

设空气进入加速段的流速为 10m/s，则加速段直径

$$D=\sqrt{\frac{Lv_1}{3600\times\dfrac{\pi}{4}w_g}}=\sqrt{\frac{1897\times1.19}{3600\times0.785\times10}}=0.282\ (\text{m})$$

加速段颗粒平均速度 $(w_p)_m=H_A/\tau=1.66/0.288=5.74$(m/s)（此处 H 及 τ 系根据 [例 8-2] 计算所得）

$$\left(a\frac{\pi}{4}D^2\right)_A=\frac{G_c}{600d_p\rho_p w_p}=\frac{66.7}{600\times2\times10^{-4}\times2000\times5.74}=0.0484\ (\text{m})$$

根据 [例 8-3]，算得加速段平均传热系数 $\alpha_m=7001.5$kJ/(m^2·h·℃)。

若假设空气离开加速段而进入等速段时的温度 $t_2'=110$℃，则

$$(\Delta t_m)_A=\frac{(140-40.5)+(110-40.5)}{2}=84.5\ (℃)$$

$$Q_A=\alpha_m\left(a\frac{\pi}{4}D^2\right)_A(\Delta t_m)_A H_A=7001.5\times0.0484\times84.5\times1.66=47533.7\ (\text{kJ/h})$$

核算 $t_2'=t_1-\dfrac{Q_A}{Q_A+Q_c}(t_1-t_2)=t_1-\dfrac{Q_A}{Q_1+Q_2}(t_1-t_2)$

$=140-\dfrac{47533.7}{84555.3}\times(140-90)=112$(℃)，与假设基本相符。

④ 等速段的计算

等速段的热交换量 $Q_c=[(Q_1+Q_2)-Q_A]\times1.15$

$$=(84555.3-47533.7)\times1.15=37021.6\times1.15=42574.8\ (\text{kJ/h})$$

等速段出口处的比体积 $v_2=(0.773+1.244\times0.0295)\times\dfrac{273+90}{273}=1.08\ (\text{m}^3/\text{kg})$

取等速管气流速度 $w_g=3+w_t=3+1.4=4.4\ (\text{m/s})$

等速段管径 $D=\sqrt{\dfrac{1885\times1.08}{3600\times0.785\times4.4}}=0.405\ (\text{m})$

查得 90℃时空气的 $\rho_g=0.972\text{kg/m}^3$，$\mu_g=2.15\times10^{-5}\ \text{Pa}\cdot\text{s}=2.17\times10^{-6}\ \text{kg}\cdot\text{s/m}^2$，$\lambda_g=3.126\times10^{-2}\ \text{W/(m}\cdot℃)=0.113\text{kJ/(m}\cdot\text{h}\cdot℃)$。

等速段出口处 $Re_t=\dfrac{1.4\times2\times10^{-4}\times0.972}{2.17\times10^{-6}\times9.81}=12.8$

等速段传热系数 $\alpha=\dfrac{\lambda_g}{d_p}(2+0.54Re_t^{0.5})$

$$=\frac{0.113}{2\times10^{-4}}\times[2+0.54\times12.8^{0.5}]=2221.6\ [\text{kJ/(m}^2\cdot\text{h}\cdot℃)]$$

$$\left(a\ \frac{\pi}{4}D^2\right)_c=\frac{66.7}{600\times2\times10^{-4}\times2000\times(4.4-1.4)}=0.096\ (\text{m})$$

$$(\Delta t_m)_c=\frac{(110-40.5)-(90-58)}{\ln(69.5/32)}=48.4\ (℃)$$

等速段高度 $H_c=\dfrac{Q_c}{a\left(a\ \dfrac{\pi}{4}D^2\right)_c(\Delta t_m)_c}=\dfrac{42574.8}{2221.6\times0.096\times48.4}=4.12\ (\text{m})$

若等速段管径与加速段管径相同，也为 0.282m，则出口空气流速为

$$w_g=\frac{1885\times1.08}{3600\times0.785\times0.282^2}=9.10\ (\text{m})$$

$$\left(a\ \frac{\pi}{4}D^2\right)_c=\frac{66.7}{600\times2\times10^{-4}\times2000\times(9.10-1.4)}=0.038\ (\text{m})$$

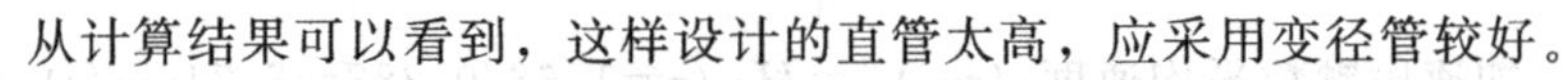

$$H_c=\frac{42574.8}{2221.6\times0.038\times48.4}=10.42\ (\text{m})$$

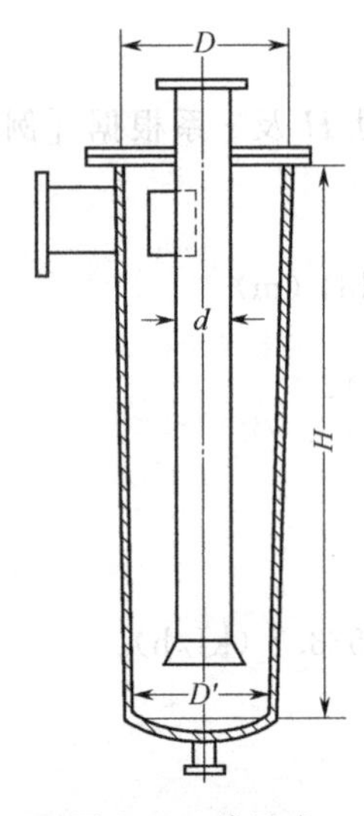

图 8-10 旋风式气流干燥器

从计算结果可以看到，这样设计的直管太高，应采用变径管较好。

四、旋风式气流干燥及其计算

旋风式气流干燥器没有像长管式气流干燥器那样高的直管，因此结构紧凑，不需高大的厂房，操作也较简便。

旋风式干燥器有一个圆筒形的筒身，带有物料的气流在干燥器上部以切线方向进入干燥器，在干燥器内呈螺旋状向下至底部后再折向中央排气管排出（图8-10)。干燥器一般用不锈钢板制成，内壁要光滑，筒身外必要时可附有蒸汽夹套保温。

物料在旋风干燥器中主要受到三种力的作用：①流动的气流对物料的推力；②物料在干燥器内旋转，受到离心力；③物料自身的重力。在这三个力的作用下，物料沿着器壁作螺旋状下降运动。

气流在中央排气管中的流速 w_2 一般为 20m/s 左右，而在器内（即筒身与中央管之间的环体中）的流速 w_1 一般为 3m/s 左右，这样筒身直径 D(m) 与中央管直径 d(m) 之比约为 2.77。

$$d=\sqrt{\frac{Lv}{3600\times0.785w_2}} \tag{8-68}$$

$$D=\sqrt{\frac{Lv}{3600\times0.785w_1}+d^2}=\sqrt{\frac{Lv}{3600\times0.785}\left(\frac{1}{w_1}+\frac{1}{w_2}\right)} \tag{8-69}$$

由于湿物料是在旋风干燥器前的风管中加入的，因此湿物料从加料口至旋风干燥器入口间的管道中已开始进行干燥（图 8-6），而且是物料处于加速段传热干燥过程，因此物料在进入干燥器前已有相当数量的水分被除去。根据实测，在物料进入干燥器前约有 50%的水分被除去，即在干燥器中热交换量 Q'约为去除全部水分所需热量 Q 的 50%，也即 $Q'=0.5Q$。在此同时，进入干燥器的空气温度为 $t_2'=t_1-\frac{t_1-t_2}{2}$。

在旋风干燥器中的物料的干燥，大致可分为两个阶段，即在环管中的阶段及在中央管中的阶段。前一阶段中，物料的运动方向与气流一致，均为向下的螺旋运动。此外，由于强大的离心力，物料得到一个比自由沉降速度大 $w^2/(Rg)$ 倍的径向沉降速度，使它与空气间形成很大的相对速度，因此在这一阶段中有很高的传热系数值。后一阶段中，物料的自由沉降方向与气流方向相反，且与一般直管式气流干燥器的情况相仿。由于后者的传热量大大小于前者，所以在计算中不考虑此阶段的干燥作用。

前已述及，物料在环管中的径向沉降速度：

$$(w_p)_R=w_t\frac{w^2}{Rg} \tag{8-70}$$

式中，$(w_p)_R$ 为径向沉降速度，m/s；w_t 为自由沉降速度，m/s；w 为进入干燥器的气流速度，一般为 20m/s 左右；R 为颗粒圆周运动的半径，m，计算时可以干燥器的半径代入。

由于颗粒的径向沉降速度比起径向气流速度要大得多，因此两者间的相对速度可用颗粒的径向沉降速度代替，于是径向的传热系数为：

$$\alpha_R=\frac{\lambda}{d_p}(2+0.54Re_p^{0.5}),\ Re_p=\frac{d_p(w_t)_R\rho_g}{\mu_g g}$$

而颗粒与气流间的轴向（即向下的方向）相对速度为：$w_r=(w_p)_v-w_1=w_t$，[因$(w_p)_v=w_1+w_t$] 于是：

$$\alpha_v=\frac{\lambda}{d_p}(2+0.54Re_f^{0.5}),\ Re_t=\frac{d_p w_t\rho_g}{\mu_g g}$$

干燥器的平均传热系数 α_m 可为 α_R 与 α_v 的对数平均值。

干燥器中的 $a\frac{\pi}{4}(D^2-d^2)$ 值基本上可借用式(8-64)，但 $w_p=w_1+w_t$

干燥器的高度
$$H=\frac{Q'}{a_m a\frac{\pi}{4}(D^2-d^2)\Delta t_m}+H' \tag{8-71}$$

式中，H 为干燥器的高度，m；H'为干燥器外壳与中央管底部间的距离，m，一般可取 0.2m 或相当于中央管直径 d 的高度。

旋风干燥器的进口管常做成矩形，其高与宽之比为 1.7～3.0。为了使气流沿着干燥器壁旋转加速向下，圆筒横截面自上而下可逐渐收缩，其底部直径 $D'=D-0.05H$。为了使物料易于从中央排气管排出，排气管的入口可做成喇叭形，见图 8-10。

【例 8-5】 [例 8-4]中的物料，若用旋风干燥进行干燥，处理量仍为 100kg/h，求旋风干燥器的主要尺寸。

解： 从 [例 8-4] 知：

$d_p=2\times10^{-4}$m，$w_t=1.4$m/s，$t_1=140$℃，$t_2=90$℃，$\theta_1=20$℃，$\theta_2=58$℃，$t_w=40.5$℃，$L=1897$kg/h，$Q=84555.3$kJ/h

旋风干燥器中的传热量 $Q'=0.5Q=42277.7$ (kJ/h)

干燥器进口空气温度 $t_2'=140-(140-90)/2=115$ (℃)

干燥器中央排气管直径 $d=\sqrt{\dfrac{Lv}{3600\times0.785w_2}}=\sqrt{\dfrac{1897\times1.08}{3600\times0.785\times20}}=0.19$ (m)

干燥器筒身直径 $D=\sqrt{\dfrac{Lv}{3600\times0.785}\left(\dfrac{1}{w_2}+\dfrac{1}{w_1}\right)}=\sqrt{\dfrac{1897\times1.08}{3600\times0.785}\times\left(\dfrac{1}{20}+\dfrac{1}{3}\right)}=0.527$ (m)

干燥器中颗粒的径向沉降速度

$$(w_p)_R=w_t\frac{w^2}{Rg}=5.45\sqrt{\frac{d_p\rho_p}{\rho_g}}\frac{w^2}{Rg}$$

$$=5.45\sqrt{\frac{2\times10^{-4}\times2000}{0.91}}\times\frac{20^2}{(0.527/2)\times9.81}=559\ (\text{m/s})$$

$$Re_p=\frac{2\times10^{-4}\times559\times0.91}{2.3\times10^{-6}\times9.81}=4509$$

[核验：由于 $Re_p>500$，故 w_t 应按式(8-33) 计算]

$$a_R=\frac{0.118}{2\times10^{-4}}\times(2+0.54\times4509^{0.5})=22573.7\ [\text{kJ/(m}^2\cdot\text{h}\cdot℃)]$$

$$Re_t=\frac{2\times10^{-4}\times1.4\times0.91}{2.3\times10^{-6}\times9.81}=11.3$$

$$a_v=\frac{0.118}{2\times10^{-4}}\times(2+0.54\times11.3^{0.5})=2251.0\ [\text{kJ/(m}^2\cdot\text{h}\cdot℃)]$$

$$a_m=\frac{22573.7-2251}{\ln\dfrac{22573.7}{2251}}=8815.2\ [\text{kJ/(m}^2\cdot\text{h}\cdot℃)]$$

$$a\frac{\pi}{4}(D^2-d^2)=\frac{G_c}{600\times d_p\times r_p\times(w_1+w_t)}=\frac{66.7}{600\times2\times10^{-4}\times2000\times(3+1.4)}=0.0631$$

$$(\Delta t_m)_c=\frac{(t_2'-t_w)-(t_2-\theta_2)}{\ln[(t_2'-t_w)/(t_2-\theta_2)]}=\frac{(115-40.5)-(90-58)}{\ln(74.5/32)}=50.2\ (℃)$$

$$H=\frac{Q'}{a_m a\dfrac{\pi}{4}(D^2-d^2)\Delta t_m}+H'=\frac{42277.7}{8815.2\times0.0631\times50.2}+0.2=1.71\ (\text{m})$$

通过 [例 8-5] 的计算结果，可以看到干燥处理量相同，旋风式气流干燥器的高度明显低于直管式气流干燥器。表 8-2 列举了一些用于抗生素产品干燥的气流干燥装置的主要尺寸及操作条件。

表 8-2　一些用于抗生素产品干燥的气流干燥装置的主要尺寸及操作条件

物料名称	金霉素	四环素	土霉素
干燥前水分/%	10～12	25～35	30
干燥后水分/%	0.5～0.8	2～6	7
产量/(kg/h)	40	20～30	100
干燥器形式	长管	旋风	旋风
干燥管直径/mm	φ250	φ400	φ420
干燥管筒身高度/mm	5000	1300	1500
内管/mm		φ150	φ160×1490
加热器传热面/m²	18	15.5	32
风机型号	8-10-105,#5	29-27-1,两台串联	
风机风量/(m³/h)	250	2480	
旋风分离器尺寸/mm	φ400		φ415×2020
袋滤器面积/m²		10	16.5
空气进干燥器温度/℃	60～70	120～130	140～150
空气出干燥器温度/℃	20～35	75～80	70～80
干燥器空气流速/(m/s)	1.42	进口 25～30 出口 15～18	

第三节　沸腾干燥器及其计算

沸腾干燥（亦称流化床干燥）是利用热空气流使置于筛板上的颗粒状湿物料或粉状湿物料呈沸腾状态的干燥过程。

在沸腾干燥时，热空气的流速保持在颗粒临界流化速度与颗粒带出速度（即自由沉降速度）之间，此时颗粒在热空气中呈沸腾状地翻动，因此在颗粒周围的滞流层几乎消除，气-固间的传热效果优于其他干燥。容积传热系数 α_a 一般都在 41800kJ/(m³·h·℃) 以上。沸腾干燥器中温度均匀，易于控制，不易发生物料过热现象。由于物料在沸腾干燥器中的停留时间可以控制，因此可以使物料的终水分降低到很低的水平。此外沸腾干燥器密封性好，产品纯洁度易于保证，加上结构简单，因此应用很广。沸腾干燥主要是用来干燥颗粒直径为 30μm～6mm 的颗粒状或粉状物料。在同一沸腾床中，颗粒的范围不能相差太大。颗粒过小时，易产生局部沟流；颗粒过大时，则要求较大的气流速度和产生较大的阻力，使动力消耗加大。所处理的物料含水量，对粉末状的物料要求为 2%～5%，颗粒状的物料要求为 10%～15%。一般用来进行沸腾干燥的物料不能结块，否则干燥效果很差；黏性很大的物料一般不适用于沸腾干燥。沸腾干燥器可设计成间歇操作或连续操作。

图 8-11 是单层圆筒形沸腾干燥装置的示意图。空气由鼓风机送入加热器，经加热后进入沸腾干燥器的下部，通过多孔板使被干燥的物料在器内呈沸腾状翻动，通过沸腾床的空气由器顶进入旋风分离器、袋滤器，捕集被夹带的细粉后排出。湿物料由加料器连续或间歇地加入床内，干燥的物料则通过卸料器连续或间歇地排出。沸腾干燥器的上部常有较大直径的扩大段，这是为了降低气流速度，防止小颗粒被空气带走。

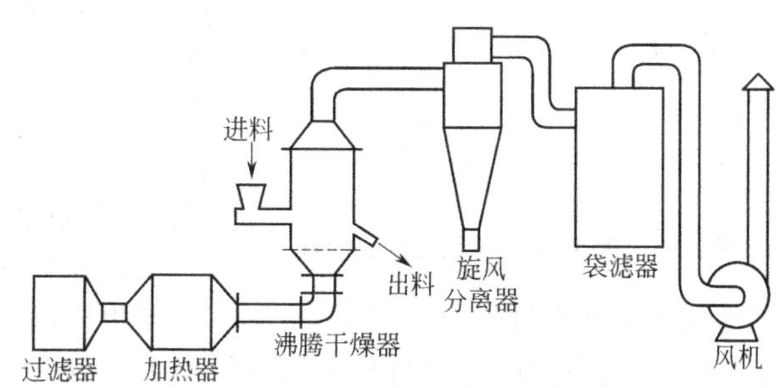

图 8-11　单层沸腾干燥器及其附属装置

单层沸腾干燥器结构简单，操作方便，但物料在沸腾床中停留时间差异较大，热量利用也较差。为了改善上述情况，保证干燥产品温度均一性，现大多采用卧式多室沸腾干燥器（图 8-12）。

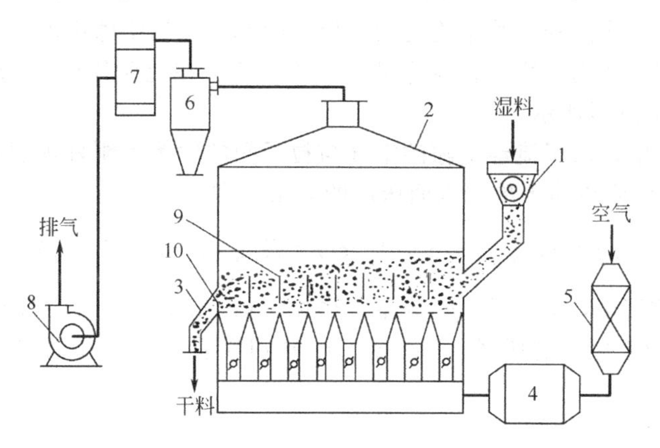

图 8-12　卧式多层沸腾干燥器

1—加料器；2—干燥器；3—卸料管；4—加热器；5—空气过滤器；
6—旋风分离器；7—袋滤器；8—排风机；9—隔板；10—排料堰

卧式多室沸腾干燥器具有长方形的横截面，底部为多孔筛板，筛板上方有若干（一般为4～7）块竖立的挡板把沸腾床隔成若干室，挡板可上下移动以调节其与筛板间的距离，每一小室下方有热空气进口支管，各支管热空气的进风量可根据不同要求用阀门控制。湿物料由加料器加入，从第一室开始逐步向下一室移动，已干燥的物料在最后一室经出料口卸料器连续排出。为了便于产品收集，最后一室也可以用温度较低的空气通入。此种干燥器对各种物料的适应性较大，操作也较稳定，但热效率往往较低。

一、固体流化过程的三个阶段

由于通过颗粒层的空气流速不同，颗粒在气流中的运动方式也有所不同。

从空气通过流化床所产生的压降 Δp 与空塔（床）速度 w 间的关系曲线能够清楚地区分流化过程中的三个阶段，即：①固定床阶段；②流化床阶段；③稀相输送阶段。

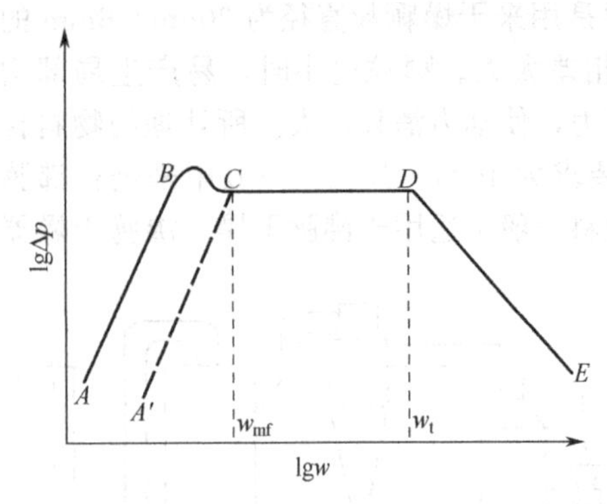

图 8-13　理想的流态化 Δp-w 曲线

1. 固定床阶段

当通入的空气量较小时，物料颗粒保持静止状态，颗粒间互相接触、支承，并具一定的空隙率 ε_s（也就是单位体积床层中的空隙体积所占的百分数）。空气通过床层的压强降 Δp 与空塔速度 w 在双对数坐标纸上标绘是一直线（图 8-13 中 AB 段），当气速增大到某一值（图中 B 点）时，Δp 大致与单位截面积上的固体层重量相等，此时物料颗粒位置开始略微调整，床层略有膨胀，空隙率稍有增大，但是固体颗粒仍然保持互相接触的静止状态（图中 BC 段）。

2. 流化态（流化床）阶段

当气体流速继续增大至 C 点时（与 C 点相应的气体流速称为临界流化速度或初始流化速度 w_{mf}），流经空隙的空气与粒子间的作用力刚好等于粒子的质量，全部物料开始悬浮于向上运动的气流中，这时粒子不再互相支承，而各自运动。稍再增大气流速度，床层即开始膨胀，但仍保持一个明确的床界面，粒子不会被气流带走。当个别粒子偶尔越过床界面时，它周围空气速度将比床中空隙间的速度小得多，因此空气与粒子间的作用力就会小于粒子的质量，于是粒子又回复入床层。若将空气流速重新减小，固定床状态得以重建。经吹松后重建的床层的空隙率称为临界空隙率 ε_{mf}，将比原固定床的空隙率 ε_s 稍大，此床的 Δp 与流速 w 间的关系将由直线 CA' 表示。若将气速从 C 点开始进一步逐渐增大，气固间的作用力大于粒子质量，颗粒运动剧烈，床层膨胀，床高和空隙率均增大，但空隙率增大后空隙中的流速复又减小，最后使床层高度稳定在气固间作用力恰与颗粒质量相等的位置。在此阶段中，Δp 并不随流速增加而增大，如图 8-13 中 CD 段所示。

在整个流化阶段中，由于流经空隙的空气与粒子间的摩擦力刚好等于粒子质量，所以空气流经床层的阻力 Δp 就应该等于单位截面床层的质量，即：

$$\Delta p=H_f g(\rho_p-\rho_g)(1-\varepsilon_f)=H_s g(\rho_p-\rho_g)(1-\varepsilon_s) \tag{8-72}$$

式中，ρ_p 为颗粒密度，kg/m^3；ρ_g 为空气密度，kg/m^3；H_f、H_s 分别代表流化床和固定床的高度，m；Δp 为流化床的压降，Pa；ε_t、ε_s 分别代表流化床和固定床的空隙率，即空隙体积/床层体积。

3. 稀相输送阶段

如果进一步增大气速，超过图 8-13 中 D 点，颗粒自由沉降速度为 w_t，颗粒与流体间的作用力大于粒子的质量，颗粒即被气流带走，这时就成稀相输送了。

故要维持流态化操作，应该维持气速在临界流化速度 w_{mf} 和颗粒自由沉降速度 w_t 之间。

二、沸腾干燥器的计算

沸腾干燥器的计算包括颗粒临界流化速度的求取、操作流化速度的确定、沸腾床及干燥室高度的计算、沸腾床截面积及筛板开孔率的计算以及沸腾床气-固间的传热量计算等。

1. 临界流化速度的求取

(1) 临界流化速度的实验测定法　测定临界流化速度的实验装置如图 8-14 所示。实验时，逐渐增大空气流速，使颗粒由固定床转为流化床，再减少空气流速，使颗粒由流化床恢复到固定床，将测得的 Δp 和相应的 w 值、在双对数坐标纸上作图，可得到临界流化速度 W_{mf}，如图 8-15 中 E 点所示。必须指出：影响 w_{mf} 的因素很多，为了求得正确的 w_{mf} 值，测定装置必须具有很好的气体分布装置，流化床的筒壁要求光滑，常用玻璃管。测试时常以空气作为介质，最后必须按物性常数核正到工业床操作条件时的数值。

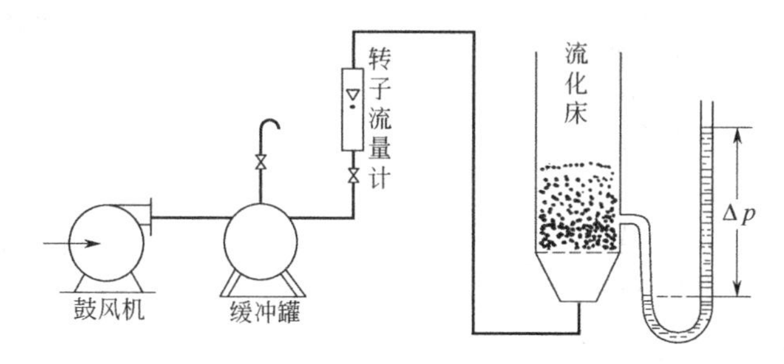

图 8-14　测定临界流化速度的实验装置

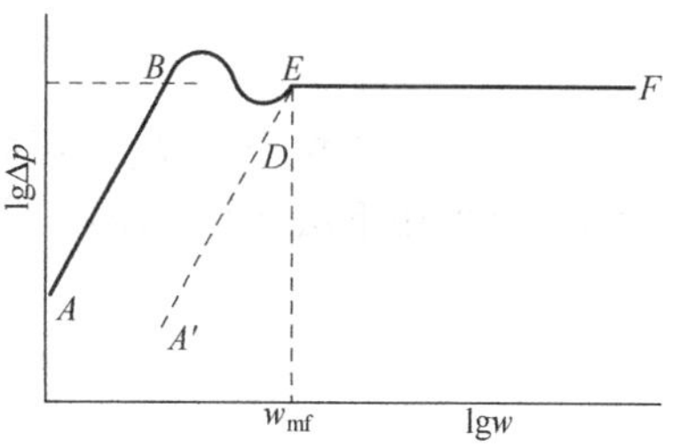

图 8-15　实验得到的 Δp-w 曲线

(2) 临界流化速度的计算式　由于影响临界流化速度的因素很多，迄今为止，还只有一些半经验计算式，且形式繁多。式(8-73) 为较常用的计算式。

$$w_{mf}=9.35\times10^{-3}\frac{d_p^{1.82}(\rho_p-\rho_g)^{0.94}}{\rho_g^{0.06}z^{0.88}} \tag{8-73}$$

式中，w_{mf} 为临界流化速度，m/s；d_p 为颗粒直径，m；ρ_p 为固体颗粒密度，kg/m^3；ρ_g 为空气密度，kg/m^3；z 为空气黏度，Pa・s。

此式的基本出发点是：当流化介质呈疏松排列的固定床（即其空隙率为 ε_{mf}）时，产生的压降正好等于单位截面积床层质量，床层即开始流化，与此对应的流速即为临界流化速度 w_{mf}。

当求 w_{mf} 流体流经空隙率为 ε_{mf} 的固定床中的压降时，此压降的计算式可由流体阻力计算基本式并考虑床层特性作适当修正后得到：

$$\Delta p_{mf}=\frac{192.5\times10^2(1-\varepsilon_{mf})^2H_{mf}}{\phi^2\varepsilon_{mf}^3d_p^3}w_{mf} \tag{8-74}$$

式中，Δp_{mf} 为压降，Pa；μ_g 为流体黏度，Pa・s；H_{mf} 为空隙率为 ε_{mf} 的静止床高度，m；ϕ 为固体颗粒的形状因素，其值为具有同体积的球形颗粒表面积与实际颗粒表面积之比≤1，当 $\phi=1$ 时为球形颗粒；w 为流体空床速度，m/s。

当流速 w 增至 w_{mf} 时

于是

$$\Delta p_{mf}=H_{mf}g(\rho_p-\rho_g)(1-\varepsilon_{mf})$$

$$w_{mf}=0.05\frac{d_p^2(\rho_p-\rho_g)}{\mu_g}\times\frac{\phi^2\varepsilon_{mf}^3}{1-\varepsilon_{mf}} \tag{8-74a}$$

ε_{mf} 和 ϕ 数据很少见有文献报道，且测定很困难，经广泛研究发现数群 $\frac{\phi^2\varepsilon_{mf}^3}{1-\varepsilon_{mf}}$ 是 Re 的函数，即：

$$\frac{\phi^2\varepsilon_{mf}^3}{1-\varepsilon_{mf}}=0.12Re^{-0.063}=0.12\left(\frac{\mu_g g}{d_p w_{mf}\rho_g}\right)^{0.063} \tag{8-74b}$$

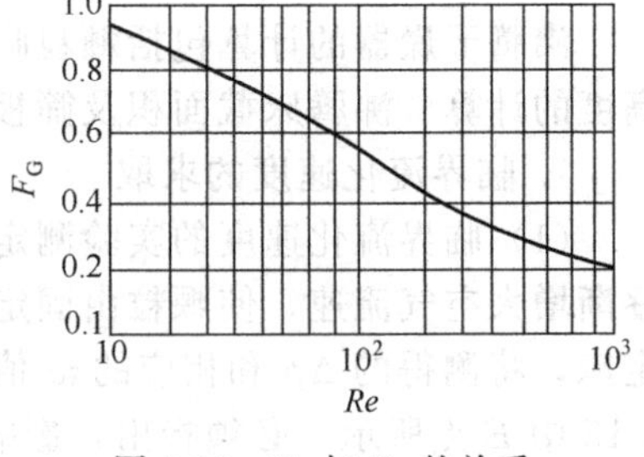

图 8-16 F_G与 Re 的关系

将式(8-74b) 代入式(8-74a)，经整理后即可得式(8-73)。

$$w_{mf}=9.35\times10^{-3}\frac{d_p^{1.82}(\rho_p-\rho_g)^{0.94}}{\rho_g^{0.06}z^{0.88}}$$

由于上列诸式推导中假设流体流经床层为层流，所以只能用于 $Re<5$ 的情况。当 $Re>5$ 时，必须对算出的 w_{mf} 进行校正。其步骤是先按式(8-73) 计算，再算出 $Re=\frac{\phi^2\varepsilon_{mf}^3}{1-\varepsilon_{mf}}$，然后由图 8-16 查出校正系数 F_G，于是

$$(w_{mf})_{校正}=F_G w_{mf} \tag{8-75}$$

当颗粒不均匀时，式中 d_p应取一个平均值：

$$d_p=\frac{1}{\sum\frac{x_i}{d_{pi}}} \tag{8-76}$$

式中，x_1代表粒径为 d_{pi}的颗粒所占的质量分数。

另外也可用下法计算 w_{mf}：

$$(Re)_{mf}=\frac{Ar}{1400+5.22\sqrt{Ar}} \tag{8-77}$$

$$w_{mf}=\frac{(Re)_{mf}\mu_g g}{d_p\rho_g} \tag{8-78}$$

式中，Ar 称为阿基米德准数。

$$Ar=\frac{d_p^3\rho_p g}{v_g^2\rho_g}=\frac{d_p^3\rho_p\rho_g}{\mu_g^2 g}$$

式中，v_g为空气的动力黏度，m^2/s，$v_g=\frac{\mu_g g}{\rho_g}$；$\mu_g$为空气黏度，$kg\cdot s/m^2$。

但是更方便的是利用李森科准数：

$$Ly=\frac{w^3\rho_g}{v_g g(\rho_p-\rho_g)}=\frac{w^3\rho_g^2}{\mu_g g^2\rho_p}$$

及阿基米德数 Ar 间的关系图线（图 8-17）来确定 w_{mf}值。

由于 $Ly=f(Ar,\varepsilon)$，其中 ε 为床层空隙率，故在图 8-17 中以不同 ε 值为参变量。

沸腾床的空隙率 ε 应在 0.4～1.0 的范围之中。因为在任意填充时，床层的空隙率也可看作为临界空隙率 ε_{mf}（一般为 0.4），故可由 Ar 值在图 8-17 中的 $\varepsilon=0.4$ 的曲线上查出 $(Ly)_{mf}$，然后根据下式求出 w_{mf}。

$$w_{mf}=\sqrt[3]{\frac{(Ly)_{mf}\mu_g g^2\rho_p}{\rho_g^2}} \tag{8-79}$$

2. 操作流化速度的确定

操作流化速度 w 必须在临界流化速度 w_{mf}和带出速度 w_t之间，与此相对应的沸腾床空隙应为 ε_{mf}（一般在 0.4 和 1 之间）。

操作流化速度可将临界流化速度乘以流化系数 K_w（K_w的高值为 10～18，最小值为2～3），即：

$$w=K_w w_{mf} \tag{8-80}$$

从上式算出的 w 应该算一下是否小于颗粒的带出速度 w_t。

也可用下式确定流化速度：

$$w=(0.2\sim0.8)w_{mf} \tag{8-81}$$

带出速度 w_t除了可用式(8-31)～式(8-33) 及式(8-35) 求得外，还可用下列方法求得：

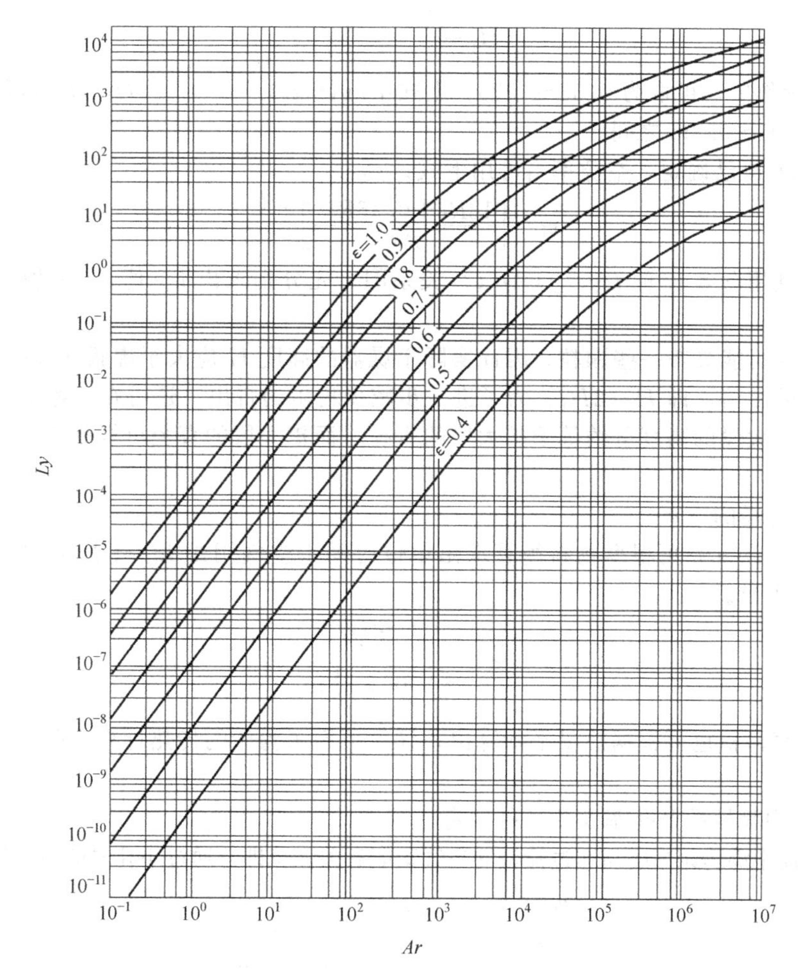

图 8-17 Ly-Ar 关系图

$$Re_t=\frac{Ar}{18+0.6\sqrt{Ar}};\ Ar=\frac{d_p^3\rho_p\rho_g}{\mu_g^2 g} \tag{8-82}$$

$$w_t=\frac{Re_t\mu_g g}{d_g\rho_g} \tag{8-83}$$

式(8-82) 与式(8-77) 属于同一类型。

也可利用图 8-17 间的 Ly-Ar 关系图求 w_t，即可根据 Ar 值在图中 $\varepsilon=1$ 的曲线上查出 $(Ly)_t$的值，再由下式求出 w_t。

$$w_t=\sqrt[3]{\frac{(Ly)_t\mu_g g^2\rho_p}{\rho_g^2}} \tag{8-84}$$

实际上还可利用图 8-17 间接求出流化速度 w，此时可根据 Ar 值在图中 $\varepsilon=0.75$ 曲线上查得 Ly 值，即可用下式求得 w。注意在这算式中 μ_g 为黏度，kg·s/m^2。

$$w=\sqrt[3]{\frac{Ly\mu_g g^2\rho_p}{\rho_g^2}} \tag{8-85}$$

3. 沸腾床高度及沸腾干燥室的总高度的计算

沸腾床高度 H_t与床中颗粒的空隙率 ε_f 有关，也与置于干燥器筛板上原始颗粒高度 H 及空隙率 ε_s有关。利用式(8-86) 即可求得沸腾床高度 H_t。

$$H_t=\frac{H_s(1-\varepsilon_s)}{1-\varepsilon_f} \tag{8-86}$$

ε_f在实际操作中，可取为0.55～0.75；上式中 $(1-\varepsilon_s)/(1-\varepsilon_f)=H_f/H_s$也可称为膨胀比，$H_s$值一般为0.05～0.3m之间。

若流化速度 w 已确定，空隙率 ε_f可用下式计算：

$$\varepsilon_f=\left[\frac{18Re+0.36Re^2}{Ar}\right]^{0.21} \tag{8-87}$$

当然也可利用图8-17的 $Ly=f(Ar,\varepsilon)$ 关系图，先分别求出 Ly 值及 Ar 值，再从图中查出 ε 值。

考虑到空气可能夹带一些颗粒，因此实际干燥器的高度 H 应大于沸腾床高度 H_f，在设计中约可为床高的2倍，即 $H=2H_f$。为了进一步减少粉尘的带出，还可在干燥室的顶部再加上一段扩大段，扩大段的高度可约等于扩大段的直径，而扩大段的直径可根据最小粉尘不被带出的速度来计算。

4. 干燥器直径的计算

干燥器直径 D(m) 可根据物料衡算求出单位时间干空气用量 L、干燥器中气体比体积 V 及流化速度 w 求出。

$$D=\sqrt{\frac{LV}{3600\times\frac{\pi}{4}w}} \tag{8-88}$$

干燥器的底面积也可根据热量平衡算出，详见下面沸腾床的传热计算，此法不必先求空气用量 L。

5. 干燥器中筛板的开孔率及孔径的确定

沸腾干燥器中沸腾床高度与通过筛板的空气动能有关，也即与通过小孔时的空气流速 w_0 有关。

$$\frac{\rho_g w_0^2}{2g}=c^2 H_f(1-\varepsilon_f)(\rho_p-\rho_g)$$

或

$$w_0=c\sqrt{\frac{2g(1-\varepsilon_f)(\rho_p-\rho_g)H_f}{\rho_g}} \tag{8-89}$$

式中，c 为比例系数，一般为1/3～3/4，开孔率小时取小值。

于是开孔率 $\varphi=w/w_0$（w 为空气的空床流速）。对粉状物料，开孔率约为0.4%～1.4%；对颗粒状物料，则可增至3%～10%。孔径常为1.5～2.5mm，在处理粉状物料时可在筛板上铺上金属丝网或铺上绢布，以免物料泄漏。

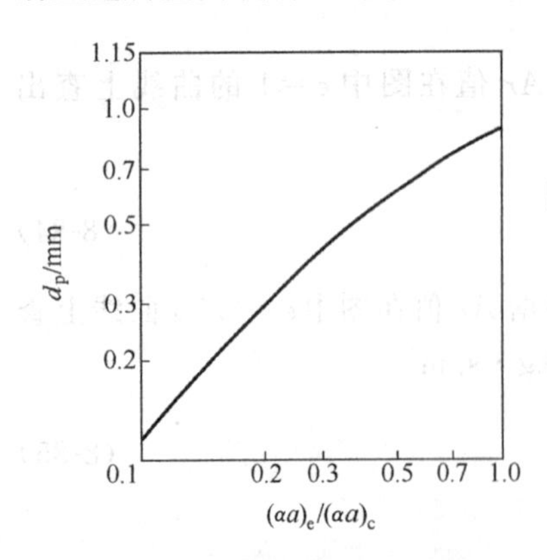

图8-18 粒径与热量系数的修正关系

6. 物料在干燥器内的停留时间计算

若加料量为 G_1(kg/h)，物料在器内静止高度为 H_s(m)，空隙率为 ε_s，器径为 D(m)，则物料在干燥器内停留时间（s）为：

$$\tau=\frac{3600H_s(1-\varepsilon_s)\rho_p\frac{\pi}{4}D^2}{G_1}=\frac{900H_s(1-\varepsilon_s)\rho_p\pi D^2}{G_1} \tag{8-90}$$

7. 沸腾床的传热计算

在沸腾干燥中可用下式估算传热系数 α 值：

$$\alpha=4\times10^{-3}\left(\frac{\lambda_g}{d_p}\right)\left(\frac{d_p w\rho_g}{\mu_g g}\right)^{1.5} \tag{8-91}$$

此式适用于 $d_p\geqslant0.9$mm的情况，若 $d_p<0.9$mm，则应

根据图 8-18 进行修正。图 8-18 的横坐标为 $(\alpha a)_e/(\alpha a)_c$，其中 a 为沸腾床的比表面积，下标 e 代表实验值，下标 c 代表根据式(8-91) 的计算值。但这样求得的 αa 往往仍偏大。

沸腾床的表面积 a 可用下式求得：

$$a=(1-\varepsilon_f)\frac{\pi d_p^2}{\frac{\pi}{6}d_p^3}=\frac{6}{d_p}(1-\varepsilon_f) \tag{8-92}$$

沸腾干燥器的底面积也可根据干燥过程中热量衡算求得。

在物料的恒速干燥阶段，物料中水分的气化属于表面控制。由于水分迅速气化，空气温度很快从进口温度 t_1 下降至出口温度 t_2，而物料温度则保持在进口空气的湿球温度 t_w，于是恒速阶段的传热量为：

$$Q_c=G_c(c_1-c_2)r_w \tag{8-93a}$$

$$Q_c=\overline{L}c_x(t_1-t_2)A_c \tag{8-93b}$$

$$Q_c=\alpha a H_f(t_2-t_w)A_c \tag{8-93c}$$

式中，Q_c 为恒速干燥阶段的传热量，kJ/h；G_c 为干物料加料量，kg/h；c_1、c_0 为物料的初水分及临界水分（干基），kg/kg（水/干物料）；r_w 为 t_w 时水的汽化潜热，kJ/kg；$\overline{L}$ 为气体的质量速度，kg/(m^2·h)，$\overline{L}=3600w\rho_g$；c_x 为气体的比热容，kJ/(kg·℃)；A_c 为恒速阶段所需干燥器底面积，m^2；H_t 为沸腾床高度，m；αa 为容量传热系数，kJ/(m^2·h·℃)。

从式(8-93b) 及式(8-93c) 得：

$$\alpha a H_f=\frac{\overline{L}c_x(t_1-t_2)}{t_2-t_w} \tag{8-93d}$$

从式(8-93b) 得：

$$t_2=t_1-\frac{Q_c}{\overline{L}c_xA_c} \tag{8-93e}$$

将式(8-93e) 代入式(8-93d)，经整理后得：

$$\alpha a H_f=\frac{\overline{L}c_x}{\frac{\overline{L}c_xA_c(t_1-t_w)}{Q_c}-1} \tag{8-93f}$$

将式(8-93a) 代入式(8-93f)

$$\alpha a H_f=\frac{\overline{L}c_x}{\frac{\overline{L}c_xA_c(t_1-t_w)}{G_c(c_1-c_0)r_w}-1} \tag{8-94}$$

根据式(8-94) 可求恒速阶段的干燥器底面积 A_c，或已知 A_c 求 αa 值。

在物料的降速干燥阶段，水分的气化由内部扩散控制，空气的温度变化由 t_1 至 t_2，物料的温度变化由 θ_1 至 θ_2，于是：

$$dQ_f=\alpha a H_f(t_2-\theta)dA_f \tag{8-95a}$$

$$dQ_f=\overline{L}c_x(t_1-t_2)dA_f \tag{8-95b}$$

从式(8-95a) 及式(8-95b)，中得：

$$t_2=\frac{\frac{\overline{L}c_xt_1}{\alpha a H_f}+\theta}{1+\frac{\overline{L}c_x}{\alpha a H_f}} \tag{8-95c}$$

将式(8-95c) 代入式(8-95b)，经整理后得：

$$dQ_f=\frac{\overline{L}c_x(t_1-\theta)}{1+\frac{\overline{L}c_x}{\alpha a H_f}}dA_f$$

积分后得：

$$Q_f=\frac{\bar{L}c_x\Delta t_m A_f}{1+\frac{\bar{L}c_x}{\alpha a H_f}}$$

或

$$\alpha a H_f=\frac{\bar{L}c_x}{\frac{\bar{L}c_x\Delta t_m A_f}{Q_f}-1} \tag{8-96}$$

式中，A_f为降速干燥阶段所需干燥器底面积，m^2。

$$\Delta t_m=\frac{(t_1-t_w)-(t_1-\theta_2)}{\ln\frac{t_1-t_w}{t_1-\theta_2}} \quad ℃$$

$$Q_f=G_c(c_0-c_2)r_m+G_c(c_p+c_H c_2)(\theta_2-t_w)$$

式中，Q_f 为降速干燥段的传热量，kJ/h；c_H、c_p分别为水的比热容和干物料的比热容，kJ/(kg·℃)；r_m为在降速阶段中物料平均温度下的气化潜热，kJ/kg。

沸腾床总底面积 A（m^2）可由 A_c及 A_f相加而得：

$$A=A_c+A_f \tag{8-97}$$

干空气用量 L（kg/h）也由下式求得：

$$L=\bar{L}A \tag{8-98}$$

$$\bar{L}=3600w\rho_g \tag{8-99}$$

若物料的临界湿含量 c_0未知，也可粗略地用式(8-101) 代替式(8-94) 及式(8-96)。

$$Q=\bar{L}c_x(t_1-t_2)A=\alpha a H_f(t_2-\theta_m)A \tag{8-100}$$

$$\alpha a H_f=\frac{\bar{L}c_x}{\frac{\bar{L}c_x\Delta t_m A}{Q}-1} \tag{8-101}$$

干燥过程需要热量 $Q=G_c(c_1-c_2)r_m+G_c(c_p+c_H c_2)(\theta_2-\theta_1)$

干燥过程需要总热量 $Q_{总}=(1+\eta_{热损})[G_c(c_1-c_2)r_m+G_c(c_p+c_H c_2)(\theta_2-\theta_1)]$

式中，$\theta_m=\frac{t_w+\theta_2}{2}$；$r_m$为 θ_m时的水的气化潜热。

若已知 αa、H_f求 A 时可用：

$$A=\left(\frac{1}{\alpha a H_f}+\frac{1}{\bar{L}c_x}\right)\frac{Q}{\Delta t_m} \tag{8-102}$$

【例 8-6】 现用沸腾干燥器，干燥红霉素湿晶体。已知：红霉素湿晶体的平均颗粒直径为0.55mm，初水分为40%，堆积密度为560kg/m³，实密度为1080kg/m³。若加热空气温度为100℃，湿含量为0.006kg/kg（水/干空气），物料进口温度为15℃，要求干燥物料的含水量为1%。现要设计一台处理量为30kg/h红霉素湿晶体的沸腾干燥器，求该干燥器的主要尺寸及热效率等技术经济指标。

解： 已知：$d_p=5.5\times10^{-4}$m，$w_1=40\%[c_1=0.4/(1-0.4)=0.667$kg/kg(水/干物料)]，$w_2=1\%[c_2=0.01/(1-0.01)=0.0101$kg/kg(水/干物料)]；

$\rho_b=560$kg/m³，$\rho_p=1080$kg/m³；

$t_1=100$℃，$x_1=0.006$kg/kg；

$\theta_1=15$℃，$G_1=30$kg/h。

① 物料衡算

每小时处理干物料量 $G_c=G_1(1-w_1)=30\times(1-0.4)=18$(kg/h)

每小时水分气化量 $W=G_c(c_1-c_2)=18\times(0.667-0.0101)=11.8$(kg/h)

每小时干燥成品量 $G_2=G_1-W=30-11.8=18.2$(kg/h)

② 沸腾床内空气流速的确定

设沸腾床的空气温度 $t_2=72$℃

$$Ar=\frac{d_p^3\rho_p g}{v_g^2\rho_g}=\frac{(5.5\times10^{-4})^3\times1080\times9.81}{(20.23\times10^{-6})^2\times1.024}=4200$$

根据式(8-77) 及式(8-78) 求临界流化速度：

$$(Re)_{mf}=\frac{Ar}{1400+5.22\sqrt{Ar}}=\frac{4200}{1400+5.22\sqrt{4200}}=2.42$$

$$w_{mf}=\frac{(Re)_{mf}v_g}{d_p}=\frac{2.42\times20.23\times10^{-6}}{5.5\times10^{-4}}=0.089\ (m/s)$$

根据式(8-82) 及式(8-83) 求最大流化速度：

$$Re_t=\frac{Ar}{18+0.6\sqrt{Ar}}=\frac{4200}{18+0.6\sqrt{4200}}=73.9$$

$$w_t=\frac{Re_t v}{d_p}=\frac{73.9\times20.23\times10^{-6}}{5.5\times10^{-4}}=2.72\ (m/s)$$

流化速度应在 w_{mf} 及 w_t 之间，现采用 $w=1$m/s。

③ 沸腾床高度的计算

沸腾床中：$Re=\frac{d_p w}{v}=\frac{5.5\times10^{-4}\times1}{20.23\times10^{-6}}=27.2$

沸腾床的空隙率：$\varepsilon_f=\left[\frac{18Re+0.36Re^2}{Ar}\right]^{0.21}=\left[\frac{18\times27.2+0.36\times27.2^2}{4200}\right]^{0.28}=0.698$

静床的空隙率：$\varepsilon_s=1-\rho_b/\rho_p=1-560/1080=0.482$

设静床的高度：$H_s=0.1$m

沸腾床高度：$H_f=H_s(1-\varepsilon_s)/(1-\varepsilon_f)=0.1\times(1-0.482)/(1-0.698)=0.172$ (m)

④ 热量衡算（干燥器底面积及干空气用量计算）

从 I-x 图中查知，物料在恒速阶段的表面温度等于入口加热空气的湿球温度 $t_c=33$℃。

若物料最终温度 $\theta_2=60$℃，则物料平均温度 $\theta_m=(t_m+\theta_2)/2=(33+60)/2=46.5$℃。若物料的比热容 $c_p=1.47$kJ/(kg·℃)，干燥器的热损失为水分气化及物料升温的 10%，则干燥过程所需总热量为多少？已知由物料的定性温度为 46.5℃，查得 $r_m=2386.1$kJ/kg，$c_H=4.17$kJ/(kg·℃)。

空气按 72℃查得 $c_x=1.009$kJ/(kg·℃)，$\lambda_g=0.107$kJ/(m·h·℃)，$\rho_g=1.024$kg/m³。

$$Q_{总}=1.1G_c[(c_1-c_2)r_m+(c_p+c_H c_2)(\theta_2-\theta_1)]$$
$$=1.1\times18\times[(0.667-0.01)\times2386.1+(1.47+4.17)\times(60-15)]=36065\ (kJ/h)$$

由式(8-91)

$$\alpha=4\times10^{-3}-\frac{\lambda_g}{d_p}Re^{1.5}=4\times10^{-3}\times\frac{0.107}{5.5\times10^{-4}}\times27.2^{1.5}=110.4[kJ/(m^2\cdot h\cdot ℃)]$$

由式(8-92)

$$a=\frac{6}{d_p}(1-\varepsilon_f)=\frac{6}{5.5\times10^{-4}}\times(1-0.698)=3295(m^2/m^3)$$

$$(\alpha a)_c=110.4\times3295=363768\ [kJ/(m^3\cdot h\cdot ℃)]$$

因 $d_p<0.9$mm，故应按图 8-18 校正，查 $d_p=0.55$mm 时校正系数 $(\alpha a)_e/(\alpha a)_c=0.42$，故

$$(\alpha a)_e=363768\times0.42=152782.6\ [kJ/(m^3\cdot h\cdot ℃)]$$

由式(8-100)

$$\overline{L}=3600w\rho_g=3600\times1\times1.024=3686.4\ [kg/(m^2\cdot h)]$$

$$\Delta t_m=\frac{(t_1-t_m)-(t_1-\theta_2)}{\ln\frac{t_1-t_w}{t_1-\theta_2}}=\frac{(100-33)-(100-60)}{\ln\frac{67}{40}}=52.3\ (℃)$$

空气比热容 $c_x=1.009\mathrm{kJ/(kg\cdot ℃)}$

沸腾床的底面积可由式(8-102)求得：

$$A=\left(\frac{1}{\alpha a H_f}+\frac{1}{\bar{L}c_x}\right)\frac{Q}{\Delta t_m}=\left(\frac{1}{152782.6\times0.172}+\frac{1}{3704.4\times1.009}\right)\times\frac{36065}{52.3}=0.211\ (\mathrm{m^2})$$

每小时干空气用量为：

$$L=\bar{L}A=3686.4\times0.211=777.8\ (\mathrm{kg/h})$$

⑤ 干燥器具体尺寸的确定

考虑到沸腾床具有较大的操作弹性以及为了安装物料进出口的方便，干燥器高度 H 取 0.4m。另考虑减少细颗粒的逸出，干燥器上方加上 0.4m 的扩大部分。由于沸腾层高度甚小，若采用圆筒形干燥器，物料进出口间距离较近，在连续操作时未干燥物料会被从排料口带出，故以采用矩形截面的干燥器为好。若矩形的长（L）、宽（b）之比为 5，其截面积为 $A=Lb=5b^2$，于是：

$$b=\sqrt{\frac{A}{5}}=\sqrt{\frac{0.211}{5}}=0.21\ (\mathrm{m})$$

$$L=5b=5\times0.21=1.05\ (\mathrm{m})$$

⑥ 多孔板的开孔率、孔径及孔数的确定

空气通过小孔的流速可由式(8-89) 求得，c 为比例系数，$c=0.3\sim0.75$，开孔率小时取小值，现取 $c=0.5$。100℃时空气的 $\rho_g=0.946\mathrm{kg/m^3}$。

$$w_0=c\sqrt{\frac{2g(1-\varepsilon_f)(\rho_p-\rho_g)H_f}{\rho_g}}$$

$$=0.5\sqrt{\frac{2\times9.81\times(1-0.698)\times(1080-0.946)\times0.172}{0.946}}=17.05\ (\mathrm{m})$$

开孔率 $$\psi=\frac{w}{w_0}=\frac{1}{17.05}=0.0586=5.86\%$$

若在多孔板上钻 5mm 的孔（多孔板上再铺绢布），共有小孔 $n=\frac{A\psi}{0.785(d_0)^2}=\frac{0.184\times0.586}{0.785\times0.005^2}=$ 550(个)，取 605 个，按 11×55 孔均匀分布在多孔板上，孔径距约为 17mm。

⑦ 热效率等技术经济指标

$$热效率=\frac{气化水分所需热量}{加入的总热量}=\frac{G_c(c_1-c_2)r_m}{L(I_1-I_0)}$$

$$=\frac{Wr_m}{L(I_1-I_0)}=\frac{11.8\times2386.1}{777.8\times(116.0-30.1)}=0.421=42\%$$

$I_1=116.0\mathrm{kJ/kg}$，$I_0=30.1\mathrm{kJ/kg}$，若 $t_0=15℃$，$x_0=0.006\mathrm{kg/kg}$

$$汽化\ 1\mathrm{kg}\ 水分所需要热量=\frac{L(I_1-I_0)}{W}=\frac{777.8\times(116.0-30.1)}{11.8}=5662.1\ (\mathrm{kJ})$$

$$汽化\ 1\mathrm{kg}\ 水分所需空气=\frac{L}{W}=\frac{777.8}{11.8}=65.9\ (\mathrm{kg})$$

实际的热效率还要低一些。

第四节　喷雾干燥塔（器）及其计算

喷雾干燥是借热空气将高度分散的溶液或悬浮液进行干燥的过程，它特别适用于不能用结晶方法得到固体成品的生物工程产品，如在抗生素生产中，链霉素、新霉素、卡那霉素等常用本法进行干燥。青霉素、庆大霉素、万古霉素、杆菌肽、竹桃霉素以及四环类抗生素也有用喷雾干燥的报道。

喷雾干燥的优点如下。

① 干燥过程进行得很快（约为 3～30s）。这是因为料液经雾化后，成为 10～60μm 的雾滴，每一升料液雾化后将有 100～600m^2的表面积，因此在干燥时具有很大的表面，水分极易气化。

② 干燥过程中物料的温度较低。这是因为当液滴中仍含有水分时，其表面温度不会超过加热空气的湿球温度，加上物料在干燥器内停留时间短，因此物料最终温度不会太高，适合于热敏性物料的干燥，且成品质量较好。

③ 可以由液料直接获得粉末，省去蒸发结晶、分离、粉碎等工序，而且可在半无菌状况下操作。

④ 成品质量可以进行控制，如成品细度、水分等。

其缺点如下。

① 喷雾干燥的容积干燥强度小，故其干燥室体积很大。

② 喷雾干燥能量消耗大，干燥介质用量多，热量利用不经济，蒸发 1kg 水分需要 6280kJ 甚至更多的热量，特别是当热空气温度不高时（100～150℃），其废气中的水汽饱和度不大，这就更增加了空气的用量。

③ 会发生产品粘壁情况。

目前国内抗生素工业中常用的喷雾干燥塔直径为 4～5m，总高约 11～12m 左右，每小时可喷浓缩液 160kg 左右。喷雾干燥装置的流程如图 8-19 所示。

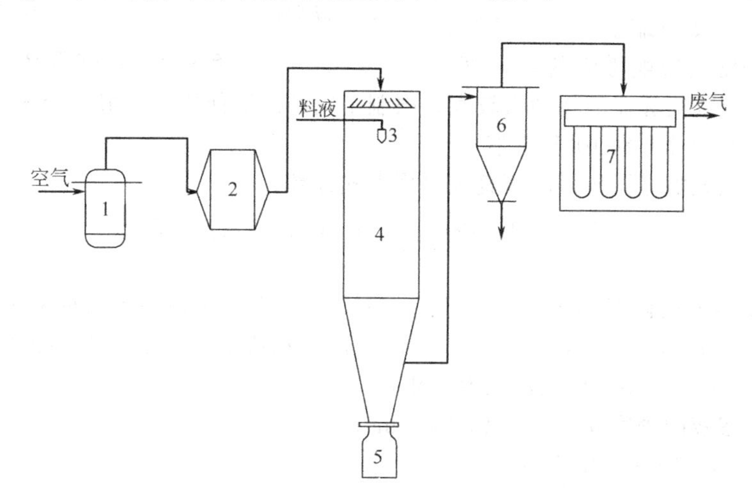

图 8-19　喷雾干燥流程图

1—空气过滤器；2—加热器；3—喷嘴；4—喷雾塔；5—干料贮器；6—旋风分离器；7—袋滤器

一、雾化器的结构计算

喷雾干燥中，溶液的雾化是最关键的操作之一，它关系到喷雾干燥的技术经济指标、产品质量。理想的雾化器要求喷雾液滴均匀，结构简单，操作方便，产量大，能量消耗少，能控制雾滴的大小和产量。雾化器有三种形式，即气流式喷嘴雾化器、机械式喷嘴雾化器和离心式雾化器。大型的喷雾干燥塔采用离心式雾化器为多。中小型喷雾干燥塔采用气流式喷嘴雾化器为多。

1. 气流式喷雾器

气流式喷雾器的原理是利用高速气流对液膜产生摩擦撕裂作用而把液滴拉成细雾。高速气流一般采用 0.15～1.5MPa（表压）的压缩空气，当它以很高的速度（一般为 200～300m/s，有时甚至达到超音速）从喷嘴喷出时，溶液的流出速度并不大（小于 10m/s），因此气流与液流之间就存在着相当高的相对速度，因而产生摩擦，液体就被拉成很多丝状体，接着又很快地断裂而形成球状小雾滴。丝状体存在的时间决定于气体的相对速度和溶液的物理性质。相对速度愈高，丝状体愈细，存在的时间就愈短，喷雾的分散度也愈高。溶液的黏度愈大，丝状体存在时间愈长。所以，以气流式喷雾某些高黏度的溶液时，所得到的干燥产品往往不是粉状，而是絮状。

气流喷雾的分散度，取决于气体从喷雾器流出的喷射速度、溶液和气体的流量比及物理性质、喷雾器的几何尺寸及气-液比。气-液比这一因素对雾化黏度大的溶液尤为重要。一般说来，增加压缩空气的喷射速度也即增加压缩空气的压强可得到较细的雾滴，而增加气-液比则可得到较均匀的雾滴。

气流式喷雾器可分为外部混合及内部混合两种。内部混合的喷雾器在干燥操作上应用不广，因为操作时由于温度高，喷雾器很容易被未干的粉末形成的块或团堵塞。外部混合的气流喷雾器［图 8-20(a)］是溶液在喷嘴的出口处与压缩空气混合，再被分散成细雾，故操作比较稳定可靠。

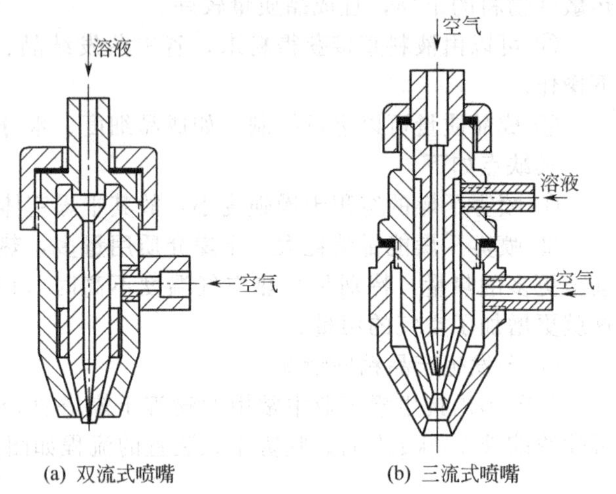

(a) 双流式喷嘴　(b) 三流式喷嘴

图 8-20　气流式喷嘴

气流式喷雾器适用于产生直径小于 30μm 范围的液滴，结构也较简单，但安装的喷嘴必须对称，使压缩空气在液滴断面上分布均匀，否则会影响雾滴的均匀度和重演性。由于气流式喷雾器消耗动力较大，限制了它的广泛使用，一般应用于喷液量较小的生产，雾化量每小时为几升到 100L 溶液。

内部混合气流式喷雾器所得液滴直径可用下式计算。

$$D_{vs}=\frac{5.85\times10^{5}\sqrt{\sigma}}{w_{r}\sqrt{\rho}}+1682\left(\frac{\mu}{\sqrt{\sigma\rho}}\right)^{0.45}\left(1000\frac{V_{L}}{V_{a}}\right)^{1.5} \tag{8-103}$$

式中，D_{vs}为雾滴的体积-面积平均直径，μm；w_r为气流与液流间的相对速度，m/s；V_L为在喷口处的液体体积流量，L/h；V_a为在喷口处的气体体积流量，L/h；ρ 为溶液密度，kg/m³；μ 为溶液黏度，Pa・s；σ 为溶液的表面张力，N/m。

上式适用于溶液的密度 $\rho=700\sim1200\text{kg/m}^3$；

表面张力 $\sigma=0.019\sim0.073\text{N/m}$；

黏度 $\mu=0.0003\sim0.05\text{Pa·s}$；

气体速度≥150m/s。

外部混合的气流式喷嘴所得液滴平均直径可用下式求得：

$$D_{mm}=2600\left[\left(\frac{M_L}{M_a}\right)\left(\frac{\mu_a}{G_a d_w}\right)\right]^{0.4} \tag{8-104}$$

式中，D_{mm}为雾滴粒子的平均直径，μm；M_L、M_a为液体及气体的质量流量，kg/m；μ 为气体在喷嘴面上的黏度，Pa・s；G_a 为气体在喷嘴出口处的单位截面积的质量流率，kg/(m²・s)；其中

$$G_a=M_a/A_a$$

式中，A_a为气体喷嘴出口处的截面积，m²；d_w为气-液间润湿周边的直径，m，一般可以用液体喷嘴的外径代入。

欲使喷嘴性能维持稳定，要求液体通过液体喷嘴的 $Re<1000$，液膜厚度 $t>0.3$mm。

$$Re=\frac{d_L w_L \rho_L}{\mu_L}=\frac{d_L\left(V_L \frac{\pi}{4}d_L^2\right)\rho_L}{\mu_L}=\frac{4(V_L \pi d_L)\rho_L}{\mu_L}=\frac{4Q\rho_L}{\mu_L} \tag{8-105}$$

$$t=\left(\frac{3\times10^6 Q\mu_L}{\rho_L g}\right)^{1/3} \tag{8-106}$$

式中，w_L为液体通过液体喷嘴中的流速，m/s；V_L为液体通过液体喷嘴中的流量，m^3/s；d_L为流体喷嘴直径，m；ρ_L为液体的密度，kg/m^3；μ_L为液体的黏度，Pa·s；Q为液体以单位周边长度计的流量，$Q=\frac{V_L}{\pi d_L}$，$m^3/(m\cdot s)$；t为液膜厚度，cm；g为重力加速度，$9.81m/s^2$。

气体喷嘴的流速可由式(8-108) 或式(8-109) 计算。

若$\frac{p_2}{p_1}>\left(\frac{2}{k+1}\right)^{\frac{k}{k-1}}$，或$\frac{p_2}{p_1}\gg0.528$时：

$$w_a=C_a\sqrt{2g\frac{k}{k-1}\left[1-\left(\frac{p_2}{p_1}\right)^{\frac{k-1}{k}}\right]p_1 v_1}=2.65C_a\sqrt{\left[1-\left(\frac{p_2}{p_1}\right)^{0.286}\right]p_1 v_1} \tag{8-107}$$

若$\frac{p_2}{p_1}\leqslant\left(\frac{2}{k+1}\right)^{\frac{k}{k-1}}$，或$\frac{p_2}{p_1}\leqslant0.528$时：

$$w_a=w_{crit}=\sqrt{2g\frac{k}{k+1}p_1 v_1}=1.08\sqrt{p_1 v_1} \tag{8-108}$$

式中，w_a为通过气体喷嘴的流速，m/s；w_{crit}为通过气体喷嘴的最大流速，m/s，其值接近于音速，即332m/s；p_1、p_2为气体在喷嘴内及在喷嘴出口处的绝对压强，Pa（注意在$p_1/p_2>0.528$时，p_2即喷嘴外的压强；在$p_1/p_2\leqslant0.528$时，p_2可以大于喷嘴外的压强，此时$p_2=0.528p_1$）；v_1为气体在喷嘴内的比体积，m^3/kg；k为气体的绝热系数，对空气而言$k=1.4$，$\left(\frac{2}{k+1}\right)^{\frac{k}{k-1}}=0.528$；$C_a$为摩擦系数，其值为0.85～0.95。

液体喷嘴的孔径可由下式求得：

$$w_L=0.32C_L\sqrt{\frac{2g\Delta p}{\rho_L}} \tag{8-109}$$

$$d_L=\sqrt{\frac{V_L}{0.785w_L}} \tag{8-110}$$

式中，w_L为通过液体喷嘴的流速，m/s；V_L为通过液体喷嘴的流量，m^3/s；d_L为液体喷嘴的孔径，m；ρ_L为液体的密度，kg/m^3；Δp为喷嘴内外的压强差，Pa；C_L为流量系数，一般为0.3。

若液体喷嘴孔径d_L已求得，加上两个壁厚（一般为0.5～1mm）即为液体喷嘴外径$(d_L)_0$，于是气体喷嘴的孔径可按下式求得：

$$d_a=\sqrt{\frac{V_a}{0.785w_a}+(d_L)_0^2} \tag{8-111}$$

$$V_a=\frac{M_a}{\rho_a}\times10^{-3}=M_a v_2\times10^{-3} \tag{8-112}$$

因气流在喷嘴中的流动是等熵过程，因此：

$$v_2=v_1\left(\frac{p_1}{p_2}\right)^{1/k}=v_1\left(\frac{1}{0.528}\right)^{1/1.4}=15.8v_1 \tag{8-113}$$

式中，w_a为气体通过喷嘴的流速，m/s；V_a为通过气体喷嘴的流量，m^3/s；d_a为喷嘴的孔径，m；M_a为气体的质量流量，kg/s；ρ_a为气体在喷嘴出口处的密度，kg/m³；v_1、v_2分别为空气在喷嘴内及出口处的比体积，m³/kg。

若M_a值为未知，而喷雾器要求的雾滴直径D_{mm}为已知时，可利用图 8-21 求出M_a值。图 8-21 中以$\rho_a d_w$为参数，其中ρ_a为气流喷嘴出口处的空气密度；d_w为液流喷端的外径，cm。

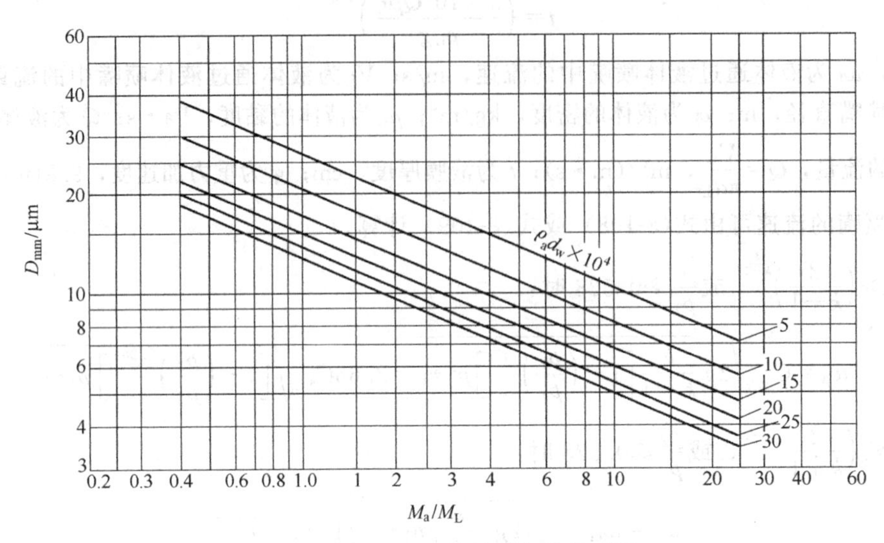

图 8-21　气-液比与液滴直径的关系图

从式(8-104) 及图 8-21 中可以看出，要求雾滴的直径越小，气-液比要求越大或要求增大气体出口处的密度ρ_a，这就要求增大喷嘴内的压强p_1（因为$p_2/p_1=0.528$）。若要求增大喷雾量M_L，也可相应增大M_a或维持M_a不变而增大喷嘴内压强p_1。但应注意，增大M_a或p_1值，会使过多的冷空气进入喷雾室，对物料干燥不利。适当增高气流的温度可以弥补这方面的不利因素，还可提高气流通过喷嘴的临界速度。

【例 8-7】 现欲设计一将链霉素浓缩液喷雾为平均液滴为 16μm 的外混合双流式气流喷嘴，要求喷液量为 14L/h，液滴的相对密度为 1.1，黏度为 10cP（1×10^{-2}Pa·s），空气的压强为 2kg/cm²（19.62×10^4Pa）（表压），温度为 20℃（见附图）。

解： 先确定液体喷嘴的孔径，由式(8-109) 及式(8-110)

$$w_L=0.32C_L\sqrt{\frac{2g\Delta p}{\rho_L}}=0.096\sqrt{\frac{2\times9.81\times19.62\times10^4}{1100}}=5.67\ (\text{m/s})$$

$$d_L=\sqrt{\frac{V_L}{0.785w_L}}=\sqrt{\frac{0.014}{3600\times0.785\times5.67}}=9.35\times10^{-4}(\text{m})$$

$$=0.935(\text{mm})，取 1\text{mm}$$

若液体喷嘴的壁厚 1mm，则其外径$d_w=3$mm。

［例 8-7］ 附图

由于喷雾室中压强（可视为大气压力）与气体喷嘴内的压强之比大于 0.528，因此气流喷出速度接近音速，并可由式(8-108) 求得

$$v_1=\frac{1}{1.205\times3}=0.276\ (\text{m}^3/\text{kg})$$

空气在 20℃常压下的密度为 1.205kg/m³；$p_1=3.033\text{kg/cm}^2=29.75\times10^4$Pa

$$w_a=1.08\sqrt{p_1v_1}=1.08\sqrt{29.75\times10^4\times0.276}=309.5\ (\text{m/s})$$

气体出口处的压强 $p_2=3.033\times0.528=1.61(\text{kg/cm}^2)=15.79\times10^4$ (Pa)

根据式(8-113)，$v_2=1.58v_1=1.58\times0.276=0.436$ (m³/kg)

气体出口处的空气密度 $\rho_a=1/0.436=2.29$ (kg/m³)。

由于查图需要将单位换算成 g/cm³，$\rho_a=2.29\times10^{-3}$ g/cm³。

因此 $\rho_a d_w$ 值可以算出

$$\rho_a d_w=2.29\times10^{-3}\times0.3=6.87\times10^{-4}$$

查图 8-21 可见，当 $\rho_a d_w=6.87\times10^{-4}$，$D_{mm}=16\mu m$ 时，得到 $M_a/M_L=2.65$

因 $$M_L=14\times1.1/3600=4.278\times10^{-3}\ (kg/s)$$

故 $$M_a=2.65\times4.278\times10^{-3}=0.01134\ (kg/s)$$

由式(8-113)

$$V_a=\frac{M_a}{\rho_a}\times10^{-3}=\frac{0.01134}{2.29}=4.95\times10^{-3}\ (m^3/s)$$

求取气流喷嘴的孔径，$(d)_0$ 为液体喷嘴的外径

$$d_a=\sqrt{\frac{V_a}{0.785w_a}+(d_L)_0^2}=\sqrt{\frac{4.95\times10^{-3}}{0.785\times309.5}+(3\times10^{-3})^2}=5.42\times10^{-3}(m)=5.42\ (mm)$$

若要较精确地求得 D_{mm} 值，可由式(8-104) 求得，式中

$$G_a=\frac{M_a}{A_a}=\frac{M_a}{\frac{\pi}{4}[d_a^2-(d_L)_0^2]}=\frac{0.01134}{0.785\times10^{-6}\times(5.42^2-3^2)}=708.95\ [kg/(m^2\cdot s)]$$

查得 20℃时 $\mu_a=18.1\times10^{-6}$ Pa·s

$$D_{mm}=2600\left[\left(\frac{M_L}{M_a}\right)\left(\frac{\mu_a}{G_a d_w}\right)\right]^{0.4}=2600\times\left(\frac{4.278\times10^{-3}}{0.01134}\times\frac{18.1\times10^{-6}}{708.95\times3\times10^{-3}}\right)^{0.4}=16.5\ (\mu m)$$

用式(8-105) 及式(8-106) 验算 Re 及 t 值。

$$Q=\frac{V_c}{\pi d_L}=\frac{14\times10^{-3}}{3600\times3.14\times0.001}=1.24\times10^{-3}\ [m^3/(m\cdot s)]$$

$$Re=\frac{Q\rho_L}{\mu_L}=\frac{4\times1.24\times10^{-3}\times1100}{1\times10^{-2}}=545.6<1000$$

根据题意，$\rho_L=1100$ kg/m³，$\mu_L=1\times10^{-2}$ Pa·s

$$t=\left(\frac{3\times10^6 Q\mu_L}{\rho_L g}\right)^{1/3}=\left(\frac{3\times10^6\times1.24\times10^{-3}\times1\times10^{-2}}{1100\times9.81}\right)^{1/3}=0.151(cm)>0.3\ (mm)$$

验算结果符合要求。

另有三流式气流喷嘴［图 8-20(b)］，具有两个气流通道和一个液流通道，料液先与内通道的气流在喷嘴内部混合，再与外通道的气流在喷嘴外进行混合，因此是内混合、外混合相结合的喷嘴，特别适合于高黏度或膏糊状料液。与两流式喷嘴相比，可在同样空气用量下增加雾化量及提高雾滴的均匀性。

三流式气流喷嘴产生的雾滴平均直径可用下式求得：

$$D_{mm}=\frac{2.62\times10^6}{(w_r^2\rho_a)^{0.72}}\left(\frac{\sigma^{0.41}\mu_L^{0.32}}{\rho_L^{0.16}}\right)+1044\left(\frac{\mu_L}{\sigma\rho_L}\right)^{0.17}\left(\frac{1}{(w_a)_m}\right)^{0.54}\left(\frac{M_a}{M_L}\right)^m \tag{8-114}$$

式中，D_{mm} 为雾滴颗粒平均直径，μm；w_r 为气流（指外层气流）与液流之间的相对速度，m/s；ρ_a、ρ_L 分别为气流与液流的密度，kg/m³；μ_L 为液体的黏度，Pa·s；σ 为流体表面张力，N/m；$(w_a)_m$ 为内气流、外气流与液流之间的平均相对速度，m/s；$(w_a)_m=f_m(w_r)_{外}+(1-f_m)\cdot(w_r)_{内}$；$f$ 为外层气流占总气流的质量分数；M_a、M_L 分别为气流及液流的质量流速，kg/s；m 为指数，当 $M_a/M_L<3$ 时 $m=-1$，$M_a/M_L>3$ 时 $m=-0.5$。

【例 8-8】 已知：$M_a=11.34$ g/s，$M_L=4.275$ g/s，$w_r=(w_a)_m=300$ m/s，$\sigma=90$ dyn/cm $=90\times10^{-3}$ N/m，$\mu_L=10$ cP $=0.01$ Pa·s，$\rho_a=3.62$ kg/m³，$\rho_L=1100$ kg/m³。

试用式(8-114) 求雾滴的直径 D_{mm}。

解：由式(8-114)

$$D_{mm}=\frac{2.62\times10^{6}}{(w_{r}^{2}\rho_{b})^{0.72}}\left(\frac{\sigma^{0.41}\mu_{L}^{0.32}}{\rho_{L}^{0.16}}\right)+1044\left(\frac{\mu_{L}}{\sigma\rho_{L}}\right)^{0.17}\left(\frac{1}{(w_{a})_{m}}\right)^{0.54}\left(\frac{M_{a}}{M_{L}}\right)^{-1}$$

$$=\frac{2.62\times10^{6}}{(300^{2}\times3.62)^{0.72}}\times\frac{(90\times10^{-3})^{0.41}\times0.01^{0.32}}{1100^{0.16}}+\frac{1044}{300^{0.54}}\times\left(\frac{0.01}{0.09\times1100}\right)^{0.17}\times\left(\frac{11.34}{4.275}\right)^{-1}$$

$$=7.862+3.785=11.61\ (\mu m)$$

从［例 8-8］与［例 8-7］计算结果看，在基本条件近似的情况下，三流式喷嘴可比两流式的获得更细的雾滴。

2. 机械式喷雾器

机械式喷雾器也称压力式喷雾器（图 8-22）。料液经高压泵以 2～20MPa 的压强从切线方向进入喷嘴的旋转室或经过斜槽进入旋转室使其获得一定的动能，当旋转的液体从喷嘴口喷出时，因其压强急速下降，速度相应大大增加，结果使料液形成一空心锥形旋转液膜，液膜伸长形成细丝，最后断裂成为雾滴。

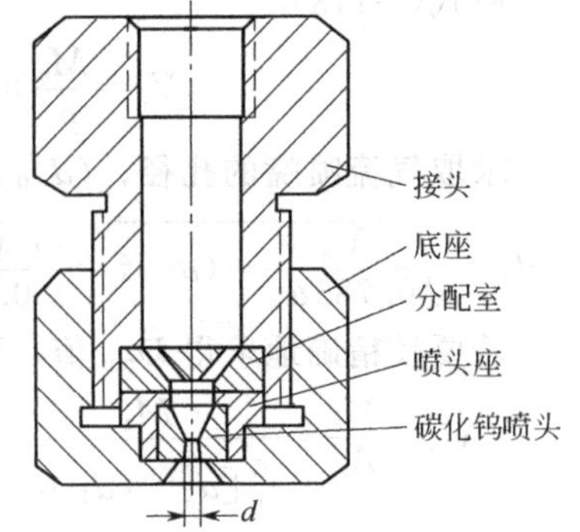

图 8-22 镶嵌碳化钨喷头的机械式喷嘴示意

机械式喷嘴的孔径约为 0.3～2mm，喷液量可为 15～1800L/h。喷嘴的孔径愈大，喷液量也愈大，但一般雾滴愈粗。压强愈大，喷液量愈大，雾滴愈细，喷雾角愈小（喷雾角一般在 50°～90°间）。

机械式喷嘴一般用于处理量较大的场合下，特别适用于逆流喷雾干燥操作的场合，造价一般不太高，但要求加工精度高，喷口最好用硬质材料制造，否则极易磨损，此外操作弹性小以及需要另外设置高压泵也是它的缺点。

机械式喷嘴所得雾滴直径可由下式求得：

$$D_{vs}=11.3(d_{0}+43.1)\exp\left[\frac{3.96}{w_{L}}+0.01308w_{T}\right] \tag{8-115}$$

式中，D_{vs}为雾滴的体积-面积平均直径，μm；d_0为喷嘴孔径，mm；w_L为液体通过喷嘴的流速，m/s，$w_{L}=\frac{V_{L}\times10^{3}}{0.785d_{0}^{2}}$；$V_L$为液体流量，L/s；$w_T$为液体通过旋转槽的切线速度，m/s。

$$w_{T}=\frac{V_{L}\cos\alpha\times10^{3}}{An}$$

式中，α为旋转槽与水平面所成的倾角；A为旋转槽的截面积，mm^2；n为旋转槽数。

通过喷嘴的液体流量，除与喷嘴孔径有关外，还与液体所持压强有关。

$$V_{L}=C_{0}\left(\frac{\pi}{4}\right)(d_{0}\times10^{-3})^{2}\sqrt{\frac{2g\Delta p}{\rho_{L}}}\times10^{3} \tag{8-116}$$

式中，V_L为液体流量，L/s；C_0为流量系数，其值为 0.35～0.55；Δp为喷嘴内外之压强差，kg/m^2；ρ_L为液体密度，kg/m^3；d_0为喷嘴孔径，mm。

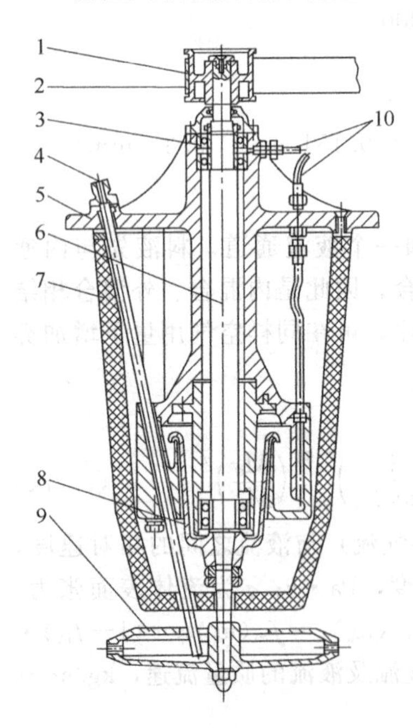

图 8-23 离心盘式雾化器示意
1—皮带轮；2—传动皮带；3—轴承；4—加料管；5—机座；6—主轴；7—保温套；8—甩油杯；9—离心盘；10—润滑油管路

3. 离心式雾化器

离心式雾化器的主要部件是高速旋转的离心盘（图 8-23），离心盘的形式很多，如平板型、碟盘型、多翼型和喷嘴型等。离心盘的直径一般为 100～300mm，转盘的圆周速度一般不得小于 60m/s，通常为 90～140m/s，最高转速可达 20000r/min 或更高。

带有喷嘴的离心盘在处理低黏度料液时，其雾滴平均直径可用下式求得：

$$D=\frac{45.5}{n}\left(\frac{\sigma_L}{d\rho_L}\right)^{0.5}\times 10^4 \tag{8-117}$$

式中，D 为雾滴平均直径，μm；d 为圆盘直径，cm；n 为圆盘转速，r/min；σ_L 为液体的表面张力，N/m；ρ_L 为液体的密度，kg/m³。

离心式喷嘴的处理量一般较大，且具有一定弹性，操作简单可靠，唯造价较高。因其具有转动部分，对无菌产品的操作要注意这个不利因素。目前国内大型喷雾干燥塔均采用离心式雾化器。

二、喷雾干燥塔（器）的结构及计算

喷雾干燥器也称喷雾干燥塔，一般都由圆筒形的塔身和锥形底构成，筒径小的约 1m 左右，大的可在 10m 以上。喷雾干燥塔一般用不锈钢板制成，内壁要求十分光滑，以减少粉末的粘壁。

根据干燥室中气-液两相的流动方向不同，喷雾干燥操作有并流（又分下向并流和上向并流两种）、逆流以及先逆后并等几种。生物工程产品属于热敏性物质，故一般采用下向并流操作。

喷雾塔的直径应大于喷嘴喷出的最大雾矩直径，而其高度应保证雾滴中的水分在雾滴下降至干燥室底部被热空气带走前达到规定的终水分的要求。气流在干燥塔中的流速约为 0.2～0.5m/s。单位时间、单位体积的干燥室中能蒸发的水分称蒸发强度，其值与热空气进口温度有关，详见表 8-3。

表 8-3 热空气进口温度与蒸发强度的关系

热空气进口温度/℃	蒸发强度/[kg/(m³·h)]	热空气进口温度/℃	蒸发强度/[kg/(m³·h)]
130～150	2～4	500～700	15～25
300～400	8～12		

曾用于链霉素硫酸盐干燥的小型喷雾干燥塔见图 8-24。此种喷雾塔直径为 1.2m，圆筒部分高为 3m，圆锥部分高约 2m，配有两流式气流喷嘴一个，最大喷液量为 14L/h，喷液用空气的压强约为 2kg/cm²（表压）。料液进口浓度可为 25%～40%，成品含水量可达 3%以下。喷雾室的顶部有扇形空气分布盘，使进入空气稍带旋转，空气旋转方向应与雾滴旋转方向相反，以使雾矩直径减少而避免粘壁（有的干燥室可由切线方向进风）。为了减小粉末粘壁，还可在塔顶安装沿着塔壁旋转的扫塔器，操作时有无菌压缩空气自扫塔器的空心转臂中自上而下地吹出。或在干燥塔的塔身外壁四周安置震动锤，定时敲击塔壁，把粘在塔内壁上的粉末震下来。干燥室底部伸入无菌室，成品落入接受器。此种干燥室结构简单，使用尚方便，但生产能力较小，且系间歇出料，高温气流对成品质量稍有影响。

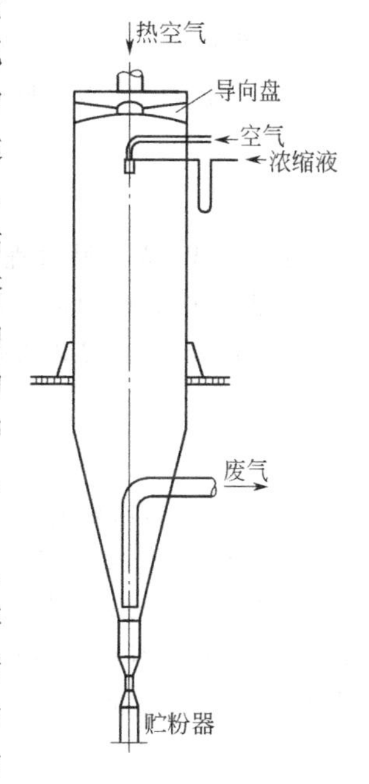

图 8-24 喷雾室图

国内现已有大型离心式喷雾干燥塔用于干燥双氢链霉素产品。喷雾塔的直径为 4m，圆筒部分高为 5m，锥形部分高为 5.3m，总容积为 57.2m²，配有 N-604 型离心转盘一个，转速为 7350r/min，转盘直径为 280mm。共有直径为 3.5mm 喷口 12 个，实际喷液量为 160L/h，电动机功率为 7.5kW。当热空气为 135℃，空气用量为 12000m³/h（指未加热前）时，每小时约可蒸发水分 100kg，当料液

浓度为 2.8×10^5 单位/ml 时，每小时可得产品（含水量约 3%）约 60kg。此套装置不用压缩空气，而用鼓风机输送空气，并用静电除尘器和高效过滤器对空气除菌以获得无菌热空气。

1. 干燥塔的体积传热系数 α

干燥塔的体积传热系数 α 可由式(8-118) 求得：

$$\alpha_v=1.58\times10^{-3}\frac{\lambda_g G_2}{\rho_d\frac{\pi}{4}D^2}\left(\frac{1}{d_d}\right)^{1.6}\left(\frac{1}{w_m+w_t}\right)^{0.8} \tag{8-118}$$

式中，α_v 为体积传热系数，kJ/(m³·h·℃)；λ_g 为空气热导率，kJ/(m·h·℃)；G_2 为干燥产品量，kg/h；ρ_d 为干燥产品的密度，kg/m³；D 为干燥塔直径，m；d_d 为干燥成品的直径，m；w_m 为干燥室中空气平均流速，m/s；w_t 为颗粒平均自由沉降速度，可由式(8-34) 求得，m/s。

$$d_d=d_w\sqrt[3]{\frac{\rho_w(1-w_1)}{\rho_d(1-w_2)}}$$

式中，下标 d 代表干燥产品，下标 w 代表湿物料；w_1、w_2 分别为干燥前后物料中湿基含水量；$w_m=\dfrac{(L+G_a)v}{3600\times0.785D^2}$，$L$ 为干燥用空气量，kg/h；G_a 为喷雾用空气量，kg/h；v 为空气平均比体积，m³/kg。

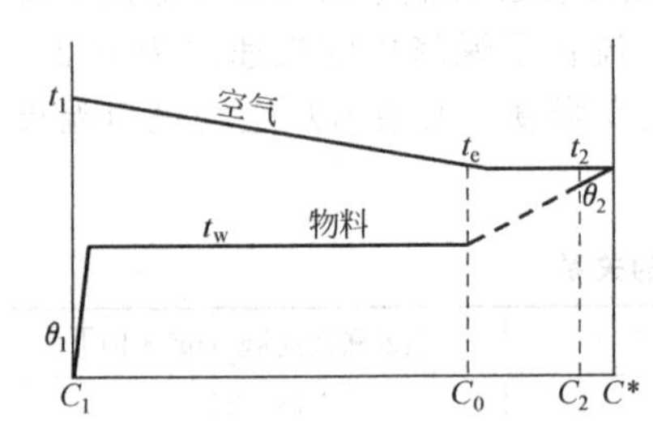

图 8-25　干燥过程中湿度与物料含水量的变化关系

在干燥过程中物料及空气温度随着物料含水量的变化而变化，图 8-25 中物料温度曲线，在含水量小于 c_0 时，假设为直线上升（图中虚线表示）。

于是，在恒速阶段

$$\Delta t_c=\frac{(t_1-t_w)-(t_c-t_w)}{\ln\dfrac{t_1-t_w}{t_c-t_w}} \tag{8-119}$$

降速阶段

$$\Delta t_f=\frac{(t_c-t_w)-(t_2-\theta_2)}{\ln\dfrac{t_1-t_w}{t_c-\theta_2}} \tag{8-119a}$$

上两式中，t_1 及 t_2 分别为空气进入和离开干燥塔的温度；t_c 是当含水量为 c_0 时的空气温度，而 t_c 值可以先求出此时空气的湿含量 x_c 后，再借助 I-x 图求出。

$$x_c=\frac{W}{L}\times\frac{c_1-c_0}{c_1-c_2}+x_1 \tag{8-120}$$

式中，W 为干燥过程中水分蒸发量，kg/h；x_1 为空气进入干燥塔时的湿含量，kg/kg。

上两式中，t_w 为进口热空气的湿球温度，也即物料在恒速阶段的表面温度。

式(8-120) 中的 θ_2 为物料在干燥终了时的温度，其值可用下式估算：

$$\theta_2=(t_2-t_w)\frac{c_0-c_2}{c_0-c^*}+t_w \tag{8-121}$$

式中，c_0 为物料的临界含水量（干基）；c^* 为物料的平衡含水量（干基）。

2. 喷雾干燥塔直径的计算

在喷雾干燥塔设计中，要求干燥塔半径大于全部液滴的最大喷距是不合理的，通常只要保证 99% 的液滴不发生粘壁，即塔半径只要大于 99% 的液滴的喷距即可，这个半径称为干燥塔设计喷距，记作 R_{99}。

$$R_{99}=\frac{13d^{0.21}M_L^{0.25}}{3.47N^{0.16}}=\frac{3.75d^{0.21}M_L^{0.25}}{N^{0.16}} \tag{8-122}$$

式中，d 为离心盘直径，m；M_L为液体质量流量，kg/h；N 为离心盘转速，r/min；R 为半径，m。

3. 喷雾干燥塔高度的计算

$$V_c=\frac{Q_c}{\alpha_v \Delta t_c} \tag{8-123}$$

$$V_f=\frac{Q_f}{\alpha_v \Delta t_f} \tag{8-124}$$

$$H=\frac{V_c+V_f}{\frac{\pi}{4}D^2} \tag{8-125}$$

以上诸式中，V_c、V_f分别为恒速和降速阶段物料干燥所需的体积，m^3；Q_c、Q_f分别为恒速阶段和降速阶段所需热量，kJ/h；$Q_c=4.187W_c(595+0.46t_c-\theta_1)+G_2c_m(t_w-\theta_1)$；$Q_f=4.187W_f(595+0.46t_2-t_w)+G_2c_m(t_2-t_w)$；$W_c=G_c(c_1-c_0)$；$W_f=G_c(c_0-c_2)$；$H$ 为干燥室高度，m。

【例 8-9】 现欲设计用于处理量为 14L/h，干燥链霉素硫酸盐溶液的气流式喷雾干燥塔。已知浓缩液的浓度为 3.2×10^5单位/ml，成品的含水量为 3%，大气温度为 20℃，相对湿度为 80%，进入干燥室的温度为 130℃，离开干燥室的温度为 95℃，料液的相对密度为 1.1，进入干燥室的温度为 15℃，采用［例 8-7］的气流式喷嘴进行喷雾，干燥过程中临界水分为 0.2kg/kg，平衡水分为 0.02kg/kg。求干燥室的空气用量、预热量及干燥塔的主要尺寸。

［例 8-9］ 附图

解： ① 物料衡算

若产品的效价单位为 720 单位/mg=720×10^3单位/g

$$w_L=1-\frac{3.2\times10^5}{720\times10^3\times1.1}=1-0.4=60\%$$

$$c_1=\frac{w_1}{1-w_1}=\frac{0.6}{1-0.6}=1.5\ (\text{kg/kg})$$

$$c_2=\frac{w_2}{1-w_2}=\frac{0.03}{1-0.03}=0.031\ (\text{kg/kg})$$

干料量 $G_c=G_1(1-w_1)=14\times1.1\times(1-0.6)=6.16$ (kg/h)

总水分气化量 $W=G_c(c_1-c_2)=6.16\times(1.5-0.031)=9.04$ (kg/h)

恒速阶段水分气化量 $W_c=G_c(c_1-c_0)=6.16\times(1.5-0.2)=8.00$ (kg/h)

降速阶段水分气化量 $W_f=G_c(c_0-c_2)=6.16\times(0.2-0.03)=1.04$ (kg/h)

产品量 $G_2=G_1-W=15.4-9.04=6.36$ (kg/h)

进入干燥塔时空气湿含量 $x_0=x_1=0.012$kg/kg（由 I-x 图查出）

② 热量衡算

在恒速阶段物料温度等于进口空气的湿球温度 $t_w=39$℃。

物料最终温度，可根据式(8-124) 求得

$$\theta_2=(t_2-t_w)\frac{c_0-c_2}{c_0-c^*}+t_w=(95-39)\times\frac{0.2-0.031}{0.2-0.02}+39=91.4\ (℃)$$

现先求出口空气的 x_2

$$\Delta=\frac{I_2-I_1}{x_2-x_1}=\theta_1 c_水-(q_m+q_r+q_c)$$

式中，Δ 表示实际干燥器偏离理想干燥器（指无热量损失的理想情况，即 $I_2=I_1$）的程度，kJ/(kg·h)；q_m、q_r、q_c分别代表每气化 1kg 水分时物料所带走的热量、散失于周围的热量及喷嘴中冷空气加热所需要的热量，kJ/(kg·h)；θ_1 为湿物料进塔时温度，℃；c 为空气比热容，1.0kJ/(kg·℃)；$c_水$为水的比热容，4.187kJ/(kg·℃)。

设成品的比热容 $c_m=1.26$kJ/(kg·℃)，塔壁温设为40℃，干燥室外壁散失至大气的传热系数

$$\alpha=33.5+0.21t_壁=33.5+0.21\times40=41.9\text{kJ/(m}^2\cdot\text{h}\cdot℃)$$

干燥室的表面积 $F=\pi DH=3.14\times1.2\times3.5=13.2$（$m^2$）（干燥室直径及高度系假定）

喷嘴进入的空气量 $G_a=3600M_a=3600\times0.01134=40.8$（kg/h）（式中 M_a 见［例 8-7］）

$$q_m=\frac{G_2}{W}c_m(\theta_2-\theta_1)=\frac{6.36}{9.04}\times1.26\times(91.4-15)=67.73[\text{kJ/(kg}\cdot\text{h)}]$$

$$q_r=\frac{1}{W}\alpha F(t_壁-t_0)=\frac{1}{9.04}\times41.9\times13.2\times(40-20)=1223.6[\text{kJ/(kg}\cdot\text{h)}]$$

$$q_c=\frac{G_a}{W}c(t_2-t_0)=\frac{40.8}{9.04}\times1.0\times(95-20)=338.5[\text{kJ/(kg}\cdot\text{h)}]$$

$$\Delta=\theta_1 c_水-(q_m+q_r+q_c)=15\times4.187-(67.73+1223.6+338.5)=62.8-1629.8=-1567$$

因 $$I_2=595x_2+0.24t_2+0.46x_2t_2,\ I_1=163.7(\text{kJ/kg})$$

$$x_2=\frac{I_1-1.0t_2-\Delta x_1}{2491.3+1.93t_2-\Delta}=\frac{163.7-1.0\times95+1567\times0.012}{2491.3+1.93\times95+1567}=\frac{87.5}{4241.7}=0.0206\ (\text{kg/kg})$$

干空气用量 $$L=\frac{W}{x_2-x_1}=\frac{9.04}{0.0206-0.012}=1051.2\ (\text{kg/h})$$

初始空气比体积 $$v_0=(0.773+12.44x_0)\frac{273+t_0}{273}$$

$$=(0.773+1.244\times0.012)\times\frac{293}{273}=0.847\ (\text{m}^2/\text{kg})$$

因 $$I_0=49.4\text{kJ/kg}$$

预热器加入热量 $Q=L(I_1-I_0)=1051.2\times(163.7-49.4)=120152.2$（kJ/h）

由式(8-123) 可求出物料在临界水分时的空气湿含量

$$x_c=\frac{W}{L}\times\frac{c_1-c_0}{c_1-c_2}+x_1=\frac{9.04}{1051.2}\times\frac{1.5-0.2}{1.5-0.031}+0.012=0.0195\ (\text{kg/kg})$$

x_c值与本题图中 BC 线的交点即为 $t_c=98$℃

恒速阶段水分气化所需热量 $Q_c=4.187W_c(595+0.46t_c-\theta_1)+G_2c_m(t_w-\theta_1)$

$$=4.187\times8\times(595+0.46\times98-15)+6.36\times1.26\times(39-15)$$
$$=21130\ (\text{kJ/h})$$

降速阶段水分气化所需热量 $Q_f=4.187W_f(595+0.46t_2-t_w)+G_2c_m(t_2-t_w)$

$$=4.187\times1.04\times(595+0.46\times95-39)\times+6.36\times1.26\times(91.4-39)$$
$$=3031.3\ (\text{kJ/h})$$

干燥过程的热效率 $$\eta=\frac{Q_c+Q_f}{Q_p}=\frac{21130+3031.3}{120152.2}=0.2011=20\%$$

$$气化每千克水分所需热量=\frac{Q_p}{W}=\frac{120152.2}{9.04}=13291.2\ (\text{kJ/h})$$

③ 干燥塔尺寸的确定

干燥塔中平均空气温度 $t=\dfrac{t_1+t_2}{2}=\dfrac{130+95}{2}=112.5$（℃）

干燥塔中平均空气湿含量 $x=\dfrac{x_1+x_2}{2}=\dfrac{0.012+0.0206}{2}=0.0163$（kg/kg）

干燥塔中空气比体积 $v=(0.773+1.244\times0.0163)\times\dfrac{385.5}{273}=1.12$（m/kg）

设干燥塔直径 $D=1.2\text{m}$

干燥塔中空气流速 $w_{\text{m}}=\dfrac{(L+G_{\text{a}})v}{3600\times0.785D^2}=\dfrac{(1051.2+40.8)\times1.12}{3600\times0.785\times1.2^2}=0.30$（m/s）

若干燥塔中干燥颗粒密度 $\rho_{\text{d}}=1200\text{kg/m}^3$，见［例 8-7］：$\rho_{\text{w}}=1100\text{kg/m}^3$，$d_{\text{w}}=16\mu\text{m}$。

干燥塔中干燥颗粒直径 $d_{\text{d}}=d_{\text{w}}\sqrt[3]{\dfrac{\rho_{\text{w}}(1-w_1)}{\rho_{\text{d}}(1-w_2)}}=16\times\sqrt[3]{\dfrac{1100\times(1-0.6)}{1200\times(1-0.03)}}=11.6$（$\mu$m）

干燥塔中颗粒平均直径 $D_{\text{mm}}=(16+11.6)/2=13.8$（$\mu$m）

颗粒的平均密度$=(1200+1100)/2=1150$（kg/m^3）

根据空气定性温度$=(130+95)/2=112.5$（℃）

查得 $\mu_{\text{a}}=2.25\times10^{-5}\text{Pa}\cdot\text{s}=2.29\times10^{-6}\text{kg}\cdot\text{s/m}^2$，$\lambda_{\text{g}}=0.118\text{kJ/(m}^3\cdot\text{h}\cdot℃)$

干燥塔中颗粒自由沉降速度 $w_{\text{t}}=\dfrac{D_{\text{m}}^2\rho_{\text{m}}g}{18\mu_{\text{a}}}=\dfrac{(13.8\times10^{-6})^2\times1150\times9.81}{18\times2.29\times10^{-6}}=5.21\times10^{-2}$（m/s）

根据式(8-120)

$$\alpha_{\text{v}}=15.8\times10^{-3}\frac{\lambda_{\text{g}}G_2}{\rho_{\text{d}}\dfrac{\pi}{4}D^2}\left(\frac{1}{d_{\text{d}}}\right)^{1.6}\left(\frac{1}{w_{\text{m}}+w_{\text{t}}}\right)^{0.8}$$

$$=1.58\times10^{-3}\times\frac{0.118\times6.36}{1200\times0.785(1.2)^2}\times\left(\frac{1}{11.6\times10^{-6}}\right)^{1.6}\times\left(\frac{1}{0.302+0.00529}\right)^{0.8}$$

$$=177.1[\text{kJ/(m}^3\cdot\text{h}\cdot℃)]$$

恒速阶段

$$\Delta t_{\text{c}}=\frac{(t_1-t_{\text{w}})+(t_{\text{c}}-t_{\text{w}})}{2}=\frac{(130-39)+(98-39)}{2}=75\ (℃)$$

$$V_{\text{c}}=\frac{Q_{\text{c}}}{\alpha_{\text{v}}\Delta t_{\text{c}}}=\frac{21130}{177.1\times75}=1.59\ (\text{m}^3)$$

降速阶段

$$\Delta t_{\text{f}}=\frac{(t_{\text{c}}-t_{\text{w}})-(t_2-\theta_2)}{\ln\dfrac{t_{\text{c}}-t_{\text{w}}}{t_2-\theta_2}}=\frac{(98-39)-(95-91.4)}{\ln\dfrac{59}{3.6}}=19.8\ (℃)$$

$$V_{\text{f}}=\frac{Q_{\text{f}}}{\alpha_{\text{v}}\Delta t_{\text{f}}}=\frac{3031.3}{177.1\times19.8}=0.87\ (\text{m}^3)$$

总需干燥塔体积 $V=V_{\text{c}}+V_{\text{f}}=1.59+0.87=2.46$（m^3）

干燥塔高度 $H=\dfrac{V}{\dfrac{\pi}{4}D^2}=\dfrac{2.46}{0.785\times1.2^2}=2.17$（m）

为安全起见，干燥塔圆筒部分的高度可取 2.5m 左右。

第五节　沸腾造粒干燥器及其计算

沸腾造粒干燥是将造粒操作与干燥操作相结合的干燥过程。它能一次完成混合、造粒和干燥，是一种较先进的干燥单元操作，适用于较大颗粒成品的干燥场合（颗粒直径 0.3～

4.0mm)。由于它的工艺简单，适应性强，成品质量好，同时还能在成品表面喷涂上不同性质或功能的料液，制得两种或两种以上组分的颗粒产品，所以目前被广泛用于生物工程、食品、化工、药物制剂等行业中。

图 8-26 为沸腾造粒干燥装置的流程图，操作时先在沸腾床层内铺一定量的颗粒作为底料，热空气通过筛板（4）进入沸腾床，当物料呈沸腾状时，料液由雾化器（8）喷入，均匀地涂布在固体颗粒表面，同时进行干燥。料液均匀喷涂在颗粒表面，颗粒直径逐渐增大，达到一定粒径和干燥时间后，从卸料器（10）连续排出。

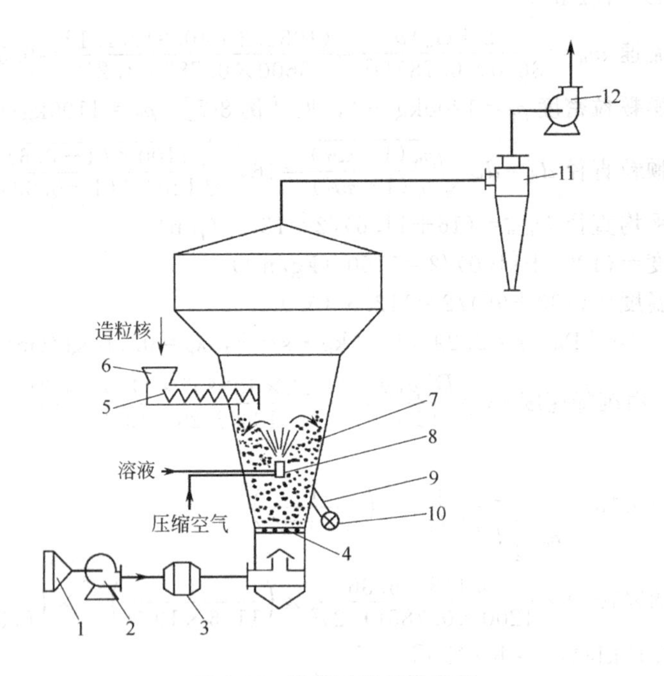

图 8-26 沸腾造粒干燥流程

1—空气过滤器；2—风机；3—加热器；4—筛板；5—螺旋加料器；6—料斗；7—沸腾床；8—雾化器；9—卸料管；10—卸料器；11—旋风分离器；12—风机

在床层中由于颗粒之间、颗粒与器壁之间的碰撞和摩擦，会产生少量细颗粒和粉末，它们将作为造粒核重复进行造粒，尾气经旋风分离器（11），回收微粉后排空。

一、沸腾造粒干燥器的形式

沸腾造粒干燥器按其操作方式、雾化器喷料液的方式和热空气的流动方式，可分为两种：逆流沸腾造粒干燥器和强制循环沸腾造粒干燥器。

① 逆流沸腾造粒干燥器 [图 8-27(a)]。雾化器置于沸腾料层的上部，料液由上往下喷，它能保证绝大部分的雾滴涂于最细小颗粒的表面，成品粒度比较均匀。但为了避免雾滴在接触物料之前被气流带走，必须使上升气流速度小于液滴的自由沉降速度，这在实际生产中很难保证做到这一点。如果把雾化器置于沸腾料层内部，可解决料液雾滴被热空气带走的问题，但又要注意避免雾化器出口被物料粉末堵塞。

② 强制循环沸腾干燥器 [图 8-27(b)]。其出料口置于造粒干燥器的底部，热风分布板做成锥形，出料口内通入部分热空气，一方面可以强化沸腾料层内颗粒物料的循环，另一方面在出料口控制恰当的热空气速度，利用风力分级原理使较小颗粒返回床层，以保证排出的成品颗粒有一定的粒度。

二、沸腾造粒干燥器的设计

沸腾造粒干燥器是由料液雾化器和沸腾干燥器两部分组成，其设计方法可参照第四节喷雾

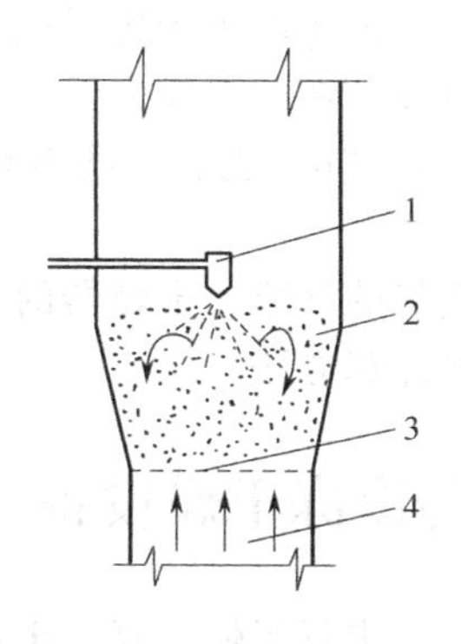

(a) 雾化器置于沸腾料层的上部

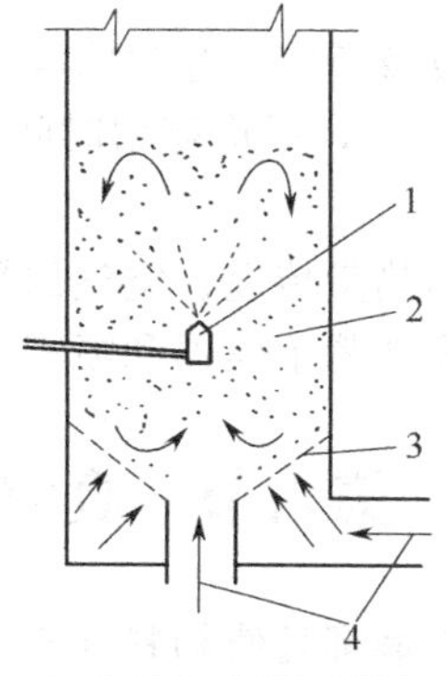

(b) 强制循环沸腾干燥器

图 8-27　沸腾造粒干燥器

1—雾化器；2—沸腾物料；3—筛板；4—热空气

干燥器中雾化器的有关设计方法和第三节沸腾干燥器设计的基本方法。以下介绍一些沸腾造粒干燥器的某些特有设计问题。

1. 料液雾化

在沸腾造粒干燥器中常用的是机械式或气流式雾化器，其大多装于沸腾料层之中，要求雾化性能好。一般要求雾化液滴的直径为 20～100μm。

2. 沸腾床内物料的静止层高度

物料静止层高度会影响颗粒的流动状态、生产能力和粒子在造粒干燥器内的停留时间。在同一设备中，静止床层越高，造粒器内贮存的颗粒越多，可喷入的料液量也越大，但过高的料层将造成动力消耗增大。由实验得出比较合理的静止床层高度为：

$$H_0/D=1\sim1.5\text{，最大为 }2 \tag{8-126}$$

式中，H_0为静床的高度，m；D 为沸腾造粒干燥器的内径，m。

3. 强制循环沸腾造粒干燥器的出料管风量

$$\text{进入出料管的风量取}\frac{Q_{gs}}{Q_g}=0.3 \tag{8-127}$$

式中，Q_{gs}为出料管的进风量，m^3/h；Q_g为沸腾造粒干燥器所需全部风量，m^3/h。

出料管的风速应适当低于成品颗粒沉降速度，以保证成品顺利出料，并使小于成品颗粒的微粒返回床层。根据所确定的风量及风速即可求出出料管的直径。

4. 造粒核的粒度和加入量

通常加入的造粒核的直径应为成品直径的 20%～30%。如果造粒核中存在微粉，可使成品更接近于球形。但是过多的微粉会影响成品质量，这是因为微粉在料液雾滴作用下急速粘聚过快长大，内部水分不易干燥。

造粒核的量和流化状态与成品质量关系极大，加入量应视沸腾床内自身产生的细颗粒和粉末多少而定，一般造粒核加入量应为成品量的 10%～30%。也有达 100%的，如蛋白酶、葡萄糖等产品的干燥操作。

5. 物料在床层内的平均停留时间

$$\tau=\frac{W}{W'} \tag{8-128}$$

式中，τ 为平均停留时间，h；W 为床层内绝干物料的总质量，kg；W'为每小时加入绝干造粒核和料液中绝干物料量的总和，kg/h。

颗粒物料在造粒干燥器中的所需平均停留时间，主要取决于物料性质、造粒核粒度和加入量、成品颗粒的大小以及所需干燥时间等。一般当成品颗粒直径为0.5～2mm，造粒核直径应为成品粒径的20%～30%，平均停留时间为0.25～0.5h，也有一些有机物料（如葡萄糖）需1h之久。

沸腾造粒干燥器的热量传递、空气的用量、空气的气速、干燥器的总高度、雾化器的计算或设计方法，可以参照沸腾干燥器和喷雾干燥器的计算方法。

第六节　真空干燥与冷冻干燥设备

真空干燥和冷冻干燥都是使物料处于真空状态下进行干燥。真空干燥使物料中所含水分由液态变成气态而除去。冷冻干燥则是先将湿物料冷到冰点以下，使其中水分先变成固态——冰，再置于较高真空下，将冰直接升华除去，故也叫做升华干燥。

水在不同温度和压力下的三相图见图8-28，三相点是4.6mmHg（1mmHg=133.322Pa）、0.0075℃。由图可知，真空干燥的操作压强在4.6mmHg到1大气压之间；而冷冻干燥则在4.6mmHg以下。

一、真空干燥

凡是不能经受高温，在空气中易氧化、易燃、易爆等危险性物料的干燥操作或在干燥过程中会挥发有毒有害气体以及在除去的湿分蒸气（如溶剂）需要回收等场合，均可采用真空干燥。

真空干燥所要求的真空度不是很高，真空装置可采用机械真空泵、蒸气喷射泵或水喷射泵等。

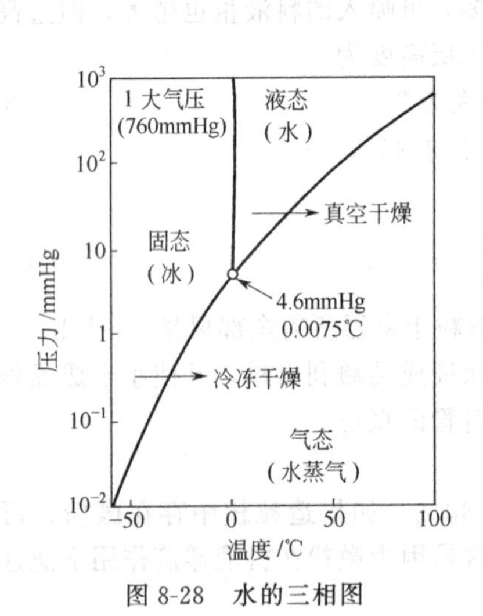

图8-28　水的三相图

1mmHg=133.322Pa；1大气压（760mmHg）=0.1MPa

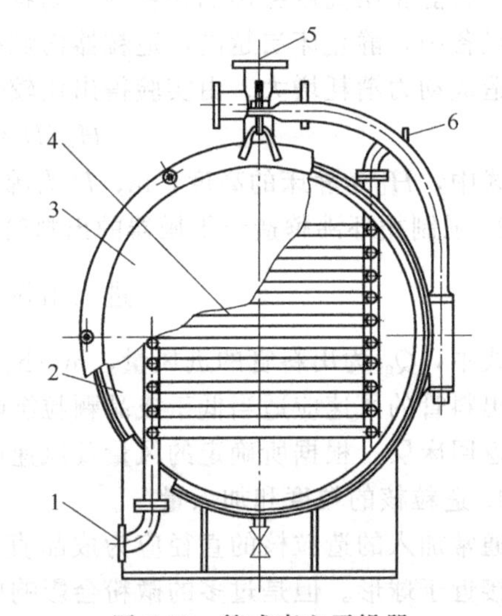

图8-29　箱式真空干燥器

1—冷凝水出口；2—外壳；3—盖子；4—空心加热板；5—真空接口；6—蒸汽进口

1. 箱式真空干燥器

箱式真空干燥器的结构见图8-29，其设备外形有矩形或圆筒形，盛有湿物料的料盘放置在空心加热板（4）上，空心的加热板中通入蒸汽或者热水加热。蒸发的二次蒸汽由真空接口（5）排出，真空接口连接真空系统，使箱内保持一定的真空度。

真空干燥器，加热面的平均干燥强度为1～4kg/(m^2·h)。这种干燥器也可采用辐射加热方式，辐射加热器可直接置于干燥箱内。

箱式真空干燥器是间歇操作，装料卸料均需人工操作，劳动强度大，这是其主要缺点；干燥的成品外观质量好（如晶体光泽好、晶形好），是其优点。

2. 搅拌真空干燥器

搅拌真空干燥器的结构见图 8-30，外壳带有蒸汽加热夹套，内部装有水平旋转的框式搅拌器，搅拌器的圆周速度控制在 20m/min 左右。蒸发的二次蒸汽由连接真空系统的排气口排出。搅拌真空干燥器，加热面的干燥强度为 15～20kg/(m²·h)。

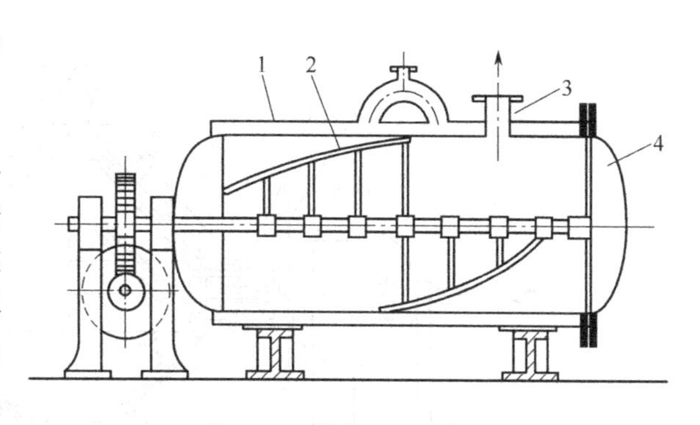

图 8-30　搅拌真空干燥器

1—蒸汽加热夹套；2—搅拌器；3—排气口；4—盖

3. 双锥回转式真空干燥器

① 双锥回转式真空干燥设备见图 8-31 和图 8-32 所示，是目前生物制药企业广泛使用的真空干燥设备。

双锥形干燥器筒体是干燥设备的主体，锥体外壁焊有夹套，用于通入加热蒸汽或热水，也可以通入冷却水进行加热或冷却。双锥体旋转轴是中空的，左边旋转轴（图 8-32）通过轴封装置与真空系统连接，右边旋转轴通过轴封装置与加热蒸汽管或热水管连接。

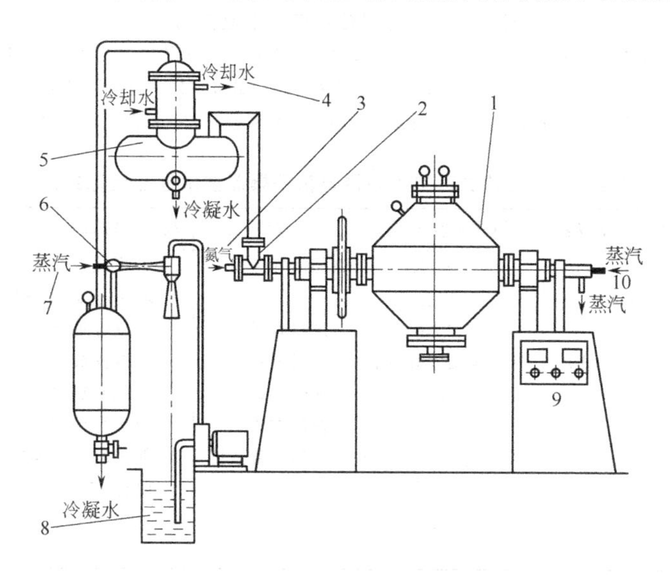

图 8-31　双锥回转式真空干燥器设备流程

1—双锥回转式真空干燥机；2—管道；3—净化气系统；4—冷却水系统；5—冷凝器；6—真空抽气系统；7—蒸汽源；8—水池；9—电控系统；10—加热系统

为保证左右回转轴动密封的性能，设计时应采用双骨架轴密封结构。抽真空臂（8）是一根头部钻了许多小孔且包有过滤金属网的空心折形管，其与真空抽气管道连接。在回转干燥器工作时，真空管道小支架固定不转，所以抽真空臂在锥形筒体内也是固定不转的，其方位图如图 8-32 所示。抽真空臂上的过滤金属网可以阻挡粉末被抽走（有时在抽真空臂上套上丝绢袋作为过滤器）。为了防止湿细粉末堵塞过滤金属网或者丝绢袋，采用净化气体（如氮气）定时地反吹，这样既清除掉了黏附在过滤金属网上的粉末，又保证不过多地增加真空系统的阻力负荷。

双锥回转干燥器，干燥效率高于箱式干燥器，成品晶形质量无明显区别，它能在位清洗、灭菌和在全封闭洁净室完成成品的干燥过程。从表 8-4 技术性能指标的比较，可以看到双锥回转干燥器比箱式真空干燥器有许多优点。

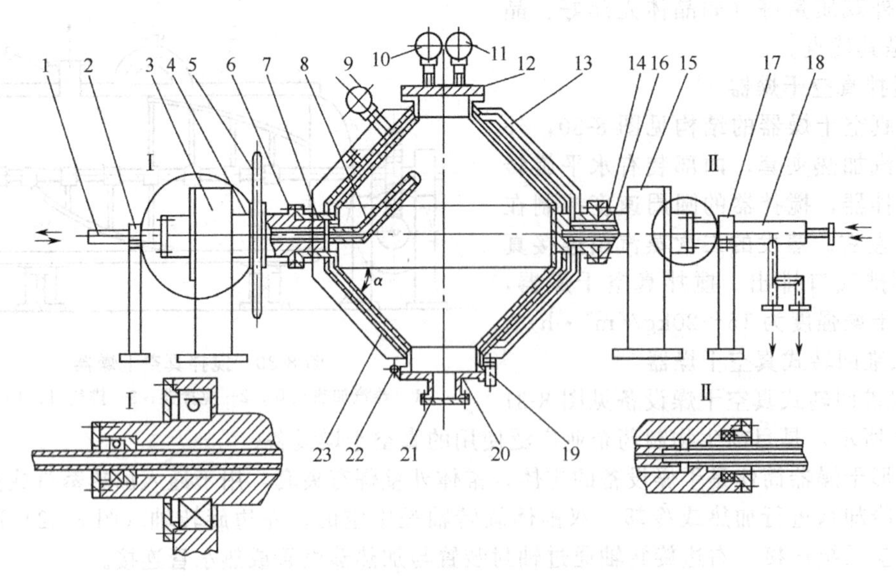

图 8-32 双锥回转式真空干燥器结构

1—真空管道；2,17—小支架；3,15—大支架；4,16—大轴承；5—大连轮；6—左回转轴；7—小轴承；8—抽真空臂；9—压力表；10—真空表；11—温度表；12—盖板；13—筒体保温层；14—右回转轴；18—套管；19—卡子；20—装料盖板；21—出料盖板；22—铰链；23—筒体夹套

表 8-4 双锥回转式真空干燥器与箱干燥器技术性能指标的比较

比较项目	双锥回转真空干燥器	箱式真空干燥器	比较项目	双锥回转真空干燥器	箱式真空干燥器
容积	1028L	1950L	晶体外形	长方形柱状晶体无明显变化,碎片增多	长方形柱状晶体
转速	6r/min	静止			
传热面	4.5m²	5.77m²	进料方式	真空抽吸	人工装盘
干燥强度	5.564kg/(m²·h)	1.484kg/(m²·h)	出料方式	蝶阀放料	人工卸盘
干燥时间	3h	3h	加热方式	92℃热水	饱和蒸汽
真空度	700mmHg①	700mmHg	控制方式	仪表自动控制	人工操作
批产量	250kg(以湿料计)	108kg(以湿料计)	单体设备造价	比箱式真空干燥器便宜25%左右	比回转真空干燥器贵25%左右
回收溶媒	20kg	不回收			
干粉密度	湿含量1%以下，695kg/m³	700kg/m³			

① 1mmHg=133.322Pa。

② 双锥回转式真空干燥器的设计参考数据。双锥回转干燥器的设计类似箱式真空干燥器，不是很复杂。上海某药厂在20世纪80年代初就试制成功了国内第一台双锥回转干燥器，用来干燥湿硫酸卡那霉素，效果非常好。该台双锥回转干燥器的主要技术参数如下：

a. 总容积1028L，直筒 ϕ1200mm，直筒高500mm，手孔端锥高375mm，卸料孔端锥高500mm；

b. 传热面 $4.5m^2$；

c. 转速6r/min；

d. 电机2.2kW；

e. 装料量250～270kg湿料，设备装料系数50%～60%；

f. 内外筒身壁厚 δ=8mm不锈钢板；

g. 内壁抛光，粗糙度3.2；

h. 设备外壁50mm厚保温层，外裹0.8mm不锈钢皮。

目前商品型号的双锥回转式真空干燥器的技术数据见表8-5，以供设计人员参考。

表8-5 双锥回转真空干燥器的主要技术数据

型 号	全容积/L	装料量①/L	加热面积/m²	最高转速/(r/min)	功率/kW
10	115	75	1.1	20	0.4
20	200	130	1.5	18	0.75
30	330	210	2.1	17	1.5
50	500	320	2.8	15	1.5
75	750	480	3.7	13	2.2
110	1130	730	5.0	12	2.2
170	1700	1090	6.5	12	3.7
250	2690	1700	9.2	10	5.5
380	3800	2400	11.6	9	7.5
540	5400	3500	15.6	8	11
700	7245	4550	18.5	8	11
900	9000	5300	21.0	5	15

① 这里指湿物料的堆积体积，各种湿料的堆密度要实测。

二、冷冻干燥

冷冻干燥，亦称升华干燥，这是将湿物料或溶液在较低的温度下（－10～－50℃）冻结成固态，然后在高度真空（1～0.001mmHg）下将其中水分不经液态直接升华成气态而脱水的干燥过程。这种干燥方法由于操作过程温度低，对热敏性物质特别有利，故特别适合于处理生化工程产品，如抗生素和其他生化药物、微剂量的各种抗肿瘤药物，如抗肿瘤抗生素，每瓶内含量在10mg以下，不能用直接称量法进行分装，可用其溶液定量分装入瓶内后，用冷冻干燥方法，即可获得准确含量的微剂量的抗肿瘤抗生素制品。当然冷冻干燥也有它的缺点，如设备投资大，动力消耗多，干燥时间一般也较长。

国产LGJ-ⅡA冷冻干燥机（图8-33）主要用来干燥生物制品。干燥室（1）为不锈钢制方形箱体，箱体尺寸为910mm×760mm×760mm，内有670mm×670mm箱板4块，可放ϕ17mm安瓿5000支，搁板内有制冷循环管路及加温油循环管路，可在80～－40℃范围内调温，箱内有感温电阻，顶部有真空规管，箱底有真空隔膜阀，并连接空气过滤器，可将空气放入箱内。箱内空载真空度可达1×10^{-2} Torr以下（1Torr＝1mmHg＝133.322Pa）。冷凝器（2）为不锈钢制圆筒，内有紫铜螺旋管二组，分别与两组循环制冷系统相连。冷凝器与干燥箱连通的管道中有真空蝶阀，冷凝器底部与真空泵相连，另有热风管路以作化霜之用。冷凝器的工作温度为－40～－60℃，最大吸水量约30kg。本机组中有2F-6.3水冷式制冷压缩机组三台，每台制冷量4000kcal/h（1kcal/h＝1.163W），均以F-22为制冷剂，其中两台供冷凝器降温用，可使冷凝管温度达－45～－60℃，一台供干燥室内搁板降温用，可使干燥室温度下降至－30～－40℃。真空泵为ZL-8型罗茨真空泵，它宜在低压范围内工作，具有较大的压缩比，故作为增压泵之用，其抽

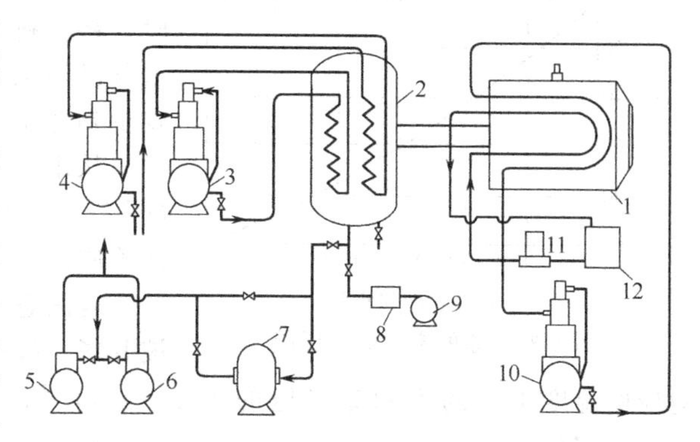

图8-33 LGJ-ⅡA冷冻干燥机流程图
1—干燥室；2—冷凝器；3,4—冷凝器用冷冻机；5,6—高真空泵；7—粗真空泵；8—加热器；9—风扇；10—预冻用冷冻机；11—油循环泵；12—油箱

气速率为150L/s，极限真空为$<5\times10^{-4}$Torr。真空泵（5）及（6）为2X-5型滑片泵，其抽气速率为15L/s，极限真空为5×10^{-4}Torr，在本机组中作前级泵之用，平时只用一台，另一台备用。

冷冻干燥过程中，首先要把被干燥的料液进行预冻，将溶液冷至最低冰盐点（或称最低共晶点）之下。物料的共晶温度、共熔温度是在冷冻干燥过程中控制物料预冻温度和加热温度的依据。物料的共晶温度是指物料实现全部冻结时的温度。物料的共熔温度是指物料中的冰晶开始融化时的温度。

共晶点和共熔点的测定方法主要有电阻测定法、热差分析测定法、低温显微镜直接观察法和数字公式计算法等。

电阻测定法的原理如下。物料在冻结过程中，温度降到冰点，物料中水分开始生成冰晶。随着温度的下降，冰晶越来越多，物料的电阻也越来越大。当温度降到某一点时，物料的电阻值突然增大，此时的温度就是物料的共晶温度。共熔温度的测量原理与共晶温度的测量原理相同，即冻结物料温度上升到某一点时物料的电阻值突然减小，此时的温度就是物料的共熔温度。

当溶液冷至最低冰盐点（共晶点）时，溶质是均匀地分布在水的晶体间，因此，在升华时，成品就成为多孔性的物料；反之，若预冻温度高于水和溶质的最低冰盐点，虽有冰析出，但此冰系纯水形成，而且此冰与被增浓了的溶液共存，成品不能成为多孔性，水溶性差。青霉素水溶液的最低冰盐点为－25℃，链霉素溶液一般需要在－30℃以下进行预冻。溶液的预冻可以在冷冻干燥室外采用液态冷冻剂如酒精与干冰的混合物进行预冻，也可以在冷冻干燥室内，利用干燥室内循环制冷剂（如F-22）的蛇管冷却，进行预冻。在生产中，小批量的预冻可以采用前者，其冻结速度快，其温度可控制在－30℃，时间可控制在1～1.5h。大批量的生产目前都采用后者，温度需控制在－50℃，时间约为2～2.5h。

冷冻干燥过程分为两个阶段：第一阶段，在低于熔点的温度下，将水分从冻结的物料内升华，大约有98%～99%的水分均在此阶段除去；第二阶段，将物料温度逐渐升到或略高于室温（此时物料中的水分已很低，不再会融化），经此阶段干燥，水分可以减少到低于0.5%。

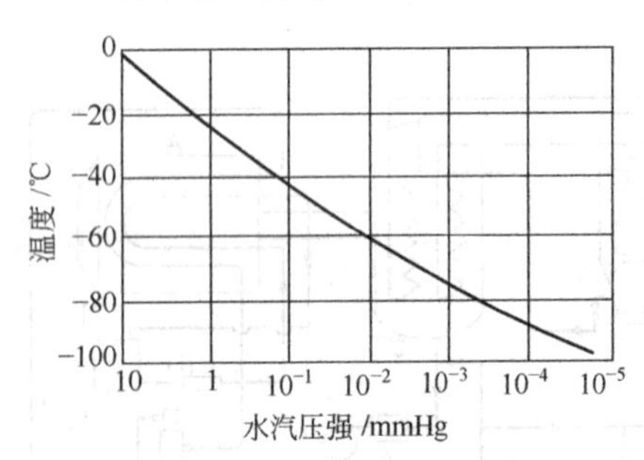

图8-34　冰的饱和蒸气压图

从水的三相图（图8-28）中及冰的饱和蒸气压图（图8-34）中可以看出，不论是液态的水还是固态的水在不同温度下都具有不同的饱和蒸气压。

若固态的水在低于其饱和蒸气压的真空下，水分即被升华，故一般在冷冻干燥时，所采用的真空度约为相对应的温度下冰的饱和蒸气压的1/2～1/4，如－40℃时干燥，采用的真空度应为0.02～0.05mmHg。

在冷冻干燥中，升华温度一般为－35～－5℃。其抽出的水分可在冷凝器上冷冻聚集或被吸湿剂吸收或直接为真空泵排出。升华时需要的热量，可直接由所处理的物料供给，或者经过干燥室的间壁通过热介质由外界供给。如无外界供给热量则物料的温度将随之降低，以至于冰的蒸气压过分降低，而使升华速率降低。为此，在控制冷冻干燥的速率下，既要供热量给物料，又要避免固体物的融化。如表8-6为冰的饱和蒸气压。

表8-6　冰的饱和蒸气压

温度/℃	0	－1	－5	－10	－15	－20	－30	－40	－50	－60	－70	－80	－90	－100
饱和蒸气压/mmHg	4.579	4.216	3.008	1.941	1.238	0.776	0.286	0.097	0.030	0.08	0.002	0.0004	0.00007	0.000011

在抗生素的冷冻干燥过程中，可将抗生素浓缩液按照规定剂量装入成品小瓶中，并在静止或高速旋转情况下将其进行预冻，在后一情况下，浓缩液在瓶内壁预冻成一层薄而均匀的冻层，以增加干燥面积。在大量生产中，为了充分利用干燥箱的容积，可将湿晶体或浓缩液置于浅盘中进行预冻及干燥。预冻温度一般为－40～－50℃，时间约为2～5h，干燥时物料温度约为－30～－35℃，真空压强约为0.002～0.1Torr（一般为30～50μmHg），冷凝器温度约为－40～－50℃（冷凝器温度一定要低于干燥室温度，否则水分不能凝结），油作为加热剂，以每小时升高5℃的速度通入干燥室的夹层，青霉素的最终干燥温度可至15℃，链霉素可至40℃，一般在冷冻干燥第二阶段，升温的速度以固体物料不融化为前提，最终干燥室的温度可控制在略高于室温为佳。总干燥时间约18h。图8-35为链霉素硫酸盐的冷冻干燥曲线。

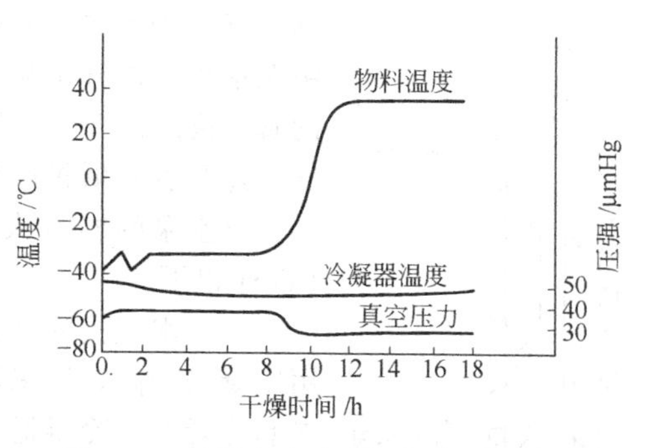

图8-35　链霉素硫酸盐的冷冻干燥曲线

1. 冷冻干燥的设备

冷冻干燥的设备大致由四个部分组成，即：①冷冻部分；②真空部分；③水气去除部分；④加热部分。

(1) 冷冻部分　在冷冻干燥中，预冻及水汽的冷凝都离不开冷冻过程。现将冷冻过程（也称制冷过程）作一扼要介绍如下。

常用的制冷方式有三种：蒸汽压缩式制冷；蒸汽喷射式制冷；吸收式制冷。其中最常用的是蒸汽压缩式制冷，故此处简单介绍一下蒸汽压缩式制冷过程。

蒸汽压缩制冷过程分为压缩、冷凝、膨胀以及蒸发四个阶段（图8-36），在系统中进行循环的工作介质称为冷冻剂（或称制冷剂或制冷介质）。液态的冷冻剂经过膨胀阀后，由于压强急速下降而蒸发成为气体，在此同时进行吸热，使蒸发器周围空间的温度降低；蒸发后的冷冻剂气体被压缩机压缩，使之压强升高和放出热量，被压缩后的冷冻剂气体经冷凝器冷却后又重新变为液态冷冻剂，在此过程中释出的热量由冷凝器中的水或空气带走。这样冷冻剂就在系统中完成一个冷冻循环。常用的冷冻剂有氨、氟里昂、二氧化碳、二氧化硫等，理想的冷冻剂要求有较大的气化潜热，蒸发温度下的比容要小，沸点要低，冷凝压强不宜太高，化学性质稳定，无毒及价廉。以上单级压缩制冷可达到－40℃。若要达到更低的蒸发温度（－50～－70℃）可采用双级制冷压缩机系统。

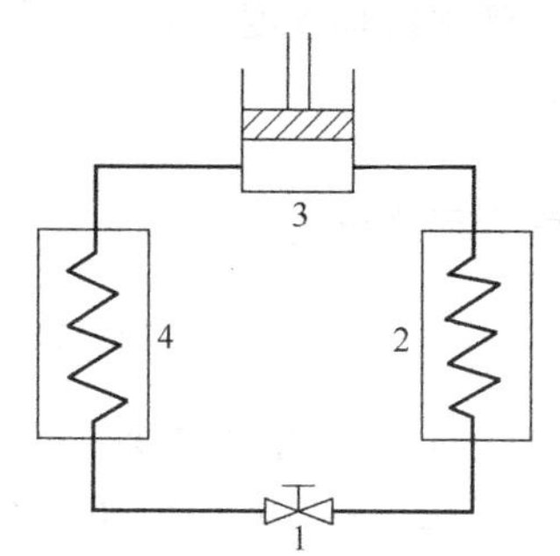

图8-36　单级蒸汽压缩制冷流程

1—膨胀阀；2—蒸发器；3—压缩机；4—冷凝器

(2) 真空部分　前面已经论述，冷冻干燥时干燥箱中的压强应为冻结物料饱和蒸气压的1/2～1/4。一般情况下干燥箱中的绝对压强约为10～100μmHg（10^{-2}～10^{-1}Torr）。质量好的机械泵可达到最高真空极限约为10^{-5}Torr，如国产的2x型滑片式真空泵的极限真空度可达5×10^{-4}Torr，完全可以用于冷冻干燥。在实际操作中为了提高高真空泵的性能，可在高真空泵前再串联一个粗真空泵，此真空泵犹如一增压器。多级蒸汽喷射泵也可达到较高的真空度，如四级喷射泵可达0.5Torr，五级的可达0.05Torr。但蒸汽喷射泵工作不太稳定，而且需大量的压强为10kg/cm^{2}以上的蒸汽及冷水，其优点为可直接抽出水气而不需冷凝器。扩散泵是可以达到更高真空度的设备（图8-37），极限真空约在10^{-7}Torr级。扩散泵中的工作介质一般用低蒸气压的油类。当其被加热气化为蒸气后，经泵内一组同心圆筒顶部的狭缝处高速向下喷出。此时系统中的空气分子扩散

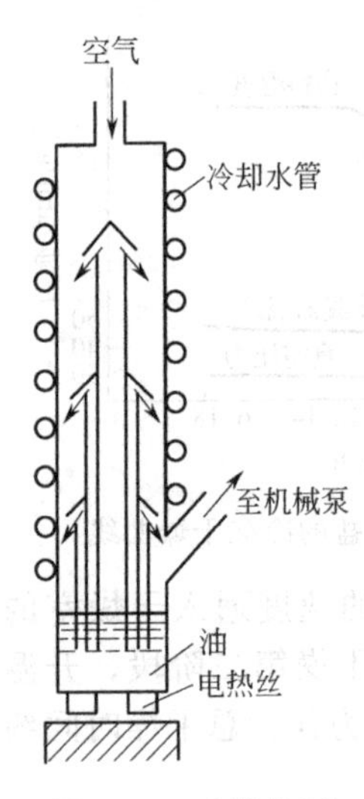

图 8-37　油扩散泵

到油气分子流中，并被携带下降，压缩为具有较高浓度的空气流而被前级泵抽出，油气本身则受泵壳外水冷管的冷却而冷凝回入油槽。前级泵的真空度应高于 10^{-1} Torr 级的水平，前级泵不但是从扩散泵中抽出空气，还起着降低扩散泵中油的沸点的作用。

真空泵的容量大致要求使系统在 5～10min 内从一个大气压降至 1Torr 以下。

(3) 水汽去除部分　冷冻干燥中冻结物料升华出来的水汽，主要是用冷凝法去除，所采用的冷凝器是列管式、螺旋管式或内有旋转刮刀的夹套冷凝器。冷凝器的冷却介质（载冷剂）是低温的空气或乙醇，最好是直接采用冷冻剂膨胀制冷，其温度应低于升华温度（一般应比升华温度低 20℃），否则水汽不能被冷凝。冷却介质应在冷凝器的管程或夹套内流动，水汽则在管外或夹套内壁冻结为霜。带有刮刀的夹套冷凝器可连续地把霜刮去，而一般冷凝器不能把霜除去，因此在操作过程中霜的厚度将不断增加，最后使水汽难以冷凝。因霜的热导率仅 8.4kJ/(m・h・℃)，因此冷冻干燥设备的最大生产能力往往由冷凝器的最大负霜量决定。一般来讲，霜的厚度不能超过 6mm。冷凝器还常附有热风装置，干燥完毕后可用其来化霜。

(4) 加热部分——干燥室部分　加热的目的是为了提供升华过程中的升华热（蒸发热＋融解热）。加热的方法有借夹层加热板的传导加热、热辐射面的辐射加热及微波加热等三种。传导加热的加热剂一般为热水或油类，其温度应不使冻结物料融化，在干燥后期允许用较高温度的加热剂。

用于工业化生产的冷冻干燥器的干燥室一般为箱式，实验室使用的冷冻干燥器干燥室也有钟罩式的，干燥室的门及视镜要求制作得十分严密可靠，否则不能达到预期真空度。如干燥室兼作预冻室时，夹层搁板中还应有冷冻剂的蒸发管或载冷剂的导管。

2. 冷冻干燥的计算

(1) 在纯水（冰）表面上水分的蒸发强度可由朗格缪气体动力学方程式导出：

$$m=\sqrt{\frac{Mg}{2\pi R}}\frac{p_s-p}{\sqrt{T}}\times\alpha \tag{8-129}$$

式中，m 为气体蒸发强度，kg/(m^2・s)；M 为气体相对分子质量；g 为重力加速度，$g=9.81\text{m/s}^2$；R 为气体常数，848kg・m/(kg・K)；p_s为物质的饱和蒸气压，kg/m^2；p 为空间的蒸汽压，kg/m^2；T 为气体热力学温度，K；α 为气体分子返回物质表面的捕集系数，接近于 1。

式(8-129) 中，若以 $M=18$，$R=848$ 代入，并以 p_s及 p 均以 mmHg 表示代入，则

$$m=8940\frac{p_s-p}{\sqrt{T}} \tag{8-130}$$

(2) 干燥时间计算

近年来有人认为水汽通过干燥层时的速度可用式(8-131) 表示：

$$\frac{dW}{d\tau}=\frac{BF(p_i-p_d)}{l} \tag{8-131}$$

式中，$dW/d\tau$ 为水汽蒸发速度，kg/h；B 为水汽通过干燥层的渗透率，m/h；F 为干燥层面积，m；p_i、p_d分别为冰表面和干燥层表面的水汽蒸气压，kg/m^2；l 为干燥层厚度，m。

为了获得最大的蒸发速度，冰表面的温度应尽可能高一些。若升华热供应不足，冰表面的温度将开始下降，蒸发速度也随之降低。当干燥过程中的热量供应全部由干燥层表面传入时，

热量的传递速度为

$$\frac{dQ}{d\tau}=\frac{\lambda F(t_d-t_i)}{l} \tag{8-132}$$

式中，$dQ/d\tau$ 为热量从表面层传至气化层的速度，kJ/h；λ 为干燥层的热导率，kJ/(m·h·℃)；t_d、t_i分别为表面层及气化层的温度，℃。

根据热量衡算

$$\frac{\lambda F(t_d-t_i)}{l}=\frac{L_s BF(p_i-p_d)}{l} \tag{8-133}$$

式中，L_s为温度 t_i下的升华热，kJ/kg。

式(8-133) 中等号两边的 F/l 可消去，若干燥层表面温度 t_d及干燥室压强 p_d固定时，气化层即冰表面温度也将固定（因 t_i与 p_i间存在着一定的热力学关系）。

若板形冰冻物料中的水分是逐层气化的，则

$$\frac{dW}{d\tau}=F\rho_m(c_1-c_2)\frac{dl}{d\tau} \tag{8-134}$$

式中，ρ_m为干物料的密度，kg/m^3；c_1及 c_2分别为物料最初及最终含水量（以干基表示）。

从式(8-133) 及式(8-134) 可得：

$$\frac{dW}{d\tau}=\frac{\lambda F(t_d-t_i)}{L_s l}=\frac{BF(p_i-p_d)}{l}=F\rho_m(c_1-c_2)\frac{dl}{d\tau}$$

将上式积分得

$$\tau=\frac{\rho_m(c_1-c_2)l^2}{2B(p_i-p_d)}=\frac{L_s\rho_m(c_1-c_2)l^2}{2\lambda(t_d-t_i)} \tag{8-135}$$

注意，式(8-135) 中 τ 为冷冻干燥时间，h；l 当物料是单面干燥时即为物料的厚度，m，若为双面干燥时为物料厚度的 1/2。

【例 8-10】 现用冷冻干燥法分装某抗癌抗生素产品，要求每瓶内装含水量小于 2%的成品 4mg。现把抗生素产品配成 4mg/ml 溶液，分装入内径为 2cm 小瓶内。求干燥所需时间。

已知：升华热 $L_s=2931$kJ/h，干燥层热导率 $\lambda=0.2094$kg/(m·h·℃)；干燥室温度 $t_d=-20$℃，冻结物料气化表面温度 $t_i=-30$℃。

解： 干物料的虚密度 $\rho_m=4$kg/m^3（一般设冷冻干燥后物料体积与溶液体积基本相同）

$$\text{干物料厚度 } l=\frac{1}{\frac{\pi}{4}\times 2^2}=0.32(\text{cm})=0.0032(\text{m})$$

（每瓶内装浓缩液 1ml）。

物料初湿度 c_1——1000/4=250kg/kg（水/干料）；

物料终湿度 c_2——0.02kg/kg（水/干料）。

$$\tau=\frac{L_s\rho_m(c_1-c_2)l^2}{2\lambda(t_d-t_1)}=\frac{2931\times 4\times 250\times 0.0032^2}{2\times 0.2094\times 10}=7.16\ (\text{h})$$

第九章　生物制药生产GMP规范要点

药品是人类与疾病斗争的有力武器，药品质量的好坏直接影响到人们的身体健康和生命安危。《药品生产质量管理规范》正是在药品的生产和质量的保证中起到了积极的作用。

第一节　药品生产的GMP

GMP（good manufacturing practice）是一些国家为保证产品质量所制定的具有法律性的规范。由于药品的特殊性，药品生产和质量管理规范化是保证生产优良药品的基础，是药品生产和质量管理的基本准则，即在药品生产过程中用科学、合理、规范化的条件和方法来保证生产优良药品的一整套的科学管理方法。本章节着重介绍GMP对药品生产装备的要求。

一、GMP的发展历史

美国在1959年就开始了在制药、机械制造、服务业和科学研究领域中的GMP的研究。1964年美国正式公布了食品、药品及化妆品的GMP。其后很多国家也制定了类似的法规，联合国世界卫生组织（WHO）在1969年也公布了有关药品生产的有关规范。我国在药品生产方面的规范（即中国的GMP）是在1988年由卫生部根据在1985年施行的《药品管理法》的规定的基础上制定的，全名为《药品生产质量管理规范》。1991年11月国家医药管理局成立了推行GMP委员会，负责组织药品、医疗器械、制药机械、医用包装材料、药用辅料等行业推行GMP的工作。1992年卫生部颁布了《药品生产质量管理规范》的修订版，1993年国家医药管理局发布了《医药行业推行GMP八年规划纲要》，中国医药工业公司颁布了修订的《药品生产质量管理规范实施指南》（1993年版），1994年成立了中国药品认证委员会，依据药品标准和GMP的要求开展GMP的认证工作。同时国家医药管理局在行业中开展了“GMP达标”工作，1998年国家药品监督管理局重新颁布了《药品生产质量管理规范（1998年修订版）》并决定自1999年8月1日起施行。WHO在《国际贸易中药品质量签证纲要》中要求：出口国保证出口的药品在国内已批准上市，出口国保证药品生产符合GMP并接受进口国的检查，出口企业要提供质量检查、管理方面的资料。

二、GMP的概念

制定GMP的目的是要求药品生产企业在生产过程的每一步骤中都要处于严密的控制和严格的科学管理的状况，以保证每一个工作步骤以至整个生产过程都是高质量的，从而对药品的质量加以保证，把可能对药品造成污染、混杂、差错的因素降到最低限度，确保生产出来的药品安全、有效、稳定和均一。药品不仅要符合质量标准，而且其生产全过程必须符合GMP，只有同时符合这两个条件的药品方可作为合格的药品。

科学、严密、严格的管理和控制过程用以条文形式的管理制度包括“验证”制度体现出来，而管理制度是否被忠实地执行，则由及时、准确、完整的原始记录反映出来，以监督整个生产过程，并以批记录的形式使生产过程具有可追溯性。

药品生产的过程包括药品的设计、研究开发、厂房设计、环境控制、原材料控制、生产工艺、设备条件、设备和工艺验证、仓储管理、产品销售及用户投诉处理。

三、GMP的特点

GMP的覆盖面是所有的药品和所有的药品生产企业；GMP的条款强调时效性（cGMP）；

GMP 强调药品生产和质量管理的法律责任；GMP 强调从事生产管理和质量管理人员的业务素质、技术水平和受教育的程度；GMP 强调生产全过程、全方位的质量管理；GMP 强调生产的验证、检查与防范；GMP 重视为用户提供及时、有效的服务，建立销售档案，并对用户的反馈信息加以重视，及时处理；GMP 的条款表述原则是提出要求，除特殊情况外不作方法上的具体规定。

四、实施 GMP 的意义

通过 GMP 的实施防止交叉污染，防止混杂，防止人为差错，防止遗漏，防止违章、违法，从而保证能始终如一地生产出符合预定规格和目标的产品。实施 GMP 是国家药品进行科学、规范生产发展的需要；是有效地提高企业的整体管理水平，提高产品市场竞争力的需要。实施 GMP 是政府对药品生产企业及其产品的市场准入并对其生产全过程进行监督、检查的标准和依据。实施 GMP 是我国药品进入国际市场的先决条件。

五、GMP 的特征和内容

GMP 的内容主要包括人员、厂房、设备、卫生、原料、辅料及包装材料、生产管理、包装和贴签、生产管理和质量管理的文件、质量管理部门、自检、销售记录、用户意见及不良反应的报告。GMP 较多的是涉及药品生产过程的管理。

GMP 的执行应有必要的“硬件”和“软件”，缺一不可。“硬件”是指保证生产工艺能被正确地执行和防止产品被污染的必要物质条件，如合理的厂房、环境、设备、工艺路线，合格的原辅材料，足够的公用系统设施和环境保护措施等。“软件”是指人员的技术素质、人员培训、标准操作法、原辅材料、中间产品和成品的检验标准和方法、原始记录和保证上述内容得到有效执行的措施等。

GMP 的执行，一是保证消费者的利益，对人民健康负责；二是对企业讲，要把药品生产的安全性、有效性、均一性放在第一位，并在持续生产和消灭不合格产品中取得经济效益。日本一药厂认为执行 GMP 有三个必要条件：一要把人为误差降到最低限度；二要防止产品污染致使降低质量；三要有保证产品高质量的系统设计，并在管理和厂房及设备布置两个方面对上述条件进行保证。我国的《药品生产质量管理规范》共分 14 章，分别是：1. 总则；2. 人员；3. 厂房；4. 设备；5. 卫生；6. 原料；7. 生产操作；8. 包装和贴签；9. 生产管理和质量管理的文件；10. 质量管理部门；11. 自检；12. 销售记录；13. 用户意见和不良反应报告；14. 附则。

六、GMP 的实施认证

药品 GMP 实施认证是国家依法对药品生产企业和药品品种实施药品 GMP 监督检查并取得认可的一种制度，是国际药品贸易和药品监督管理的重要内容，也是确保药品质量稳定性、安全性和有效性的一种科学的、先进的管理手段。通过药品 GMP 认证，可以促进药品生产企业实施 GMP，从而提高企业整体素质，提高产品质量，增强企业市场竞争能力。药品管理和药品生产管理的法制化是社会进步的标志，严格遵照 GMP 的条款来生产药品是法制化的体现，GMP 是药品管理法在药品生产企业的具体的实施细则。

第二节　GMP 对原料药生产的要求

原料药一般可由化学合成、DNA 重组技术、发酵、酶反应或从天然物质中提取。原料药是加工成药物制剂的主要原料，它有非无菌原料药和无菌原料药之分。为确保产品的质量，原料药的发酵生产、精制、干燥、包装应符合《药品生产质量管理规范》的要求。图 9-1 和图 9-2 分别为非无菌原料药和无菌原料药的精制、干燥、包装工艺流程及环境区域划分示意图。

一、生产特殊要求

① 一般原料药生产企业大多同时生产多种药品，为防止污染和交叉污染，对一些特殊品

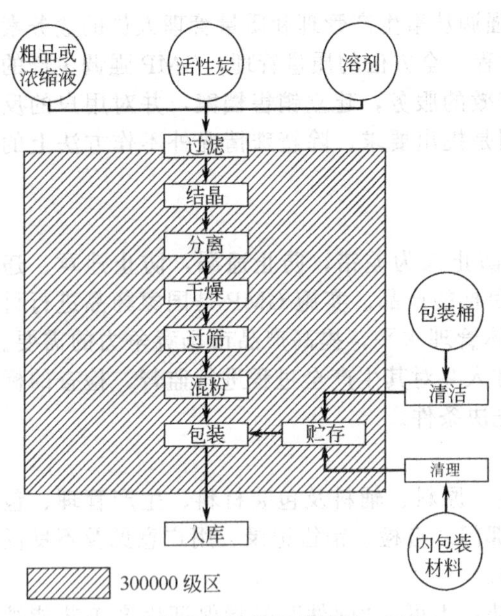

图 9-1 非无菌原料药的精制、干燥、包装工艺流程及环境区域划分示意

种（如青霉素类，强致敏性药物，某些甾体，生物碱，高活性、有毒、有害的药物）应符合《药品生产质量管理规范》（1998 年修订）中有关规定，应分别在独立厂房或独立空气处理系统的密闭区域中使用专用设备进行生产。

② 进入原料药无菌操作区的人员和物料，必须按规定的净化程序处理，物料还需进行消毒或灭菌。

③ 原料药生产过程会产生大量的易燃、易爆、有害的物质，其生产和贮存的厂房设施应符合国家有关规定，生产过程中产生的“三废”应符合国家排放标准。

④ 原料药生产宜使用密闭设备，密闭的设备、管道可以置于室外。使用敞口设备或打开设备操作时，应有避免污染的措施。难以清洗的特定类型的设备可专用于特定的中间产品、原料药的生产或贮存。

⑤ 使用有机溶剂或在生产过程中产生大量有害气体的原料药精制、干燥工序，在确保净化的同时要考虑防爆、防毒的有效措施。这种情况下空调净化系统的回风不宜循环使用，防止空调系统中有机溶媒或有害气体的浓度增高，以确保安全。

⑥ 采用发酵法生产工艺时，应建立发酵用菌种保管、使用贮存、复壮、筛选等管理制度，并有记录。

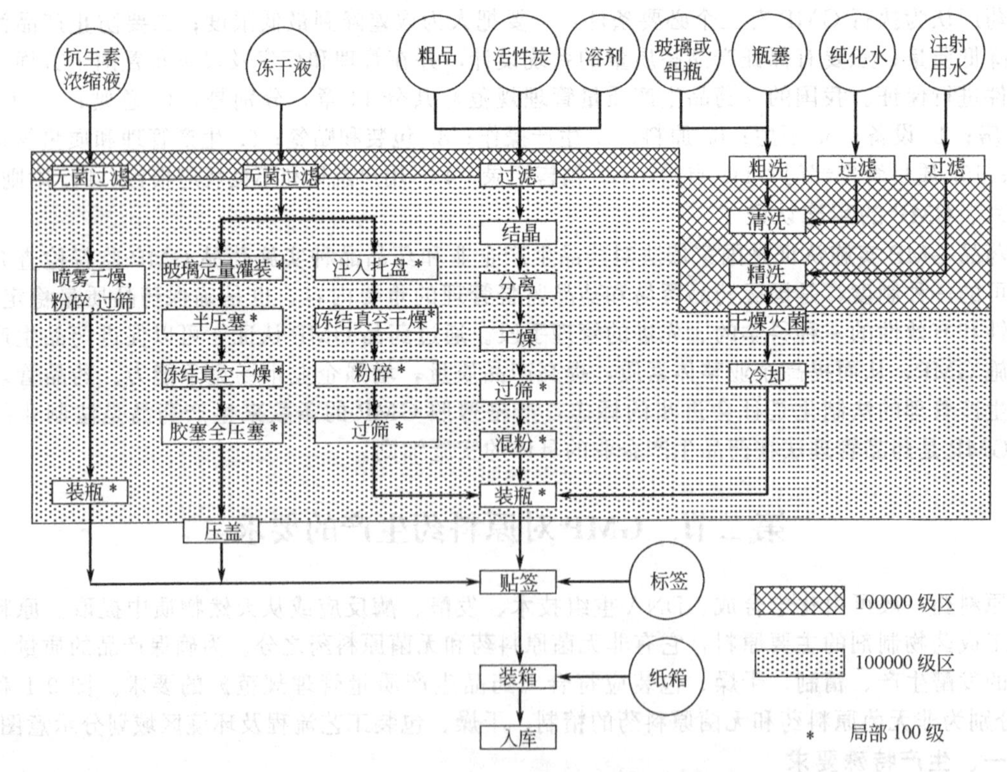

图 9-2 无菌原料药的精制、干燥、包装工艺流程及环境区域划分示意

⑦ 更换品种时，必须对设备进行彻底的清洁。在同一设备连续生产同一品种时，如有影响产品质量的残留物，在更换批次时，也应对设备进行彻底的清洁。

⑧ 原料药生产中的母液需套用和回收时，其套用和回收的工艺须经验证，以确保成品质量，并应在批生产记录中标明。

⑨ 原料药的生产记录应具有可追溯性，其批生产记录至少应从粗品的精制工序开始。连续生产的批生产记录以该批产品各工序生产操作和质量监控的记录为依据。

二、原料药生产质量控制要点

原料药精制、干燥、包装的质量控制要点应符合表 9-1 的要求，并根据验证及监控结果调整。用于无菌原料药时，每天须监控细菌内毒素及微生物量。

表 9-1 原料药精制、干燥、包装质量控制要点

工序	质量控制点	质量控制项目	频次	
制水	纯化水	电导率	1 次/2h	
		《中华人民共和国药典》全项	1 次/周	
	注射用水	pH、氯化物、铵盐	1 次/2h	
		《中华人民共和国药典》全项	1 次/周	
精制	粗品	理化指标	每批	
	压滤液	澄明度或澄清度	1 次/批	
	结晶	浓度、温度、pH	按要求	
	分离	清洗溶剂量、甩滤时间、清洗次数	1 次/批	
干燥	湿品	理化指标	1 次/批	
	干燥设备	温度、时间、压力	按要求	
	粉碎过筛	筛网	1 次/批	
	容器	清洁度	每件	
灭菌	灭菌柜	温度、时间、记录、装载方式、数量	每柜	
	瓶子	澄明度、清洁度	每只	
	胶塞	清洁度	每盘	
包装	在包产品	数量、批号	每件	
	标签	内容、数量、使用记录	1 次/批	
	装桶、装箱	数量、合格证、标签	1 次/批	
环境	操作室		300000 级	10000 级
		温度、湿度	1 次/天	1 次/班
		含菌浓度	1～2 次/月	1 次/天
		含尘浓度	1 次/半年	1 次/季

三、原料药生产验证工作要点

原料药精制、干燥、包装验证工作要点如表 9-2 所示。

表 9-2 原料药精制、干燥、包装验证工作要点参考示例

内容分类	验证的对象	验证要点说明
厂房及辅助系统	纯化水系统	供水能力达到设计要求，水质达到《中华人民共和国药典》标准
	注射用水系统	供水能力达到设计要求，水质达到《中华人民共和国药典》标准并须作澄明度检查
	净化空调系统	高效过滤器检漏、风速、风压、压差、换气次数
	生产厂房	布局及气流方向合理，温湿度、照度、洁净度达到《药品生产质量管理规范》标准
	纯蒸汽系统	纯蒸汽的冷凝水应达到注射用水标准
	氮气及压缩空气系统	微生物<1CFU(菌落数)/m^3(N_2 纯度还需符合工艺要求)
无菌环境保证系统	消毒剂	用量、更换周期、灭菌效果
	甲醛消毒系统	用量、浓度、温湿度、持续时间的条件及可靠性
	紫外线消毒系统	有效性
	更衣规程培训	考核合格证

续表

内容分类	验证的对象	验证要点说明
灭菌系统	干热灭菌除热原系统	热分布、热穿透试验、生物指示剂试验(如内毒素降低3个对数单位)
	湿热灭菌柜	热分布、热穿透、Fo(标准灭菌时间)值、生物指示剂挑战试验
	环氧乙烷灭菌釜	残留量测定、生物指示剂挑战试验
清洗及除热原过程	洗瓶	微粒、澄明度
	在线清洗系统	最后淋洗水测定符合《中华人民共和国药典》要求
	设备部件清洗过程	最后淋洗水测定符合《中华人民共和国药典》要求
设备	无菌过滤设备	生物指示剂过滤效果、过滤介质、过滤器完整性测试(如起泡点实验)
	干燥设备(双锥)	均一性
	清洗验证	清洗方法、清洗效果
	喷雾干燥器	灭菌、空气源质量、喷雾环境
工艺	生产全过程验证	生产工艺的重现性
	个别关键工艺参数	关键工艺参数的确定(如无菌原料药批号划分的依据、灭菌温度与时间)
	成品均一性	测定每桶成品关键质量项目,进行统计分析
	不合格品返工	确定不合格品返工处理工艺
	原辅料变更	做生产小试,主要原辅材料变更时须进行验证
	生产工艺变更	变更后工艺与原工艺产品进行对比
	检验方法验证	确定环境、仪器设备及检验方法的适用性,确认检验人员掌握操作技术

第三节 GMP对发酵类原料药生产设备的设计、制造、安装与管理的要求

前已述及，原料药分化学合成、DNA重组、发酵、酶反应及天然物质提取等几类，以及GMP对原料药生产的常规要求。这其中发酵类原料药由于涉及微生物的液体纯种培养，故还有其特殊要求。DNA重组技术需以微生物为载体，同样适用这些特殊要求，酶反应也要考虑这方面的要求。本节着重讲述GMP对发酵类原料药生产过程的要求。

一、对发酵设备的一般要求

① 用于微生物制药生产、包装和测试的各种设备应大小合适、结构良好、严密性好、安装合理、安全可靠，以利于操作、清洁和维修，并应保持整洁。设备、管道的保温层表面必须平整光滑、无剥落，并要用金属外壳保护。

② 设备应满足制药工艺生产的要求，测试有关数据以判定其不会影响药品质量，从设计、安装、操作和维修保养的要求来判断选择设备的正确性；选购设备首先应考虑其产品质量，其次是经济因素。设备在使用过程中应避免可能产生的污染源。

③ 生产用的设备与器具都应考虑能彻底洗净（用于清洁的材料、介质、装置应保证不造成新的污染)，需要时还须彻底灭菌。设备最好可移动，便于送保养区洁净处理；如设备固定时，则安装位置应牢固安全，设备应离开墙壁、天花板并最好脱开地面（装脚支承)，便于全面清洗操作。当有相应规定时，还需将有关设备零部件拆卸，予以彻底洗净，以排除残留药物。对接触药物的机件，必须定期核查是否受到微生物污染。对于容器类设备，应设有清洗窗，最好配备就地清洗（CIP)、就地灭菌（SIP）的洁净工艺。

④ 无菌室使用的设备应在无菌区域的保养区内存放适当数量的经过消毒灭菌的备件以及检修工具。

⑤ 生产设备不可超负荷运行，即使其能够承受而且也能达到质量要求，也不宜如此。对生产周期上的任何工序中间体的产量应根据有关设备的最佳能力、物料的管理和成分的物理化

学特性来决定。

⑥ 制药装备的机电一体化和实现生产过程的自动检测，提高自动化水平，这不仅有助于提高劳动生产率保障安全生产，而且对于有效保证药品生产质量也是至关重要的。

⑦ 生产与质量控制中使用的仪器、仪表与计量设备，应按计量器具管理规定定期校验。

⑧ 凡进入设备与药物直接与间接接触的气、液介质必须经净化处理并保证不影响药物；对设备排放物（如气、液、尘）视其物性按有关专业标准规定处理。

⑨ 在易燃易爆环境中的设备应采用防爆电器并设有除静电装置。

⑩ 设备的制造、使用、管理除符合本细则要求外，还应符合有关专业标准、规范的要求（例如压力容器、计量、工业卫生等标准）。

二、设备和管道用材应保证不使药物受到污染

① 与药物直接接触部位要防止化学反应、吸着渗透、氧化剥离等。某些液体或有机溶剂较固体更容易发生反应，可用特种设备和使用耐湿、耐火、耐酸碱等化学性质稳定的材质。

② 可以水洗（无死角）。主要部位用奥氏体不锈钢材，对于接触高洁净物料（如蒸馏水）的容器设备应采用超低碳奥氏体不锈钢，一般推荐采用相当于美国 AISI 标准的 316、316L 不锈钢材。

③ 防止静电和静电积累，防爆。对有毒、易爆的气-液管道应设安全保险装置。

④ 蒸馏水生产系统的设备、管线和配件最好经电解抛光处理，以增强不锈钢表面的耐蚀性。

⑤ 密封材料应保证不会污染药物，用于静密封的材料应选用合成橡胶（丁基橡胶等）或允许使用的材料。

三、机械设备设计和制造要求

① 从制药新工艺发展和 GMP 对质量要求考虑，尽量设计多功能的自动化装备，这是避免污染、保证质量的有效手段之一。

② 结构在保证可靠性、稳定性的前提下应尽量简化，拆装简便，以利彻底清洁处理和维修保养。工位应顺流向布置，台面整齐，操作方便，控制集中。

③ 机械设计合理，运动件尽量远离开口处、操作面。机器驱动平稳，无明显振动，低噪声，需要时应配置减振器、消声器。

④ 执行机构的设计应组件化、通用化、便于更换与洁净洗清。

⑤ 当由于驱动摩擦而产生的微量异物无法避免时，应对其机件部位实施封闭并与已密封的工作室（腔）隔离；对于必须进入工作室（腔）的机件也应采取隔离的保护措施（如密封套、垫等），不使微尘带入，不使润滑油、冷却剂带入。工作室（腔）内应设置吸尘管道，通过防护罩以向下方式抽吸气流，清理沾在机件上的粉粒。

⑥ 凡与药物直接接触的设备与管道的加工制造，应该保证设备与管道的内壁平整、光滑，无死角，易清洗，耐腐蚀。在制造（含焊接）过程中应保证无不易清洗的砂眼、凹陷和裂纹。因这都可能引起微生物滋长产生污染源。设备表面、焊缝经机械抛光后最好经纯化处理，这样可去除屑片、屑粒，使设备表面尽量减少锈蚀。

⑦ 机器的造型与总体布局应考虑操作、清洗、消毒、检查的方便性。机器本身要有足够的稳定性，外表不能采用会脱落的涂层。

⑧ 设备装配前应检查所有零部件（包括外购件、附件等）的完整性、可靠性。

⑨ 设备装配车间（工段）场地应清洁，不堆放杂物，注意环境卫生，不允许造成对设备装配质量的影响。

四、防止机械设备在运动过程产生异物的污染

① 因皮带与槽轮的摩擦而产生的异物。

② 工作室中，转动零部件由于制造与装配不良或工况条件恶劣所造成的零件磨损而产生的异物。

③ 执行机件（如液体药物回路系统、管道、活塞、阀门等）的运动使材料磨损产生的异物或损坏后的滞留异物。

④ 润滑剂、冷却剂与加热介质的渗漏产生的异物污染。

⑤ 为了防止可能产生的异物，必须采取隔离、导流、收集等措施，不允许其接触到组分、药物容器、包装件、中间物料或药品，以免改变药品的安全性、均一性、药效、质量或纯度等。

五、无菌原料药设备的特殊要求

① 设备位置是处于洁净室、洁净工作台或局部气体层流罩下，与大气隔离［如注射用药物的灌装（充填）部位采用100级层流洁净空气保护］。所谓无菌（指无活菌、无菌尸、无热源）无尘的措施其关键就是使药物制剂处于无污染状态下生产。

② 暴露部位和微生物检验部位的设备上面应装有高效粒子空气过滤器（HEPA）过滤层流空气，这种设备应包括如下几种。

a. 设有防护罩或气流导向操作台。工作台表面用光滑、耐用、不脱屑材料（如塑料或不锈钢）制成。

b. 初滤器是用易处理或可适当清洁和重复使用的材料所装配的。

c. 采用经检验的高效的终端空气过滤器并保证其质量和安装不漏气（注：层流装置的风速、操作等要求按净化系统规定）。

③ 无菌原料药的生产、加工或包装中需过滤的药物（粉、液）所采用的过滤器应无纤维释放。

④ 冻干设备压塞装置的活塞杆，对需进入冻干室的部位应进行消毒灭菌。冻干室的灭菌最好采用蒸汽灭菌；如采用其他灭菌方法时，应保证对药物不造成污染的可能。

⑤ 用于贮存无菌产品的容器和包装材料必须无菌并标明灭菌的日期、规定使用的期限。

六、方便清洗消毒的设备及管路管件的设计

1. 设备材料的选择及加工要求

保证设备及管道的清洗、消毒与蒸汽灭菌的可靠性，设备及管道的设计、制造工艺及材料选择是十分关键的。

首先，所用的材料应在清洗消毒过程的环境下没有明显的腐蚀。例如，罐和管道外部可用铝箔密封包盖，它可耐空气氧化和一般的清洗剂的腐蚀；不锈钢材料不仅有极好的表面光洁度，且有较强的抗酸碱的耐腐蚀特性；某些塑料制品也有良好的抗腐蚀和绝缘、绝热的特性，当然其表面光洁度较差些。若投资许可，现代化的发酵罐及有关产品分离纯化等设备、管道的材料宜采用优质低碳、奥氏体不锈钢，如 $0Cr_{18}Ni_{9}$(304)、$0Cr_{18}Ni_{10}Ti$(321)、$00Cr_{17}Ni_{14}Mo_{2}$(316L)。

塑料也常用于工厂的设备管路中。如ABS（丙烯腈-丁二烯-苯乙烯三元共聚物）或PVDF（聚偏氟乙烯）通常用于去离子水的输送管道，在小型罐等移动式容器与主系统连接的管道则通常使用硅橡胶管，若要耐受较高的压强，可用不锈钢增强的聚四氟乙烯（PTFE）软管。此外，对于贮罐等容器，采用A3钢内涂环氧树脂或其他耐腐蚀材料。PTFE和PVDF等材料也常用于制造管道、阀门和泵的材料，如桨叶、阀座等，也用作密封材料（如垫圈）。

需要注意的是，塑料等高分子聚合物加工时应尽可能避免表面上存在微孔，例如天然橡胶制品，因很难避免有微孔，故给彻底清洗带来困难，且还可能泄出橡胶的添加剂而污染产品。应尽量不用低密度聚乙烯、氯丁橡胶和PVC（聚氯乙烯）等材料。此外，设备材料应避免使用含锌、镉、铅等的材料。

生物发酵生产设备和管路系统因清洁卫生及防止杂菌污染，要求十分严格。故除了对设备材料有特殊要求外，还需要设备、管路、阀门等内表面有较好的光洁度，尤其是发酵罐内壁要光滑、无细孔、无毛刺及凹坑裂纹等。因此设备内焊缝需要机械打磨或抛光、电镀。

根据其使用情况不同，对发酵工厂的设备内部表面的粗糙度要求也不同，其中发酵罐一类的设备需级别最高的粗糙度，需灭菌的培养液贮罐或产物分离纯化系统的设备也要求很高，而一些非无菌系统及辅助设备则要求相对较低。具体来说，小型发酵设备内表面粗糙度约为 0.2～0.4μm，大型设备约为 0.8～1.6μm。而不需灭菌的设备或管道内表面的粗糙度要求可适当降低，只需去除金属氧化层即可。金属的机械抛光也会使金属表面生成纹路，故尽可能使此形成的纹路沿垂直方向，以利于液体的彻底排净，可减少培养液中的细胞或其他物料的积聚。焊缝的质量对粗糙度的影响最大，应尽可能采用自动轨道式氩气保护焊接或激光焊接，且焊缝需经严格的除渣和抛光。

2. 设备与管路管件的设计与加工

(1) 罐的设计与加工要求　用于生物发酵的罐类容器，不论是要灭菌的或是不需灭菌的，是抗压的或敞口的，均需要一定的清洁程度。为排净物料和保持清洁，其排料口均在罐的最低点或是底部的中央或做成罐底倾斜的结构，总之其排料口应在容器的最低点，且与罐体完全平滑无缝隙。装在罐上部的进口管应突出于罐体至少 50mm 并且倾斜向下较小的角度以确保进料液不会沿罐壁下流。如果进罐料液直接冲入罐中料液时会产生大量泡沫，则可用插入较深的进料管来克服此缺点。

传感器（例如 pH、溶氧和温度电极等）的保护套管应斜向插入罐体以确保能排清料液，且套管与传感器之间应尽可能完美配合以不留缝隙，同时保护套的长度尽可能不大于直径的2 倍。

发酵罐或配料罐的搅拌器的设计必须有利于清洗和灭菌，尤其是发酵罐的轴封的设计对保持无菌操作尤为重要。对于气升环流式发酵罐和高径比较大的反应器，最好能在罐下部安装喷射 CIP 清洗系统，加上罐上部的 CIP 清洗系统，有利于发酵罐的彻底清洗，当然要建立严格的清洗操作程序及检验。

(2) 对管道的要求　生物发酵工厂中，管路、管件的设计是保证清洗与无菌操作的最重要的影响因素。所以设备及管路的设计应等同或高于食品工业的要求，对其清洁卫生的要求是非常严格的。

管路系统的连接应尽量采用焊接。当然，为了清洗、检查和维修，必要时也可采用可拆卸的连接。连接器结构应符合无菌要求，尽可能减少灭菌死角。

垫圈尽量使用 O 形圈。垫圈的常用材料为硅橡胶、聚丁橡胶和聚四氟乙烯。在使用平面橡胶垫圈时，必须注意垫圈的尺寸及安装均取最佳尺寸与位置。根据国际的有关规定，符合清洁卫生要求的管路连接方式有多种，在图 9-3 列举最常用的两种：其中，第一种 (a) European

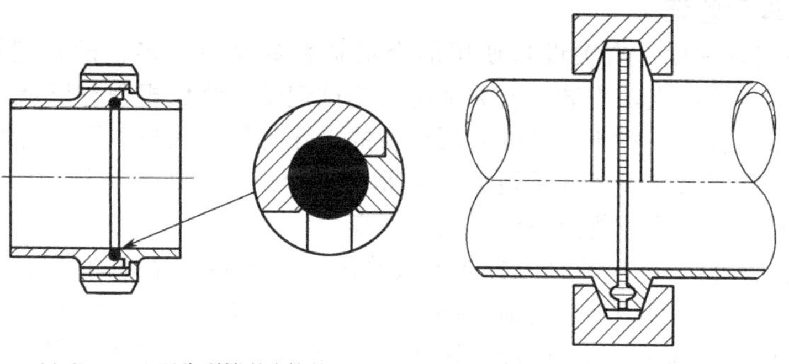

(a) European 卫生型管道连接件　　(b) T-Clamp 卫生型管连接件

图 9-3　常用的卫生型管道连接件

卫生连接件，采用螺纹连接；第二种（b）T-clamp卫生连接件，采用快装管卡，夹紧连接。

当管件直径必须改变时，应逐渐圆滑地变化，要避免突然增大或缩小。所有管路应在物料流动方向倾斜1/1000～5/1000。黏性液体可视具体情况选择管道的坡度，最大坡度为1/100。同时管路应有足够的支撑固定以防止发生凹弧变形。

管路应尽可能消除死角，若不可避免有死角时，则要使其长度不得超过管道直径的2～3倍。若可能，管内液体流向应朝向死角而不是相反；同时，所有的死角均应向主路连接管道倾斜一个角度以利于排空液体。这样有利于清洗和保持无杂菌污染。

(3) 对阀门的要求 对于生物发酵生产，尤其需维持无菌的管路及设备采用合适的阀门尤为重要，隔膜式阀门结构简单，密封可靠，流体阻力小，检修方便，是应用最广泛且有利于维持无菌操作的阀门。隔膜阀安装时要注意使其与水平线倾斜一定的角度，以保证阀体不积液。隔膜的材料应选用韧性与耐磨较好且能耐受高温和化学腐蚀的材料，常用的膜片材料有三元乙丙橡胶、聚四氟乙烯等。

(4) 泵及使用设备的要求 适合生物发酵生产使用的泵有多种，如隔膜泵、离心泵、齿轮泵与螺杆泵等，而蠕动泵则常用于实验室小型发酵罐上。当然，应用最广泛的是离心泵。但用于无菌系统时，泵叶和传动轴上需装设特殊的机械密封，以便能使用蒸汽加热灭菌。对于小型泵，可用电磁偶合传动装置，这更可保证防杂菌污染。

从清洁卫生和无菌操作出发，泵内表面应当尽量平滑，无缝隙，桨叶用平头螺母配螺杆固定，不应有外露螺纹。理想的泵应可自动排空液体。此外每台泵均应有防尘罩，其驱动马达的外壳应平滑，传统的带坑槽外壳的电机应对其外壳加以改造以适合要求。

生物发酵工厂中其他的常用设备（如去离子水系统、去热原水系统及清洁蒸汽系统等）均需要周期性清洗。去离子水可不必灭菌，但应使用不锈钢设备和管路，且需循环以防止系统有死角存在滞留不动的水而使杂菌繁殖。如果系统中有过滤器，则应该定期清洗更换。从安全生产考虑，三班连续生产时，应配备两套去离子水设备。而去热原水系统、纯蒸汽系统的设备材料要严格选择，均应可耐蒸汽加热灭菌。

七、装卸、运输应避免造成污染

① 应避免车间内容器与配件的强力搬运，防止可能由于破损或擦伤产生的粒屑而造成污染。

② 装卸不能过分用力，应平稳操作。

③ 车间内部要搬运的设备应具有足够的强度与稳定性、安全性。滑动接触面应采用耐磨损材质或经表面硬化处理。容易剥落或磨损的金属、非金属制品不能采用。

④ 防爆车间（工段）内的设备和用具的搬运应防止静电和电火花产生。

⑤ 车间内输送带不宜过长、不宜穿墙；对于不同洁净级别的厂房（车间）必须分段输送。

八、设备管理和验证

① 建立设备档案制度。有关设备使用的全部资料如制造厂名，设备型号与规格，购买、安装与投产日期，性能特点，安装、改装情况，测试记录，维修规程与记录以及设备的异常现象等都应立卷记录并存档。对于特殊的专用设备的操作与管理人员，需经培训。如针剂或眼用制剂等无菌产品，就需特殊设备并重视经常保养以减少细菌、热原和异物的污染。对于纯水、注射用水的贮罐和输送管道应规定清洗、灭菌周期。

② 设备应定期检修，换品种时应拆卸彻底清洗。对于同一品种的各批之间允许不拆卸清洗，但批与批应分清，且每一星期仍需拆卸清洗两次，或经三批生产后就要全面清洗。

③ 自动化、机械化和电子化包括计算机控制等运行良好的设备均可用于药品生产、加工、包装、贮存，采用此种设备时应经常按指定的书面规程进行校准、检查或核对，以保证正常操作。有关校准检查和核对的书面记录应保存。计算机或数据处理机能用作为重复生产的批料配

方和生产方式，这种重复生产必须要与原来配方核对，核对后的文件由检查员签名并注明日期。如果设备遇有可能性改变其产量时，同样应进行核对。输入计算机的数据需备份保留。

④ 设备验证必须在正常运转范围内达到规定的要求。验证工作的范围及次数根据设备而定。例如操作水平是否保持恒定，是否做过改进或需重新保养。称量、测量、化验和记录设备应遵照确定方法定时校准，并保存校准记录。

⑤ 设备中的关键装置在检修过程中会导致系统产生质量问题时，如蒸馏水机的液位计、无菌原料药生产暴露部位上部的层流净化系统等，应作一次性使用处理。

⑥ 设备验证的内容。所谓“验证”就是在实施 GMP 的过程中能证明任何程序、生产过程、设备、物料、活动或系统确实能达到预期结果的有文件证明的一系列活动。或者说，验证是一个规定的程序，要求其建立一个有文件记录的确凿可靠的方案，能够提供很高的可信度，以保证一个特定的生产工艺过程能始终如一地生产出符合预定规格和质量标准的产品。

验证是一个涉及药品生产全过程、涉及 GMP 各要素的系统工程，是药品生产企业将 GMP 原则切实具体地运用到生产过程中的重要科学手段和必由之路。药品生产企业无论是在新药的研究与开发以及药品生产的过程中，还是对药品质量检验中，都涉及到验证工作。药品生产企业要对产品负责验证，验证工作涉及 GMP 诸要素、验证机构和管理等多方面的内容。这些全面的条文、严密的内容，需要药品生产企业成员熟知；这些严密按程序实施的验证方案，需要经过科学设计；这些涉及药品 GMP 验证管理的方方面面的工作，需要企业领导层和验证管理机构的精心组织。

a. 设备验证的过程。针对对象确定生产工艺，确定需验证的参数及可接受的范围，选择合适的测定方法及有效的测试仪器，测定数据并进行分析，得出结论。

b. 生物反应器的主要验证内容。生物反应器的主要验证内容包括安装确认、运行确认、性能确认。其中安装确认主要工作是设备基本情况的确认（文件资料）、随机文件及附件的确认、设备和公用工程的安装确认、计量仪表的确认；运行确认主要工作是运行前检查、验证用测试仪器仪表的确认、生物反应器运转确认、生物反应器控制程序确认、生物反应器安全性能确认；性能确认主要工作是生物反应器在负载运行下的安全性、生物反应器在负载运行下的控制准确性、生物反应器热分布试验、生物挑战性试验以及生产模拟试验。

当加工设备有重大改变、采用新设备取代原设备或工艺条件有重大改变、机器设备经过大修后，以及质量监测方法有重大改变、发生在线质监结果说明需要重新验证时，都应重新验证。

重新验证的范围要根据变更的性质及其重要性而定，在极个别情况下要进行完整的重新验证，而通常只指个别工艺步骤的特殊检查。

第四节　GMP 对发酵类原料药生产系统的要求

一、发酵类原料药生产设备与管道的卫生要求

在药品生产中，绝对意义上的不含任何残留物的清洁状态是不现实的，相对意义上的清洁概念就是经过清洗后的设备中的残留物（包括微生物）量不影响下批产品规定的质量和安全性的状态。

无论在工业生产或实验室研究等，发酵类原料药生产的设备及管道的清洗与灭菌都非常必要。

这有两个主要原因。一是发酵类原料药生产设备和管道的洁净可使潜在的污染危险降至最小。例如，培养基贮罐中的残留营养物质会成为杂菌良好的营养源，细菌等可利用此营养物而迅速繁殖，这样在下一批培养基配制过程直到灭菌前，其中的部分营养物质可能会被迅速繁殖

的杂菌大量消耗，不仅使培养基质量下降，且增加了发酵染菌的危险。此外，这也有助于防止设备或管道污垢的生成。例如，产物分离纯化用的色谱柱若没有及时彻底清洗干净，那么残留物的分子可以连接到载体上而使色谱柱的分离效能下降。第二个原因是在许多工业生产过程（如食品加工和制药行业），几乎各国都有相关的法规来保证一定的卫生要求。我国《药品生产质量管理规范》中也有明确的设备与管道清洁卫生要求。药品生产的每道工序完成之后，及时对设备进行清洗是防止药品污染和交叉污染的必要措施。我国 GMP（1998 年修订）第三十一条规定："设备的设计、选型、安装应符合生产要求，易于清洗、消毒或灭菌，便于生产操作和维修、保养，并能防止差错和减少污染。"通过有效的清洗，可将上批生产残留在生产设备中的物质减少到不会影响下批产品疗效、质量和安全性的程度。在液体制剂生产中，清洗除去了微生物繁殖需要的有机物，从而创造了不利于微生物繁殖的客观条件，便于将设备中的微生物污染控制在一个低的污染水平。

根据实验研究及生产实践结果，若设备和管道不进行严格清洗消毒，则富含营养物质的发酵液的残留物易导致杂菌滋生，进而产生下述的问题：

① 杂菌大量消耗营养基质和产物，使生产效率和收率下降；

② 杂菌及其代谢产物会改变发酵液的物性与组分，妨碍产物的分离纯化；

③ 杂菌可能会直接以产物为基质，因而造成产物生成量锐减直至发酵失败。

由上述可见，设备和管道的彻底清洗与灭菌是十分重要的。当然，要杜绝杂菌污染，除做好设备、管路的清洗与灭菌外，还需对培养基进行彻底的灭菌，对好氧发酵还要把通入的空气进行过滤除菌，要使用不含杂菌的种液且确保种液的生物细胞处于对数生长期或生长旺盛，尽量使用较粗放且生长速率较快的菌株，这样才能防止杂菌污染或使杂菌感染的危险性降低至最小。

需要清洗除去的污垢物的种类随发酵生产及过程产物等不同而改变。如青霉素发酵生产设备与动物细胞培养设备的清洗方法是不同的。

发酵罐也易产生垢物，尤其是培养基在实消时。对于好氧或其他有泡沫生成的发酵过程，泡沫会夹带生物细胞和变性蛋白滞留在罐顶；放罐后底部会残留大量的菌体，则这些菌体和产物等将成为主要的污染物。对于高需氧的发酵过程，如高黏度的真菌发酵和植物细胞培养中，往往有大量的细胞会附于反应器的壁上和轴上生长。因此在放罐后不可避免地在罐内残留大量的生物细胞。

除上述设备外，用于分离回收产物的设备和管路因营养物质的积聚而导致高污染的机会，如板框式过滤机、转鼓式过滤机等往往会积聚大量的生物细胞等。

这些培养基的残留物和残留的生物细胞产生的代谢产物会增加发酵培养和产品处理的交叉感染的可能性。彻底地对设备和管路的清洗是消除交叉感染隐患的根本方法。

通常，发酵培养液等往往会泄漏到设备外部，故必须保持设备外部和管路等外壁的清洁，应及时清洗除去会引起污染的泄漏营养物质。设备与管道的清洁卫生应要求做到以下 4 点。

① 制定设备、容器具、管路的清洁卫生标准操作规程，内容包括清洗对象、位置、清洗方法、清洁剂的使用情况、清洗频次、检查标准等。对不同设备的清洁方法应予验证。表 9-3 为设备清洗周期，表 9-4 为设备清洗方法。

表 9-3 设备清洗周期

设 备 情 况	清 洗 间 隔
无菌制剂，青霉素和麻醉、精神药品	每批清洁
调换品种或同一产品、不同剂量调换	全面清洁
连续生产品种	至少每周 2 次或每 3 批一次

表 9-4　设备清洗方法（关键设备应使用经验证的清洁程序）

清洗方法	适用设备	要求
超声清洗机	小零件、冲头等	效果好
真空吸尘器	粉尘量大	仅除去附在设备表面的粗粒子和粉尘
高压水泵或蒸汽、热水	适宜不锈钢容器、管道	使用后立即清洗
设备拆开清洗	换品种、药品黏度大的设备	使用对设备无影响无残渣的清洗剂或热水

② 设备容器使用后应立即清洗，清洗后设备的存放应要避免再次污染，已清洗的设备容器应有状态标识。清洗设备的存放应注意：

a. 无菌作业区的设备，尤其是直接接触药品的部位和部件、容器具清洗后应立即灭菌，标明灭菌日期，并应规定灭菌后设备、容器具的放置时间，超过规定时间需重新灭菌，存放室条件按无菌要求；

b. 非无菌生产设备，经清洗后干燥，存放在非无菌设备存放室备用。

③ 不易搬动与药品直接接触的设备，要设置现场清洁设施，进行在线清洗（CIP）。对在线清洗的操作规程应进行验证。

④ 设备使用前须经检查，并在记录上签名、注明日期。批生产记录中也应有相应栏目说明这些步骤已完成，并经有关人员签名。

以下着重介绍有关设备和管路的清洗、清洗剂及消毒或灭菌方法，并重点介绍反应器及空气过滤系统的灭菌，还介绍便于实现卫生无菌生产的设备及管件的设计。

二、常用清洗剂、清洗方法及设备

就清洗来说，不仅与污染物的性质、种类、形态以及黏附的程度有关，与清洗介质的理化性质、清洗功能、工件的材质及表面状态有关，还与清洗的条件（如温度、压力以及附加的超声振动、机械外力等）因素有关。

在多数情况下，清洗设备上的污垢是件复杂的事，只靠一种清洗剂使所有的污垢去除是困难的。目前国内外采用的清洗方式多为分步进行的多种方法组合的清洗工艺。一般采用最经济的方法将大部分污垢去除，然后用其他的方法对残存的污垢作专门处理，用分步进行的多种方法组合的清洗工艺往往很有实效。

1. 生物发酵工业常用的清洗剂

清洗剂根据在清洗中的作用机理可分为溶剂、表面活性剂、化学清洗剂、吸附剂、酶制剂等几类。水是最重要的溶剂，它具有价廉易得、溶解力与分散力强、无毒无味、不可燃等突出优点。表面活性剂的去污原理是复杂的，是表面活性剂多种性能（如吸附、润湿、渗透、乳化、分解、起泡等特性）综合作用的结果。化学清洗剂则是通过与污垢发生化学反应，使它从清洗物体表面剥离并溶解或分解到水中。例如对不锈钢设备上的水垢，用硝酸进行清洗，既对水垢有良好的溶解去除能力，又不会对不锈钢造成腐蚀；氢氧化钠则对蛋白质类污垢的去除有一定效果。

理想的清洗剂应是具有能溶解或分解有机物，并能分散固形物，具有漂洗和多价螯合作用，而且还具有一定的灭菌作用。但是至今仍未有一种单一的清洗剂具有上述的所有性质，这也是目前所有的清洗剂都是由碱或酸、表面活性剂、磷酸盐或螯合剂等混合而成的原因。

生物过程设备需要能很好地溶解蛋白质和脂肪的清洗剂，碱液是其中较好的一种，而硅酸钠是一种良好的水溶液分散剂，它对于稠厚的积垢如细胞残渣的分散是十分有效的。

在生物加工设备的清洗过程中，酸的使用较少，只用于溶解碳酸盐积垢和某些金属盐积垢。硝酸能使金属表面钝化，可用于焊接表面的防腐蚀处理。

为了有效地发挥清洗剂的作用，有时还添加表面活性剂以减少水合物的表面张力并有分散和乳化效能。表面活性剂可分成阴离子型、阳离子型、非离子型或两性化合物，根据需要清除的污脏物的类型而选择不同的表面活性剂。

用于清洗罐或管道的清洗剂，各种有效成分的配比应根据不同的使用场合而作适当改变。某些设备、膜材料不能耐受强烈的清洗剂，此时可用含酶（通常是碱性蛋白酶）的清洗剂。若使用此类含蛋白酶的清洗剂，在分离纯化蛋白类产物时必须要彻底地把清洗剂漂洗去除干净。

2. 消毒灭菌剂

通常，生物培养设备是用蒸汽加热灭菌的，化学消毒杀菌剂只应用在少数场合。只有当设备或管路不能耐受高温时才使用化学消毒法或者辐射灭菌法。

最常用的化学消毒剂是次氯酸钠，因为它能分解放出氯气，而后者是强力杀菌剂。但次氯酸溶液对许多金属包括不锈钢都有腐蚀作用。近几年，稳定性二氧化氯因其优越的性能而逐渐取代次氯酸钠。

3. 特殊清洗的方法

超声波清洗是近年来使用较多的方法，它是利用换能器将功率超声频源的声能转换成机械振动并通过清洗槽壁向槽中的清洗液辐射超声波，这种超声波空化所产生的巨大压力能破坏不溶性污物而使其分化于溶液中，从而能够破坏污物，加速可溶性污物的溶解，强化化学清洗剂的清洗作用。

4. 设备、管路、阀门等管件的清洗

设备的清洁程度，取决于残留物性质、设备的结构与材质、清洗的方法。对于确定的产品和确定的设备，清洁效果取决于清洗的方法。而确定的清洗方法，需要制定书面的清洁规程，它包括清洗方法的所有方面，如清洗前设备的拆卸、清洁剂的种类和浓度、清洗的次序和温度、压力、pH 等各种参数。

因此，对清洗方法进行研究和探讨对保证无菌药品生产的质量有着极为重要的意义。找出最适合的清洗方法，以清除设备中的残留物和微生物，将上批生产残留在设备中的物质减少到不会影响下批产品疗效、质量和安全性的程度，这是我国 GMP（1998 年版）规定执行的内容。

传统的清洗设备的方法是把设备拆卸下来用人工或半机械法清洗。但这有许多缺点，如劳动强度大、效率低，对操作工人的安全也不易保障，花费在清洗与装拆的时间长，且对产品的质量也易造成影响。现在，大规模的现代化生产已普遍采用 CIP 清洗系统（clean in place，即在位清洗），用机械装置使清洗剂在设备中循环，清洗过程可自动化或半自动化。当然，有些特殊设备还需用人工清洗。

（1）管件和阀门　典型的管件清洗操作程序如表 9-5 所示。

表 9-5　管件清洗的操作程序

操作步骤	清洗时间/min	温度	操作步骤	清洗时间/min	温度
1. 清水漂洗	5～10	常温	4. 消毒剂处理	15～20	常温
2. 清洗剂清洗	15～20	常温～75℃	5. 清水漂洗	5～10	常温
3. 清水漂洗	5～10	常温			

通常清洗过程，容器中液流速度在 1.5m/s 即可获得满意的清洗效果。实验结果证明，清洗液湍动强烈，即雷诺数较高时，可获得较好的清洗效果。

清洗温度适当提高有利于清洗，但不可使用太高的温度。在发酵或生物反应过程完毕后应马上对设备、管路及管件等进行清洗，否则残留物干固后更难以清洗去除。

设备清洗完毕后，应及时把洗涤水排干净，再使之干燥后备用，这样可避免在设备内某处积水而导致微生物繁殖。

(2) 罐的清洗　对于罐的清洗，常用的方法是使之充满一定浓度的清洗剂并浸泡之。但这实际上只用于小型罐。对于大型罐，通常是在罐顶喷洒清洗剂，借助清洗剂对罐壁上的固形残留物的冲击碰撞作用达到清洗效果，这不仅可节约大量的清洗剂，而且使用较低浓度的清洗剂便可达到良好的清洗效果。通常使用的两类喷射清洗设备为球形或条形静止喷射器和旋转式喷射器。前者结构较简单，设备费用也较低，没有转动部件，可提供连续的表面喷射，即使有一两个喷孔被堵塞，对喷洗操作影响也不大，还可自我清洗；但因喷射压力不高，故所达到的喷射距离有限，所以对器壁的清洗主要是冲洗作用而非喷射冲击作用。而旋转式喷射器可在较低喷洗流速下获得较大的有效喷洒半径，且冲击清洗速度也比喷洒球大得多；但其喷嘴易发生堵塞，故操作稳定性不及静止式喷洒球，也不能自我清洗，而且因有转动密封装置，故制造及维护技术要求较高，设备投资较大。

典型的罐清洗流程与管件的清洗是类似的。若罐内装设的 pH 和溶氧电极等传感器对清洗剂敏感时，应先把这些传感器拆卸下来另外进行清洗，然后待罐清洗好后重新装上。

在罐或管路清洗过程中必须按规程小心操作，避免把有腐蚀性的清洗剂淋洒到操作人员的头或手等身体部位上。更应重视的是必须注意设备的热胀冷缩及会否产生真空，若加热清洗后转为冷洗时会产生真空现象，则应在罐内装设真空泄压装置，以免损坏。此外，为安全起见，所有的水泵都应有紧急停止按钮。

(3) 生物加工下游过程设备的清洗　在回收细胞或发酵液除渣澄清时常使用碟片式离心机，若细胞或菌丝体不太黏稠时设备还是较易清洗的，否则就较难清洗，这时往往要用人工清洗才能获得较好的清洗效果。

对错流的微滤或超滤系统常使用 CIP 系统清洗。但长时间使用之后，将会在膜表面形成一层硬实的胶体层，而且这些胶体分子能进入膜孔之中，此时用清洗剂和清水循环轮换清洗就很有必要。必要时最好能对膜分离系统进行反向流动清洗，以便在泵送作用下清洗剂把残留物从膜孔中洗脱出来。当然，能否反洗需视膜能否承受反洗压力而定。此外，还必须知道有些滤膜是不能耐受腐蚀性的化学试剂或较高的清洗温度的。

色谱分离柱的清洗有其特殊性。通常，填充的 HPLC 介质对高 pH 是较敏感的，所以不能耐受 NaOH 等碱性清洗剂，在这种情况下可用硅酸钠代替。若色谱系统使用的是软性介质，则只能在较低的压力和流速下进行清洗。若此介质不能耐受强碱，则只能延长清洗时间。又如在某些情况下（如在位冲洗）不能提供充足的清洗度时，应将填充基质卸下来，再用清洗剂浸泡清洗。

设备的内径和长径比是影响清洗效果的重要参数，如长而细的设备比短而粗的清洗效果往往好得多。

(4) 辅助设备的清洗　辅助设备（如泵、过滤器、热交换器等）的清洗是比较简单的，但也必须注意下述的两个问题。一是空气过滤器有时会因总空气系统突然失压，引起发酵罐内发酵液倒压进入空气过滤器，故不易清洗干净，一般需用人工进行认真清洗并调换滤芯或过滤介质。同样，液体过滤的装置也是如此。二是换热器的清洗，无论何种热交换设备，若是用于培养基的加热或冷却，则换热面上的结垢或焦化是很难避免的，也不易清洗。为减少此问题，适当提高介质的流速是有效的。

(5) 去除致热物质　在生物工程药物生产过程，从产物中去除致热物质和内毒素是十分重要的，但往往也不易做好。实践表明，确保设备的清洁和不被杂菌污染繁殖是除去致热物质和内毒素的有效方法。通常用 NaOH 浸洗是有效的。

(6) 仪器的清洁　用于清洗仪器的便携式真空清洁器、管道真空装置已研制开发成功。用于杀灭细菌、真菌和抗病毒的清洗剂产品已在市场销售。对仪器清洁的方法，往往采用在一间密封良好的无菌消毒室中，用甲醛等杀菌剂进行熏蒸消毒。

5. CIP清洗系统及设备

CIP清洗系统有多种形式，传统上是一种一次性清洗系统，即消毒剂只供使用一次即舍去。随着先进设备的出现，在保证不发生交叉污染的前提下，重复利用消毒清洗剂是可取的。

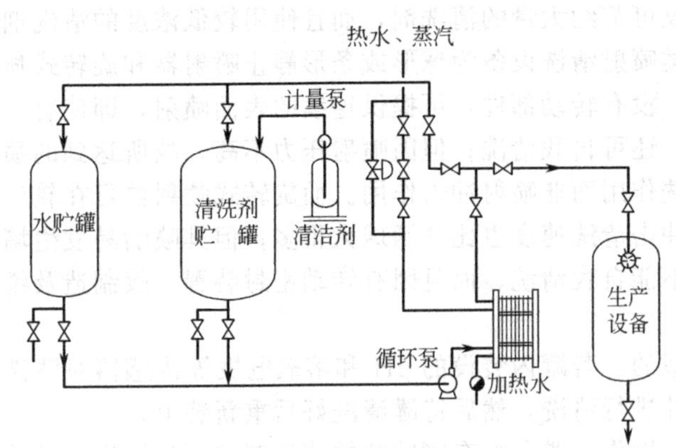

图 9-4 一次性使用的 CIP 系统

新近的研究表明，若考虑化学试剂、仪器、能量、人工和耗时，一个可重复利用的化学试剂系统比用热水系统要便宜得多，当然其处理费用的高低应视不同地区而变化。

非循环使用系统适用于那些贮存寿命短、易变质的消毒剂，或是设备中有较高含量的残留固形物致使消毒剂不宜重复使用。非循环使用系统的结构如图9-4所示。它包括清洗剂罐、水贮罐、循环泵、加热器、清洗剂计量泵及其贮罐。

若某生产设备只用于生产单一产品，那么清洗剂可重复利用，不仅可节省清洗剂用量，而且可减少排污对环境的污染。若回收的清洗剂未达到操作温度，可在回收的清洗剂贮罐中加热到操作温度后循环使用。图 9-5 是清洗剂重复利用系统，其中有新鲜清洗剂贮罐、回收清洗剂贮罐、水贮罐、回收水罐、循环泵、加热器、清洗剂计量泵及其贮罐、回收液循环泵等。可使用循环回收水来配制初清洗清洁剂，这样可节省用水；也可在清洗剂贮罐内设有换热蛇管，用以加热清洗剂，并用泵使清洗剂循环。当然也需配置中和罐以备加酸对碱性清洗剂进行中和处理。

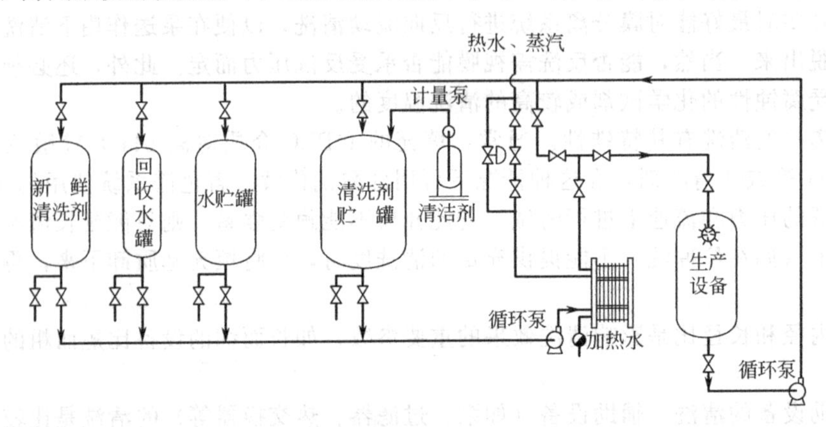

图 9-5 重复使用的 CIP 系统

由不同清洗剂配比混合组成的清洗液对设备的清洗时间和温度有所不同，故要确保清洗温度在预定的范围内。当清洗剂及漂洗用水循环使用一定次数后，其所含的污脏物达到一定浓度后就需排放废弃。

现代的 CIP 清洗系统应有较理想的自控系统，整个清洗过程是全自动控制或半自动控制的。经验证明，采用电磁阀进行自控可减少操作误差、清洗时间及清洗剂的用量，即可减少清洗操作费用。

6. 清洁程度的确认

类似其他加工处理过程，清洁过程也必须有一个检验其效果以确保设备的卫生程度符合要求、防止交叉污染的检验系统和方法。该检验系统和方法包括设备检验、操作检验和成效检验。

(1) 清洁程度的检验　成效检验要求设备能完成它的设计任务，包括一次性的或重复使用清洗操作系统。检验通常进行3次，且每次均要求设备处于正常的操作状态并符合要求。

设备安装及操作期间的检验与其他过程类似。但操作的检验必须处于手动状态，并在执行清洗程序时进行检验，以确保其操作是符合能达到预定成功准则的，其中包括去除设备不同部位残留物、清洗程序的执行，然后分析这些地方残留物的各种成分的情况。

(2) 表面清洁的规范

① 必须无残留固体物或垢层。

② 在良好光线下无可见污染物，且在潮湿或干的状况下表面均没有明显的气味。

③ 用手摸表面，无明显的粗糙感或滑溜感。

④ 把白纸印在表面后检查，无不正常颜色。

⑤ 在排干水之后，表面无残留水迹。

⑥ 在波长340～380nm光线下检查表面，无荧光物质。

但由于上述的规范大多带有主观性，故还应进行一些定量的检验，主要是检查蛋白质和细胞残留物，下面分别给予介绍。

(3) 蛋白质残留物清洗的检验

① 用标准浓度蛋白质溶液把试样表面润湿后再使其干燥，作为试验表面，置于某容器或管路中作为对照清洗物。

② 按工艺规程对含上述试验表面的容器或管路进行清洗操作。

③ 取出试验表面并把水甩干。

④ 用硝化纤维纸压在试验表面上以检查蛋白质的残留情况。

⑤ 把此硝化纤维纸浸入考马斯亮蓝（Coomassie blue）液后放入乙酸溶液中过夜，观察蓝色的深浅程度，即显示了蛋白质残留的多少。

(4) 清洗后残留细胞的检验

① 在一试验表面上涂布已知的微生物细胞并干燥以作为试验表面，然后放置于容器或管路中作为对照清洗物。

② 按工艺规程对容器或管道执行清洗操作。

③ 把试验表面从罐或管路中取出并把水甩干。

④ 把试验表面印在固体培养基上恒温培养。

⑤ 计算平面的残留活菌数。

除上述的方法外，还可把已知数量的试验微生物细胞与污脏物混合涂布在试验表面上，然后进行清洗操作。再在试验表面上涂上营养琼脂，培养后计算清洗前后的活菌数即得清洗效果。

此外，若采用近年发展起来的荧光测定法或ATP生物荧光法就更加快捷了。

致热物质的检测也是必须的，其传统试验方法是用动物试验，通常往试验兔子体内注入一定量的热原试样并检测其体温的升高，再根据预先绘制的标准曲线查出其浓度。近年，还开发成功LAL（limulus amoebocyte lysate）检验法，用此法能检出10^{-7}g/L低浓度的内毒素。

最后，还必须检查其最终漂洗的结果，常用方法是滴一滴酚酞试剂于漂洗过的试验样本表面，看其是否变为紫红色来确定是否残留NaOH。

三、设备及管路的灭菌

1. 设备及管路的灭菌概述

无论是工业化生产还是实验室研究，最普遍的灭菌方法是使用高温蒸汽灭菌方法，高温蒸汽灭菌可把微生物细胞及其孢子全部杀死。蒸汽灭菌之所以高效，是因为与其接触的所有表面均处于高温蒸汽的渗透之下。

对于一个优良的蒸汽灭菌系统来说，灭菌时间和温度是最重要的两个参数。表9-6所示的是经验灭菌数据。

表 9-6 灭菌温度和时间的对应关系

蒸汽温度/℃	116	118	121	125	132
灭菌时间/min	30	18	12	8	2

实际上，实验室常用的三角瓶等玻璃仪器及小量的培养基灭菌常用 0.1MPa 的饱和蒸汽（表压）在 121℃下灭菌 15min。而反应器中培养基的灭菌时间可适当延长。

对于工业生产设备的灭菌，安全系数的选定取决于被灭菌设备的种类与规格。对于管路，一般用 121℃，45min，若是大型而复杂的发酵系统则需 1h。系统越大，其热容量也越大，热量传递到容器的每一点所需的时间也就越长。对于普通的蒸汽灭菌设备，通常装设压强表指示饱和蒸汽的状况而没有温度表，但由于管道、设备内存在不凝性气体，使得饱和蒸汽的温度与压强的对应关系有偏差，造成假压，使实际灭菌温度达不到工艺要求，因此，灭菌开始时必须注意把设备和管路中存留的空气充分排尽。设备用蒸汽灭菌，通常选择 0.3～0.4MPa（表压）的饱和蒸汽，这样既可较快地使设备和管路达到所要求的灭菌温度，又使操作较安全。对于大型设备和较长管路，可用压强稍高的蒸汽。

对于哺乳动物细胞培养，灭菌蒸汽必须由特制的纯蒸汽发生器产生，并经不锈钢管道输送，因普通的钢制蒸汽设备有铁锈等杂质，会残留在动物细胞培养反应器内，导致影响细胞的生长。若用于大规模抗体生产，所用的蒸汽发生器需使用 FDA 批准使用的锅炉。

为确保蒸汽加热灭菌高效、安全，应确保下述几点要求。

① 确信设备的所有部件均能耐受 130℃的高温。

② 为减少死角，设备、管道尽可能采用焊接并把焊缝打磨光滑。

③ 要避免死角和缝隙。若管路死端无可避免，要保证死端的长度不大于管径的 2～3 倍，且应在末端装置一蒸汽阀或排冷凝水阀以作为蒸汽灭菌时排气用。

④ 尽量避免在灭菌和非灭菌的空间之间装设两个阀门，以保证安全。

⑤ 所有阀门均应利于清洗、维护和灭菌，最常用的是隔膜阀。

⑥ 设备的各部分均可分开灭菌。

⑦ 要保证所提供的灭菌用蒸汽是压强为 0.3～0.4MPa（表压）的饱和蒸汽。

⑧ 蒸汽进口应装设在设备的高位点，而在最低处装排冷凝水阀。

⑨ 管路配置应能彻底排除冷凝水，故管路需有一定斜度并装设排污阀门。

2. 发酵罐及容器的灭菌

发酵罐是生物发酵生产最重要的设备，它对生物产品制造的成本以及技术经济指标均有举足轻重的影响。因发酵罐（或称生物反应器）是生物体纯种培养的设备，故其无菌要求十分严格。

当然，除发酵罐外，还有其他的一些容器也要求洁净无菌。对发酵罐或容器的灭菌来讲，有几个共同要求。一是要能承受 0.3～0.4MPa（表压）饱和蒸汽的灭菌，故需有一定的耐压耐温要求。为安全起见，罐上的压力表必须每批检测。

罐夹套、外盘管结构、罐内的冷却蛇管必须有排水排气的设计，否则需要相当长的时间才可达到所需的灭菌温度，而且还可能存在冷点。

罐和容器在使用前必须经耐压和气密性试验。检查方法是维持温度不变，检查其压强是否恒定。通常可用 30min 检查罐的压强是否改变的方法，来确定是否有传感器接口或阀门闭合等不严密而造成渗透。

检测气压的压力表尽可能使用隔膜式压力表，为了灭菌彻底，压力表与罐体连接管应尽量短，同时尽可能靠近压力表端装设蒸汽排汽阀以确保灭菌彻底。发酵罐使用一段时间后，应使用超声探伤技术检查容器是否有缺陷（如裂缝等）以确保安全。

现代化的大型发酵罐和其他贮料罐均装配了自动在位清洗系统（CIP），这意味着在罐的顶部装置了CIP的喷射管或喷洒头，这些部件也必须经严格灭菌才能保证罐的无菌程度。图9-6显示了CIP清洗系统的蒸汽灭菌配管。

在设备的蒸汽加热灭菌过程中，阀B和阀C打开，阀口稍开，而阀A则关闭，故整套清洗喷洒头装置均可经受彻底灭菌。

对于罐及容器的蒸汽加热灭菌管路配置，需要强调的是应避免罐上有多余的接口或管路。若是新设计的罐，应有恰当的与功能相对应的接管数目。

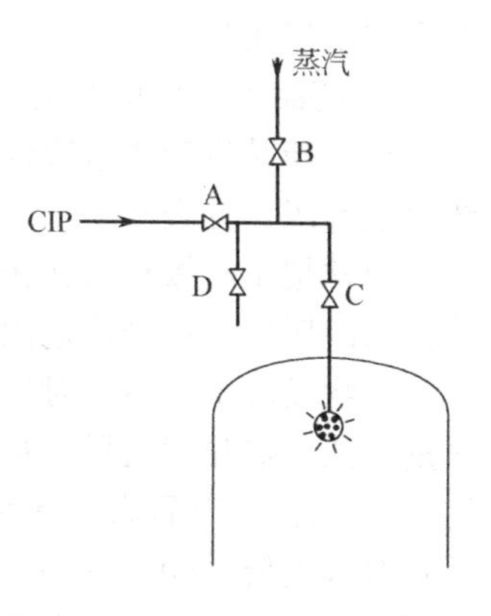

图9-6 CIP清洗系统的蒸汽灭菌管路布置

3. 灭菌效果的确认及有关的其他问题

设备及管道经蒸汽灭菌后，究竟是否已彻底灭菌，必须进行检验确证。另外，若发现灭菌不彻底，或发酵过程发现染菌现象，或发酵生产多次染菌，究竟系统存在什么问题？这些都是发酵工厂正常生产和稳产高产的关键问题。

发酵设备的蒸汽灭菌过程及效果都要有严格的检验规则。灭菌效果的检验通常有两种方法：一是直接微生物培养法；另一种方法是间接的，即灭菌蒸汽的温度和压强监控法。两种方法各有特点，现分别介绍。

关于直接微生物培养法，就是采用肉汤培养基（葡萄糖0.3%，牛肉膏0.3%，NaCl 0.5%，蛋白胨1.0%）发酵罐进行空转（不通空气）培养，培养24～48h，若培养基仍保持无菌，则证明设备的灭菌是十分成功和可靠的。这种检验方法十分接近实际，可检验灭菌是否彻底。但是，此法前后需1～2天，对工业化生产的大型发酵罐来说，使设备的使用率降低且测试费用高。当然，也可应用生产所用的发酵培养基进行检验，但有时发酵所用的培养基对某些微生物并非是良好的营养，故这些微生物生长十分迟缓，这对是否染菌的确定带来困难。空气过滤系统及管路的严密性和无菌度也可采用通气培养同时测试。

至于间接检验灭菌程度的方法，确认所有被灭菌的设备、管路，应保证灭菌蒸汽的温度和必需的灭菌时间，所有与发酵罐直接相连接的管道都要进活蒸汽或排活蒸汽。现有两种测量温度的方法，即应用插入设备内的温度传感器或应用玻璃温度计，也可应用固定于设备或管路壁面上的热电偶进行测温。

经验表明，所需的热电偶（测设备或管路外壁面用）数量可视被灭菌系统的大小及形状复杂程度而定。其数量有最佳值，用得多则不仅投资大且操作工作量也大，因为每次使用前都要校准温度计；但用得太少，则会因某些部位的温度没有测量而存在灭菌不彻底的危险性。一般情况下，设备的外壁面达到115℃时则其内部可达121℃左右。但因设备或管路的厚度以及热传导的特性不同，最好能进行实验测定。同时，设备、管路上要加装压强表，要求其指示压强稍高于0.1MPa。总之，为了确保蒸汽灭菌的效果，必须保证在规定的灭菌时间内，设备或管道内部温度在121℃以上，而压强稍高于0.1MPa。

第五节　GMP对生产环境的要求

GMP规定：制剂、原料药的精烘包、制剂所用的原辅料、直接与药品接触的包装材料的生产，应在有空气洁净度要求的区域内进行。

药品生产企业的洁净室或洁净区域是指对尘粒及微生物污染有规定要求的环境控制区域。

一、生物工业生产对空气净化调节设施的要求

生物培养或发酵生产均涉及纯种培养和无菌操作的要求。无论是用微生物、动物细胞、植物细胞的大规模培养，还是产品的纯化、精、烘、包过程，均需要洁净的环境、适宜的空气温

湿度和空气压强。

1. 药品生产环境的空气洁净度等级

按《药品生产质量管理规范》(1998) 有关规定确定药品生产有关工序和环境区域的空气洁净度等级，见表 9-7。

通常把 100 级称为无菌洁净区，10000 级称为洁净区，100000 级、300000 级称为控制区，并把洁净区置于控制区包围之中。

生物发酵工厂不仅对空气的洁净程度有一定的要求，而且因发酵罐壁和电机会向环境散发热量，故还需强化通风；精制、干燥、包装车间，如生产产品是无菌原料药，则需要洁净的空气（100 级），产品为非无菌原料药，则需要洁净的空气（300000 级）；温度 18～25℃左右，且相对湿度低（40%～60%），以防产品吸潮。而使用基因工程菌株的发酵生产，其发酵车间和产物分离提取车间均需要密闭且呈负压，以确保重组菌株不会泄漏到大气环境中。表 9-8 为洁净室气流组织和送风量。

表 9-7 药品生产环境的空气洁净度等级

药品分类 \ 工序 \ 净化级别		空气洁净度等级			
		100 级	10000 级	100000 级	300000 级
无菌药品	最终灭菌药品	大容量注射剂(≥50ml)灌封(背景为 10000 级)	(1)注射剂稀配、滤过 (2)小容量注射型的灌封 (3)直接接触药品的包装材料的最终处理	注射剂浓配或采用密闭系统的稀配	
	非最终灭菌药品	(1)灌装前不需除菌滤过的药液配制 (2)注射剂的灌封、分装和压塞 (3)直接接触药品的包装材料最终处理后的暴露环境（或背景为 10000 级）	灌装前需除菌滤过的药液配制	(1)压盖 (2)直接接触药品的包装材料最后一次精洗	
	其他无菌药品		供角膜创伤或手术用滴眼剂的配制和灌装		
非无菌药品				(1)非最终灭菌口服液体药品的暴露工序 (2)深部组织创伤外用药品 (3)眼用药品的暴露工序 (4)除直肠用药外的腔道用药的暴露工序 (5)直接接触以上药品的包装材料最终处理的暴露工序	(1)最终灭菌口服液药品的暴露工序 (2)口服固体药品的暴露工序 (3)表皮外用药品的暴露工序 (4)直肠用药的暴露工序 (5)直接接触以上药品的包装材料最终处理的暴露工序
原料药	无菌原料药	精制、干燥、包装的暴露环境（背景为 10000 级）①			
	非无菌原料药				精制、干燥、包装的暴露环境

续表

药品分类	工序 \ 净化级别	空气洁净度等级			
		100级	10000级	100000级	300000级
生物制品	灌装前不经除菌过滤的制品	配制、合并、灌封、冻干、加塞,添加稳定剂、佐剂、灭活剂等[①]			
	灌装前经除菌过滤的制品	灌封[①]	配制、合并、精制,添加稳定剂、佐剂、灭活剂,除菌过滤、超滤等		
	原材料处理			(1)原料血浆的合并 (2)非低温提取 (3)分装前巴氏消毒 (4)压盖 (5)最终容器精洗等	
	口服制剂			发酵、培养密闭系统(暴露部分需无菌操作)	
	酶联免疫吸附试剂 体外免疫试剂			包装、配液、分装、干燥生产环境	
	深部组织和大面积体表创伤用制品			配制、灌装	
放射性药品	无菌药品 非无菌药品		同无菌药品相关要求		
	无菌原料药	同无菌原料药			
	非无菌原料药			同非无菌原料药	
	放射性免疫分析试剂盒各组分 非创面外用制剂				同非无菌药品相关要求制备(参照)
中药	直接入药的净药材、干膏				配料、粉碎、混合、过筛(参照)
	无菌药品		同无菌药品相关要求		
	非无菌药品			同非无菌药品相关要求	

① 该工序的操作室为无菌洁净室。

表 9-8 洁净室气流组织和送风量

空气洁净度等级		100级		10000级	100000级	300000级
气流组织形式	气流流型	垂直单向流	水平单向流	非单向流	非单向流	非单向流
	主要送风方式	(1)顶送(高效过滤器占顶棚面积≥60%) (2)侧布高效过滤器,顶棚设阻尼层送风	(1)侧送(送风墙满布高效过滤器) (2)侧送(高效空气过滤器占送风墙面积40%)	(1)顶送 (2)上侧墙送风	(1)顶送 (2)上侧墙送风	(1)顶送 (2)上侧墙送风
	主要回风方式	(1)相对两侧墙下部均布回风口 (2)格栅地面回风	(1)回风墙满布回风口 (2)回风墙局部布置回风口	(1)单侧墙下部布置回风口 (2)走廊回风(走廊内均布回风口或端部集中回风)	(1)单侧墙下部布置回风口 (2)走廊回风(走廊内均布回风口或端部集中回风) (3)顶部布置回风口	(1)单侧墙下部布置回风口 (2)走廊回风(走廊内均布回风口或端部集中回风) (3)顶部布置回风口
送风量	气流流经室内断面风速/(m/s)	不小于0.25	不小于0.35			
	换气次数/(次/h)			不小于25	不小于15	不小于12

注:有粉尘和有害物质的洁净室不应采用走廊回风和顶部回风。

2. 空气净化调节设施

药品生产洁净室（区）的空气洁净度按《药品生产质量管理规范》（1998）规定分为四个等级，见表9-9。

表9-9 药品生产洁净室（区）的空气洁净度等级

洁净度级别	尘粒最大允许数/≤(个/m³)		微生物最大允许数,≤	
	≥0.5μm	≥5μm	浮游菌/(个/m³)	沉降菌/(个/皿)
100级	3500	0	5	1
10000级	350000	2000	100	3
100000级	3500000	20000	500	10
300000级	10500000	60000	—	15

其中《药品生产质量管理规范》（1998）附录规定，“洁净室（区）在静态条件下检测的尘埃粒子数、浮游菌数或沉降菌必须符合规定，应定期监控动态条件下的洁净状况”。因此，洁净室（区）空气洁净度的测定要求为静态测试，动态监控。对尘粒和微生物检测项目中分别列出的两项测定指标，至少各测一项。

空气洁净度为100级的洁净室，室内大于等于0.5μm尘粒的计数，应进行多次采样，当其多次出现时，该测试值方可认可。

测试方法应符合国家标准《医药工业洁净室（区）悬浮粒子、浮游菌和沉降菌的测试方法》中各项规定。

(1) 在确定洁净室（区）空气洁净度等级时，除应符合表9-9规定外，还应符合下列要求。

① 洁净室（区）内有多种工序时，应根据各工序的不同要求，采用不同的空气洁净度等级。

② 洁净室的气流组织，宜采用局部工作区空气净化和全室净化相结合的形式，以满足生产工艺要求。

(2) 洁净室（区）内温度、湿度、新鲜空气量、压差、噪声等环境参数的控制应符合下列要求。

① 温度和湿度。生产工艺对温度和湿度无特殊要求时，100级、10000级的洁净室（区）温度为20～24℃，相对湿度为45%～60%；100000级、300000级洁净室（区）温度为18～26℃，相对湿度为45%～65%。生产工艺对温度和湿度有特殊要求时，应根据工艺要求确定。

② 新鲜空气量。洁净室（区）内应保持一定的新鲜空气量，其数值应取下列风量中的最大值：

a. 非单向流洁净室总送风量的10%～30%，单向流洁净室总送风量的2%～4%；

b. 补偿室内排风和保持室内正压值所需的新鲜空气量；

c. 保证室内每人每小时的新鲜空气量不小于4m³。

③ 压差。洁净室（区）的空气必须维持一定的正压。不同空气洁净度等级的洁净室（区）之间以及洁净室（区）与非洁净室（区）之间的空气静压差应大于5Pa，洁净室（区）空气与室外大气的静压差应大于10Pa，并应装有指示压差的装置。

易产生粉尘的生产区域，如固体口服制剂的配料、制粒、压片等工序的洁净室（区）的空气压强，应与其相邻的室（区）保持相对负压。

青霉素等强致敏性药品、某些甾体药物以及高活性有毒害药物的精制、干燥室和分装室，室内要保持正压，与相邻的室（区）应保持相对负压；

④ 噪声。洁净室（区）的噪声级，动态测试时不宜超过75dB（A级）。当超过时，应采取隔声、消声、隔震等控制措施。噪声控制设计不得影响洁净室的净化条件。

(3) 空气洁净度100级、10000级及100000级的空气净化处理，应采用初效、中效、高效过滤器三级过滤。对于 300000 级空气净化处理，可采用亚高效空气过滤器代替高效过滤器。

(4) 空气过滤器的选用、布置方式应符合下列要求。

① 中效空气过滤器宜集中设置在净化空气调节的正压段。

② 高效或亚高效空气过滤器宜设置在净化空气调节系统的末端。

③ 中效、高效空气过滤器宜按小于或等于额定风量选用。

(5) 对面积较大、空气洁净度较高、位置集中及消声、振动控制要求严格的洁净室（区）宜采用集中式净化空调系统。反之，可采用分散式净化空调系统。

(6) 下列情况的空气净化系统宜分开设置。

① 单向流洁净室与非单向流洁净室（区）。

② 高效空气净化系统与中效空气净化系统。

③ 运行班次或使用时间不同的洁净室（区）。

(7) 下列生产的空气净化系统应独立设置，其排风口与其他药品空气净化系统的进风口之间应相隔一定的距离。

① 青霉素等强致敏性药品。

② β-内酰胺结构类药品。

③ 避孕药品。

④ 激素类药品。

⑤ 抗肿瘤类药品。

⑥ 强毒微生物及芽孢菌制品。

⑦ 放射性药品。

⑧ 有菌（毒）操作区。

(8) 下列情况的空气净化系统的空气，如经处理仍不能避免交叉污染时，则不应循环使用。

① 固体物料的粉碎、称量、配料、混合、制粒、压片、包衣、灌装等工序。

② 固体口服液制剂的颗粒、成品干燥设备所使用的净化空气。

③ 用有机溶剂精制的原料药精制、干燥工序。

④ 病原体操作区。

⑤ 放射性药品生产区。

⑥ 工艺过程中产生大量有害物质、挥发性气体的生产工序。

(9) 洁净室（区）送回风系统，应有下列措施。

① 防止室外气体倒灌措施。

② 排放含有易燃、易爆物质气体的局部排风系统，应有防火、防爆措施。

③ 对直接排放会超过国家排放标准规定的气体，排放时应有处理措施。

④ 生产或分装青霉素等强致敏性药物、某些甾体药物以及高活性有毒害药物的房间，二类危险度以上病原体操作区的排风口，应安装高效空气过滤器，使这些药物引起的污染危险降低到最低限度。

(10) 下列情况的局部排风系统应单独设置。

① 不同空气洁净度等级的洁净室（区）。

② 产生粉尘和有害气体的洁净室（区）。

③ 被排放介质的毒性很大。

④ 排放介质混合后会加剧腐蚀、增加毒性、产生燃烧和爆炸危险性。

(11) 有可能突然放散大量有害气体或有爆炸危险气体的洁净室（区）应设事故排风装置。

事故排风装置的控制开关应与净化空调系统连锁，并设在洁净室便于操作的地点。室内宜设报警装置。

(12) 送风、回风和排风的启闭应连锁。系统的开启程序为先开送风机，再开回风机和排风机。系统关闭时连锁程序反之。

(13) 非连续运行的洁净室，可根据生产工艺要求设置值班送风，并保持室内空气洁净度和正压，防止室内结露。

(14) 人员净化用室内的换鞋室、更衣室、盥洗室、气闸室，应送入与洁净室（区）空气过滤系统相同的洁净空气。换气次数由外向里逐步增加，但可低于洁净室（区）的换气次数。设在人员净化室内的厕所、淋浴室应连续排风，室内空气静压值应低于更衣室的空气静压值。

(15) 气流组织的选择，应符合下列要求。

① 当空气洁净度要求为100级时，应采用单向流流型；当空气洁净度要求为10000级、100000级及300000级时，应采用非单向流流型。单向流洁净室（区）气流流向应单一；非单向流洁净室（区）气流组织应减少涡流。

② 洁净室（区）气流组织和气体流速，应满足空气洁净度等级和人体卫生的要求。

③ 洁净室（区）的回风口宜均匀布置在洁净室（区）下部。空气洁净度要求为100000级或300000级的洁净室（区）的回风口，也可考虑布置在洁净室（区）的顶部，但有粉尘和有害物质的洁净室，不应采用顶部回风和走廊回风。易产生污染的工艺设备附近应有回风口。

④ 余压阀宜设在洁净空气流的下风侧。

(16) 非单向流洁净室内设置洁净工作台时，其位置应远离回风口。

(17) 洁净室内有局部排风装置或需要排风的工艺设备时，其位置应设在工作区气流的下风侧。室内有高热设备时，应有减少热气流对气流组织影响的措施。

(18) 洁净室的气流组织和送风量，宜按表9-8选用。换气次数的确定，应根据热平衡和风量平衡计算加以验算。

(19) 空气净化系统中风管和附件的设置，应符合下列要求：风管断面尺寸应考虑对内壁的清洁处理，宜在适当位置设清扫口。风管应采用不易脱落颗粒、不锈蚀、耐消毒的材料。

(20) 净化空气调节系统的新风管、回风总管，应设密闭调节阀。送风机的吸入口处和需要调节风量处，应设调节阀。洁净室内的排风系统，应设置调节阀、止回阀或密闭阀。总风管穿过楼板和风管穿过防火墙处，必须设置防火阀。

(21) 净化空气调节系统的风管和调节阀以及高效空气过滤器的保护网、孔板和扩散孔板等附件的制作材料和涂料，应根据输送空气的洁净度等级及所处空气环境条件确定。洁净室内排风系统的风管、调节阀和止回阀等附件的制作材料和涂料，应根据排除气体的性质及所处空气环境条件来确定。用于无菌洁净室（区）的送风管、排风管、风阀及风口材料和涂料，应考虑能耐受消毒剂的腐蚀。

(22) 在中效和高效空气过滤器前后，应设置测压孔。在新风管和送回风总管以及需要调节风量的支管上，应设置风量测定孔。

(23) 风管以及风管的保温、消声材料及其黏结剂，应采用非燃烧材料或难燃烧材料，且燃烧时不应产生窒息性气体。

典型的空气调节流程如图9-7所示。

关于通入空气的状态调节，前面章节已对其加热升温和冷却以及空气的净化处理做了阐述，下面介绍空气的增湿和减湿方法。

二、洁净室空气的温湿度控制

常规洁净室的温湿度主要是为了满足生产操作人员的舒适性要求。相对工业洁净室而言，医药工业洁净室的湿度控制还需满足抑制微生物增殖的要求及成品对湿度的要求。

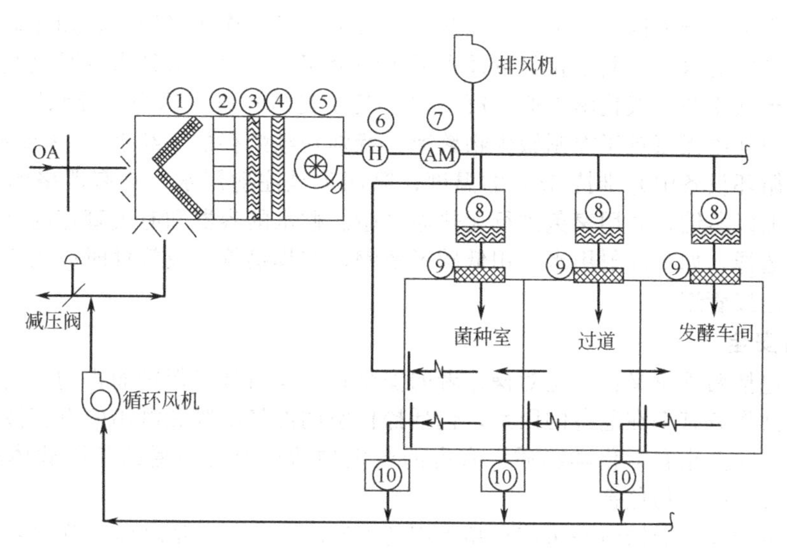

图 9-7　恒容再热空气调节流程图

1—粗过滤器；2—精过滤器；3—加热器；4—冷却器；5—送风机；6—调湿器；7—气流调节器；8—定容箱；9—终端过滤器；10—定容箱

1. 空气的增湿方法

① 往空气中通入直接蒸汽。

② 喷水，使水以雾状喷入不饱和的空气中，使其增湿。

③ 空气混合增湿：使待增湿的空气和高湿含量的空气混合，从而得到未饱和的空气、饱和空气或过饱和空气。

2. 空气的减湿方法

① 喷淋低于该空气露点温度的冷水。

② 使用热交换器把空气冷却至其露点以下。这样原空气中的部分水气可冷凝析出，以达到空气减湿目的。

③ 空气经压缩后冷却至初温，使其中水分部分冷凝析出，使空气减湿。

④ 用吸收或吸附方法除掉水气，使空气减湿。

⑤ 通入干燥空气，所得的混合空气的湿含量比原空气的低。

3. 空气的温度控制

空气温度的控制较为简单，通过常规的制冷、制热即可实现。由于空气温度的变化会影响湿度的变化，故温度的控制需与湿度控制相连动。

第六节　生物制药生产中与产品质量有关的其他基础设施问题

一、水的质量

水的质量常会受到微生物和化学物质的污染。前者是当水源与高浓度的微生物源接触后形成的，用这种水进行生产常会使产品带菌或变质。特别是生产注射用药品时，使用的水不但应去除微生物，还应去除热原（革兰阴性杆菌菌膜中脂多糖，大多相对分子质量在 5×10^4 以上）。当水含有化学物质时，它虽不像微生物那样会自我增殖，但往往少量的化学物质会严重影响产品的质量。水中的化学物质在生产过程中一般有三种可能：一是完全从产品中被分离出去；二是与产品同时被浓缩；三是在产品中仍保持原来的浓度。当然只有第一种是生产过程所要求的。

医药工业用水可分为四类：第一类如井水、泉水，只能作初级用途，如冷却；第二类如自来水，即经过氯化的水，但其中含氯量及含微生物量相差很大，这种水有时也经过去离子化及沙滤，主要用于饮用和一般化学工业；第三类一般在美国药典中称为“纯水”，它经过去离子化和超滤，但因其中无氯难于控制微生物繁衍，特别是经贮存的“纯水”，为此在需要贮存时，应把它置于一循环设备中并维持65℃的温度；第四类是注射用水，它有严格的质量标准，它是用第三类水加以蒸馏，并用家兔进行无热原试验。贮水的容器和有关管道的材料也应按不同类别的水分别选择，如为注射用水应用低碳不锈钢，在焊接管道及管件时应用全自动焊接，不允许使用法兰连接管道。

二、生物安全

生物安全包括两重意义：一是对操作者的安全；二是对环境保护而言的。生产过程中可能会产生一些对操作者有潜在危害的因素，包括操作空间的气溶胶和溅出的有害液体物质。对环境的影响主要是应防止有毒化学物质、有害的微生物活体或可传播的基因载体扩散到环境中去，以免引起可能的生物危害。

关于防止生物危害的措施是医药产品生产的GMP的一个重要内容。总的要求是切实保证把危险性控制在某一可能率之下。具体来说，一是要建立一系列的屏障防止有害物质从封闭系统中逸出，二是将废弃物进行必要的处理，如在污水污渣处理前事先进行灭菌。采用建立屏障的遏制方法是20世纪70年代末防止重组微生物可能引起的危险而进行的。在这以前，实际上此方法已有效地应用于生物制品的生产中。目前，必须予以遏制的有机物体应包括重组的微生物或动物细胞、致病微生物和病毒以及癌原细胞；必须予以遏制的化学物质应包括有毒、挥发性物质以及致癌和致敏物质。

在生产中，遏制可采用两种方法。所谓直接遏制是在单一设备中进行的。如在发酵罐排气管出口处连接空气过滤器，轴封是绝对可靠的，取样是封闭的，发酵罐顶部装有爆破片，必要时可自动爆破或人为爆破使内含物流入专用封闭式下水道，放罐后可用高温蒸汽或化学试剂将有关细胞杀死。所谓间接遏制是用于离心机和板框过滤机（均用于细胞分离）等不易密封的设备，可单独置于一密闭的相对负压的车间中进行操作。所分离出来的细胞和滤液均盛在封闭的容器内，以便进一步进行必要的处理。操作者应穿一次性衣服、戴面具，或穿戴有从头部至鞋的外套来保护，在极端场合下可穿充气服并不断供气。对操作人员还应定期进行体格检查。

对从事有害生物体研究或生产的工作室，洁净要求可根据生物体的致病危害性划分等级。从事基因工程的工作室，美国的国立卫生研究所把它划分为四个级别，分别属“无感染可能”、“发病可能小”、“感染机会多但症状轻”和“易感染和症状重”四种性质。这种工作室因需防止有害生物体外逸，因此为负压，故也称负压洁净室。负压实验室的气体流向是：低污染区→高污染区→高效空气过滤器→大气；空气压差是：大气＞洁净外走廊＞内走廊＞工作室＞安全操作柜，每级压差为20～50Pa，排风的粒子浓度不得超过100级，换气次数10～20次/h。

三、废物处理

在发酵过程中总会产生两种废物，即菌渣和废液（包括分离过程的废水），不但量大，其生物需氧量和化学需氧量均很高。若不加处理必然会严重影响环境卫生和对工厂附近的生态平衡产生影响。

菌渣可用作饲料或进行焚烧，但必须谨慎。将菌渣和发酵废液进行厌气消化可能是一个较积极和有益的处理，因为厌气消化获得的沼气可作为燃料。经消化后的残渣是一种较好的有机肥料，当然其残液还需经过好氧处理。

发酵废液还残留一定的营养成分，因此可用来生产单细胞蛋白作为动物饲料，但也需谨慎从事。在多数情况下，稀释后进行处理或与菌渣一起先进行厌气消化再进行好气处理。经厌气和好气综合处理后的污水，其生物需氧量去除率约为70%～80%，虽仍可能高于排放标准，但已大为减轻市政污水的负担和对环境的污染。

四、溶剂回收

在产品分离过程中常使用相当量的各种溶剂。这些溶剂经使用后一般被水稀释，同时其中也含有了其他杂质，故不能重复使用。若将它们废弃，一则污染环境，二则经济上不合理，因此必须加以回收处理，达到重新使用的目的。有机溶剂的回收大多可采用简单蒸馏或精馏的方法。

附录　全国主要城市气象资料汇编

城　市	最湿月相对湿度/%(月)	最热月平均气温/℃(月)	年平均气压/10^2Pa
哈尔滨	78(8)	23.0(7)	996.9
长春	79(8)	21.6(7)	986.7
沈阳	78(7,8)	24.6(7)	1010.5
呼和浩特	66(8)	22.6(7)	896.1
北京	77(8)	26.2(7)	1013.0
天津	77(8)	26.6(7)	1016.8
济南	75(8)	27.5(7)	1010.1
郑州	81(7,8)	27.0(7)	1003.6
南京	81(7,8)	27.8(7)	1016.2
合肥	80(7,8)	28.0(7)	1012.3
上海	82(6)	28.0(7)	1016.3
杭州	81(6,9)	28.4(7)	1011.7
南昌	83(6)	29.2(7)	1010.3
武汉	80(6)	28.7(7)	1013.6
长沙	84(1,3,6)	28.6(7)	1007.9
福州	82(6)	28.9(7)	1005.3
广州	84(4,5,6)	28.6(7)	1008.4
南宁	82(3,7,8)	28.4(7)	997.9
昆明	83(7)	19.9(6)	810.6
贵阳	79(1)	23.9(7)	893.9
西安	79(9)	26.6(7)	970.3
太原	77(8)	23.4(7)	927.5
石家庄	78(8)	26.8(7)	1007.2
银川	69(8)	23.4(7)	890.8
兰州	66(9,10)	22.4(7)	848.2
西宁	68(9)	17.2(7)	771.9
成都	86(6)	25.2(7)	956.7
乌鲁木齐	78(1)	23.7(7)	912.1
拉萨	66(8)	15.9(6)	652.5
海口	88(2)	28.6(7)	1009.5

注：本数据摘自中国气象局网页 www.cma.gov.cn。

参 考 文 献

1 俞俊棠. 抗生素生产设备. 北京：化学工业出版社，1982
2 庄永乐. 微生物工程（上册）. 上海：上海人民出版社，1976
3 沈自法. 发酵工厂工艺设计. 上海：华东理工大学出版社，1994
4 俞俊棠等. 新编生物工艺学. 北京：化学工业出版社，2003
5 陈敏恒等. 化工原理（上）. 北京：化学工业出版社，1999
6 朱至清. 植物细胞工程. 北京：化学工业出版社，2003
7 俞俊棠. 医药设计，1980，(2)
8 华东化工学院抗生素教研组. 抗生素，1977，(3)
9 屠天强等. 抗生素，1979，(4)
10 陈国豪等. 医药设计，1984，(3)
11 俞俊棠，唐孝宣主编. 生物工艺学. 上海：华东理工大学出版社，1991
12 俞俊棠，顾其丰，叶勤. 生物化学工程. 北京：化学工业出版社，1991
13 梁世中. 生物工程设备. 北京：中国轻工业出版社，2002
14 张嗣良，储炬等. 多尺度微生物过程优化. 北京：化学工业出版社，2003
15 高孔荣. 发酵设备. 北京：中国轻工业出版社，1991
16 陈坚，堵国成，李寅，华兆哲. 发酵工程实验技术. 北京：化学工业出版社，2004
17 陈国豪等编. 工业生化技术设备（讲义）. 上海：华东理工大学，1994
18 陈因良，陈志宏. 细胞培养工程. 上海：华东化工学院出版社，1992
19 张兴元，许学书. 生物反应器工程. 上海：华东理工大学出版社，2001
20 邬行彦，熊宗贵，胡章助. 抗生素生产工艺学. 北京：化学工业出版社，1994
21 陈敏恒，丛德滋，方图南，齐鸣斋编. 化工原理. 第2版（上册）. 北京：化学工业出版社，1999
22 陈敏恒，丛德滋，方图南，齐鸣斋编. 化工原理. 第2版（下册）. 北京：化学工业出版社，2000
23 王凯，虞军. 搅拌设备. 见：《化工设备设计全书》. 北京：化学工业出版社，2003
24 陆振东主编. 化工工艺设计手册. 第2版. 北京：化学工业出版社，1996
25 王凯，冯连芳著. 混合设备设计. 北京：机械工业出版社，2000
26 姚汝华. 微生物工程工艺原理. 广州：华南理工大学出版社，1996
27 吴思方主编. 发酵工厂工艺设计概论. 北京：中国轻工业出版社，1995
28 熊宗贵主编. 发酵工艺原理. 北京：中国医药科技出版社，1995
29 欧舒 J. Y. 流体混合技术. 王英琛译. 北京：化学工业出版社，1991
30 李天博，李甘林. 低成本DCS在发酵罐群微机测控系统中的应用. 工业控制计算机，2002. 15 (6)
31 杜建新，王峻峰. 带分段导流筒的气升式环流反应器的研究. 化学反应工程与工艺. 1994. 10 (4)：357～363
32 戴干策. 试论搅拌发展的主方向. 化工装备技术，1992. 4
33 戴干策，吴民权，陈剑佩等. 翼型轴流桨的开发及其在发酵工业中的应用. 医药工程设计，1992. 5：1～5
34 宋克刚. 发酵中的搅拌技术. 化工设备设计，1992. (4)：47～52
35 李桢，彭瑞洪，刘宝康. 抗菌素发酵罐的几种搅拌型式和通气效果. 中国医药工业杂志，2002. 33 (6)：296～298
36 赵学明. 搅拌生物反应器的结构模型、放大及搅拌器改型. 化学反应工程与工艺，1996. 12 (1)：80～90
37 张前程等. 动物细胞培养生物反应器研究进展. 化工进展，2002. Vol. 21：560～563
38 阮文权等. 发酵罐中新型轴向流搅拌桨的冷模试验. 无锡轻工大学学报，1999. No. 1：7～10
39 张文会，高孔荣. 罐内压力对内循环气升式发酵罐特性的影响，1993. Vol. 23 (1)：22～24
40 李津等. 生物制药设备和分离纯化技术. 北京：化学工业出版社，2003
41 Marcel Mulder. Basic Principles of MembraneTechnology. Kluwer Academic Publishers，1996
42 陈敏恒等. 化工原理. 北京：化学工业出版社，2000
43 施震荣. 工业离心机选用手册. 北京：化学工业出版社，1999

44 云智勉．蒸发器．北京：化学工业出版社，2000
45 陈敏恒等．化工原理．第2版．北京：化学工业出版社，1999
46 陈敏恒等．化工原理．北京：化学工业出版社，1992
47 庄永乐等．微生物工程（下册）．上海：上海科学技术出版社，1982
48 金国淼．干燥设备．北京：化学工业出版社，2002
49 徐成海．真空干燥．北京：化学工业出版社，2004
50 赵鹤皋等．冷冻干燥技术［M］．武汉：华中理工大学出版社，1990
51 中国化学制药工业协会，中国医药工业公司．《药品生产质量管理规范》实施指南．北京：化学工业出版社，2001
52 www.chinaedustar.com.《优质生产规范（GMP）》．China Education Star Software Co.，Ltd All Rights Reserved（中教育星软件有限公司）
53 冯庆，孙成杰．在位清洗技术（CIP）简介．医学工程设计杂志，2001，22（4）：11～12
54 李钧．清洁验证．药品GMP验证教程，2003，414～415
55 王萍辉，方清．超声空化清洗机理的研究．水利水电科技进展，2004，24（1）：32～35
56 李月波，沈菊平．清洁验证中的清洁剂选择和实验室研究．上海医药，2004，Vol 25，No.2：86

欢迎加入化学工业出版社读者俱乐部

您可以在我们的网站（www.cip.com.cn）查询、购买到数千种化学、化工、机械、电气、材料、环境、生物、医药、安全、轻工等专业图书以及各类专业教材，并可参与专业论坛讨论，享受专业资讯服务，享受购书优惠。欢迎您加入我们的读者俱乐部。

两种入会途径（免费）

- ◇ 登录化学工业出版社网上书店（www.cip.com.cn）注册
- ◇ 填写以下会员申请表寄回（或传真回）化学工业出版社

四种会员级别

◇ 普通会员　◇ 银卡会员　◇ 金卡会员　◇ VIP 会员

化学工业出版社读者俱乐部会员申请表

姓名：	性别：	学历：
邮编：	通讯地址：	
单位名称：		部门：
您从事的专业领域：		职务：
电话：	E-mail	

● 您希望出版社给您寄送哪些专业图书信息？（可多选）

□化学 □化工 □生物 □医药 □环境 □材料 □机械 □电气 □安全 □能源 □农业
□轻工（食品/印刷/纺织/造纸）□建筑 □培训 □教材 □科普 □其他（　　）

● 您希望多长时间给您寄一次书目信息？

□ 每月 1 次　□ 每季度 1 次　□ 半年 1 次　□ 一年 1 次　□ 不用寄

● 您希望我们以哪种方式给您寄送书目？□ 邮寄纸介质书目　□ E-mail 电子书目

此表可复印，请认真填写后发传真至 010-64519686，或寄信至：北京市东城区青年湖南街 13 号化学工业出版社发行部　读者俱乐部收（邮编 100011）

联系方法：

热线电话：010-64518888；64518899　电子信箱：hy64518888@126. com